U0281646

MATLAB 2024a 从入门到精通
（升级版）

魏 鑫 周 楠 编著

电子工业出版社

Publishing House of Electronics Industry

北京·BEIJING

内 容 简 介

本书以 MATLAB R2024a 为软件平台，基于作者 20 多年的学习与使用经验，从初学者角度全面讲解 MATLAB 的基础知识和解决问题的方法，深入浅出，实例引导，内容翔实，易学易用。

全书分为两篇 16 章，第一篇为 MATLAB 基础知识，内容包括 MATLAB 概述、向量、矩阵与数组、数据类型与运算符、程序设计与调试、矩阵运算、数据可视化、图形处理与操作、数学函数通览、符号运算、数值计算、输入与输出、Simulink 系统仿真等；第二篇为 MATALB 综合应用，内容包括优化问题求解、数学建模应用、信号处理应用、图像处理应用等，以适合不同需求的读者学习。全书语言通俗易懂，内容丰富翔实，突出以实例为中心的特点，通过大量实例实现理论与实践相结合，帮助读者快速、轻松地掌握 MATLAB。

本书既可以作为大中专院校和培训机构相关专业的教材，也可供零基础的初学者、有一定基础的工程技术与科研人员自学使用，本书尤其适合作为数学建模大赛的参考书。

图书在版编目（CIP）数据

MATLAB 2024a 从入门到精通 ：升级版 / 魏鑫，周楠编著. -- 北京 ：电子工业出版社，2024. 9. -- ISBN 978-7-121-48807-8

Ⅰ．TP317

中国国家版本馆 CIP 数据核字第 2024JT5828 号

责任编辑：许存权　　文字编辑：苏颖杰

印　　刷：涿州市京南印刷厂

装　　订：涿州市京南印刷厂

出版发行：电子工业出版社

　　　　　北京市海淀区万寿路 173 信箱　邮编：100036

开　　本：787×1 092　1/16　印张：25.25　字数：646 千字

版　　次：2024 年 9 月第 1 版

印　　次：2025 年 4 月第 2 次印刷

定　　价：79.00 元

凡所购买电子工业出版社图书有缺损问题，请向购买书店调换。若书店售缺，请与本社发行部联系，联系及邮购电话：（010）88254888，88258888。

质量投诉请发邮件至 zlts@phei.com.cn，盗版侵权举报请发邮件至 dbqq@phei.com.cn。

本书咨询联系方式：（010）88254484，xucq@phei.com.cn。

前　言

MATLAB 是 MathWorks 公司推出的高性能数值计算和可视化软件，它集数值计算、矩阵运算和图形可视化于一体，广泛应用于算法开发、数据采集、数学建模、科学计算、系统仿真、数据分析等领域。

MATLAB 的全称为 Matrix Laboratory（矩阵实验室），是一种开放型的程序设计语言。用户可以按照人类正常的逻辑思维方式和数学表达习惯的语言形式在 MATLAB 中书写程序，从而大大提高工作效率。

MATLAB 的基本数据单位是矩阵，它的指令表达式与数学、工程中常用的形式十分相似，故用 MATLAB 比用 C、FORTRAN 等语言来完成相同的事情要简捷得多。

1．本书特点

编者结合多年使用 MATLAB 的经验和实用算例，将 MATLAB 软件的使用方法与技巧详细地讲解给读者，讲解时辅以相应的图表，使读者在阅读本书时一目了然，从而可以快速掌握书中所讲内容。

本书采用由浅入深、循序渐进的讲解方式，便于读者尽快掌握 MATLAB 的应用技能，以更好地利用 MATLAB 开展工作。全书实例典型、轻松易学，通过应用算例，透彻、详尽地讲解了 MATLAB 在多方面的应用。

本书配备了高清语音教学视频，作者精心讲解，并进行相关知识点拨，使读者领悟并掌握每个案例的操作要点，轻松提高学习效率。

2．本书内容

本书主要从应用方面对 MATLAB 进行较为详细的讲解，大部分内容通过简单的操作就可以掌握。本书基于 MATLAB R2024a 编写，全书分为两篇 16 章。

第一篇：MATLAB 基础知识，讲解 MATLAB 的基本操作、矩阵操作、程序设计与调试方法、符号计算、数据可视化等内容。

第二篇：MATALB 综合应用，讲解优化问题的 MATALB 求解方法，以及 MATLAB 在数学建模、信号处理、图像处理中的应用。

3．资源下载

本书配套的数据文件等素材收录在百度云盘中，视频文件在 B 站有分享，读者访问"**算法仿真**"公众号（回复：**MT002**）可以获取素材文件的下载链接。书中配套代码等素材也可到华信教育资源网（www.hxedu.com.cn）的本书页面下载。

4．内容修订

本书是在前一版的基础上进行了改版修订，上一版的运行环境为 MATLAB R2022a，本版的运行环境为 MATLAB R2024a，书中所有示例代码均在 MATLAB R2024a 中运行通过。本版较上一版相比，在第 12 章仿真的调试部分、第 13 章示例的运行结果部分均做了较大的修订。

5．读者对象

本书既可以作为高等学校、高职高专学校和培训机构相关专业的教材，也可以供零基础的初学者、有一定基础的工程技术与科研人员自学使用，尤其适合作为数学建模大赛的参考书。

6．读者服务

为了便于解决本书的疑难问题，读者在学习过程中如遇到与本书有关的技术问题，可以访问"**算法仿真**"公众号回复"**202401093**"获取帮助，公众号、QQ 群（913881322）提供了与编者的沟通渠道。公众号还为读者提供技术资料分享服务，有需要的读者可以通过公众号获取。

7．本书作者

MATLAB 是一个庞大的资源库和知识库，本书所述难窥其全貌，虽然在本书的编写过程中力求叙述准确、完善，但由于水平有限，书中欠妥之处在所难免，希望读者和同仁能够及时指出，对此我们致以衷心感谢。欢迎对本书提供修订建议，以便为读者提供更好的服务。

特别说明：书中对图表和程序代码进行说明时，相关字母的字体保持与图表、函数公式和程序代码一致，不区分正斜体、黑白体等。

编　者

目　录

第一篇　MATLAB 基础知识

第一篇　MATLAB 基础知识

第 1 章

MATLAB 概述

MATLAB 是美国 MathWorks 公司出品的商业数学软件，用于数据分析、无线通信、深度学习、图像处理与计算机视觉、信号处理、量化金融与风险管理、机器人、控制系统等领域。本章主要介绍 MATLAB 的工作环境、M 文件、通用命令与快捷键、帮助系统等，帮助初学者尽快掌握 MATLAB 的基本操作。

学习目标：

（1）熟悉 MATLAB 的工作环境。

（2）掌握 M 文件的基本操作。

（3）掌握 MATLAB 的通用命令。

（4）熟悉 MATLAB 的帮助系统。

1.1

1.1　关于 MATLAB

MATLAB 是一种专业的计算机应用程序，起初用于工程科学的数学矩阵运算。目前，它已逐渐发展为一种极其灵活的计算体系，用于解决各种重要的科学技术问题。

MATLAB 是 Matrix 与 Laboratory 两个词的组合，意为矩阵工厂（矩阵实验室），主要面向科学计算、可视化及交互式程序设计的高科技计算环境。

MATLAB 将数值分析、矩阵计算、科学数据可视化及非线性动态系统的建模和仿真等诸多强大功能集成在一个易于使用的视窗环境中，为科学研究、工程设计及必须进行有效数值计算的众多科学领域提供了一种全面的解决方案，并在很大程度上摆脱了传统非交互式程序设计语言的编辑模式。

MATLAB 具有以下优势特点：

（1）高效的数值计算及符号计算功能，能使用户从繁杂的数学运算分析中解脱出来；

（2）完备的图形处理功能，实现计算结果和编程的数据可视化；

（3）友好的用户界面及接近数学表达式的自然化语言，使用户易于学习和掌握；

（4）功能丰富的应用工具箱（如信号处理工具箱、通信工具箱等），为用户提供了大量方便实用的处理工具。

1．编程环境

MATLAB 由一系列工具组成。这些工具方便用户使用 MATLAB 的函数和文件，其中许多工具采用的是图形用户界面。包括 MATLAB 桌面和命令窗口、历史命令窗口、编辑器和调试器、路径搜索和用于用户浏览、工作空间、文件的浏览器。

随着 MATLAB 的商业化及软件本身的不断升级，MATLAB 的用户界面也越来越精致，更加接近 Windows 的标准界面，人机交互性更强，操作更简单。简单的编程环境提供了比较完备的调试系统，程序不必经过编译就可以直接运行，而且能够及时报告出现的错误并进行出错原因分析。

2．简单易用

MATLAB 是一个高级的矩阵（阵列）语言，它包含控制语句、函数、数据结构、输入和输出、面向对象编程等特点。用户可以在命令窗口中将输入语句与执行命令同步，也可以先编写好一个较大的复杂应用程序（M 文件）后，再一起运行。

MATLAB 语言是基于最为流行的 C++语言基础上的，因此语法特征与 C++语言极为相似，而且更加简单，更加符合科技人员对数学表达式的书写格式。而且这种语言可移植性好、可拓展性极强，这也是 MATLAB 能够深入应用于科学研究及工程计算各个领域的重要原因。

3．强大处理能力

MATLAB 是一个包含大量计算算法的集合，其拥有 600 多个工程中要用到的数学运算函数，可以方便地实现用户所需的各种计算功能。函数中所使用的算法都是科研和工程计算中的最新研究成果，而且经过了各种优化和容错处理。

在通常情况下，可以用 MATLAB 来代替底层编程语言，如 C、C++等。在计算要求相同的情况下，使用 MATLAB 的编程工作量会大大减少。MATLAB 的函数集包括从最简单最基本的函数到诸如矩阵、特征向量、快速傅里叶变换的复杂函数。

函数所能解决的问题其大致包括矩阵运算和线性方程组的求解、微分方程和偏微分方程组的求解、符号运算、傅里叶变换和数据的统计分析、工程中的优化问题、稀疏矩阵运算、复数的各种运算、三角函数和其他初等数学运算、多维数组操作以及建模动态仿真等。

4．图形处理

MATLAB 自产生之日起就具有方便的数据可视化功能，可将向量和矩阵用图形表现出来，并且可以对图形进行标注和打印。高层次的作图包括二维和三维的可视化、图像处理、动画和表达式作图。这些均可用于科学计算和工程绘图。

MATLAB 不仅具有一般数据可视化软件的功能（如二维曲线和三维曲面的绘制和处理等），而且对于一些其他软件所没有的功能（如图形的光照处理、色度处理和四维数据表现等），同样表现了出色的数据处理能力。同时对一些特殊的可视化要求，如图形对话等，MATLAB 也有相应的功能函数，保证了不同层次的功能要求。

5. 模块工具

MATLAB 对许多专门领域都开发了功能强大的模块集和工具箱。一般来说，它们都是由特定领域的专家开发的，用户可以直接使用工具箱学习、应用和评估不同的方法而不需要自己编写代码。

这些工具箱（Toolbox）包括数据采集、数据库接口、概率统计、样条拟合、优化算法、偏微分方程求解、神经网络、小波分析、信号处理、图像处理、系统辨识、控制系统设计、LMI 控制、鲁棒控制、模型预测、模糊逻辑、金融分析、地图工具、非线性控制设计、实时快速原型及半物理仿真、嵌入式系统开发、定点仿真、DSP 与通信、电力系统仿真等。

6. 程序接口

MATLAB 可以利用 MATLAB 编译器和 C/C++数学库和图形库，将自己的 MATLAB 程序自动转换为独立于 MATLAB 运行的 C/C++代码。同样，也允许用户编写可以和 MATLAB 进行交互的 C/C++语言程序。另外，MATLAB 网页服务程序还允许在 Web 应用中使用自己的 MATLAB 数学和图形程序。

MATLAB 的一个重要特点就是具有一套程序扩展系统和一组称之为工具箱的特殊应用子程序。工具箱是 MATLAB 函数的子程序库，每一个工具箱是为某一类学科专业和应用而定制的，主要包括信号处理、控制系统、神经网络、模糊逻辑、小波分析和系统仿真等方面的应用。

7. 软件开发

在 MATLAB 开发环境中，用户更方便控制多个文件和图形窗口；在编程方面支持函数嵌套、有条件中断等；在图形化方面，有更强大的图形标注和处理功能；在输入输出方面，可以直接与 Excel 和 HDF5 进行连接。

1.2　MATLAB 工作环境

1.2（上）

在初次启动 MATLAB 时，需要将安装文件夹（默认路径为 C:\Program Files\MATLAB\R 2024a\bin）中的 MATLAB.exe 应用程序添加为桌面快捷方式，双击该快捷方式图标即可打开 MATLAB 操作界面。

1.2.1　操作界面

1.2（下）

启动 MATLAB 后的操作界面如图 1-1 所示，默认情况下，操作界面包含选项卡、功能区、当前目录设置区、当前文件夹、命令行窗口、工作区等区域。

图 1-1　操作界面（主界面）

1.2.2　当前文件夹窗口

利用 MATLAB 中的当前文件夹窗口可以组织、管理和使用所有 MATLAB 与非

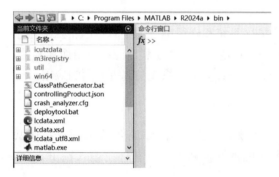

图 1-2　当前文件夹窗口

MATLAB 文件，如新建、复制、删除、重命名文件夹和文件等。

另外，还可以利用该窗口打开、编辑和运行 M 文件（程序文件）及载入 MAT 文件（数据文件）等。当前文件夹窗口如图 1-2 所示。

MATLAB 的当前目录是系统默认的实施打开、装载、编辑和保存文件等操作时的文件夹。设置当前目录，就是将此默认文件夹改变成用户希望使用的文件夹，即用来存放文件和数据的文件夹。

1.2.3　命令行窗口

MATLAB 默认主界面的中间部分为命令行窗口。命令行窗口是接收命令输入的窗口，可输入的对象除 MATLAB 命令外，还包括函数、表达式、语句及 M 文件名或 MEX 文件名等。本书将这些可输入的对象统称为语句。

1．语句的输入

MATLAB 的工作方式之一是在命令行窗口中输入语句，然后由 MATLAB 逐句解释执行并在命令行窗口中给出结果。命令行窗口可显示除图形以外的所有运算结果。

命令行窗口中的每行语句前都有一个提示符"**>>**"，即命令提示符。在此符号后（也只能在此符号后）输入各种语句并按 Enter 键，方可被 MATLAB 接收和执行。执行的结果通常直接显示在语句下方。

【**例 1-1**】命令语句的输入。

直接在命令行窗口中依次输入下面的语句并观察输出结果。其中%表示注释，不参与运行，输入时可不输入%及%以后的内容。

```
>> a=2                % 创建变量a（标量）
a =
    2
>> whos               % 查看变量属性
  Name      Size           Bytes  Class     Attributes
  a         1x1                8  double
```

由 whos 命令可以看出，输入 a=2 回车后即可创建标量 a，其存储格式为 1×1 的矩阵，占用了 8 个字节的内存空间，数据类型为双精度浮点型数据。

```
>> b=8                % 创建变量b
b =
    8
>> c=a+b              % 求a与b的和并赋给变量c
c =
    10
>> d=tan(a)           % 求a的正切并赋给变量d
d =
   -2.1850
>> e=sin(b)           % 求b的正弦并赋给变量e
e =
    0.9894
```

2．命令行窗口中数值的显示格式

MATLAB 的默认显示格式为：当数值为整数时，以整数显示；当数值为实数时，以 short 格式显示，如果数值的有效数字超出了显示范围，则以科学记数法显示。

表 1-1 给出了命令行窗口中数值的显示格式（style）。其中最后两种格式用于控制屏幕显示格式，而非数值显示格式。

表 1-1　命令行窗口中数值的显示格式

格　式	显 示 格 式	格式效果说明
short	3.1416	默认格式，保留 4 位小数，整数部分超过 3 位的小数用 shortE 格式
shortE	3.1416e+00	用 1 位整数和 4 位小数表示，倍数关系用科学记数法表示成十进制指数形式
shortG	3.1416	保证 5 位有效数字，当为 10^{-5}～10^5 时，自动调整数位，超出时用 shortE 格式
shortEng	3.1416e+000	短工程记数法，小数点后包含 4 位数，指数为 3 的倍数
long	3.141592653589793	15 位小数，最多 2 位整数，共 16 位十进制数，否则用 longE 格式表示

续表

格　式	显　示　格　式	格式效果说明
longE	3.141592653589793e+00	15 位小数的科学记数法
longG	3.14159265358979	保证 15 位有效数字，当为 $10^{-15} \sim 10^{15}$ 时，自动调整数位，超出时用 longE 格式
longEng	3.14159265358979e+000	长工程记数法，包含 15 位有效位数，指数为 3 的倍数
rat	355/113	rational，用分数有理数近似表示
hex	400921fb54442d18	十六进制格式表示
+	+	正/负数和零分别用+、−、空格表示
bank	3.14	限两位小数，用于表示元、角、分
compact	不留空行显示	在显示结果之间没有空行的紧凑格式
loose	留空行显示	在显示结果之间有空行的稀疏格式

说明：MATLAB 的所有数值均按 IEEE 浮点标准规定的长型格式存储，显示的精度并不代表数值的实际存储精度（或数值参与运算的精度）。

3．数值显示格式的设置方法

数值显示格式的设置方法有以下两种。

（1）单击"主页"→"环境"→"预设"按钮，在弹出的"预设项"对话框中选择"命令行窗口"选项，进行数值显示格式设置，如图 1-3 所示。

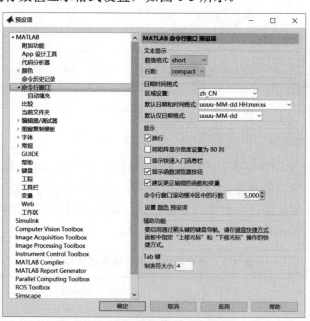

图 1-3　"预设项"对话框

（2）为了满足不同格式显示结果的需要，MATLAB 提供了 format 函数，用于数值显示格式的设置，其调用格式如下。

```
format style    % 将命令行窗口中的输出显示格式更改为 style 指定的格式
format          % 将输出格式重置为默认值
```

如要用 long 格式，只需在命令行窗口中输入 format long 语句即可。使用命令的目的是方便在程序设计时进行格式设置。

不仅数值显示格式可以自行设置，数字和文字的字体显示风格、大小、颜色也可由用户自行设置。在"预设项"对话框左侧的格式对象树中选择要设置的对象，再配合相应的选项，便可对所选对象的风格、大小、颜色等进行设置。

【例 1-2】显示格式设置示例。

直接在命令行窗口中依次输入下列语句，并观察输出结果。

```
>> pi                    % 圆周率 π
ans =
    3.1416
>> format long
>> pi
ans =
    3.141592653589793
>> format longE
>> pi
ans =
    3.141592653589793e+00
>> format shortE
>> pi
ans =
    3.1416e+00
>> format                    %将输出格式重置为默认值
>> format compact            %将输出格式重置为紧凑格式
```

4．命令行窗口清屏

当命令行窗口中执行过许多命令后，经常需要对命令行窗口进行清屏操作，通常有以下两种方法。

- 执行"主页"→"代码"→"清除命令"→"命令行窗口"命令。
- 在命令提示符后直接输入 clc 语句。

以上两种方法都能清除命令行窗口中显示的内容，但并不能清除工作区中显示的内容。

5．命令历史记录

在命令行窗口中使用过的语句均存储在命令历史记录窗口中，在命令行窗口中输入键盘中的方向箭头"↑"，即可弹出命令历史记录窗口，如图 1-4 所示。

对于命令历史记录窗口中的内容，可在选中的前提下将它们复制到当前正在工作的命令行窗口中，以供进一步修改或直接运行。

 注意：

> 在历史命令窗口中，当语句前面有━提示符时，表示该命令有错，不能运行。

图 1-4　历史命令窗口

执行"主页"→"代码"→"清除命令"→"命令历史记录"命令，可以清除命令历史记录窗口中的内容。

1.2.4　工作区窗口

在默认情况下，工作区位于 MATLAB 操作界面的右侧。工作区窗口拥有许多其他应用功能，如内存变量的打印、保存和编辑等。

操作时只需在工作区窗口中选择相应的变量，然后单击鼠标右键，在弹出的快捷菜单中选择相应的菜单命令即可，如图 1-5 所示。

在 MATLAB 中，数组和矩阵是十分重要的基础变量，因此，MATLAB 专门提供了变量编辑器工具来编辑数据。

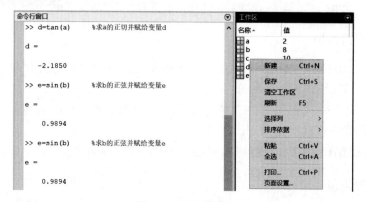

图 1-5　快捷菜单

双击工作区窗口中的某个变量，会弹出如图 1-6 所示的变量编辑器窗口。在该编辑器窗口中，可以对变量及数组进行编辑操作。同时，利用"绘图"选项卡下的功能命令，可以很方便地绘制各种图形。

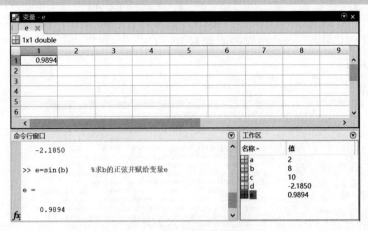

图 1-6　变量编辑器窗口

1.2.5　搜索路径设置

当 MATLAB 对函数或文件等进行搜索时，都是在其搜索路径下进行的。如果调用的函数在搜索路径之外，那么 MATLAB 会认为该函数不存在。

提　示

> 通常，MATLAB 系统的函数（包括工具箱函数）都在系统默认的搜索路径中，但是用户自己书写的函数有可能并没有保存在搜索路径下。要解决这个问题，只需把程序所在的目录扩展成 MATLAB 的搜索路径即可。

在 MATLAB 命令行窗口中输入某一变量（如 dinghai）后，MATLAB 将进行如下操作。

（1）检查 dinghai 是不是 MATLAB 工作区中的变量名，如果不是，则执行下一步；

（2）检查 dinghai 是不是内置函数，如果不是，则执行下一步；

（3）检查当前文件夹下是否存在一个名为 dinghai.m 的文件，如果无，则执行下一步；

（4）按顺序检查所有 MATLAB 搜索路径中是否存在 dinghai.m 文件；

（5）如果到目前为止还没有找到这个 dinghai，MATLAB 就给出一条错误信息。

MATLAB 在执行相应的指令时，都是基于上述搜索策略完成的。如果 dinghai 是一个变量，MATLAB 就使用这个变量；如果 dinghai 是一个内置函数，MATLAB 就调用这个函数；如果 dinghai.m 是当前文件夹或 MATLAB 搜索路径中的一个文件，MATLAB 就打开这个文件夹或文件，然后执行这个文件中的指令。

实际上，MATLAB 的搜索过程比上面的描述要复杂得多。但在大部分情况下，上述搜索过程已能满足大多数 MATLAB 操作。

MATLAB 设置搜索路径的方法有两种：一种是用"设置路径"对话框来设置，另一种是用命令来设置。现将这两种方法分述如下。

1．利用对话框设置搜索路径

查看 MATLAB 的搜索路径，可以通过选项卡命令和函数两种方法来进行。单击"主页"→"环境"→"设置路径"按钮，弹出"设置路径"对话框，如图 1-7 所示。通过该对话框，可为 MATLAB 添加或删除搜索路径。

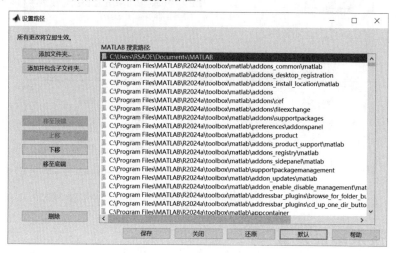

图 1-7　"设置路径"对话框

2．利用命令设置搜索路径

在 MATLAB 中，能够将某一路径设置成可搜索路径的命令有两个：path 和 addpath。其中，path 用于查看或更改搜索路径，该路径存储在 pathdef.m 中；addpath 将指定的文件夹添加到当前 MATLAB 的搜索路径。

【例 1-3】设存在路径"E:\Matlab\Myown"，试用 path 和 addpath 命令将其设置成可搜索路径。

```
>> path(path, 'E:\Matlab\Myown');      % 将路径添加到路径表的最后
>> addpath E:\Matlab\Myown -begin      % 将路径放在路径表的前面
>> addpath E:\Matlab\Myown -end        % 将路径放在路径表的最后
```

说明：读者直接照搬上面的命令即可，无须关注这两个命令的语法结构。

1.3　M 文件

1.3

所谓 M 文件，简单来说就是用户首先把要实现的命令写在一个以.m 为扩展名的文件中，然后由 MATLAB 系统进行解读，最后运行出结果。由此可见，MATLAB 具有强大的可开发性和可扩展性。

1.3.1　M 文件编辑器

在 MATLAB 中，M 文件有函数和脚本两种格式。两者的相同之处在于它们都是以.m 为扩展名的文本文件，不进入命令行窗口，而是由专用编辑器来创建外部文本文件。但是两者在语法和使用上略有区别，下面分别介绍这两种格式。

通常，M 文件是文本文件，因此可使用一般的文本编辑器编辑 M 文件，存储时以文本模式存储，MATLAB 内部自带了 M 文件编辑器与编译器。打开 M 文件编辑器的方法如下。

（1）执行"主页"→"文件"→"新建"→"脚本"命令。

（2）单击"主页"→"文件"→ 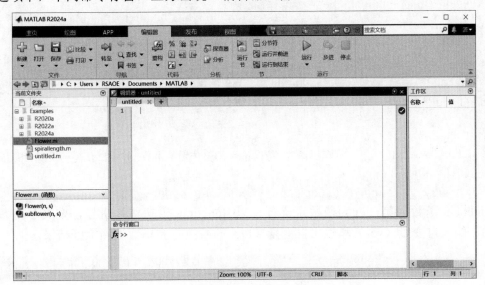（新建脚本）按钮。

（3）单击"主页"→"文件"→ （新建实时脚本）按钮。

打开 M 文件编辑器后的 MATLAB 主界面如图 1-8 所示，此时主界面功能区出现"编辑器"选项卡，中间命令行窗口上方出现"编辑器"窗口。

图 1-8　M 文件编辑器

编辑器是一个集编辑与调试两种功能于一体的工具环境。在进行代码编辑时，通过它可以用不同的颜色来显示注解、关键词、字符串和一般程序代码，使用非常方便。在书写完 M 文件后，也可以像一般的程序设计语言一样，对 M 文件进行调试、运行。

1.3.2　函数

MATLAB 中许多常用的函数（如 sqrt、inv 和 abs 等）都是函数式 M 文件。在使用时，MATLAB 获取传递给它变量，利用操作系统所给的输入，运算得到要求的结果并返回这些结果。

函数文件类似于一个黑箱，由函数执行的命令及由这些命令创建的中间变量都是隐含的；运算过程中的中间变量都是局部变量（除特别声明外），且被存放在函数本身的工作空间内，不会和 MATLAB 基本工作空间的变量相互覆盖。

除 MATLAB 内置函数外，用户还可以自行定义函数，通常用 function 进行声明，下面通过一个示例进行说明，本书后文还会做具体介绍。

【例 1-4】函数应用示例。

（1）启动 MATLAB 后，单击"主页"→"文件"→ （新建脚本）按钮，打开 M 文件编辑器窗口。

（2）在编辑器窗口中输入以下内容（创建名为 funa.m 的 M 文件）。

```
function f=funa(var)          % 求变量 var 的正弦
f=sin(var);
end
```

（3）单击"编辑器"→"文件"→ （保存）按钮，在弹出的"选择要另存的文件"对话框中保存文件为 funa.m。

（4）在命令行窗口中输入以下命令并显示输出结果。

```
>> type funa.m               % 显示函数内容
function f=funa(var)
f=sin(var);                  % 求变量 var 的正弦
end

>> x=[0 pi/2 pi 3*pi/2 2*pi]      % 输入变量
x =
        0    1.5708    3.1416    4.7124    6.2832
>> sinx=funa(x)      % 调用函数，将变量 x 的值传递给函数，并返回计算结果赋给变量 sinx
sinx =
        0    1.0000    0.0000   -1.0000   -0.0000
```

function 函数的第一行为函数定义行，以 function 语句作为引导，定义了函数名称（funa）、输入自变量（var）和输出自变量（f）；函数执行完毕后返回运行结果。

提　示

　　函数名和文件名必须相同，在调用该函数时，需要指定变量的值，类似于 C 语言的形式参数。

---

function 为关键词，说明此 M 文件为函数，第二行为函数主体，规范函数的运算过程，并指出输出自变量的值。

在函数定义行下可以添加注解，以%开头，即函数的在线帮助信息。在 MATLAB 的命令行窗口中输入"help 函数主文件名"，即可看到这些帮助信息。

注意：
　　在线帮助信息和 M 函数定义行之间可以有空行，但是在线帮助信息的各行之间不应有空行。

1.3.3　脚本

脚本是一个扩展名为.m 的文件，其中包含了 MATLAB 的各种命令语句。它与批处理文件类似，在 MATLAB 命令行窗口中直接输入该文件的主文件名，MATLAB 即可逐一执行该文件内的所有命令语句，这与在命令行窗口中逐行输入这些命令语句一样。

脚本式 M 文件运行生成的所有变量都是全局变量，运行脚本后，生成的所有变量都驻留在 MATLAB 基本工作空间内，只要不使用 clear 命令清除，且命令窗口不关闭，这些变量将一直保存在工作空间中。基本工作空间随 MATLAB 的启动而生成，在关闭 MATLAB 软件时，该基本工作空间会被删除。

【例 1-5】 脚本应用示例。求三元一次方程组的解。

$$\begin{cases} x+2y+z=7 \\ 2x-y+3z=7 \\ 3x+y+2z=18 \end{cases}$$

（1）在编辑器窗口中输入以下内容（创建名为 sroot.m 的 M 文件）。

```
% sroot 用于求 A*X=b
A=[1 2 1; 2 -1 3; 3 1 2];
b=[7; 7; 18];
X=A\b
```

（2）单击"编辑器"→"文件"→🖫（保存）按钮，在弹出的"选择要另存的文件"对话框中保存文件为 sroot.m。

（3）在命令行窗口中输入以下命令并显示输出结果。

```
>> sroot
X =
    7
    1
   -2
```

从上面的求解可知，$x=7, y=1, z=-2$。上述用到了 MATLAB 中矩阵的输入方式，本书后文将会介绍。

1.3.4　M 文件遵循的规则

下面对 M 文件必须遵循的规则及两种格式的异同做简要说明。

（1）在 M 文件中（包括脚本和函数），所有注释行都是帮助文本，当需要帮助时，返回该文本，通常用来说明文件的功能和用法。

（2）函数式 M 文件的函数名必须与文件名相同。函数式 M 文件有输入参数和输出参数；脚本式 M 文件没有输入参数或输出参数。

（3）函数可以有零个或多个输入和输出变量。利用内置函数 nargin 和 nargout 可以查看输入和输出变量的个数。在运行时，可以按少于 M 文件中规定的输入和输出变量的个数进行函数调用，但不能多于这个标称值。

（4）函数式 M 文件中的所有变量除特殊声明外都是局部变量，而脚本式 M 文件中的变量都是全局变量。

（5）若在函数文件中发生了对某脚本文件的调用，该脚本文件运行生成的所有变量都存放于该函数工作空间中，而不是存放在基本工作空间中。

（6）从运行上看，与脚本文件不同的是，函数文件在被调用时，MATLAB 会专门为它开辟一个临时工作空间，称为函数工作空间，用来存放中间变量，当执行完函数文件的最后一条命令或遇到 return 时，就结束该函数文件的运行。同时，该函数工作空间及其中所有的中间变量将被清除。函数工作空间相对于基本空间来说是临时的、独立的，在 MATLAB 运行期间，可以产生任意多个函数工作空间。

> **提　示**
>
> 变量的名称可以包括字母、数字和下画线，但必须以字母开头，并且在 M 文件设计中是区分大小写的。变量的长度不能超过系统函数 namelengthmax 规定的值。

1.4　通用描述

1.4

在使用 MATLAB 时，经常会涉及命令与函数、表达式与语句的不同表述，为帮助读者尽快掌握 MATLAB，本节对这些表述进行讲解。

1.4.1　命令与函数

命令与函数是 MATLAB 的灵魂，使用 MATLAB 离不开对命令与函数的操作。

1. 命令

一条命令通常完成一种操作，如 clear 命令用于清除工作空间中的内存变量。有的命令后面可能带有参数，如 "addpath F:\ MATLAB\M-end" 命令用于添加新的搜索路径。

在 MATLAB 中，命令与函数都存储在函数库里。MATLAB 有一个专门的函数库 general，就是用来存放通用命令的。一条命令也是一条语句。

2. 函数

MATLAB 中包含了大量函数，可以被直接调用。仅 MATLAB 基本部分包括的函数类别就有 20 多种，而每一类别中又有少则几个、多则几十个函数。

除基本部分外，还有各种工具箱（工具箱实际上也是由一组组用于解决专门问题的函数构成的），MATLAB 自带的工具箱已多达几十种。函数最一般的引用格式如下。

函数名（参数 1，参数 2，⋯）

例如，要引用正弦函数，可书写成 sin(A)，A 就是一个参数，它可以是一个标量，也可以是一个数组。而对数组求其正弦值是针对其中各元素进行的，这是由数组的特征决定的。

MATLAB 提供了大量的标准初等数学函数，包括 abs、sqrt、exp 和 sin 等。生成负数的平方根或对数不会导致错误，系统会自动生成相应的复数结果。另外，MATLAB 还提供了许多其他高等数学函数，包括贝塞尔函数和 Gamma 函数等。

利用 elfun 函数，可以查看初等数学函数列表：

```
help elfun
```

利用 specfun 和 elmat 函数，可以查看高等数学函数和矩阵函数列表：

```
help specfun
```

```
help elmat
```

MATLAB 中的函数分为内置函数（如 sqrt 和 sin）及自定义函数。其中，内置函数的运行非常高效，但计算的详细信息不能访问；自定义函数利用 MATLAB 编程语言来实现。

1.4.2 表达式与语句

1. 表达式

MATLAB 中的表达式是由常量（数字等）、变量（自由变量和约束变量，包括标量、向量、矩阵和数组等）、函数、运算符、分组符号（括号）等有意义的排列所得的组合。例如，A||B-sin(A×pi)+sqrt(B)就是一个表达式。

表达式又分为算术表达式、逻辑表达式、符号表达式，后文将进行讲解。

2. 语句

语句是程序设计中的概念，在 MATLAB 中，表达式本身即可被视为一条语句。而典型的 MATLAB 语句是赋值语句（如 F=A||B-sin(A×pi)），其一般结构如下。

```
变量名=表达式
```

如同其他的程序设计语言一样，MATLAB 除赋值语句外，还有函数调用语句、循环控制语句、条件分支语句等。

【例 1-6】赋值语句示例及运行结果。

在命令行窗口中输入以下命令并显示输出结果。

```
>> a=11
a =
    11
>> rho=(1+sqrt(a))/2          % 函数 sqrt 用于求平方根
rho =
    2.1583
>> b=abs(3+8i)               % 函数 abs 用于求绝对值或复数的模
b =
    8.5440
>> x=sqrt(besselk(5/3,rho-i)) % besselk 为第二类修正的 Bessel 函数
x =
    0.2916 + 0.2398i
```

1.5　通用命令与快捷键

1.5

通用命令是 MATLAB 中经常使用的一组命令，这些命令可以用来管理目录、命令、函数、变量、工作空间、文件和窗口。在后面的学习中会经常用到，下面对这些命令进行简单归纳，并不做详细介绍。

1.5.1 通用命令

在使用 MATLAB 编写程序代码的过程中，会经常使用的命令称为常用命令，如表 1-2 所示。其中 clc、clf、clear 是最为常用的命令，使用时直接在命令行窗口输入命令即可。

表 1-2 常用命令

命 令	命 令 说 明	命 令	命 令 说 明
clc	清除命令行窗口中的所有显示内容	cd	显示或改变当前工作目录
clf	清除图形窗口	dir	显示当前目录或指定目录下的文件
clear	清理内存变量	load	加载指定文件的变量
disp	显示变量或文字内容	diary	日志文件命令
exit	退出 MATLAB	!	调用 DOS 命令
quit	退出 MATLAB，等同于 exit	pack	收集内存碎片
home	将光标移至命令行窗口的左上角	hold	图形保持开关
echo	命令行窗口信息显示开关	path	显示搜索目录
type	显示指定 M 文件的内容	save	保存内存变量到指定文件
more	控制命令行窗口的分页输出	close	关闭指定图形窗口

1.5.2 快捷键

在 MATLAB 命令行窗口中，为了便于对输入的内容进行编辑，MATLAB 提供了一些控制光标位置和进行简单编辑的常用编辑键与组合键，即快捷键。掌握这些快捷键，可以在输入命令的过程中获得事半功倍的效果。表 1-3 列出了一些常用快捷键。

表 1-3 常用快捷键

快 捷 键	说 明	快 捷 键	说 明
↑	调用上一命令行	Esc	清除当前输入行的全部内容
↓	调用下一命令行	Home	光标置于当前行开头
←	光标左移一个字符	End	光标置于当前行末尾
→	光标右移一个字符	Delete	删除光标处的字符
Ctrl + ←	光标左移一个单词	Backspace	删除光标前的字符
Ctrl + →	光标右移一个单词	Alt+Backspace	恢复上一次删除的内容
Pageup	向前翻阅当前窗口中的内容	Ctrl + c	中断命令的运行
Pagedown	向后翻阅当前窗口中的内容	...	...

1.5.3 标点符号的含义

在 MATLAB 中，一些标点符号也被赋予了特殊的意义或代表一定的运算。MATLAB

中的标点符号功能如表 1-4 所示，所有的标点符号均需要在英文状态下输入。

表 1-4　MATLAB 中的标点符号

名　称	符　号	功　能
空格		变量分隔符；数组行元素分隔符；矩阵一行中各元素间的分隔符；程序语句关键词分隔符
逗号	,	分隔要显示计算结果的各语句；变量分隔符；矩阵一行中各元素间的分隔符；函数参数分隔符
点号	.	数值中的小数点；结构数组的域访问符
分号	;	分隔不显示计算结果的各语句；矩阵行与行的分隔符
冒号	:	用于生成一维数值数组；表示一维数组的全部元素或多维数组中某一维的全部元素
百分号	%	注释语句说明符，凡在其后的字符均被视为注释性内容而不被执行
单引号	''	字符串标识符
叹号	!	调用操作系统运算
续行符	…	长命令行需要分行时用于连接下行
赋值号	=	将表达式赋值给一个变量
圆括号	( )	用于矩阵元素引用；用于函数输入变量列表；确定运算的优先级
方括号	[ ]	向量和矩阵的标识符；用于函数输出列表
花括号	{ }	标识构造元胞数组
下画线	_	用于变量、函数或文件名中的连字符
at 符	@	用在函数名前形成函数句柄；用在目录名前形成用户对象类目录

1.6　MATLAB 的帮助系统

1.6

MATLAB 为用户提供了帮助系统，可以帮助用户更好地了解和运用 MATLAB。本节介绍帮助系统的使用方法。常见的帮助命令如表 1-5 所示。

表 1-5　常见的帮助命令

命　令	功　能	命　令	功　能
demo	运行 MATLAB 演示程序	lookfor	按照指定的关键字查找所有相关的 M 文件
help	获取在线帮助	helpwin	运行帮助窗口，列出函数组的主题
who	列出当前工作区窗口中的所有变量	which	显示指定函数或文件的路径
doc	在网络浏览器中显示指定内容的 HTML 格式帮助文件或启动 helpdesk	what	列出当前目录或指定目录下的 M 文件、MAT 文件和 MEX 文件
exist	检查变量、脚本、函数、文件夹或类的存在性	whos	列出当前工作空间中变量的更多信息

1.6.1　使用帮助命令

在 MATLAB 中，所有执行命令或函数的 M 源文件都有较详细的注释。这些注释都是用纯文本的形式来表示的，一般都包括函数的调用格式或输入函数、输出结果的含义。

1. help 命令

采用 help 命令可以在命令行窗口中显示 MATLAB 的帮助信息，其调用格式如下。

```
help name          % 显示 name（可以是函数、方法、类、工具箱或变量等）指定的帮助信息
```

通过分类搜索可以得到相关类型的所有命令。表 1-6 给出了部分分类搜索类型。

表 1-6　部分分类搜索类型

类型名	功能	类型名	功能
general	通用命令	graphics	通用图形函数
elfun	基本数学函数	control	控制系统工具箱函数
elmat	基本矩阵及矩阵操作	ops	操作符及特殊字符
mathfun	矩阵函数、数值线性代数	polyfyn	多项式和内插函数
datafun	数据分析及傅里叶变换	lang	语言结构及调试
strfun	字符串函数	funfun	非线性数值功能函数
iofun	低级文件输入/输出函数	…	…

2. lookfor 命令

lookfor 命令是在所有的帮助条目中搜索关键字，通常用于查询具有某种功能而不知道准确名字的命令，其调用格式如下。

```
lookfor keyword        % 在搜索路径中所有 MATLAB 程序文件的第一个注释行（H1 行）中，
                       % 搜索指定的关键字，搜索结果显示所有匹配文件的 H1 行
lookfor keyword -all   % 搜索 MATLAB 程序文件的第一个完整注释块
```

【例 1-7】在 MATLAB 中查阅帮助信息。

解：根据 MATLAB 的帮助体系，用户可以查阅不同范围的帮助信息，具体步骤如下。

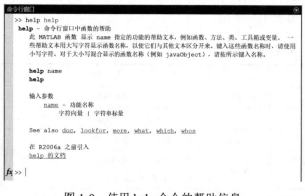

图 1-9　使用 help 命令的帮助信息

（1）在 MATLAB 的命令行窗口中输入 help help 命令，然后按 Enter 键，可以查阅如何在 MATLAB 中使用 help 命令，如图 1-9 所示。

窗口中显示了如何在 MATLAB 中使用 help 命令的帮助信息，用户可以详细阅读上面的信息来了解如何使用 help 命令。

（2）在 MATLAB 的命令行窗口中输入 help 命令，然后按 Enter 键，查阅最近所使用命令主题的帮助信息。

（3）在 MATLAB 的命令行窗口中输入 help topic 命令，然后按 Enter 键，查阅关于该主题的所有帮助信息。

上面简单地演示了如何在 MATLAB 中使用 help 命令，以获得各种函数、命令的帮助信息。在实际应用中，用户可以灵活使用这些命令搜索所需的帮助信息。

1.6.2　帮助导航系统

在 MATLAB 中，提供帮助信息的帮助交互界面主要由帮助导航器和帮助浏览器两部分组成。这个帮助文件和 M 文件中的纯文本帮助无关，它是 MATLAB 专门设置的独立帮助系统。该系统对 MATLAB 的功能叙述得全面、系统，而且界面友好、使用方便，是用户查找帮助信息的重要途径。

在操作界面中单击"主页"→"资源"→ ❓（帮助）按钮，即可打开"帮助"交互界面，如图 1-10 所示。在该界面中选择需要学习的内容即可进行学习。

图 1-10　帮助交互界面

1.6.3　示例程序的帮助系统

在 MATLAB 中，各个工具包都有设计好的示例程序，这些示例对提高初学者 MATLAB 的应用能力有着重要的作用。

在 MATLAB 的命令行窗口中输入 demo 命令，即可进入示例程序的帮助中心，单击其中的"MATLAB"即可进入 MATLAB 的示例程序帮助系统，如图 1-11 所示。读者可以通过打开实时脚本进行学习。

图 1-11　示例程序的帮助系统

1.7　本章小结

本章讲解了 MATLAB 的工作环境、搜索路径设置、M 文件的基本操作，对 MATLAB 中的通用命令进行了总结，同时讲解了如何在 MATLAB 中获取帮助信息。读者在学习时，可暂不关注输入的语法要求，这些内容将在后面的章节中有介绍。

习　　题

1．填空题

（1）默认情况下，MATLAB 操作界面包含＿＿＿＿＿＿、＿＿＿＿＿、＿＿＿＿＿、＿＿＿＿＿、命令行窗口、＿＿＿＿＿＿等区域。

（2）在 MATLAB 中，M 文件的两个格式为：＿＿＿＿＿＿、＿＿＿＿＿。它们都是以＿＿＿＿为扩展名的文本文件，由专用的＿＿＿＿＿＿来创建外部文本文件。

（3）命令 clc 的功能为：＿＿＿＿＿＿＿＿＿＿＿＿＿＿＿＿＿＿＿＿＿＿＿＿＿＿＿＿。

命令 clf 的功能为：＿＿＿＿＿＿＿＿＿＿＿＿＿＿＿＿＿＿＿＿＿＿＿＿＿＿＿＿。

命令 clear 的功能为：＿＿＿＿＿＿＿＿＿＿＿＿＿＿＿＿＿＿＿＿＿＿＿＿＿＿。

2．计算与简答题

（1）试在 MATLAB 中编程，参照例题求下列方程组的解。

① $\begin{cases} x+y+z=12 \\ x+2y+5z=22 \\ x=4y \end{cases}$ ② $\begin{cases} x+y-z=0 \\ 2x-3y+5z=5 \\ 3x+y-z=2 \end{cases}$ ③ $\begin{cases} 2x+3y=7 \\ 5x-2y=8 \end{cases}$

（2）试通过 help 命令查看非线性规划求解器 fmincon（寻找约束非线性多变量函数的最小值）函数的使用方法。

（3）试描述空格、逗号、点号、分号、冒号、百分号的功能。

第2章
向量、矩阵与数组

向量和矩阵在 MATLAB 中通过数组来表示，因此，数组是 MATLAB 中的核心内容。本章主要结合基本数学知识，利用编程语言中数组的概念来讲解 MATLAB 中向量与矩阵的创建方法，对稀疏矩阵进行了详细讲解，同时对多维数组也进行了讲解，从而为后面的学习奠定基础。

学习目标：

（1）熟练掌握向量的创建与操作。

（2）熟练掌握矩阵的创建与操作。

（3）掌握稀疏矩阵的创建与操作。

（4）了解多维数组的创建与操作。

2.1 基本概念

2.1

在学习如何进行向量、矩阵创建与操作之前，首先需要对基本概念有一个清晰的认识，下面介绍常量和变量、数组、矩阵、标量与向量等基本概念。

2.1.1 常量和变量

1. 常量

常量是程序语句中值不会变的那些量。如，表达式 y=3.1415x 中的系数 3.1415 就是一个数值常量；表达式 s='Name and Tel'中单引号内的英文字符串是一个字符串常量。

在 MATLAB 中，系统默认给定一个符号来表示某些特定常量，如 pi 代表圆周率 π，即 3.1415926…。MATLAB 中常用的常量如表 2-1 所示，这些常量也被称为系统预定义的变量。

表 2-1　MATLAB 常用的常量

名　称	含　义	名　称	含　义
ans	MATLAB 中默认的变量	nargin	所用函数的输入变量数目

续表

名　称	含　义	名　称	含　义
pi	圆周率 π 的双精度表示	nargout	所用函数的输出变量数目
Inf 或 inf	无穷大，由 0 作为除数引入此常量	realmin	最小可用正实数，2^{-1022}
i(j)	复数中的虚数单位	realmax	最大可用正实数，2^{1023}
NaN	不定值，表示非数值量，产生于 0/0、∞/∞、0*∞ 等运算	eps	容差变量，当绝对值小于 eps 时认为为 0，即浮点数的最小分辨率，在系统中该值为 2^{-52}

2．变量

在程序运行过程中，其值可以改变的量称为变量，变量用变量名表示。在 MATLAB 中，变量名的命名规则如下。

（1）变量名必须以字母开头，且只能由字母、数字或下画线 3 类符号组成，不能包含空格和标点符号（如%、'、( )、,、.）等。

（2）变量名字母区分大小写，如 a 和 A 代表不同的变量。

（3）变量名不能超过 63 个字符，第 63 个字符后的字符会被忽略。

（4）关键字（如 if、while 等）不能作为变量名；不要使用表 2-1 中的特殊常量符号作为变量名。

（5）常见的错误命名有%x、f(x+y)、y'、y"、A^2、A(x)、while 等。

2.1.2　数组、矩阵、标量与向量

MATLAB 中运算涉及的基本运算量包括标量、向量、矩阵和数组。它们各自的特点及相互之间的关系如下。

（1）数组是一个用于高级语言程序设计的概念，不是一个数学量。如果数组元素按一维线性方式组织在一起，那么称其为一维数组，一维数组的数学原型是向量。如果数组元素分行、列排成一个二维平面表格，那么称其为二维数组，二维数组的数学原型是矩阵。

如果元素在排成二维数组的基础上，将多个行数和列数分别相同的二维数组叠成一个立体表格，便形成三维数组。依次类推，便有了多维数组的概念。

MATLAB 中的数组不借助循环，而是直接采用运算符进行运算，它有自己独立的运算符和运算法则。

（2）矩阵是一个数学概念，MATLAB 将矩阵引入基本运算量后，不但实现了矩阵的简单加减乘除运算，而且许多与矩阵相关的其他运算也大大简化了。

（3）向量是一个数学量，在 MATLAB 中，可视其为矩阵的特例。从 MATLAB 的工作空间窗口可以看到，一个 n 维的行向量是一个 $1 \times n$ 阶的矩阵，列向量是一个 $n \times 1$ 阶矩阵。

（4）标量也是一个数学概念，在 MATLAB 中，既可将其视为简单变量，又可把它当成 1×1 阶的矩阵，这与矩阵作为 MATLAB 的基本运算量是一致的。

（5）在 MATLAB 中，二维数组和矩阵是数据结构形式相同的两种运算量。二维数组和矩阵在表示、建立、存储等方面没有区别，区别只在于它们的运算符和运算法则不同。

例如，在 MATLAB 中，A=[1 2; 3 4]有矩阵或二维数组两种可能的角色。从形式上不能

完全区分它们是矩阵还是数组，此时要看使用的运算符及其与其他量之间进行的运算。

（6）数组的维和向量的维是两个完全不同的概念。数组的维是根据数组元素排列后形成的空间结构去定义的：线性结构是一维，平面结构是二维，立体结构是三维，还有四维和多维。向量的维数相当于一维数组中的元素个数。

2.2　向量

2.2

向量是一个有方向的量，它是高等数学、线性代数中的概念，在力学、电磁学等领域有着广泛应用。向量是由 n 个数 a_1，a_2，$\cdots$，a_n 组成的有序数列，形式如下。

$$\boldsymbol{a} = \begin{bmatrix} a_1 \\ a_2 \\ \vdots \\ a_n \end{bmatrix} \text{ 或 } \boldsymbol{a} = [a_1 \ a_2 \ \cdots \ a_n]$$

2.2.1　创建向量

在 MATLAB 中，向量主要采用一维数组来表示。创建向量主要有直接输入法、冒号表达式法和函数法。

1. 直接输入法

在命令提示符之后直接输入一个向量，其格式如下。

```
向量名=[a1, a2, a3, …]      % 采用逗号符创建行向量
向量名=[a1   a2   a3 …]      % 采用空格符创建行向量
向量名=[a1; a2; a3; …]      % 采用分号符创建列向量
```

【例 2-1】采用直接输入法创建向量。

在命令行窗口中输入以下命令并显示输出结果。

```
>> A=[2, 4, 6, 8]          % 采用逗号符创建行向量 A
A =
    2    4    6    8
>> B=[2 4 6 8]             % 采用空格符创建行向量 B
B =
    2    4    6    8
>> C=[2; 4; 6; 8]          % 采用分号符创建列向量 C
C =
    2
    4
    6
    8
```

说明：在后面的算例中，直接创建的向量或矩阵语句后采用了";"结尾，表示不在命

令行窗口中输出结果，不输入"；"可直接显示结果。

2. 冒号表达式法

利用冒号表达式也可以创建向量，其格式如下。

```
向量名=a1:step:an
```

其中，a1 为向量的第一个元素；an 为向量最后一个元素的限定值；step 是变化步长，可以是正数、负数或者小数，省略时系统默认步长为 1。

MATLAB 支持构造任意步长的向量，步长甚至可以是负数。

【例 2-2】利用冒号表达式法创建向量。

在命令行窗口中输入以下命令并显示输出结果。

```
>> A=1:2:10                    % 构造步长为 2 的递增向量
A =
    1    3    5    7    9
>> B=-2.5:2.5                  % 构造步长为 1 的递增向量
B =
  -2.5000  -1.5000  -0.5000   0.5000   1.5000   2.5000
>> C=2:-0.5:-1                 % 构造步长为-0.5 的递减向量
C=
   2.0000   1.5000   1.0000   0.5000        0  -0.5000  -1.0000
```

3. 函数法

MATLAB 提供了两个函数用于直接创建向量：一个是实现线性等分的函数 linspace；另一个是实现对数等分的函数 logspace。

（1）函数 linspace 的通用调用格式如下。

```
A=linspace(a1,an,n)           % 生成等间距向量
```

其中，a1 是向量的首元素，an 是向量的尾元素，n 把 a1 至 an 的区间分成向量首尾元素之外的其他 n-2 个元素。若省略 n，则默认创建含有 100 个元素的线性等分向量。

（2）函数 logspace 的通用调用格式如下。

```
A=logspace(a1,an,n)           % 生成对数间距向量
```

其中，a1 是向量首元素的幂，即 A(1)为 10 的 a1 次幂；an 是向量尾元素的幂，即 A(n) 为 10 的 an 次幂；n 是向量的维数。若省略 n，则默认创建含有 50 个元素的对数等分向量。

【例 2-3】利用线性等分函数及对数等分函数创建向量。

在命令行窗口中输入以下命令并查看输出结果。

```
>> A=linspace(1,10);          % 创建 1～10 的 100 个元素，采用"；"结束，不显示结果
>> B=linspace(1,5,6)          % 创建 1～5 的 6 个线性等分元素
B =
   1.0000   1.8000   2.6000   3.4000   4.2000   5.0000
>> C=logspace(0,4);           % 创建 1～10000 的 50 个元素，采用"；"结束，不显示结果
>> D=logspace(0,4,5)          % 创建 1～10000 的 5 个对数等分元素
D =
      1     10    100   1000  10000
```

采用冒号表达式法和线性等分函数都能创建线性等分向量，但在使用时有几点区别需要注意。

（1）在冒号表达式法中，an 不一定恰好是向量的最后一个元素，只有当向量的倒数第二个元素加步长等于 an 时，an 才正好构成尾元素。

（2）在使用线性等分函数前，必须先确定创建向量的元素个数，但使用冒号表达式法将依据步长和 an 的限制去创建向量，无须考虑元素个数的多少。

（3）实际应用时，同时限定尾元素和步长去创建向量，可能会出现矛盾，此时要么坚持步长优先，调整尾元素限制；要么坚持尾元素限制，调整等分步长。

2.2.2　向量的算术运算

在 MATLAB 中，维数相同的行向量可以相加减，维数相同的列向量也可以相加减，标量数值可以与向量直接相乘除。但是，不同维数的向量之间的加减运算是不允许的。

【例 2-4】向量的加减和数乘运算示例。

在命令行窗口中输入以下命令并查看输出结果。

```
>> A=[2 4 6 8];              % 直接输入法创建行向量 A
>> B=3:2:9;                  % 冒号表达式法创建行向量 B
>> AT=A';                    % '表示转置
>> BT=B';
>> E1=A+B                    % 求 A 与 B 的元素和
E1 =
     5     9    13    17
>> E2=A-B                    % 求 A 与 B 的元素差
E2 =
    -1    -1    -1    -1
>> F=AT-BT
F =
    -1
    -1
    -1
    -1
>> G1=4*A
G1 =
     8    16    24    32
>> G2=B/4
G2 =
    0.7500    1.2500    1.7500    2.2500
```

2.2.3　向量的点积和叉积运算

向量的点积即数量积，叉积又称向量积或矢量积。MATLAB 是用函数来实现向量的点积、叉积运算的。

1．点积运算

点积运算的定义是将参与运算的两向量各对应位置上的元素相乘，再将各乘积相加。因此，向量点积的结果是一标量而非向量。

（1）长度为 n 的两个实数向量的点积为：

$$\boldsymbol{u} \cdot \boldsymbol{v} = \sum_{i=1}^{n} u_i v_i = u_1 v_1 + u_2 v_2 + \cdots + u_n v_n$$

（2）对于复数向量，点积涉及复共轭。须确保向量与自身的内积都为实数正定矩阵。

$$\boldsymbol{u} \cdot \boldsymbol{v} = \sum_{i=1}^{n} \overline{u}_i v_i$$

点积运算函数是 dot，其调用格式为：

```
C=dot(A,B)              % 返回 A 和 B 的标量点积
C=dot(A,B,dim)          % 计算 A 和 B 沿维度 dim 的点积，dim 的输入是一个正整数标量
```

说明：如果 A 和 B 为向量，则它们的维数必须相同。如果 A 和 B 为矩阵或多维数组，则它们必须具有相同大小的维度。对于实数向量，dot(u,v)=dot(v,u)；对于复数向量，复数关系不可互换，dot(u,v)=conj(dot(v,u))。

2．叉积运算

两个三维向量 $\boldsymbol{A}$、$\boldsymbol{B}$ 之间的叉积生成一个与这两个向量都垂直的新向量 $\boldsymbol{C}$，即 $\boldsymbol{C}$ 的方向垂直于 $\boldsymbol{A}$ 与 $\boldsymbol{B}$ 决定的平面。用三维坐标表示为

$$A = A_x \boldsymbol{i} + A_y \boldsymbol{j} + A_z \boldsymbol{k}$$

$$B = B_x \boldsymbol{i} + B_y \boldsymbol{j} + B_z \boldsymbol{k}$$

$$C = A \times B = (A_y B_z - A_z B_y)\boldsymbol{i} + (A_z B_x - A_x B_z)\boldsymbol{j} + (A_x B_y - A_y B_x)\boldsymbol{k}$$

叉积运算的函数是 cross($\boldsymbol{A},\boldsymbol{B}$)，该函数计算的是 $\boldsymbol{A}$、$\boldsymbol{B}$ 叉积后各分量的元素值，且 $\boldsymbol{A}$、$\boldsymbol{B}$ 只能是三维向量。

叉积运算函数的调用格式为：

```
C=cross(A,B)            % 返回 A 和 B 的标量叉积
C=cross(A,B,dim)        % 计算 A 和 B 沿维度 dim 的叉积，dim 输入是一个正整数标量
```

说明：① 如果 A 和 B 为向量，则它们的长度必须为 3。② 如果 A 和 B 为矩阵或多维数组，则它们必须具有相同大小，此时，cross 函数将 A 和 B 视为三元素向量集合，计算对应向量沿大小等于 3 的第一个数组维度的叉积。

3．混合积运算

在三维向量之间，综合运用上述两个函数，可实现点积和叉积的混合运算。

【例 2-5】向量的点积与叉积运算示例。

在命令行窗口中输入以下命令并查看输出结果。

```
>> A=[2 4 6 8]; B=3:6; AT=A'; BT=B';
>> e=dot(A,B)                    % 向量的点积运算
e =
```

```
       100
>> f=dot(AT,BT)                    % 向量的点积运算
f =
       100
>> A=3:5; B=2:4; C=[3 2 1];
>> E=cross(A,B)                    % 向量的叉积运算
E =
     1    -2    1
>> D=dot(C,cross(A,B))             % 混合积运算
D =
     0
>> E=cross(C,dot(A,B))            % 混合积运算
错误使用 cross
```

在获取交叉乘积的维度中，A 和 B 的长度必须为 3。

2.3　矩阵

2.3

MATLAB 中最基本的数据结构是二维矩阵。二维矩阵可以方便地存储和访问大量数据。每个矩阵的单元可以是数值类型、逻辑类型、字符类型或其他任何 MATLAB 数据类型。

2.3.1　矩阵的构造

MATLAB 中的矩阵主要采用二维数组表示。向量的创建方法同样适用于矩阵，实际上，向量就是一维矩阵。

1. 简单矩阵的构造

使用矩阵构造符 "[]" 是最简单的构造矩阵的方法。构造一行的矩阵，可以把矩阵元素放在矩阵构造符中，并以空格或逗号隔开，一行的矩阵即行向量，一列的矩阵即列向量，其格式为：

```
row=[E1,E2, …,Em]                 % 采用逗号符构造单行矩阵
row=[E1 E2 … Em]                  % 采用空格符构造单行矩阵
A=[row1; row2; … ; rown]          % 利用分号符构造多行矩阵，行与行之间用分号隔开
```

【例 2-6】创建一个 4×4 的矩阵。

在命令行窗口中输入以下命令并显示输出结果。

```
>> A=[1,2,3,4; 5,6,7,8; 9,10,11,12; 13,14,15,16]
A =
     1     2     3     4
     5     6     7     8
     9    10    11    12
    13    14    15    16
```

2．特殊矩阵的构造

MATLAB 还提供了一些函数来构造一些特殊矩阵，这些函数如表 2-2 所示。

表 2-2　特殊矩阵函数

函 数 名	函 数 功 能	基本调用格式	
ones	生成矩阵元素全为 1 的矩阵	A=ones(n)	生成 n×n 个 1
		A=ones(m,n)	生成 m×n 个 1
zeros	生成矩阵元素全为 0 的矩阵	A=zeros(n)	生成 n×n 个 0
		A=zeros(m,n)	生成 m×n 个 0
eye	生成单位矩阵，即主对角线上的元素为 1，其他全为 0	A=eye(n)	生成 n×n 的单位矩阵
		A=eye(m,n)	生成 m×n 的单位矩阵
diag	把向量转化为对角矩阵或得到矩阵的对角元素	D=diag(v,k)	把向量 v 转换为一个对角矩阵
		D=diag(v)	把向量 v 转换为一个主对角矩阵
		x=diag(A,k)	得到矩阵 A 的第 k 条对角线上的元素，k=0 表示主对角线，k>0 表示主对角线上方，k<0 表示主对角线下方
		x=diag(A)	得到矩阵 A 的主对角元素
magic	生成魔方矩阵，即每行、每列之和相等的矩阵	magic(n)	生成 n×n 的魔方矩阵
rand	生成 0~1 均匀分布的随机数	Y=rand(n)	生成 n×n 的 0~1 均匀分布的随机数
		Y=rand(m,n)	生成 m×n 的 0~1 均匀分布的随机数
randn	生成均值为 0、方差为 1 高斯分布的随机数	Y=randn(n)	生成 n×n 的标准高斯分布的随机数
		Y=randn(m,n)	生成 m×n 的标准高斯分布的随机数
randperm	生成整数 1~n 的随机排列	p=randperm(n)	生成整数 1~n 的随机排列
pascal	创建 PASCAL（帕斯卡）矩阵	P=pascal(n)	生成 n 阶帕斯卡矩阵
		P=pascal(n,1)	生成帕斯卡矩阵的下三角 Cholesky 因子，P 是对合矩阵，即矩阵 P 是它自身的逆矩阵
		P=pascal(n,2)	生成 pascal(n,1) 的转置和置换矩阵，P 是单位矩阵的立方根
compan	生成多项式的伴随矩阵	A=compan(u)	生成第一行为 -u(2:n)/u(1) 的对应伴随矩阵，u 是多项式系数向量，compan(u) 的特征值是多项式的根

【例 2-7】创建特殊矩阵的函数应用示例。

在命令行窗口中输入以下命令并查看输出结果。

```
>> B=ones(2,3)           % 创建一个 2×3 的全 1 矩阵
B =
     1     1     1
     1     1     1
>> C=eye(3)              % 创建一个 3×3 的单位矩阵
C =
     1     0     0
```

```
        0      1      0
        0      0      1
>> A=magic(3)              % 创建一个 3×3 的魔方矩阵
A =
        8      1      6
        3      5      7
        4      9      2
>> rand(4)                 % 创建一个 4×4 的随机数矩阵，每次输出结果会不同
ans =
    0.8147    0.6324    0.9575    0.9572
    0.9058    0.0975    0.9649    0.4854
    0.1270    0.2785    0.1576    0.8003
    0.9134    0.5469    0.9706    0.1419
```

【例 2-8】计算与多项式 $(x-1)(x-2)(x+3) = x^3 - 7x + 6$ 对应的伴随矩阵。

在命令行窗口中输入以下命令并查看输出结果。

```
>> u=[1 0 -7 6];           % 多项式的系数
>> A=compan(u)             % 多项式对应的伴随矩阵
A =
        0      7     -6
        1      0      0
        0      1      0
>> X=eig(A)                % A 的特征值是多项式的根，eig 函数的用法见 5.1.5 节
X =
   -3.0000
    2.0000
    1.0000
```

2.3.2　矩阵拓展与裁剪

矩阵的拓展指的是改变矩阵的现有大小，增加新的元素，使矩阵的行数或列数增加；矩阵的裁剪指的是从现有矩阵中抽取部分元素，组成一个新的矩阵。

1. 矩阵合并

矩阵的合并就是把两个或两个以上的矩阵数据连接起来得到一个新的矩阵。前面介绍的矩阵构造符不仅可用于构造矩阵，还可作为一个矩阵合并操作符，表达式如下。

```
C=[A B]                    % 表示在水平方向上合并矩阵 A 和 B
C=[A;B]                    % 表示在竖直方向上合并矩阵 A 和 B
```

【例 2-9】矩阵合并示例。

在命令行窗口中输入以下命令并查看输出结果。

```
>> A=eye(2,4);
>> B=ones(2,4);
>> C=[A; B]                % 在竖直方向（列）上合并矩阵
```

```
C =
     1     0     0     0
     0     1     0     0
     1     1     1     1
     1     1     1     1
>> D=[A B]                    % 在水平方向（行）上合并矩阵
D =
     1     0     0     0     1     1     1     1
     0     1     0     0     1     1     1     1
```

除了使用矩阵合并符合并矩阵，还可以使用矩阵合并函数来合并矩阵，如表 2-3 所示。

表 2-3　矩阵合并函数

函 数 名	函 数 功 能	基本调用格式	
cat	在指定的方向上合并矩阵	cat(dim,A,B)	在 dim 维方向上合并矩阵 A 和 B
		cat(2,A,B)	与[A B]的用途一致
		cat(1,A,B)	与[A; B]的用途一致
horzcat	在水平方向上合并矩阵	horzcat(A,B)	与[A B]的用途一致
vertcat	在竖直方向上合并矩阵	vertcat(A,B)	与[A; B]的用途一致
repmat	通过复制矩阵来构造新的矩阵	B=repmat(A,M,N)	得到 M×N 个 A 的大矩阵
blkdiag	用已知矩阵来构造块对角化矩阵	Y=blkdiag(A,B,…)	得到以矩阵 A,B,…等为对角块的矩阵 Y

【例 2-10】利用函数构造矩阵。

在命令行窗口中输入以下命令并查看输出结果。

```
>> A=ones(3);
>> B=eye(2);
>> C=blkdiag(A,B)            % 构造块对角化矩阵
C =
     1     1     1     0     0
     1     1     1     0     0
     1     1     1     0     0
     0     0     0     1     0
     0     0     0     0     1
```

2. 赋值拓展

对于一个 $m×n$ 的矩阵，通过使用超出目前矩阵（数组）大小的索引数字，并对该位置元素进行赋值来完成矩阵的拓展。对于未指定的新位置，默认赋值为 0。赋值拓展是对原矩阵的修改。

【例 2-11】赋值拓展矩阵。

在命令行窗口中输入以下命令并查看输出结果。

```
>> A=magic(3);              % 创建一个 3×3 的魔方矩阵
>> A(4,5)=12                % 通过赋值将矩阵拓展为 4×5 的矩阵，其余值赋 0
```

```
A =
     8     1     6     0     0
     3     5     7     0     0
     4     9     2     0     0
     0     0     0     0    12
>> A(:,4)=16                    % 将第 4 列的所有元素值均赋为 16
A =
     8     1     6    16     0
     3     5     7    16     0
     4     9     2    16     0
     0     0     0    16    12
>> B=A(:,[1:5,1:5])            % 多次寻址拓展
B =
     8     1     6    16     0     8     1     6    16     0
     3     5     7    16     0     3     5     7    16     0
     4     9     2    16     0     4     9     2    16     0
     0     0     0    16    12     0     0     0    16    12
```

3. 矩阵行/列的删除

要删除矩阵的某一行或某一列，只要给该行或该列赋予一个空矩阵即可。当某一索引位置上不是数字而是冒号时，表示提取该索引位置上的所有元素。矩阵行/列的删除是对原矩阵的修改。

【例 2-12】创建一个魔方矩阵，然后删除矩阵的第 3 行。

在命令行窗口中输入以下命令并显示输出结果。

```
>> A=magic(3)                  % 创建魔方矩阵 A
A=
     8     1     6
     3     5     7
     4     9     2
>> A(3,:)=[]                   % 将矩阵的第 3 行设为空即可删除该行
A=
     8     1     6
     3     5     7
```

4. 矩阵的提取

通过提取现有矩阵的元素可以创建新的矩阵，矩阵的提取不改变原矩阵，提取格式如下。

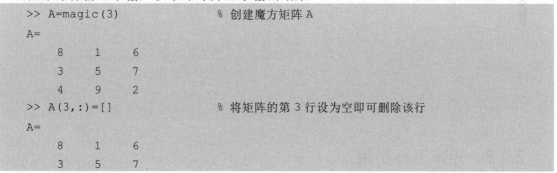

```
B=A([x1,x2,…], [y1,y2,…])      % 提取矩阵 A 中的第 x1、x2、…行、第 y1、y2、…列元
                                  素，组成新的矩阵 B
```

【例 2-13】创建一个 5 阶魔方矩阵，并对矩阵进行提取操作。

在命令行窗口中输入以下命令并显示输出结果。

```
>> A=magic(5)                  % 创建 5 阶魔方矩阵 A
A =
```

```
    17    24     1     8    15
    23     5     7    14    16
     4     6    13    20    22
    10    12    19    21     3
    11    18    25     2     9
>> B=A(2,:)                      % 提取第 2 行元素，不改变原矩阵
B =
    23     5     7    14    16
>> C=A(1:2:5,2:2:5)              % 提取第 1、3、5 行中的第 2、4 个元素
C =
    24     8
     6    20
    18     2
>> D=A(1:2:5,:)                  % 提取第 1、3、5 行中的所有元素
D =
    17    24     1     8    15
     4     6    13    20    22
    11    18    25     2     9
>> E=A([1,4],[2,2,5])           % 提取第 1、4 行中的第 2、2、5 个元素
E =
    24    24    15
    12    12     3
>> F=A([1,2,5],:)               % 提取第 1、2、5 行中的所有元素
F =
    17    24     1     8    15
    23     5     7    14    16
    11    18    25     2     9
>> A([1,2,5],:)=[]              % 删除第 1、2、5 行中的所有元素，创建新的矩阵 A
A =
     4     6    13    20    22
    10    12    19    21     3
```

2.3.3 矩阵下标引用

1. 矩阵下标访问单个矩阵元素（全下标寻址）

若 A 是一个二维矩阵，则可以用 $A(i,j)$ 表示矩阵 A 的第 i 行第 j 列元素。

【例 2-14】创建一个 4 阶魔方矩阵，并查找第 2 行第 4 列的数字，随后改变该值为 0。在命令行窗口中输入以下命令并显示输出结果。

```
>> A=magic(4)               % 创建魔方矩阵
A =
    16     2     3    13
     5    11    10     8
```

```
       9        7        6       12
       4       14       15        1
>> a=A(2,4)                         % 查找第 2 行第 4 列的数字
a =
       8
>> A(2,4)=0                         % 改变元素的值
A =
      16        2        3       13
       5       11       10        0
       9        7        6       12
       4       14       15        1
```

2．线性引用矩阵元素（单下标寻址）

在 MATLAB 中，可以通过单下标来引用矩阵元素，引用格式为 $A(k)$。通常，这样的引用适用于行向量或列向量，有时也适用于二维矩阵。

MATLAB 在存储矩阵元素时，并不是按照其命令行输出矩阵的格式来进行的。实际上，矩阵可以看成是按列优先排列的一个长列向量格式来存储的。

对于一个 m 行 n 列的矩阵，若第 i 行第 j 列的元素 $A(i,j)$ 用 $A(k)$ 表示，则 $k=(j-1)*m+i$。

【例 2-15】线性引用矩阵元素示例。

在命令行窗口中输入以下命令并显示输出结果。

```
>> A=[1 4 7; 2 5 8; 3 6 9]
A =
       1        4        7
       2        5        8
       3        6        9
>> a=A(4)                           % 按列单下标寻址
a =
       4
```

矩阵 A 实际上在内存中是被存储成以 1、2、3、4、5、6、7、8、9 排列的一个列向量。A 矩阵的第 1 行第 2 列，即值为 4 的元素实际上在存储空间中是第 4 个元素。要访问这个元素，可以用 $A(1,2)$ 格式，也可以用 $A(4)$ 格式，$A(4)$ 就是线性引用矩阵元素的方法。

3．引用矩阵元素方式转换

如果已知矩阵的下标，却想用线性引用矩阵元素方式访问矩阵，可使用 sub2ind 函数。反之，如果想从线性引用的下标得到矩阵的下标，就可以用函数 ind2sub。

sub2ind 函数可以将下标转换为线性索引，其调用格式为：

```
ind=sub2ind(sz,row,col)            % 针对大小为 sz 的矩阵返回由 row 和 col 指定的行列下
                                     标的对应线性索引 ind，sz 是包含两个元素的向量
```

ind2sub 函数可以将线性索引转换为下标，其调用格式为：

```
[row,col]=ind2sub(sz,ind)          % 返回数组 row 和 col，其中包含与大小为 sz 的矩阵的
                                     线性索引 ind 对应的等效行和列下标
```

说明：此处，sz 是包含两个元素的向量，其中 sz(1)指定行数，sz(2)指定列数。

【例 2-16】如图 2-1 所示为 3×3 矩阵的从下标（按位置进行索引）到线性索引的映射，row、column 指定行下标和列下标，试将下标转换为线性索引。

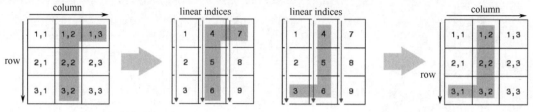

（a）下标转换为线性索引　　　　　　　　　　（b）线性索引转换为下标

图 2-1　下标与线性索引转换

在命令行窗口中输入以下命令并显示输出结果。

```
>> row=[1 2 3 1];
>> col=[2 2 2 3];
>> sz=[3 3];
>> ind=sub2ind(sz,row,col)          % 将下标转换为线性索引（a）
ind =
     4     5     6     7

>> ind=[3 4 5 6];
>> sz=[3 3];
>> [row,col]=ind2sub(sz,ind)        % 将线性索引转换为下标（b）
row =
     3     1     2     3
col =
     1     2     2     2
```

2.3.4　矩阵信息的获取

1. 矩阵尺寸信息

利用矩阵尺寸函数，可以得到矩阵的形状和大小信息，这些函数如表 2-4 所示。

表 2-4　矩阵尺寸函数

函 数 名	函 数 功 能	基本调用格式	
length	矩阵最长方向的长度	n=length(X)	相当于 max(size(X))
ndims	矩阵的维数	n=ndims(A)	矩阵的维数
numel	矩阵的元素个数	n=numel(A)	矩阵的元素个数
size	矩阵各个方向的长度	d=size(X)	返回的大小信息以向量方式存储
		[m,n]=size(X)	返回的大小信息分开存储
		m=size(X,dim)	返回某一位的大小信息

【例 2-17】 使用矩阵尺寸函数获取矩阵尺寸长度等示例。

在命令行窗口中输入以下命令并显示输出结果。

```
>> A=rand(3,4)                    % 创建一个随机矩阵
A =
    0.4218    0.9595    0.8491    0.7577
    0.9157    0.6557    0.9340    0.7431
    0.7922    0.0357    0.6787    0.3922
>> n1=length(A)                   % 求矩阵 A 的最长方向的长度
n1 =
    4
>> n2=ndims(A)                    % 求矩阵 A 的维数
n2 =
    2
>> n3=numel(A)                    % 求矩阵的元素个数
n3 =
    12
```

2. 矩阵元素的数据类型和结构信息

获得矩阵元素的数据类型信息的函数如表 2-5 所示。

表 2-5　获得矩阵元素数据类型信息的函数

函 数 名	函 数 功 能	基本调用格式
class	返回输入数据的数据类型	C=class(obj)
isa	判断输入数据是否为指定数据类型	tf=isa(obj,'class_name')
iscell	判断输入数据是否为元胞数组	tf=iscell(A)
iscellstr	判断输入数据是否为字符向量元胞数组	tf=iscellstr(A)
ischar	判断输入数据是否为字符数组	tf=ischar(A)
isfloat	判断输入数据是否为浮点数组	tf=isfloat(A)
isinteger	判断输入数据是否为整数数组	tf=isinteger(A)
islogical	判断输入数据是否为逻辑数组	tf=islogical(A)
isnumeric	判断输入数据是否为数值数组	tf=isnumeric(A)
isreal	判断输入数据是否为实数数组	tf=isreal(A)
isstruct	判断输入数据是否为结构体数组	tf=isstruct(A)

测试矩阵是否为某种数据结构的函数如表 2-6 所示。

表 2-6　测试矩阵是否为某种数据结构的函数

函 数 名	函 数 功 能	基本调用格式
isempty	测试矩阵是否为空矩阵	tf=isempty(A)
isscalar	测试矩阵是否为标量	tf=isscalar(A)

函 数 名	函 数 功 能	基本调用格式
issparse	测试矩阵是否为稀疏矩阵	tf=issparse(A)
isvector	测试矩阵是否为矢量	tf=isvector(A)

2.3.5　矩阵结构的改变

可以改变矩阵结构的函数如表 2-7 所示。

表 2-7　可以改变矩阵结构的函数

函 数 名	函 数 功 能	基本调用格式	
reshape	以指定的行数和列数重新排列矩阵元素	B=reshape(A,m,n)	把矩阵 A 变为 m×n 大小
repmat	以指定的行数和列数复制矩阵	B=repmat(A,m,n)	重复数组副本
rot90	旋转矩阵 90°	B=rot90(A)	矩阵旋转 90°
		B=rot90(A,k)	矩阵旋转 k×90°，k 为整数
fliplr	以竖直方向为轴做镜像	B=fliplr(A)	从左向右翻转 A
flipud	以水平方向为轴做镜像	B=flipud(A)	从上向下翻转 A
flipdim	以指定的轴做镜像	B=flipdim(A,dim)	dim=2 表示以水平方向为轴做镜像
			dim=1 表示以竖直方向为轴做镜像
transpose	矩阵的转置	B=transpose(A)	相当于 B=A.'
ctranspose	矩阵的共轭转置	B=ctranspose(A)	相当于 B=A'

【例 2-18】 改变矩阵结构示例。

在命令行窗口中输入以下命令并显示输出结果。

```
>> A=rand(3)                        % 创建矩阵
A =
    0.3171    0.4387    0.7952
    0.9502    0.3816    0.1869
    0.0344    0.7655    0.4898
>> B=flipud(A)                      % 把矩阵以水平方向为轴做镜像
B =
    0.0344    0.7655    0.4898
    0.9502    0.3816    0.1869
    0.3171    0.4387    0.7952
>> B=fliplr(A)                      % 从左向右翻转
B =
    0.7952    0.4387    0.3171
    0.1869    0.3816    0.9502
    0.4898    0.7655    0.0344
>> B=transpose(A)                   % 求矩阵的转置
B =
```

0.3171	0.9502	0.0344
0.4387	0.3816	0.7655
0.7952	0.1869	0.4898

2.4　稀疏矩阵

2.4

在 MATLAB 中，可以用两种方式存储矩阵，即满矩阵存储方式和稀疏矩阵存储方式，简称满矩阵和稀疏矩阵。下面介绍稀疏矩阵。

2.4.1　关于稀疏矩阵

在很多情况下，一个矩阵只有少数的元素是非零的，对于零值和非零值，均需要花费同样的空间来存储的矩阵称为满矩阵。这种存储方式会浪费很多存储空间，有时还会减慢计算速度。而稀疏矩阵在 MATLAB 内部是以非零元素及其行列索引数组来表示的。

说明：稀疏矩阵提供了一种针对矩阵元素大多数都是零值的有效存储方式。所有 MATLAB 自带的数学函数、逻辑函数和引用操作均可以使用在稀疏矩阵上（包括双精度类型、复数类型和逻辑类型的稀疏矩阵）。

> 🔔 **注意：**
>
> 稀疏矩阵不能自动生成，定义在满矩阵上的运算只能生成满矩阵，不论有多少个元素为零。但是，一旦以稀疏矩阵来存储，稀疏矩阵的存储方式就会传播下去。也就是说，定义在稀疏矩阵上的运算生成稀疏矩阵，定义在满矩阵上的运算生成满矩阵。

在使用稀疏矩阵时，需要确定矩阵中是否包含足够高百分比的零元素，以便利用稀疏方法存储。矩阵的密度是指非零元素数目除以矩阵元素总数。对于矩阵 M，通过下面的方法确定矩阵的密度。

```
nnz(M)/prod(size(M));
```

或

```
nnz(M)/numel(M);
```

只有数据量极大且密度非常低的矩阵适用稀疏格式。

2.4.2　满矩阵与稀疏矩阵的转换

MATLAB 提供了转换函数 sparse，可以从满矩阵得到稀疏矩阵，其调用格式为：

```
S=sparse(A)                % 将满矩阵 A 存为稀疏矩阵，以节省内存
S=sparse(m,n)              % 生成 m×n 的全零稀疏矩阵
S=sparse(i,j,v)            % 根据 i、j 和 v 三元组生成稀疏矩阵 S，S(i(k),j(k))=v(k)
S=sparse(i,j,v,m,n)        % 将 S 的大小指定为 m×n
```

说明：如果输入的 i、j 和 v 为向量或矩阵，则它们必须具有相同数量的元素。参数 v、

i、j 中的一个参数可以为标量。

利用函数 full 可以从稀疏矩阵得到满矩阵，其调用格式为：

```
A=full(S)                              % 将稀疏矩阵 S 转换为满存储结构
```

【例 2-19】创建矩阵 **A**（数据见代码），并将其转换为稀疏矩阵。

在命令行窗口中输入以下命令并显示输出结果。

```
>> A=[0 0 5 0; 8 0 0 0; 0 1 0 0; 0 0 0 7]
A =
     0     0     5     0
     8     0     0     0
     0     1     0     0
     0     0     0     7
>> nnz(A)/prod(size(A))     % 查看矩阵密度
ans =
    0.2500
>> B=sparse(A)              % 稀疏矩阵存储
B =
    (2,1)        8
    (3,2)        1
    (1,3)        5
    (4,4)        7
>> C=full(B)               % 满矩阵存储
C =
     0     0     5     0
     8     0     0     0
     0     1     0     0
     0     0     0     7
```

2.4.3　基于对角线元素创建稀疏矩阵

基于稀疏矩阵的对角线元素创建稀疏矩阵是一种常见操作，MATLAB 中通过函数 spdiags 实现该功能，其调用格式为：

```
S=spdiags(B,d,m,n)           % 创建大小为 m×n 且元素在 p 条对角线上的输出矩阵 S
```

其中，B 是大小为 $min(m,n) \times p$ 的矩阵，p 为非零对角线的数目，B 的列是用于填充 S 对角线的值；d 是长度 p 的向量，其整数元素可以指定要填充的 S 对角线。即：B 的列 j 中的元素填充 d 的元素 j 指定的对角线。

> 🔔 **注意：**
>
> 如果 B 的列长度超过所替换的对角线，则上对角线从 B 列的下部获取，下对角线从 B 列的上部获取。

【例 2-20】使用矩阵 **B** 和向量 **d** 创建稀疏矩阵。

在命令行窗口中输入以下命令并显示输出结果。

```
B=[41 11 0; 52 22 0; 63 33 13; 74 44 24];
d=[-3; 0; 2];
>> A=spdiags(B,d,7,4)          % 创建7×4稀疏矩阵A
   (1,1)        11
   (4,1)        41
   (2,2)        22
   (5,2)        52
   (1,3)        13
   (3,3)        33
   (6,3)        63
   (2,4)        24
   (4,4)        44
   (7,4)        74
>> full(A)
ans =
   11    0   13    0
    0   22    0   24
    0    0   33    0
   41    0    0   44
    0   52    0    0
    0    0   63    0
    0    0    0   74
```

MATLAB 还提供了一些函数，用于创建特殊的稀疏矩阵，这些函数如表 2-8 所示。

表 2-8　特殊稀疏矩阵创建函数

函 数 名	函 数 功 能	基本调用格式	
speye	创建单位稀疏矩阵	S=speye(m,n)	创建 m×n 的单位稀疏矩阵
		S=speye(n)	创建 n×n 的单位稀疏矩阵
spones	创建非零元素为 1 的稀疏矩阵	R=spones(S)	把矩阵 S 的非零元素的值改为 1
sprand	创建非零元素为均匀分布的随机数的稀疏矩阵	R=sprand(S)	把矩阵 S 的非零元素的值改为均匀分布的随机数 R=sprand(m,n,density)，创建非零元素密度为 density 的 m×n 的均匀分布的随机数
sprandn	创建非零元素为高斯分布的随机数的稀疏矩阵	R=sprandn(S)	把矩阵 S 的非零元素的值改为高斯分布的随机数 R=sprandn(m,n,density)，创建非零元素密度为 density 的 m×n 的高斯分布的随机数
sprandsym	创建非零元素为高斯分布的随机数的对称稀疏矩阵	R=sprandsym(S)	返回对称随机稀疏矩阵，其下三角和主对角结构与 S 相同
		R=sprandsym(n,density)	返回 n×n 的对称随机稀疏矩阵，其非零元素密度为 density
spalloc	为稀疏矩阵分配空间	S=spalloc(m,n,nzmax)	相当于 sparse([],[],[],m,n,nzmax)

MATLAB 还提供了一些函数，用于得到稀疏矩阵的定量信息和图形化信息。这些函数

包括得到稀疏矩阵非零值信息和图形化稀疏矩阵。

查看稀疏矩阵非零值信息的函数如表 2-9 所示。

表 2-9　查看稀疏矩阵非零值信息的函数

函 数 名	函 数 功 能	基本调用格式
nnz	返回非零值的个数	n=nnz(X)
nonzeros	返回非零值	s=nonzeros(A)
nzmax	返回用于存储非零值的空间长度	n=nzmax(S)

【例 2-21】创建矩阵 *A*（数据见代码），并将其转换为稀疏矩阵。

在命令行窗口中输入以下命令并显示输出结果。

```
>> rng default              % 设置种子数，方便复现
>> S=sprand(3,4,0.3)        % 创建随机数的稀疏矩阵
S =
    (3,1)       0.9649
    (1,2)       0.9575
    (3,3)       0.1576
>> A=full(S)                % 满矩阵存储
A =
        0       0.9575        0        0
        0            0        0        0
   0.9649            0   0.1576        0
>> B=nonzeros(A)            % 返回非零值
B =
    0.9649
    0.9575
    0.1576
```

2.4.4　从外部文件导入稀疏矩阵

读者可以在 MATLAB 环境外部通过计算导入稀疏矩阵。结合使用 spconvert 函数与 load 命令可以导入包含索引和非零元素列表的文本文件。spconvert 函数的调用格式为：

```
S=spconvert(D)             % 根据 D 的列，按 sparse 函数的类似方式构造稀疏矩阵 S
```

说明：如果 D 的大小为 N×3，则通过 D 的列[i,j,re]构造 S，使 S(i(k),j(k))=re(k)；如果 D 的大小为 N×4，则通过 D 的列[i,j,re,im]构造 S，使 S(i(k),j(k))=re(k)+1i*im(k)。

【例 2-22】将外部数据文件 uphill.dat 导入，并将其转换为稀疏矩阵。

在命令行窗口中输入以下命令并显示输出结果。

```
>> load uphill.dat
>> S=spconvert(uphill)     % 转换为稀疏矩阵
S =
    (1,1)       1.0000
```

```
        (1,2)        0.5000
        (2,2)        0.3333
        (1,3)        0.3333
        (2,3)        0.2500
        (3,3)        0.2000
        (1,4)        0.2500
        (2,4)        0.2000
        (3,4)        0.1667
        (4,4)        0.1429
>> full(S)                          % 满矩阵存储
ans =
    1.0000      0.5000      0.3333      0.2500
         0      0.3333      0.2500      0.2000
         0           0      0.2000      0.1667
         0           0           0      0.1429
```

说明：本例中使用的是三列文本文件 uphill.dat（读者可通过文本浏览器打开查看），它的第一列为行索引列表，第二列为列索引列表，第三列为非零值列表。

2.4.5 稀疏矩阵运算规则

MATLAB 系统中的各种命令都可以用于稀疏矩阵的运算。当有稀疏矩阵参加运算时，得到的结果将遵循以下规则。

（1）把矩阵转换为标量或定长向量的函数总是给出满矩阵。把标量或定长向量转换为矩阵的函数（如 zeros、ones、eye、rand 等）总是给出满矩阵；而能给出稀疏矩阵结果的相应函数有 speye 和 sprand 等。

（2）从矩阵到矩阵或向量的转换函数将以原矩阵的形式出现。也就是说，定义在稀疏矩阵上的运算生成稀疏矩阵，定义在满矩阵上的运算生成满矩阵。

（3）两个矩阵运算符（如+、－、*、\、|）操作后的结果一般都是满矩阵，除非参加运算的矩阵都是稀疏矩阵，或者操作本身（如.*、&）保留矩阵的稀疏性。

（4）在参与矩阵扩展（如[$AB;CD$]）的子矩阵中，只要有一个是稀疏矩阵，所得的结果就是稀疏矩阵。

（5）在矩阵引用中，将仍以原矩阵形式给出结果。若 S 矩阵是稀疏的，而 Y 矩阵是全元素的，则不管 I、J 是标量还是向量，右引用 $Y=S(I,J)$ 都生成稀疏矩阵，左引用 $S(I,J)=Y$ 都生成满矩阵。

2.5 多维数组

2.5

MATLAB 中把超过两维的数组称为多维数组（具有行、列、页等多个维度），多维数组实际上是一般的二维数组的扩展。多维数组的操作不是本书的重点，下面简单讲述

MATLAB 中多维数组的创建和操作方法。

2.5.1 多维数组属性

在 MATLAB 中可以通过 cat 构建多维数组，前文已介绍过如何通过 cat 命令实现矩阵的合并。在多维数组中，cat 函数的调用格式如下。

```
C=cat(dim,A,B)                  % 沿维度 dim 将 B 串联到 A 的末尾
C=cat(dim,A1,A2,…,An)           % 沿维度 dim 串联 A1、A2、…、An
```

说明：使用方括号运算符[]也可以实现二维数组（矩阵）的串联。如，[A, B]或[A B]将水平串联数组 A 和 B，而[A; B]将垂直串联数组 A 和 B。

【例 2-23】通过 cat 函数创建多维数组。

在命令行窗口中依次输入以下语句，同时会输出相应的结果。

```
>> A=ones(3)
>> B=zeros(3)
>> C1=cat(1,A,B)                % 在列方向（垂直）上合并数组
C1 =
     1     1     1
     1     1     1
     1     1     1
     0     0     0
     0     0     0
     0     0     0
>> C2=cat(2,A,B)                % 在行方向（水平）上合并数组
C2 =
     1     1     1     0     0     0
     1     1     1     0     0     0
     1     1     1     0     0     0
>> C3=cat(3,A,B)                % 创建 3 维数组（具有行、列、页 3 个维度）
C3(:,:,1) =
     1     1     1
     1     1     1
     1     1     1
C3(:,:,2) =
     0     0     0
     0     0     0
     0     0     0
>> C4=cat(4,A,B)                % 创建 4 维数组（具有 4 个维度）
C4(:,:,1,1) =
     1     1     1
     1     1     1
     1     1     1
C4(:,:,1,2) =
```

```
     0     0     0
     0     0     0
     0     0     0
```

另外，MATLAB 中还提供了多个函数（如表 2-10 所示），用以获得多维数组的尺寸、维度、占用内存和数据类型等多种属性。

表 2-10　获取多维数组属性的函数

数 组 属 性	函 数 用 法	函 数 功 能
尺寸	size(A)	按照行-列-页的顺序，返回数组 A 每一维上的大小
维度	ndims(A)	返回数组 A 具有的维度值
内存占用/数据类型等	whos	返回当前工作区中的各个变量的详细信息

【例 2-24】通过 MATLAB 函数获取多维数组的属性。

在命令行窗口中依次输入以下语句，同时会输出相应结果。

```
>> A=cat(4, [6 2 0; 4 5 9] , [0 3 2; 9 4 2] , [7 1 2;4 8 4])      % 通过合并
方式构建多维数组
    A(:,:,1,1) =
         6     2     0
         4     5     9
    A(:,:,1,2) =
         0     3     2
         9     4     2
    A(:,:,1,3) =
         7     1     2
         4     8     4
>> size(A)                          % 获取数组 A 的尺寸属性
    ans =
         2     3     1     3
>> ndims(A)                         % 获取数组 A 的维度属性
    ans =
         4
>> whos
    Name        Size                Bytes  Class      Attributes
      A         2x3x1x3               144  double
      ans       1x1                     8  double
```

2.5.2　多维数组操作

与二维数组类似，MATLAB 中也有大量对多维数组进行索引、重排和计算的函数。

1. 多维数组的索引

MATLAB 中索引多维数组的方法包括多下标索引和单下标索引。

对于 n 维数组可以用 n 个下标索引访问到一个特定位置的元素，如用数组或者冒号来代表其中某一维，则可以访问指定位置的多个元素。单下标索引方法则是通过一个下标来定位多维数组中某个元素的位置。

只要注意到 MATLAB 中是按照页-列-行-…优先级逐渐降低的顺序把多维数组的所有元素线性存储起来，就可以知道一个特定的单下标对应的多维下标位置。

【例 2-25】多维数组的索引访问，其中 A 是一个随机生成的 3×5×2 的多维数组。

在命令行窗口中输入以下命令并显示输出结果。

```
>> rng default            % 设置种子数，方便复现
>> A=randn(3,5,2)
A(:,:,1) =
    0.5377    0.8622   -0.4336    2.7694    0.7254
    1.8339    0.3188    0.3426   -1.3499   -0.0631
   -2.2588   -1.3077    3.5784    3.0349    0.7147
A(:,:,2) =
   -0.2050    1.4090   -1.2075    0.4889   -0.3034
   -0.1241    1.4172    0.7172    1.0347    0.2939
    1.4897    0.6715    1.6302    0.7269   -0.7873
>> A(3,2,2)               % 访问 A 的第 3 行第 2 列第 2 页的元素
ans =
    0.6715
>> A(21)                  % 访问 A 第 21 个元素（即第 3 行第 2 列第 2 页的元素）
ans =
    0.6715
```

其中，A(21)是通过单下标索引来访问多维数组 A 的元素。多维数组 A 有 2 页，每一页有 3×5=15 个元素，所以第 21 个元素在第二页上，而第一页上行方向上有 5 个元素，根据页-列-行优先原则，第 21 个元素代表的就是第二页上第二列第三行的元素，即 A(21)相当于 A(3,2,2)。

2．多维数组的维度操作

多维数组的维度操作包括对多维数组形状的重排和维度的重新排序。reshape 函数可以改变多维数组的形状，但操作前后 MATLAB 按照行-列-页-…优先级对多维数组进行线性存储的方式不变。调用格式为：

```
B=reshape(A,sz1,…,szN)    % 将 A 重构为一个 sz1×…×szN 数组
                          % 其中 sz1、…、szN 指定每个维度的大小
```

许多多维数组在某一维度上只有一个元素，可以利用函数 squeeze 来消除这种单值维度。调用格式为：

```
B=squeeze(A)              % 返回一个数组，其元素与输入数组 A 相同，但删除了长度为 1 的维度
                          % 例如：若 A 是 3×1×2 数组，则 squeeze(A) 返回 3×2 矩阵
```

说明：当 A 是行向量、列向量、标量或没有长度为 1 的维度的数组时，则返回输入的 A。

【例 2-26】改变多维数组的形状示例。

在命令行窗口中输入以下命令并显示输出结果。

```
>> A1=ones(3,2,3);                    % 创建 3×2×3 的数组
>> B1=reshape(A1,3,6)                 % 重构数组
B1 =
     1    1    1    1    1    1
     1    1    1    1    1    1
     1    1    1    1    1    1
>> B2=reshape(A1,2,[])                % 使用[]可以自动计算该维度的大小
B2 =
     1    1    1    1    1    1    1    1    1
     1    1    1    1    1    1    1    1    1
>> A2=zeros(3,1,3);                   % 创建 3×1×3 的数组
>> A2(:,:,1)=[1 2 3]';
>> A2(:,:,2)=[-2 -4 -6]';
>> B3=squeeze(A2)                     % 删除长度为 1 的维度，得到 3×3 的矩阵
B3 =
     1   -2    0
     2   -4    0
     3   -6    0
```

permute 函数可以按照指定的顺序重新定义多维数组的维度顺序，其调用格式为：

```
B=permute(A,dimorder)          % 按照向量 dimorder 指定的顺序重新排列数组的维度
```

ipermute 可以看作是 permute 的逆函数，当 B=permute(A,dims)时，ipermute(B,dims)刚好返回多维数组 A。

> **注意：**
>
> permute 重新定义后的多维数组是把原来在某一维度上的所有元素移动到新的维度上，这会改变多维数组线性存储的位置，与 reshape 是不同的。

【例 2-27】对多维数组维度的重新排序。

在命令行窗口中输入以下命令并显示输出结果。

```
>> rng default
>> A=rand(3,5,2)                      % 创建 3×5×2 的数组
A(:,:,1) =
    0.8147    0.9134    0.2785    0.9649    0.9572
    0.9058    0.6324    0.5469    0.1576    0.4854
    0.1270    0.0975    0.9575    0.9706    0.8003
A(:,:,2) =
    0.1419    0.7922    0.0357    0.6787    0.3922
    0.4218    0.9595    0.8491    0.7577    0.6555
    0.9157    0.6557    0.9340    0.7431    0.1712
>> B=permute(A,[3 2 1])               % 交换第 1 个维度和第 3 个维度，得到 2×5×3 的数组
B(:,:,1) =
    0.8147    0.9134    0.2785    0.9649    0.9572
    0.1419    0.7922    0.0357    0.6787    0.3922
```

```
B(:,:,2) =
    0.9058    0.6324    0.5469    0.1576    0.4854
    0.4218    0.9595    0.8491    0.7577    0.6555
B(:,:,3) =
    0.1270    0.0975    0.9575    0.9706    0.8003
    0.9157    0.6557    0.9340    0.7431    0.1712
>> ipermute(B,[3 2 1])
ans(:,:,1) =
    0.8147    0.9134    0.2785    0.9649    0.9572
    0.9058    0.6324    0.5469    0.1576    0.4854
    0.1270    0.0975    0.9575    0.9706    0.8003
ans(:,:,2) =
    0.1419    0.7922    0.0357    0.6787    0.3922
    0.4218    0.9595    0.8491    0.7577    0.6555
    0.9157    0.6557    0.9340    0.7431    0.1712
```

3．多维数组参与数学计算

多维数组参与数学计算，可以针对某一维度的向量，也可以针对单个元素，或者针对某一特定页面上的二维数组。

（1）sum、mean 等函数可以对多维数组中第 1 个不为 1 的维度上的向量进行计算。

（2）sin、cos 等函数则对多维数组中的每一个单独元素进行计算。

（3）eig 等针对二维数组的运算函数则需要用指定页面上的二维数组作为输入函数。

【例 2-28】多维数组参与的数学运算。

在命令行窗口中输入以下命令并显示输出结果。

```
>> A=randn(2,4,2)
A(:,:,1) =
   -0.8637   -1.2141   -0.0068   -0.7697
    0.0774   -1.1135    1.5326    0.3714
A(:,:,2) =
   -0.2256   -1.0891    0.5525    1.5442
    1.1174    0.0326    1.1006    0.0859
>> sum(A)
ans(:,:,1) =
   -0.7863   -2.3276    1.5258   -0.3983
ans(:,:,2) =
    0.8918   -1.0565    1.6531    1.6301
>> sin(A)
ans(:,:,1) =
   -0.7602   -0.9371   -0.0068   -0.6959
    0.0773   -0.8972    0.9993    0.3629
ans(:,:,2) =
   -0.2237   -0.8862    0.5248    0.9996
    0.8989    0.0326    0.8915    0.0858
```

```
>> eig(A(:,[1 2],1))
ans =
  -0.9886 + 0.2799i
  -0.9886 - 0.2799i
```

2.6 本章小结

本章主要介绍了 MATLAB 中向量与矩阵的创建方法。在本章的学习过程中，需要结合线性代数的相关知识，并通过编程语言中数组的概念及应用，快速掌握 MATLAB 中向量与矩阵的创建方法、基本运算，从而为后面的学习奠定基础。另外，本章还介绍了稀疏矩阵的创建及多维数组的操作，读者需要在后面的学习及工作中灵活运用。

习　　题

1．填空题

（1）常量是程序语句中_____的那些量；变量是程序语句中_____的量。MATLAB 运算中涉及的基本运算量包括_____、_____、_____和_____。

（2）使用矩阵构造符_____是最简单的构造矩阵方法。构造一行的矩阵时，把矩阵元素放在矩阵构造符中，并以_____或_____隔开；同样的，构造一列的矩阵时，把矩阵元素放在矩阵构造符中，并以_____隔开。

（3）在 MATLAB 中，可以用两种方式存储矩阵，即_____存储方式和_____存储方式。

（4）命令 ones 的功能为：_____。

　　命令 zeros 的功能为：_____。

　　命令 eye 的功能为：_____。

　　命令 spdiags 的功能为：_____。

　　命令 sparse 的功能为：_____。

2．计算与简答题

（1）请指出下面命名错误的变量，并说明错误原因。

　　Jisuan、%d、sinxy、fun(x+y)、name_djb、y'、y"、C(x)、sou-suo

（2）试在 MATLAB 中采用不同的方法创建以下变量。

①　$A = [3\ 6\ 9\ 12]$　　②　$B = \begin{bmatrix} 3 & 6 & 9 & 0 \\ 6 & 5 & 4 & 3 \\ 5 & 0 & 5 & 9 \end{bmatrix}$　　③　$A = \begin{bmatrix} 2 & 0 & 0 & 0 \\ 0 & 2 & 0 & 0 \\ 0 & 0 & 2 & 0 \\ 0 & 0 & 0 & 2 \end{bmatrix}$

（3）试在 MATLAB 中将下面的矩阵通过稀疏矩阵存储方式存储。

$$① \quad A = \begin{bmatrix} 2 & 0 & 0 & 0 \\ 0 & 8 & 12 & 0 \\ 0 & 0 & 2 & 0 \\ 8 & 0 & 0 & 9 \end{bmatrix} \qquad ② \quad B = \begin{bmatrix} 3 & 0 & 9 & 0 \\ 0 & 0 & 0 & 3 \\ 5 & 0 & 0 & 9 \end{bmatrix}$$

（4）试创建一个 5×8 的随机矩阵，并获取矩阵的尺寸长度、维数及元素个数。

（5）通过求多项式对应的伴随矩阵，求方程 $(x-9)(x+12)(x-5)=0$ 的根。

第3章

数据类型与运算符

MATLAB 提供了多种数据类型供用户在不同的情况下使用，同时提供了多种运算符以适用不同类型数据的运算。本章主要介绍 MATLAB 的数据类型、运算符和字符串。读者在程序设计过程中可以选择合适的数据类型、运算符及字符串，以减少编程过程中出现的错误。

学习目标：

（1）熟悉 MATLAB 的数据类型。

（2）熟练掌握基本运算符的用法。

（3）熟悉字符串的处理方法。

3.1　数据类型

3.1

MATLAB 作为一种可编程语言，其数据作为计算机处理对象，支持多种数据类型。在 MATLAB 中，基本数据类型分别是整型数据（8 种）、单精度浮点型、双精度浮点型、逻辑型、字符型、元胞数组、结构体和函数句柄等，如图 3-1 所示。

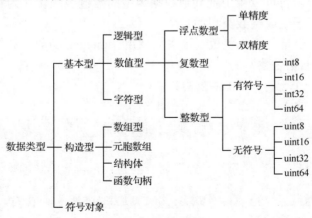

图 3-1　数据类型

每种基本的数据类型均以矩阵的形式出现，该矩阵可以是最小的 0×0 矩阵，也可以是

任意大小的 n 维矩阵。

3.1.1 数值型

MATLAB 中的数值型数据包含整数、浮点数和复数 3 种类型。另外，还定义了 Inf 和 NaN 两个特殊数值类型。

1. 整数型

在 MATLAB 中，整数类型包含 4 种有符号整数和 4 种无符号整数。有符号整数可以用来表示负数、零和正整数，而无符号整数则只可以用来表示零和正整数。MATLAB 支持 1B、2B、4B 和 8B 的有符号整数和无符号整数。

整数的数据类型和表示范围如表 3-1 所示。应用时要尽可能用字节数少的数据类型来表示数据，这样可以节省存储空间和提高运算速度。例如，最大值为 100 的数据可以用 1B 的整数来表示，而没有必要用 8B 的整数来表示。

表 3-1　整数的数据类型和表示范围

数 据 类 型	数据类型表示范围	类型转换函数
有符号 1B（8bit）整数（单精度）	$-2^7 \sim 2^7 - 1$	int8
有符号 2B（16bit）整数（单精度）	$-2^{15} \sim 2^{15} - 1$	int16
有符号 4B（32bit）整数（单精度）	$-2^{31} \sim 2^{31} - 1$	int32
有符号 8B（64bit）整数（单精度）	$-2^{63} \sim 2^{63} - 1$	int64
无符号 1B（8bit）整数	$0 \sim 2^8 - 1$	uint8
无符号 2B（16bit）整数	$0 \sim 2^{16} - 1$	uint16
无符号 4B（32bit）整数	$0 \sim 2^{32} - 1$	uint32
无符号 8B（64bit）整数	$0 \sim 2^{64} - 1$	uint64

说明：类型转换函数可以用于把其他数据类型的数值强制转换为整数类型。此外，类型转换函数还可以用于生成整数类型的数值。

如果要验证一个变量是否为整数，则需要使用 isinteger 函数；如果要查看数据类型并输出，则可以使用 class 函数。

【例 3-1】产生一个无符号 2B 整数的数值。

在命令行窗口中输入以下命令并显示输出结果。

```
>> x=uint16(16628)          % 无符号 2B（16bit）整数
x =
  uint16
    16628
>> isinteger(x)             % 验证一个变量是否为整数
ans =
  logical
  1
```

```
>> class(x)                      % 查看数据类型
ans =
    'uint16'
```

2. 浮点数类型

MATLAB 有双精度浮点数和单精度浮点数。双精度浮点数为 MATLAB 默认的数据类型。如果某个数据没有被指定数据类型，那么 MATLAB 会用双精度浮点数存储它。如要得到其他类型的数值类型，可以使用类型转换函数。

MATLAB 中的双精度浮点数和单精度浮点数均采用 IEEE 754 中规定的格式定义。浮点数的数据类型和表示范围如表 3-2 所示。

表 3-2　浮点数的数据类型和表示范围

数据类型名称	存 储 大 小	表 示 范 围	类型转换函数
双精度浮点数	8B	$-1.79769\times10^{308}\sim+1.79769\times10^{308}$	double
单精度浮点数	4B	$-3.40282\times10^{38}\sim+3.40282\times10^{38}$	single

3. 复数类型

复数包含实部和虚部两部分，虚部的单位是-1 的平方根，在 MATLAB 中，可以用 i 或 j 表示。通常可以直接使用赋值语句产生复数，也可以利用 complex 函数创建复数。complex 函数的调用格式如下。

```
z=complex(a,b)          % 利用两个实数 a、b 创建一个复数 z，z=a+bi
z=complex(x)            % 返回 x 的等效复数。x 为实数，返回 x+0i；x 为复数，则 z 与 x 相同
```

【例 3-2】利用直接赋值语句及 complex 函数创建复数。

在命令行窗口中输入以下命令并显示输出结果。

```
>> a=12+6i                  % 直接用赋值语句产生复数
a =
   12.0000 + 6.0000i
>> x=rand(2)*(-3);
>> y=rand(2)*5;
>> z=complex(x,y)          % 创建复数，x、y 是实数，z 是以 x 为实部、y 为虚部的复数
z =
  -0.4159 + 1.2714i  -0.7725 + 1.2176i
  -0.4479 + 4.0714i  -2.5222 + 4.6463i
>> x=rand(2);
>> z=complex(x)            % 创建复数，x 为实数，z 是以 x 为实部、0 为虚部的复数
z =
   0.3500 + 0.0000i   0.2511 + 0.0000i
   0.1966 + 0.0000i   0.6160 + 0.0000i
```

利用 real 及 imag 函数，可以把复数分为实数和虚数两部分。

4．Inf 和 NaN

在 MATLAB 中，规定用 Inf 和-Inf 分别表示正无穷大和负无穷大。在除法运算中，除数为 0 或运算结果溢出都会导致出现 Inf 或-Inf 的结果。isinf 函数可以用于验证变量是否为无穷大。

【例 3-3】编写 3 条运算结果为 Inf 或-Inf 的 MATLAB 语句。

在命令行窗口中输入以下命令并显示输出结果。

```
>> 1000/0
ans =
   Inf
>> x=exp(1000)
x =
   Inf
>> x=log(0)
x =
  -Inf
```

在 MATLAB 中，规定用 NaN 表示一个既不是实数又不是复数的数值（非数）。NaN 是 Not a Number 的缩写。类似 0/0、Inf/Inf 的表达式得到的结果均为 NaN。

3.1.2   逻辑型

逻辑型用 1 和 0 表示 true 和 false 两种状态。可以用函数 logical 得到逻辑类型的数值。函数 logical 可以把任何非零的数值转换为逻辑 true（1），把数值 0 转换为逻辑 false（0）。复数值和 NaN 不能转换为逻辑值，强制转换时会提示转换错误。

logical 函数的调用格式如下。

```
L=logical(A)                    % 将 A 转换为一个逻辑值数组
```

【例 3-4】logical 函数的调用。

在命令行窗口中输入以下命令并显示输出结果。

```
>> logical(1)
ans =
  logical
   1
>> logical(0)
ans =
  logical
   0
>> logical(-100)
ans =
  logical
   1
```

在 MATLAB 中，使用逻辑关系运算符也可以得到逻辑类型的数值。

3.1.3 字符型

在 MATLAB 中，字符和字符串统称为字符型数据，规定用 char 表示字符数据类型。一个 char 类型的 1×*n* 数组可以称为字符串 string。

MATLAB 中的 char 类型数据都是以 2B 的 unicode 字符存储的。创建字符串可以采用直接赋值法，也可以采用 char 函数。char 函数的调用格式为：

```
C=char(A)                    % 将输入数组 A 转换为字符数组。
```

如：若 A 是字符串"foo"，则 C 是字符数组'foo'。

```
C=char(A1,…,An)              % 将数组 A1,…,An（不要求大小和形状）转换为单个字符数组
```

转换为字符后，输入数组变为 C 中的行，并需要使用空格填充行。如果某输入数组是空字符数组，则 C 中相应的行是一行空格。输入数组 A1,…,An 不能是字符串数组、元胞数组或分类数组。

【例 3-5】利用不同的方法构造字符串。

在命令行窗口中输入以下命令并显示输出结果。

```
>> str='My name is Ding'    % 用一对单引号表示字符串
str =
    'My name is Ding'
>> str=char('[781112]')      % 用 char 函数构造一个字符串
str =
    '[781112]'
>> str=char('My ', 'name', 'is ', ' ', 'Ding') % 用一对单引号表示字符串
str =
  5×4 char 数组
    'My '
    'name'
    'is '
    '   '
    'Ding'
```

3.1.4 结构体

结构体是根据属性名组织起来的不同类型数据的集合。有一种容易与结构体类型混淆的数据类型——元胞数组型，它是一种特殊类型的 MATLAB 数组，它的每个元素叫作单元，每个单元都包含 MATLAB 数组。

> **提　示**
>
> 结构体和元胞数组的共同之处在于它们都提供了一种分级存储机制来存储不同类型的数据；不同之处是它们组织数据的方式不一样。结构体数组中的数据是通过属性名来引用的；而在元胞数组中，数据是通过元胞数组下标引用来操作的。

结构体数组是一种由"数据容器"组成的 MATLAB 数组，这种数据容器称为结构体的属性（field）。结构体的任何一个属性都可以包含任何一种类型的数据。

例如，一个结构体数组 Human 有 3 个属性，即 Name、Score 和 Salary。其中，Name 是一个字符串，Score 是一个标量，Salary 是一个 1×4 的向量。例如，'Ding'属于 Name 字符串，98 属于 Score 标量，[9800 10200 8900 8600]是 Salary 中一个 1×4 的向量。

1. 结构体数组的构造

要构造一个结构体数组，可以利用赋值语句，也可以采用 struct 函数。

【例 3-6】通过为结构体中的每个属性赋值来构造一个结构体数组。

在命令行窗口中输入以下命令并显示输出结果。

```
% 通过属性赋值构造一个结构体数组
>> Human.Name='Ding';
>> Human.Score=98;
>> Human.Salary=[9800 10200 8900 8600];
>> Human
Human=
  包含以下字段的 struct:
     Name: 'Ding'
    Score: 98
    Salary: [9800 10200 8900 8600]

% 下面的语句可以把结构体数组扩展成 1×2 的结构体数组
>> Human(2).Name='Kitta';
>> Human(2).Score=99;
>> Human(2).Salary=[21000 18000];
>> Human
Human=
  包含以下字段的 1×2 struct 数组:
    Name
    Score
    Salary
```

上述语句使结构体数组 Human 的维数变为 1×2。当用户扩展结构体数组时，MATLAB 对未指定数据的属性自动赋值成空矩阵，并使其满足以下规则。

（1）数组中的每个结构体都具有同样多的属性。

（2）数组中的每个结构体都具有相同的属性名。

例如，下面的语句使结构体数组 Human 的维数变为 1×3，此时，Human(3).Name 和 Human(3).Salary 由于未指定数据，所以 MATLAB 将其设为空矩阵。

```
Human(3).Score=96.5;
```

 注意：

在结构体数组中，元素属性的大小并不要求一致，如结构体数组 Human 中的 Name 属性和 Salary 属性都具有不同的长度。

　　除了使用赋值语句构造结构体数组，还可以用函数 struct 来构造结构体数组。函数 struct 的基本调用格式为：

```
s=struct                            % 创建不包含任何字段的标量(1×1)结构体
s=struct(field,value)               % 创建具有指定字段和值的结构体数组
s=struct(field1,value1,…,fieldN,valueN)  % 创建一个包含多个字段的结构体数组
```

上面语句中的输入变量为属性名和相应的属性值。

　　函数 struct 可以用不同的调用方法来构造结构体数组。例如，实现一个 1×3 的结构体数组的方法如表 3-3 所示。

表 3-3　实现一个 1×3 的结构体数组的方法

方　　法	调用格式示例	初始值状况
单独使用 struct 函数	Personel(3)=struct('Name','John','Score',85.5,'Salary',[4500])	Personel(1)和 Personel(2)的属性值都是空矩阵
struct 与 repmat 函数配合使用	repmat(struct('Name','John','Score', 85.5, 'Salary',[4500]),1,3)	数组的所有元素都具有和输入一样的值
struct 函数的输入为元胞数组	struct('Name',{'Clayton','Dana','John'},'Score',{98.5, 100,85.5},'Salary',{[4500],[],[]})	结构数组的属性值由元胞数组指定

2. 访问结构体数组的数据

　　使用结构体数组的下标引用，可以访问结构体数组的任何元素及其属性，也可以给任何元素及其属性赋值。

【例 3-7】创建一个结构体数组，并访问其任意子数组。

在命令行窗口中输入以下命令并显示输出结果。

```
>> Human=struct('Name',{'Ding','Tina','Tom'},'Score',{98,99,[]},…
   'Salary',{[9800 10200 8900 8600], [21000 18000],[]})  % 创建结构体数组
Human=
  包含以下字段的 1×3 struct 数组:
    Name
    Score
    Salary
>> NewHuman=Human(1:2)   % 访问结构体数组的任意子数组，并生成一个 1×2 的结构体数组
Newhuman=
  包含以下字段的 1×2 struct 数组:
    Name
    Score
    Salary
>> NewHuman=Human(1:3)       % 生成一个 1×3 的结构体数组
Newhuman=
  包含以下字段的 1×3 struct 数组:
    Name
    Score
    Salary
```

```
>> Human(2).Score             % 访问结构体数组的某个元素的某个属性
ans=
    99
>> Human(1).Salary(3)         % 访问结构体数组的某个元素的某个属性的元素值
ans=
    8900
>> Human.Name                 % 得到结构体数组的所有元素的某个属性值
ans =
    'Ding'
ans =
    'Tina'
ans =
    'Tom'
>> Salary=[Human.Salary]    % 使用矩阵合并符"[]"合并结果
Salary=
        9800      10200       8900       8600      21000      18000
>> Salary={Human.Salary}    % 把结果合并在一个元胞数组里
Salary=
    1×3 cell 数组
    {[9800 10200 8900 8600]}    {[21000 18000]}    {0×0 double}
```

3.1.5 元胞数组

元胞数组就是指每个元素都为一个单元的数组。它的每个单元都可以包含任意数据类型的 MATLAB 数组。例如，元胞数组的一个单元可以是一个实数矩阵或一个字符串数组，也可以是一个复向量数组。

1．元胞数组的构造

构造元胞数组有左标志法和右标志法。下面就详细介绍这两种方法。

（1）左标志法。

左标志法就是把单元标志"{}"放在左边。例如，创建一个 2×2 的元胞数组可以使用如下语句：

```
>> c{1,1}='Butterfly';
>> c{1,2}=@cos;
>> c{2,1}=eye(1,2);
>> c{2,2}=false;
```

（2）右标志法。

右标志法就是把单元标志"{}"放在右边。例如，创建和上面一样的元胞数组可以使用如下语句：

```
>> c(1,1)={'Butterfly'};
>> c(1,2)={@cos};
```

```
>> c(2,1)={eye(1,2)};
>> c(2,2)={false};
```

上述语句还可以简单地写为下面的代码：

```
>> c={'Butterfly',@cos;eye(1,2),false};
```

【例 3-8】构造一个 2×2 的元胞数组，并显示元胞数组。

在命令行窗口中输入以下命令并显示输出结果。

```
>> c={'Butterfly',@cos;eye(1,2),false};
                        % 方法①：直接输入元胞数组的名称显示元胞数组
>> c
c =
  2×2 cell 数组
    {'Butterfly'}    {@cos}
    {[     1 0]}    {[ 0]}
>> celldisp(c)          % 方法②：使用函数 celldisp 显示元胞数组
c{1,1}=
    Butterfly
c{2,1}=
    1   0
c{1,2}=
    @cos
c{2,2}=
    0
```

> **注意：**
>
> 函数 celldisp 的显示格式与直接输入元胞数组名称的显示格式是不同的。celldisp 函数更适用于具有大量数据的元胞数组的显示。

2. 元胞数组的读取

【例 3-9】以程序 c={'Butterfly',@cos;eye(1,2),false} 为例练习元胞数组的读取。

在命令行窗口中输入以下命令并显示输出结果。

```
>> Str=c{1,1}   % 读取 c{1,1} 中的字符串
Str =
    'Butterfly'
>> c(1,:)        % 读取元胞数组中若干单元的数据，本语句读取元胞数组 c 的第 1 行
ans =
  1×2 cell 数组
    {'Butterfly'}    {@cos}
```

3. 元胞数组的删除

只要将空矩阵赋给元胞数组的某一整行或某一整列，就可以删除元胞数组的这一行或这一列。

【例 3-10】 接上例，删除元胞数组 c 的第一行。

```
>> c(1,:)=[]
c =
  1×2 cell 数组
    {[1  0]}    {[0]}
```

3.1.6　函数句柄

函数句柄是 MATLAB 中用来提供间接调用函数的数据类型。函数句柄可以传递给其他函数，以便该函数句柄代表的函数可以被调用。函数句柄还可以被存储起来，以便以后利用。

1．创建函数句柄

函数句柄可以用符号@后面跟着函数名的形式来表示，即在函数名称前添加@符号来为函数创建句柄。例如，如果有一个名为 myfun 的函数，创建一个名为 f 的句柄语句为：

```
fhandle=@myfun;
```

函数句柄创建后即可直接使用句柄来调用函数，其方式与直接调用函数相同。函数句柄是可传递给其他函数的变量。

【例 3-11】利用 MATLAB 中自带的正弦函数 sin，得到的输出变量 fh 为 sin 函数的句柄，并利用 fh 调用 sin 函数。

在命令行窗口中输入以下命令并显示输出结果。

```
>> fh=@sin                      创建函数句柄
fh =
  包含以下值的 function_handle:
    @sin
>> fh(0)                        % fh(0) 相当于语句 sin(0)，计算 sin(0)
ans =
    0
>> fh(pi)        % 计算 sin(π)，pi 是 π 的实际值的浮点近似值，因此结果包含数值误差
ans =
  1.2246e-16
>> fh(pi/2)                     % 计算 sin(π/2)
ans =
    1
>> q=integral(fh,0,1)          % 利用 integral 计算 sin(x)在区间[0,1]上的积分
q =
    0.4597
```

2．匿名函数的函数句柄

匿名函数是基于单行表达式的 MATLAB 函数，不需要程序文件。用户可以创建指向匿名函数的句柄。构造指向匿名函数的句柄，语法为：

```
h=@(arglist)anonymous_function        % 定义 anonymous_function 函数主体
                          % 指向匿名函数 arglist，输入参数列表以逗号分隔
```

【例 3-12】匿名函数使用示例。

在命令行窗口中输入以下命令并显示输出结果。

```
>> sqr=@(n)n.^2;              % 创建一个指向用于计算平方数的匿名函数的句柄 sqr
>> x=sqr(3)
x =
     9
>> myfun=@(x,y)(x^2+y^2+x*y);          % 带有多个输入的函数
>> x=2; y=8;
>> z=myfun(x,y)
z =
    84
```

【例 3-13】匿名函数嵌套使用示例。试求下式的积分。

$$g(c) = \int_0^1 (x^2 + cx + 1)\mathrm{d}x$$

在命令行窗口中输入以下命令。

```
>> g=@(c)(integral(@(x)(x.^2+c*x+1),0,1));          % 合并使用两个匿名函数
```

上述嵌套使用的匿名函数编写过程如下：

（1）将被积函数编写为匿名函数。

```
@(x)(x.^2+c*x+1)
```

（2）通过将函数句柄传递到 integral，从 0 到 1 的范围计算函数。

```
integral(@(x)(x.^2+c*x+1),0,1)
```

（3）通过为整个方程构造匿名函数以提供 c 的值。

```
g=@(c)(integral(@(x)(x.^2+c*x+1),0,1));
```

最终的函数可以针对任何 c 值来求解方程。

```
>> g(6)
ans =
    4.3333
```

3.2　运算符

3.2

MATLAB 中提供了丰富的运算符，可以满足各种应用的需要。这些运算符包括算术运算符、关系运算符和逻辑运算符。

3.2.1　算术运算符

MATLAB 具有数组运算和矩阵运算两种不同类型的算术运算，矩阵运算遵循线性代数的法则，而数组运算执行逐元素运算，并支持多维数组。由于两种运算在加法和减法上相同，因此均使用+、-实现。MATLAB 中的算术运算符的用法和功能如表 3-4 所示。

表 3-4　算术运算符的用法与功能

运 算 符	用 法	功 能 描 述
+	A+B	元素加法或一元运算符正号。表示矩阵 A 和 B 对应元素相加，等同于 plus(A,B)。A 和 B 必须是具有相同长度的矩阵，除非它们之一为标量。标量可以与任何一个矩阵相加
-	A-B	元素减法或一元运算符负号。表示矩阵 A 和 B 对应元素相减，等同于 minus(A,B)。A 和 B 必须是具有相同长度的矩阵，除非它们之一为标量。标量可以被任何一个矩阵减去
.*	A.*B	元素相乘。相当于 A 和 B 对应的元素相乘，等同于 times(A,B)。对于非标量的矩阵 A 和 B，矩阵 A 的列长度必须和矩阵 B 的行长度一致。一个标量可以与任何一个矩阵相乘
./	A./B	元素的右除法。矩阵 A 除以矩阵 B 的对应元素，即 A(i,j)/B(i,j)，等同于 rdivide(A,B)。对于非标量的矩阵 A 和 B，矩阵 A 的列长度必须和矩阵 B 的行长度一致
.\	A.\B	元素的左除法。矩阵 B 除以矩阵 A 的对应元素，即 B(i,j)/A(i,j)，等同于 ldivide(B,A)。对于非标量的矩阵 A 和 B，矩阵 B 的列长度必须和矩阵 A 的行长度一致
.^	A.^B	元素的乘方。即 [A(i,j)^B(i,j)]，对于非标量的矩阵 A 和 B，矩阵 A 的列长度必须和矩阵 B 的行长度一致
.'	A.'	矩阵转置。当矩阵是复数时，不求矩阵的共轭转置
*	A*B	矩阵乘法。对于非标量的矩阵 A 和 B，矩阵 A 的列长度必须和矩阵 B 的行长度一致。一个标量可以与任何一个矩阵相乘
/	B/A	矩阵右除法。粗略地相当于 B*inv(A)，准确地说相当于 (A'\B')'。它是方程 X*A=B 的解
\	A\B	矩阵左除法。粗略地相当于 inv(A)*B。它是方程 A*X=B 的解
^	A^B	矩阵乘方。用法参见后面的补充说明
'	A'	矩阵转置。当矩阵是复数时，求矩阵的共轭转置

补充说明：

当 A 和 B 都是标量时，表示标量 A 的 B 次方幂。当 A 为方阵、B 为正整数时，表示矩阵 A 的 B 次乘积；当 B 为负整数时，表示矩阵 A 的逆的 B 次乘积；当 B 为非整数时，有如下表达式：

$$A \wedge B = V * \begin{bmatrix} \lambda_1^B & & \\ & \ddots & \\ & & \lambda_n^B \end{bmatrix} / V$$

其中，$\lambda_1^B \sim \lambda_n^B$ 为矩阵 A 的特征值；V 为对应的特征向量矩阵。当 A 为标量，B 为方阵时，有如下表达式：

$$A \wedge B = V * \begin{bmatrix} A^{\lambda_1} & & \\ & \ddots & \\ & & A^{\lambda_n} \end{bmatrix} / V$$

其中，$A^{\lambda_1} \sim A^{\lambda_n}$ 为方阵 B 的特征值；V 为对应的特征向量矩阵。当 A 和 B 都为矩阵时，此运算无意义。

除了某些矩阵运算符，MATLAB 的算术运算符只对相同规模的数组做相应的运算。对于向量和矩阵，两个操作数必须同规模或有一个操作数为标量。

如果一个操作数是标量，而另一个不是标量，那么 MATLAB 会将这个标量与另一个操作数的每个元素进行运算。

【例 3-14】算法运算符应用示例。

在命令行窗口中输入以下命令并显示输出结果。

```
>> A=ones(2,3);
>> B=[1 2 3; 4 5 6];
>> X1=A./B                % 矩阵 A 除以矩阵 B 的对应元素
X1 =
    1.0000    0.5000    0.3333
    0.2500    0.2000    0.1667
>> X2=A.\B                % 矩阵 B 除以矩阵 A 的对应元素
X2 =
    1    2    3
    4    5    6
>> X3=A/B                 % 矩阵右除法,也即方程 X*B=A 的解
X3 =
   -0.3333    0.3333
   -0.3333    0.3333
>> A=magic(4)            % 创建 4 阶魔方矩阵,返回由 1 到 n² 的整数构成的 n×n 方阵
A =
   16    2    3   13
    5   11   10    8
    9    7    6   12
    4   14   15    1
>> 5*A                    % 矩阵乘法运算
ans =
   80   10   15   65
   25   55   50   40
   45   35   30   60
   20   70   75    5
```

MATLAB 的算术运算符不仅支持双精度数据类型的运算,还增加了对单精度类型、1B 无符号整数、1B 有符号整数、2B 无符号整数、2B 有符号整数、4B 无符号整数和 4B 有符号整数运算的支持。

3.2.2　关系运算符

MATLAB 中的关系运算符的用法和功能如表 3-5 所示。

表 3-5　关系运算符的用法与功能

运 算 符	名　称	示　例	使 用 说 明
<	小于	A<B	① A、B 都是标量,结果是为 1(真)或为 0(假)的标量。
<=	小于或等于	A<=B	② A、B 若一个为标量,另一个为数组,则标量将与数组各元素逐一进
>	大于	A>B	行比较,结果为与运算数组行/列相同的数组,其中各元素取值为 1 或 0。

续表

运 算 符	名 称	示 例	使 用 说 明
>=	大于或等于	A>=B	③ 当 A、B 均为数组时，必须行数、列数分别相同，A 与 B 各对应元素相比较，结果为与 A 或 B 行/列相同的数组，其中各元素取值为 1 或 0。
==	等于	A==B	④ ==和~=运算对参与比较的量同时比较其实部和虚部，其他运算只比较实部
~=	不等于	A~=B	

MATLAB 的关系运算符只对具有相同规模的两个操作数或其中一个操作数为标量的情况进行操作。

当两个操作数具有相同规模时，MATLAB 对两个操作数的对应元素进行比较，返回的结果是与操作数具有相同规模的矩阵。

【例 3-15】接上例，确定 4 阶魔方矩阵中哪些元素的值大于 10。

在命令行窗口中输入以下命令并显示输出结果。

```
>> magic(4)>10*ones(4)
ans =
  4×4 logical 数组
   1   0   0   1
   0   1   0   0
   0   0   0   1
   0   1   1   0
```

返回结果中等于 1 的位置上的 magic(4) 的矩阵元素的值大于 10。

3.2.3 逻辑运算符

MATLAB 提供了 3 种类型的逻辑运算符，即元素方式逻辑运算符、比特方式逻辑运算符和短路逻辑运算符。

1. 元素方式逻辑运算符

元素方式逻辑运算符的用法与功能如表 3-6 所示。该运算符只接受逻辑类型变量输入。表中的示例采用如下矩阵：

```
>> A=[1 0 0 0 1];
>> B=[0 1 1 0 1];
```

表 3-6 元素方式逻辑运算符的用法与功能

运 算 符	功 能	功 能 描 述	示 例
&	逻辑与	两个操作数同时为 1，运算结果为 1；否则为 0	A&B=0 0 0 0 1
|	逻辑或	两个操作数同时为 0，运算结果为 0；否则为 1	A|B=1 1 1 0 1
~	逻辑非	当 A 为 0 时，运算结果为 1；否则为 0	~A=0 1 1 1 0
xor	逻辑异或	当两个操作数相同时，运算结果为 0；否则为 1	xor(A,B)=1 1 1 0 0

MATLAB 的元素方式逻辑运算符只对具有相同规模的两个操作数或其中一个操作数为

标量的情况进行操作。元素方式逻辑运算符有重载的函数，实际上，符号"&""|""~"的重载函数分别是 and、or 和 not。

2. 比特方式逻辑运算符

比特方式逻辑运算符对操作数的每个比特位进行逻辑操作，其用法与功能如表 3-7 所示。比特方式逻辑运算符接受逻辑类型和非负整数变量输入。表中示例采用如下矩阵：

```
>> A=17;              % 二进制表示为 10001
>> B=7;               % 二进制表示为 00111
```

表 3-7　比特方式逻辑运算符的用法与功能

函 数 名	功　能	功 能 描 述	示　例
bitand	与	返回两个非负整数的对应位做与操作	bitand(A,B)=1 (binary 00001)
bitor	或	返回两个非负整数的对应位做或操作	bitor(A,B)=23 (binary 10111)
bitxor	异或	返回两个非负整数的对应位做异或操作	bitxor(A,B)=22 (binary 10110)
bitcmp	补码	返回 n 位整数表示的补码	bitcmp(A,B)=14 (binary 01110)

3. 短路逻辑运算符

MATLAB 的短路逻辑运算符的用法与功能如表 3-8 所示。

表 3-8　短路逻辑运算符的用法与功能

函 数 名	功　能	功 能 描 述	示　例
&&	逻辑与	两个操作数同时为 1，运算结果为 1；否则为 0	A&&B
||	逻辑或	两个操作数同时为 0，运算结果为 0；否则为 1	A||B

说明：短路逻辑运算符的运算结果和元素方式逻辑运算符的运算结果是一样的。然而短路逻辑运算符在执行时，只有在运算结果还不确定时才去参考第二个操作数。

例如，A&&B 操作，当 A 为 0 时，直接返回 0，而不检查 B 的值；当 A 为 1 时，如果 B 为 1，则返回 1，否则返回 0。A\|\|B 的执行方式与 A&&B 的执行方式类似。

【例 3-16】短路逻辑运算符示例。

在命令行窗口中输入以下命令并显示输出结果。

```
>> X=[1 1 0 1 1]; Y=[0 0 1 0 0];
>> any(X)||all(Y)              % 使用 any 和 all 函数将每个向量约简为单个逻辑条件
ans =
  logical
   1
>> b=1; a=20;
>> x=(b~=0)&&(a/b>18.5)
x =
  logical
   1
>> b=0;
```

```
>> x=(b~=0)&&(a/b>18.5)
x =
  logical
   0
```

3.2.4　运算优先级

表达式中包括算术运算符、关系运算符和逻辑运算符。因此，运算符的优先级决定了对一个表达式进行运算的顺序。具有相同优先级的运算符从左到右依次进行运算；对于具有不同优先级的运算符，先进行高优先级运算。

运算符的优先级如表 3-9 所示。可以看到，括号的优先级别最高，因此可以用括号改变默认的优先级。

表 3-9　运算符的优先级

序号	运　算　符	优先级
1	括号	最高
2	转置（.'），幂（.^），复共轭转置（'），矩阵幂（^）	
3	一元正号（+），一元负号（-），逻辑非（~）	
4	元素相乘（.*），元素右除（./），元素左除（.\），矩阵乘法（*），矩阵右除（/），矩阵左除（\）	
5	加法（+），减法（-）	
6	冒号运算符（:）	
7	小于（<），小于或等于（<=），大于（>），大于或等于（>=），等于（==），不等于（~=）	
8	逻辑与（&）	
9	逻辑或（|）	
10	短路逻辑与（&&）	最低
11	短路逻辑或（||）	

【例 3-17】调整运算优先级示例。

在命令行窗口中输入以下命令并显示输出结果。

```
>> A=[2  6  8];
>> B=[9  6  3];
>> C=A.*B.^3
C =
      1458        1296         216
>> C=(A.*B).^3                      % 调整优先级
C =
      5832       46656       13824
```

3.3 字符串

MATLAB 能够很好地支持字符串数据，可以用两种不同的方式表示字符串，即字符数组和字符串元胞数组。

3.3.1 字符串的构造

通常可以用 *m*×*n* 的字符数组表示多个字符串，只要这些字符串的长度是一样的。当需要保存多个不同长度的字符串时，可以用元胞数组类型实现。

MATLAB 提供了很多字符串的操作，包括字符串的创建、合并、比较、查找及其与数值的转换。下面介绍创建字符串的操作。

1．创建字符数组

可以通过一对单引号来表示字符串，也可以用字符串合并函数 strcat 得到一个新的字符串。另外，还可以利用函数 char 来创建字符串。

> 🔔 **注意：**
>
> 函数 strcat 在合并字符串的同时会把字符串尾部的空格删除。要保留这些空格，可以用矩阵合并符 "[]" 实现字符串的合并。

在利用函数 char 创建字符数组时，如果字符串不具有相同的长度，则函数 char 会自动用空格把字符串补足到最长的字符串长度。

【例 3-18】创建字符数组示例。

在命令行窗口中输入以下命令并显示输出结果。

```
>> str='helloMATLAB'          % 通过一对单引号来表示字符串
str =
    'helloMATLAB'
>> a='hello ';                 % 字符串后有一空格
>> b='MATLAB';
>> c=strcat(a,b)              % 用字符串合并函数 strcat 得到一个新的字符串
c=
    'helloMATLAB'
>> c=[a b]                    % 用矩阵合并符实现字符串的合并
c=
    'hello MATLAB'
>> c=char('hello','MATLAB')  % 利用函数 char 来创建字符数组
c=
  2×6 char 数组
    'hello '
    'MATLAB'
```

2. 创建字符串元胞数组

利用函数 cellstr 可以创建字符串元胞数组，创建时会把字符串尾部的空格截去；也可以利用函数 char 把一个字符串元胞数组转换成一个字符数组。

【例 3-19】创建字符串元胞数组示例。

在命令行窗口中输入以下命令并显示输出结果。

```
>> data=['hello ';'MATLAB']            % 创建字符数组，带空格
data =
  2×6 char 数组
    'hello '
    'MATLAB'
>> celldata=cellstr(data)               % 把上述字符数组转换成字符串元胞数组
celldata =
  2×1 cell 数组
    {'hello' }
    {'MATLAB'}
>> length(celldata{1})
ans =
    5
>> chararray=char(celldata)             % 将一个字符串元胞数组转换成一个字符数组
chararray =
  2×6 char 数组
    'hello '
    'MATLAB'
>> length(chararray(1,:))               % 查看第一个字符串的长度
ans=
    6
```

3.3.2   字符串的比较

比较两个字符串或两个字符串的子串是否相同在 MATLAB 的字符串操作中是比较重要的。比较操作的内容如下。

● 比较两个字符串中的单独字符是否相同。

● 对字符串内的元素进行识别，判定每个元素是字符还是空白符（包括空格、制表符 Tab 和换行符）。

MATLAB 有以下几种比较字符串和子串的方法。

1. 字符串比较函数

MATLAB 提供的字符串比较函数如表 3-10 所示。这些函数对字符数组和字符串数组都适用。

表 3-10　字符串比较函数

函　数	功　能　描　述	基本调用格式	
strcmp	比较两字符串是否相等	strcmp(S1,S2)	字符串相等返回 1，否则返回 0
strncmp	比较两字符串的前 N 个字符是否相等	strncmp(S1,S2,N)	字符串的前 N 个字符相等返回 1，否则返回 0
strcmpi	比较两字符串是否相等，忽略大小写	strcmpi(S1,S2)	字符串相等返回 1，否则返回 0（忽略大小写）
strncmpi	比较两字符串的前 N 个字符是否相等，忽略大小写	strncmpi(S1,S2,N)	字符串前 N 个字符相等返回 1，否则返回 0（忽略大小写）

【例 3-20】字符串比较示例。

在命令行窗口中输入以下命令并显示输出结果。

```
>> str1='aaabbb';
>> str2='aaabbc';
>> c=strcmp(str1,str2)     % 对字符串进行比较，由于两个字符串不相同，结果为 0
c=
    0
>> c=strncmp(str1,str2,5)  % 字符串的前 5 个字符相同，因此比较前 5 个字符返回 1
c=
    1
```

2．用关系运算符比较字符串

运用关系运算符可以对字符数组进行比较，但是要求比较的字符数组具有相同的维数，或者其中一个是标量。

【例 3-21】用==运算符判断两个字符串里的对应字符是否相同。

在命令行窗口中输入以下命令并显示输出结果。

```
>> str1='aabbcc';
>> str2='abbabc';
>> c=(str1==str2)          % 用==运算符判断两个字符串里的对应字符是否相同
c =
  1×6 logical 数组
   1   0   1   0   0   1
```

提　示

也可以用其他关系运算符（>、>=、<、<=、==、!=）比较两个字符串。

3.3.3　字符串查找和替换函数

MATLAB 提供的一般字符串查找和替换函数如表 3-11 所示。

表 3-11　一般字符串查找和替换函数

函 数 名	功 能 描 述	基本调用格式	
strrep	字符串查找并替换	str=strrep(str,old,new)	将 str 中出现的所有 old 都替换为 new
findstr	在字符串内查找（两个输入对等）	k=findstr(str1,str2)	在输入的较长字符串中查找较短字符串的位置
strfind	在字符串内查找	k=strfind(str,pattern)	查找 str 中 pattern 出现的位置
		k=strfind(cellstr,pattern)	查找单元字符串 cellstr 中 pattern 出现的位置
strtok	获得第一个分隔符之前的字符串	token=strtok(str)	以空格符（包括空格、制表符和换行符）为分隔符
		token=strtok(str,delimiters)	输入 delimiters 为指定的分隔符
		[token,rem]=strtok(...)	返回值 rem 为第一个分隔符之后的字符串
strmatch	在字符串数组中匹配指定字符串（不推荐）	x=strmatch(str,STRS)	在字符串数组 STRS 中匹配字符串 str，返回匹配上的字符串的所在行
		x=strmatch(str,STRS,exact)	在字符串数组 STRS 中精确匹配字符串 str，返回匹配上的字符串的所在行，只有在完全匹配上时，才返回字符串的所在行

【例 3-22】 字符串替换与查找示例。

在命令行窗口中输入以下命令并显示输出结果。

```
>> s1='My name is Ding.'
s1 =
    'My name is Ding.'
>> str=strrep(s1,'Ding','Bin')      % 字符串替换
str =
    'My name is Bin.'
>> str='My name is Ding.';
>> index=strfind(str,'i')           % 字符串查找
index =
     9    13
>> s='My name is Ding.';
>> [a,b]=strtok(s)                  % 获得第一个分隔符之前的字符串
a =
    'My'
b =
    ' name is Ding.'
```

3.3.4　字符串与数值的转换

MATLAB 提供的把数值转换为字符串的函数如表 3-12 所示。限于篇幅这里不过多介绍，读者可根据需要自行查阅帮助文档进行学习。

表 3-12　数值转换为字符串的函数

函　数　名	功　能　描　述
char	把一个数值截去小数部分，然后转换为等值的字符
int2str	把一个数值的小数部分四舍五入，然后转换为字符串
num2str	把一个数值类型的数据转换为字符串
mat2str	把一个数值类型的数据转换为字符串，返回的结果是 MATLAB 能识别的格式
dec2hex	把一个正整数转换为十六进制的字符串
dec2bin	把一个正整数转换为二进制的字符串
dec2base	把一个正整数转换为任意进制的字符串

MATLAB 提供的把字符串转换为数值的函数如表 3-13 所示。

表 3-13　字符串转换为数值的函数

函　数　名	功　能　描　述
uintN	把字符转换为等值的整数（N 为 8、16、32、64，如 uint8）
str2num	把一个字符串转换为数值类型
str2double	与 str2num 相似，但比 str2num 的性能优越，它同时提供对单元字符数组的支持
hex2num	把一个 IEEE 格式的十六进制字符串转换为数值类型
hex2dec	把一个 IEEE 格式的十六进制字符串转换为十进制整数
bin2dec	把一个二进制字符串转换为十进制整数
base2dec	把一个任意进制的字符串转换为十进制整数

【例 3-23】在命令行中输出一行字符串来显示向量 x 的最小值。

在命令行窗口中输入以下命令并显示输出结果。

```
>> x=rand(1,5)
x=
    0.4733    0.3517    0.8308    0.5853    0.5497
>> disp(['    向量 x 中的最小值为:' num2str((min(x)))]);  % 在命令行中显示字符串
    向量 x 中的最小值为:0.35166
```

3.4　本章小结

本章主要介绍了 MATLAB 的数据类型、运算符和字符串。通过本章的学习，可以为独自编写用户程序和了解其他 MATLAB 程序奠定很好的基础；可以了解 MATLAB 的基本运算符的使用方法及不同数据类型之间的差异。在编写程序及阅读代码的时候，能够快速理解变量的基本数据类型，以选择适合具体情况下的数据类型及字符串的操作。

习　　题

1．填空题

（1）在 MATLAB 中，基本数据类型分别是 8 种整型数据、_____、_____、逻辑型、_____、_____、结构体和函数句柄。

（2）MATLAB 中的数值型包含_____、_____和复数 3 种类型。另外，还定义了_____和_____两个特殊数值类型。

（3）运算符"./"可实现矩阵元素的右除，运算符".\"可实现_____、运算符".^ "可实现_____、运算符".'"可实现_____、运算符"/"可实现_____、运算符"\"可实现_____。

（4）函数句柄可以用_____的形式表示。

（5）MATLAB 中提供了丰富的运算符，可以满足各种应用的需要。这些运算符包括算术运算符、_____和_____。

2．计算与简答题

（1）通过属性赋值构造创建一个结构体 School，包括 Class、Number、Score、Rank，共 4 个属性，其中 Class 是一个字符串，Number、Score 是一个标量，Rank 是一个 1×3 的向量。然后将结构体数组扩展成 1×4 的结构体数组。

（2）创建字符串数组['We ';'need ';'study ';'hard.']，并将字符数组转换成字符串元胞数组，然后再将转化后的字符串元胞数组转换成字符数组，最后查看第 3 个字符串的长度。

（3）试在 MATLAB 中自行编写函数 $f(x) = \sin(x) + 6x^2 + 6$，并通过该函数的句柄 fh 调用 $f(x)$ 函数，求当 $x = 6$ 时的函数值。

（4）对给定的矩阵 A=[1 0 0 0 1 1 0]、B=[1 0 1 1 0 1 0]，确定 $A\&B$、$A|B$、$\sim A$、xor(A,B) 的输出结果。

（5）通过关系运算符判断两个字符串 str1='We need study hard.'、str2='My name is Ding.' 里的对应字符是否相同。

（6）通过直接赋值法及函数法创建以下复数或复数矩阵。

① 　8.5＋7.6i

② $\begin{bmatrix} 0.5+3.2i & -1.5+1.2i \\ -4.6+1.8i & -6.5+3.8i \end{bmatrix}$

第 4 章
程序设计与调试

MATLAB 作为一种广泛应用于科学计算领域的工具语言，可以直接利用自带的函数进行数值求解，也可以像其他计算机高级语言一样进行程序设计，编写扩展名为.m 的 M 文件，以实现各种复杂的运算。MATLAB 程序设计是在文件编辑器中进行的，编译器可以帮助用户进行程序调试。MATLAB 本身自带的许多函数就是 M 文件函数，用户也可以利用 M 文件编写、生成和扩充自己的函数库。

学习目标：

（1）熟悉 MATLAB 的语法规则。

（2）掌握程序流程控制方法。

（3）掌握 MATLAB 的程序调试方法。

（4）掌握编程的设计思想。

4.1　程序语法规则

4.1

MATLAB 的主要功能虽然是数值运算，但它也是一个完整的程序语言，有各种语句格式和语法规则，下面进行详细介绍。

4.1.1　程序设计中的变量

前面已经介绍过变量的概念，下面介绍在程序设计中用到的变量。与 C 语言不同，MATLAB 中的变量无须事先定义。

MATLAB 中的变量有自己的命名规则，即必须以字母开头，之后可以是任意字母、数字或下画线；但是不能有空格，且变量名区分字母大小写。MATLAB 还包括一些特殊的变量——预定义变量，如表 2-1 所示。

程序设计中定义的变量有局部变量和全局变量两种类型。每个函数在运行时，均占用单独的一块内存，此工作空间独立于 MATLAB 的基本工作空间和其他函数工作空间。

因此，不同工作空间的变量完全独立，不会相互影响，这些变量称为局部变量。有时为了减少变量的传递次数，可使用全局变量，它是通过 global 指令定义的，其格式为：

```
global var1 var2;
```

通过上述指令，可以使 MATLAB 允许几个不同的函数工作空间及基本工作空间共享同一个变量。每个希望共享全局变量的函数或 MATLAB 基本工作空间必须逐个对具体变量加以专门定义，没有采用 global 指令定义的函数或基本工作空间将无权使用全局变量。

如果某个函数的运行使得全局变量发生了变化，则其他函数工作空间及基本工作空间内的同名变量会随之变化。只要与全局变量相联系的工作空间有一个存在，全局变量就存在。

在使用全局变量时，需要注意以下几个问题。

● 在使用全局变量之前必须首先定义，建议将定义放在函数体的首行位置。
● 虽然对全局变量的名称并没有特别的限制，但是为了提高程序的可读性，建议采用大写字符命名全局变量。
● 全局变量会损坏函数的独立性，使程序的书写和维护变得困难，尤其在大型程序中，不利于模块化，不推荐使用。

【例 4-1】全局变量的使用。

在编辑器中创建一个函数 exga，并保存在当前目录下，内容如下。

```
function z=exga(y)
global X                         % 在函数 exga(y)中声明了一个全局变量
z=X*y;
end
```

在命令行窗口中输入以下命令：

```
>> global X                      % 在基本工作空间中进行全局变量 X 的声明
>> X=3;
>> z=exga(2)
z=
    6
>> whos global                   % 查看工作空间中的全局变量
  Name      Size            Bytes  Class      Attributes
   X        1x1                 8  double       global
```

4.1.2　编程方法

前面介绍的程序十分简单，包括一系列的 MATLAB 语句，这些语句按照固定的顺序一句接一句地被执行，将这样的程序称为顺序结构程序。它首先读取输入，然后运算得到所需结果，最后打印输出结果并退出。

对于要多次重复运算程序的某些部分，若按顺序结构编写，则程序会变得极其复杂，甚至无法编写。此时采用控制顺序结构可以解决这个难题。

控制顺序结构有两大类：选择结构，用于选择执行特定的语句；循环结构，用于重复执行特定部分的代码。随着选择和循环的介入，程序将渐渐地变得复杂，但对于解决问题来说，将会变得简单。

为了避免在编程过程中出现大量错误，下面介绍正规的编程步骤，即自上而下的编程方法。具体步骤如下。

（1）清晰地陈述要解决的问题。

（2）定义程序所需的输入量和程序产生的输出量。

（3）确定设计程序时采用的算法。

（4）把算法转化为代码。

（5）检测 MATLAB 程序。

4.1.3　M 文件结构

在 MATLAB 中写的程序都保存为 M 文件，M 文件是统称，每个程序都有自己的 M 文件，文件的扩展名是.m。通过编写 M 文件，可以实现各种复杂的运算。下面基于 conv 函数的 M 文件介绍 M 文件的基本结构（如表 4-1 所示）。

表 4-1　M 文件基本结构

文 件 内 容	描　　　　述
函数定义行 （只存在于函数文件中）	定义函数名称，定义输入输出变量的数量、顺序
H1 行	对程序进行总结说明的一行
help 文本	对程序的详细说明，在调用 help 命令查询该 M 文件时和 H1 行一起显示在命令窗口中
注释	具体语句的功能注释、说明
函数体	进行实际计算的代码

在命令行窗口中输入：

```
>> open conv                    % 打开 conv.m 函数文件
```

执行上述命令，打开函数文件，文件内容如下（省略部分内容）：

（1）函数定义行。

```
function c=conv(a, b, shape)
```

其中，输入变量用圆括号括起来，变量间用英文逗号","分隔。有多个输出变量时用方括号括起来，无输出可用空括号[]，或无括号和等号。如：

```
function [out1,out2,out3,…]=funName(in1,in2,in3,…)    % 多个输出变量
function funName(in1,in2,in3,…)                        % 无输出变量
```

（2）H1 行

```
% CONV Convolution and polynomial multiplication.
```

H1 行紧跟着函数定义行。因为它是 help 文本的第一行，所以称其为 H1 行，用%开始。MATLAB 可以通过命令把 M 文件上的帮助信息显示在命令窗口中。

H1 在编写函数文件时并不是必需的，但强烈建议在编写 M 文件时建立帮助文本，把函数的功能、调用函数的参数等描述清楚，方便函数的使用。

H1 行是函数功能的概括性描述，在命令窗口提示符下输入以下命令可以显示 H1 行文本。

```
help filename
lookfor filename
```

（3）help 文本显示内容

```
%   C=CONV(A, B) convolves vectors A and B.  The resulting vector is
%
                ...                    % 中间省略
%
%   Note: CONVMTX is in the Signal Processing Toolbox.
```

帮助文本是为调用帮助命令而建立的文本，可以是连续多行的注释文本。可以在命令窗口中查看，但不会在 MATLAB 帮助浏览器中显示。帮助文本在遇到%之后的第一个非注释行时结束，即第一次出现%的行（包括空行），函数中的其他注释行并不显示。

（4）注释及函数体

```
%   Copyright 1984-2019 The MathWorks, Inc.

if ~isvector(a) || ~isvector(b)
  error(message('MATLAB:conv:AorBNotVector'));
end
                ...                    % 中间省略
else
    if size(a,1)==1            % 行向量
        c=c.';
    end
end
```

注释行以%开始，可以出现在函数的任何地方，也可以出现在一行语句的右边。若注释行很多，可以使用注释块操作符"%{"（注释起始行）和"%}"（注释结束行）。

函数体是函数与脚本中计算和处理数据的主体，可以包含进行计算和赋值的语句、函数调用、循环和流控制语句，以及注释语句、空行等。

如果函数体中的命令没有以分号";"结尾，那么该行返回的变量将会在命令窗口显示其具体内容。如果在函数体中使用了 disp 函数，那么结果也将显示在命令窗口中。通过该功能可以查看中间计算过程或者最终的计算结果。

4.2 程序流程语句

MATLAB 的基本程序结构为顺序结构，即自上而下执行代码。仅使用顺序结构远不能满足程序设计的需要。为此，还需要使用其他流程控制语句以实现程序的控制，主要包括循环语句、条件语句和分支语句等。

4.2.1 顺序语句

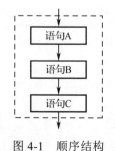

图 4-1 顺序结构

顺序语句就是顺序执行程序的各条语句，如图 4-1 所示，批处理文件就是典型的顺序语句文件，这种语句不需要任何特殊的流控制。

【例 4-2】 顺序语句示例。

（1）在 MATLAB 主界面下，单击"主页"→"文件"→ （新建脚本）按钮，打开编辑器窗口。

（2）在编辑器窗口中编写程序（M 文件）如下。

```
a=3            % 定义变量 a
b=5            % 定义变量 b
c=a*b          % 求变量 a、b 的乘积，并赋给 c
```

（3）单击"编辑器"→"文件"→ （保存）按钮，将编写的文件保存为 test.m。

（4）单击"编辑器"→"运行"→ （运行）按钮（或按 F5 快捷键）执行程序，此时在命令行窗口中输出运行结果。

说明：在当前目录保存文件后，可以直接在命令窗口中输入文件名运行，同样可以得到运行结果，如下。

```
>> test
a =
    3
b =
    5
c =
    15
```

4.2.2　循环语句

循环语句一般用于有规律的重复计算。被重复执行的语句称为循环体，控制循环语句走向的语句称为循环条件。MATLAB 中有 for 循环和 while 循环两种循环语句。

4.2.1-4.2.2

1．for 循环

用来重复指定次数的 for 循环，循环结构如图 4-2 所示。for 循环的循环判断条件通常就是循环次数。也就是说，for 循环的循环次数是预先设定好的。for 循环语法如下。

```
for index=values
    statements
end
```

for 循环可以实现将一组语句执行特定次数，其中 values 的形式包括：

（1）initVal: endVal：index 变量从 initVal 至 endVal 按 1 递增，重复执行 statements 直到 index 大于 endVal。

（2）initVal: step: endVal：每次迭代时按 step 的值对 index 进行递增（step 为负数时对 index 进行递减）。

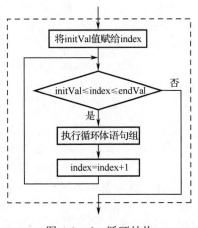

图 4-2　for 循环结构

（3）valArray：每次迭代时从数组 valArray 的后续列创建列向量 index。在第一次迭代时，index=valArray(:,1)，循环最多执行 n 次，其中 n 是 valArray 的列数。

【例 4-3】 循环语句示例。

在编辑器窗口中编写程序如下，并保存为 forloop1.m。

```
for i=1:3
    y(i)=cos(i)
end
```

上述语句执行时，首先给 i 赋值 1<3，进入第 1 个循环计算 y(1)=cos(1)，运行结果为：

```
y=
    0.5403
```

第 1 个循环执行完后 i=1<3，然后执行 i=1+1=2，执行第 2 次循环计算 y(2)=cos(2)，运行结果为：

```
y=
    0.5403   -0.4161
```

第 2 个循环执行完后 i=2<3，然后执行 i=2+1=3，执行第 3 次循环计算 y(3)=cos(3)，运行结果为：

```
y=
    0.5403   -0.4161   -0.9900
```

第 3 个循环执行完后 i=3≮3，循环结束。

【例 4-4】 使用嵌套循环语句示例。

在编辑器窗口中编写程序如下，并保存为 forloop2.m。

```
for i=1:3
    for j=1:2
        A(i,j)=i+j
    end
end
```

（1）上述语句执行时，首先给 i 赋值 1<3，进入第一层循环，然后给 j 赋值 1，进入第二层的第 1 个循环，给 j 赋值 1，计算 A(1,1)=1+1，运行结果为：

```
A =
    2
```

第二层第 1 个循环执行完后 j=1<2，然后执行 j=1+1=2，执行第二层的第 2 次循环，计算 A(1,2)=1+2，运行结果为：

```
A =
    2   3
```

第二层第 2 个循环执行完后 j=2≮2，第二层循环结束，返回第一层循环。

（2）第一层第 1 个循环执行完后 i=1<3，然后执行 i=1+1=2，执行第一层第 2 次循环，进入第二层的第 1 个循环，给 j 赋值 1，计算 A(2,1)=2+1，运行结果为：

```
A =
    2   3
    3
```

第二层第 1 个循环执行完后 j=1<2，然后执行 j=1+1=2，执行第二层的第 2 次循环，计

算 A(2,2)=2+2，运行结果为：

```
A =
    2    3
    3    4
```

第二层第 2 个循环执行完后 j=2<2，第二层循环结束，返回第一层循环。

（3）同样的，继续执行第一层的第三次循环。最终运行结果为：

```
A=
    2    3
    3    4
    4    5
```

【例 4-5】使用数组作为循环条件示例。

在编辑器窗口中编写程序如下，并保存为 forloop3.m。

```
for v=[1 5 8 17]
    disp(v)
end
```

单击"编辑器"→"运行"→ ▷ （运行）按钮执行程序，输出结果为：

```
>> forloop3
    1
    5
    8
    17
```

2．while 循环

与 for 循环不同，while 循环的判断控制是逻辑判断语句，只有条件为 true（真）时重复执行 while 循环，因此循环次数并不确定，while 循环结构如图 4-3 所示。while 循环语法如下。

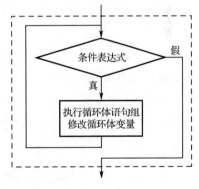

图 4-3 while 循环结构

```
while expression
    statements
end
```

while 循环的次数是不固定的，只要表达式 expression 的值为 true，循环体就会被执行。通常，表达式给出的是一个标量值，但也可以是数组或矩阵，如果是后者，则要求所有的元素都必须为真。

说明：表达式的结果非空并且仅包含非零元素（逻辑值或实数值）时，该表达式为 true。否则，表达式为 false。

【例 4-6】求 1+2+3+…+n>100 的 n 值。

在编辑器中创建一个名为 whileloop.m 的 M 文件，其内容如下。

```
sum=0; n=0;
while sum<=100
    n=n+1;
```

```
    sum=sum+n;
end
```

单击"编辑器"→"运行"→ ▷ （运行）按钮执行程序。在命令行窗口中输入如下语句并得到运行结果如下。

```
>> disp(sprintf('\n 1+2+···+n>100 最小的 n 值=%3.0f, 其和=%5.0f',n,sum))
1+2+···+n>100 最小的 n 值= 14, 其和=  105
```

4.2.3 条件语句

4.2.3-4.2.5

在程序中，如果需要根据一定的条件执行不同的操作，就需要用到条件语句，MATLAB 中有 if-elseif-else 和 switch-case-otherwise 两种条件语句。

1. if-elseif-else 语句

在编写程序时，往往要根据一定的条件进行判断，然后选择执行不同的语句。此时需要使用判断语句来进行流程控制。语法结构如下。

```
if expressions;
    statements;
elseif expressions;
    statements;
elseif expressions;
    statements;
        ⋮
else
    statements;
end
```

计算表达式 expressions，当表达式为 true 时执行一组语句。表达式的结果非空并且仅包含非零元素（逻辑值或实数值）时，该表达式为 true。否则，表达式为 false。

elseif 和 else 模块可选，它们仅在 if···end 块中前面的表达式 expressions 为 false 时才会执行。if 块可以包含多个 elseif 块。if 条件语句流程图如图 4-4 所示。

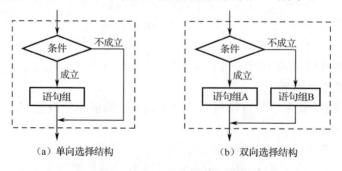

图 4-4　if 条件语句流程图

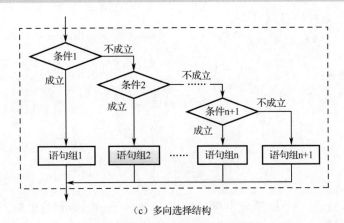

（c）多向选择结构

图 4-4 if 条件语句流程图（续）

【例 4-7】设函数 $f(x) = \begin{cases} 1, & -1 \leqslant x \leqslant 0 \\ 4x+1, & 0 < x \leqslant 1 \\ x^2 + 4x, & 1 < x \leqslant 2 \end{cases}$，画出 $f(x)$ 关于 x 的图形。

在编辑器中创建一个名为 ifelseif.m 的 M 文件，其内容如下。

```
x=linspace(-1,2,100);
for i=1:length(x)
   if x(i)<=0
      y(i)=1;
   elseif x(i)<=1
      y(i)=4*x(i)+1;
   else                              % 限定 x≤2 的部分
      y(i)=x(i)^2+4*x(i);
   end
end
plot(x,y)
```

单击 ▷（运行）按钮执行程序。输出如图 4-5 所示的图形。

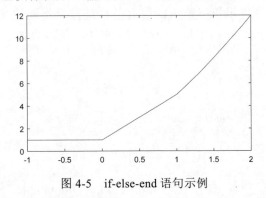

图 4-5 if-else-end 语句示例

2．switch-case-otherwise 条件语句

该条件语句的功能与 C 语言中的条件语句的功能相同，通常用于条件较多且较单一的

情况，类似于一个数控的多路开关。

```
switch switch_expression
  case case_expression
    statements
  case case_expression
    statements
  ...
  otherwise
    statements
end
```

条件 expression 是一个标量或字符串，将 switch_expression 的值依次和各个 case 指令后面的检测值 case_expression 进行比较，当比较结果为真时，MATLAB 执行相应 case 后面的一组命令，然后跳出该 switch 结构。如果所有的比较结果都为假，则执行 otherwise 后面的命令。当然，otherwise 指令也可以不存在，直接跳出。switch 条件语句流程图如图 4-6 所示。

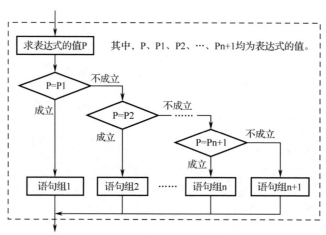

图 4-6　switch 条件语句流程图

【例 4-8】根据在命令提示符下输入的值有条件地显示不同的文本。

在编辑器中创建一个名为 switchcon.m 的 M 文件，其内容如下。

```
n=input('Enter a number: ');
switch n
  case -1
    disp('negative one')
  case 0
    disp('zero')
  case 1
    disp('positive one')
  otherwise
    disp('other value')
end
```

单击 （运行）按钮执行程序。然后在命令行窗口中提示符下依次输入：

```
>> switchcon
Enter a number: 1          % 输入 1
positive one
>> switchcon
Enter a number: 0          % 输入 0
zero
>> switchcon
Enter a number: 3          % 输入 3
other value
```

4.2.4　其他流程控制语句

在许多程序设计中，会碰到需要提前终止循环、跳出子程序、显示出错信息等情况。因此，还需要其他流程控制语句来实现这些功能，这些流程控制语句主要有 continue、break、return 等。

1. continue

continue 将控制传递给 for 或 while 循环的下一次循环，即结束本次循环，跳过循环体中尚未执行的语句，接着进行下一次是否执行循环的判断。

> 注意:
>
> continue 仅在调用它的循环的主体中起作用，在嵌套循环中，continue 仅跳过循环所发生的循环体内的剩余语句。

【例 4-9】continue 应用示例。统计文件 magic.m 中的代码行数。使用 continue 语句跳过空白行和注释。continue 跳过 while 循环中的其余指令并开始下一次循环。

在编辑器中创建一个名为 continuea.m 的 M 文件，其内容如下。

```
fid=fopen('magic.m','r');
count=0;
while ~feof(fid)
    line=fgetl(fid);
    if isempty(line) || strncmp(line,'%',1) || ~ischar(line)
        continue
    end
    count=count + 1;
end
```

单击 （运行）按钮执行程序。在命令行窗口中输入以下语句查看统计结果。

```
>> disp(sprintf('%d lines',count));
37 lines
```

2．break

break 的作用是终止执行 for 或 while 循环，不执行循环中在 break 语句之后的语句。在嵌套循环中，break 仅从它所发生的循环中退出并将控制传递给该循环的 end 之后的语句。

break 是根据条件退出循环，其用法与 continue 用法类似，多与 if 语句配合使用以强制终止循环。

提　示

① 当 break 命令碰到空行时，将直接退出 while 循环。

② break 语句是完全退出 for 或 while 循环；continue 语句是跳过循环中的其余指令，并开始下一次循环。

③ break 用于退出循环，是在 for 或 while 循环之内定义的；退出函数时要用 return。

【例 4-10】break 应用示例。求随机数序列之和，直到下一随机数大于上限为止。请使用 break 语句退出循环。

在编辑器中创建一个名为 breaka.m 的 M 文件，其内容如下。

```
limit=0.8;
s=0;
while 1
    tmp=rand;
    if tmp > limit
        break
    end
    s=s + tmp;
end
```

单击 ▶（运行）按钮执行程序。在命令行窗口中输入以下语句查看统计结果。

```
>> disp(sprintf('Sum of random number sequence: %d',s));
Sum of random number sequence: 7.795447e-01
```

3．return

return 可使正在运行的函数正常退出，并返回调用它的函数继续运行，经常用于函数的末尾以正常结束函数的运行。当然，也可用在某条件满足时强行结束执行该函数。

4.2.5　人机交互命令

除了前面的命令，MATLAB 还提供了一些特殊的程序控制语句，通过使用这些语句可以实现输入命令，以及暂停与显示 M 文件的执行过程等操作，从而使用户在设计程序时能够与计算机进行及时的交互。

1．echo

通常，在执行 M 文件时，在命令行窗口中是看不到执行过程的，但在特殊情况下，如需要进行演示，要求 M 文件的每条命令都要显示出来，此时可以用 echo 命令实现这样的操作。

对于脚本式 M 文件和函数式 M 文件，echo 命令有所不同。对于脚本式 M 文件，echo 命令可以用以下方式实现：

```
echo on                    % 显示其后所有执行的命令文件的指令
echo off                   % 不显示其后所有执行的命令文件的指令
echo                       % 在上述两种情况之间切换
```

对于函数式 M 文件，echo 命令可以用以下方式实现：

```
echo filename on           % 使 filename 指定的 M 文件的执行命令显示出来
echo filename off          % 使 filename 指定的 M 文件的执行命令不显示
echo on all                % 显示其后的所有 M 文件的执行指令
echo off all               % 不显示其后的所有 M 文件的执行指令
```

2. error

error 用来指示出错信息并终止当前函数的运行。语法如下。

```
error(msg)                 % 指出错误并显示错误消息 msg
```

3. keyboard

keyboard 被放置在 M 文件中，用于停止文件的执行并将控制权交给键盘。通过在命令提示符前显示 K 来表示这种特殊状态。在 M 文件中使用该命令，对程序的调试和在程序运行中修改变量都很方便。

如果在 test 主程序的某个位置加入 keyboard 命令，则在执行这条语句时，MATLAB 的命令行窗口中将显示如下代码：

```
>> test
K>>
```

4. pause

pause 用于暂时中止程序的运行，等待用户按任意键来继续程序的运行。该命令在程序调试过程中或当用户需要查询中间结果时使用很方便。该命令的语法格式如下。

```
pause                      % 停止 M 文件的执行，按任意键继续执行
pause(n)                   % 中止执行程序 n（单位为 s）后继续，n 是任意实数
pause on                   % 允许后续的 pause 命令中止程序的运行
pause off                  % 禁止后续的 pause 命令中止程序的运行
```

4.3　程序调试

4.3

对于编程者来说，程序运行时出现错误在所难免，因此，掌握程序调试的方法和技巧对提高工作效率是很重要的。程序调试有直接调试法和工具调试法两种。

4.3.1　直接调试法

通常情况下，错误可分为两种：语法错误和逻辑错误。

（1）语法错误一般是指变量名和函数名的误写、标点符号的缺漏、end 的漏写等，对于这类错误，MATLAB 在运行时一般都能发现，系统会终止执行并报错，用户很容易发现并改正。

（2）逻辑错误可能是程序本身的算法问题，也可能是用户对 MATLAB 的指令使用不当而导致最终获得的结果与预期值偏离。这种错误发生在运行过程中，影响因素比较多，而这时函数的工作空间已被删除，调试起来比较困难。

MATLAB 本身的运算能力较强，指令系统比较简单，因此，程序一般都显得比较简洁，对于简单的程序，采用直接调试法往往是很有效的。通常采取的措施如下。

（1）通过分析，将重点怀疑语句后的分号删掉，将结果显示出来，然后与预期值进行比较。

（2）当单独调试一个函数时，将第一行的函数声明注释掉，并定义输入变量的值，然后以脚本方式执行此 M 文件，这样就可保存原来的中间变量，从而可以对这些结果进行分析，找出错误。

（3）可以在适当的位置添加输出变量值的语句。

（4）在程序的适当位置添加 keyboard 指令。当 MATLAB 执行至此处时将暂停，并显示 K>>提示符，用户可以查看或改变各个工作空间中存放的变量，在提示符后键入 return 指令，可以继续执行程序文件。

> **提　示**
>
> 对于文件规模大、相互调用关系复杂的程序，采用直接调试法是很困难的，这时可以借助 MATLAB 的专门工具调试器进行调试，即工具调试法。

4.3.2　工具调试法

MATLAB 自身包括调试程序的工具（利用这些工具可以提高编程效率），包括一些命令行形式的调试函数和图形界面命令。

1．以命令行为主的程序调试

以命令行为主的程序调试手段具有通用性，适用于各种不同的平台，它主要应用 MATLAB 提供的调试命令。在命令行窗口中输入 help debug，可以看到一个对这些命令的简单描述，下面分别进行介绍。

在打开的 M 文件窗口中设置断点的情况如图 4-7 所示。例如，在第 9、13、19 行分别设置了一个断点。执行 M 文件时，运行至断点处时将出现一个绿色箭头，表示程序运行在此处停止，如图 4-8 所示。

```
leapyear.m  ×  +
1   function leapyear          %定义函数leapyear
2   % 该函数用于判断2000~2025年间的闰年年份，函数无输入/输出变量
3   % 函数调用格式为leapyear，输出结果为2000~2025年间的闰年年份
4
5   for year=2000:2025          %定义循环区间
6       sign=1;                 %标志变量sign设为1
7       a=rem(year,100);        %求year除以100后的余数
8       b=rem(year,4);          %求year除以4后的余数
9       c=rem(year,400);        %求year除以400后的余数
10      if a==0                 %根据a、b、c是否为0对标志变量sign进行处理
11          signsign=sign-1;
12      end
13      if b==0
14          signsign=sign+1;
15      end
16      if c==0
17          signsign=sign+1;
18      end
19      if sign==1
20          fprintf('%4d \n',year)
21      end
22  end
23
```

图 4-7　在打开的 M 文件窗口中设置断点的情况

```
leapyear.m  ×  +
leapyear  ▼        Base > leapyear
1   function leapyear          %定义函数leapyear
2   % 该函数用于判断2000~2025年间的闰年年份，函数无输入/输出变量
3   % 函数调用格式为leapyear，输出结果为2000~2025年间的闰年年份
4
5   for year=2000:2025          %定义循环区间
6       sign=1;                 %标志变量sign设为1
7       a=rem(year,100);        %求year除以100后的余数
8       b=rem(year,4);          %求year除以4后的余数
9   →   c=rem(year,400);        %求year除以400后的余数
10      if a==0                 %根据a、b、c是否为0对标志变量sign进行处理
11          signsign=sign-1;
12      end
13      if b==0
14          signsign=sign+1;
15      end
16      if c==0
17          signsign=sign+1;
18      end
19      if sign==1
20          fprintf('%4d \n',year)
21      end
22  end
23
```

图 4-8　文件执行情况图示

　　程序停止执行后，MATLAB 进入调试模式，命令行中出现 K>>的提示符，代表此时可以接受键盘输入。

　　说明：设置断点是程序调试中最重要的部分，可以利用它指定程序代码的断点，使得 MATLAB 在断点前停止执行，从而可以检查各个局部变量的值。

2. 以图形界面为主的程序调试

　　MATLAB 自带的 M 文件编辑器也是程序的编译器，用户可以在编写完程序后直接对其进行调试，更加方便和直观。新建一个 M 文件后，即可打开 M 文件编辑器，在"编辑器"选项卡的"运行"选项组及"节"选项组中可以看到各种调试命令，如图 4-9 所示。

图 4-9　"编辑器"选项卡

程序停止执行后，MATLAB 进入调试模式，命令行中出现 K>>的提示符，此时的调试界面如图 4-10 所示。

图 4-10　调试状态下的"编辑器"选项卡

调试模式下"运行"选项组中的命令含义如下。

- 步进：单步执行，与调试命令中的 dbstep 相对应。
- 步入：深入被调函数，与调试命令中的 dbstep in 相对应。
- 步出：跳出被调函数，与调试命令中的 dbstep out 相对应。
- 继续：连续执行，与调试命令中的 dbcont 相对应。
- 停止：退出调试模式，与调试命令中的 dbquit 相对应。

单击"编辑器"→"运行"→ ▷（运行）下拉菜单，可以查看"断点"下拉菜单中的命令含义如下。

- 全部清除：清除所有断点，与 dbclear all 相对应。
- 设置/清除：设置或清除断点，与 dbstop 和 dbclear 相对应。
- 启用/禁用：允许或禁止断点的功用。
- 设置条件：设置或修改条件断点，选择此选项时，会打开"MATLAB 编辑器"对话框，要求对断点的条件做出设置，设置前光标在哪一行，设置的断点就在这一行前面。

只有当文件进入调试状态时，上述命令才会全部处于激活状态。在调试过程中，可以通过改变函数的内容来观察和操作不同工作空间中的量，类似于调试命令中的 dbdown 和 dbup。

4.3.3　程序调试命令

MATLAB 提供了一系列程序调试命令，利用这些命令，可以在调试过程中设置、清除和列出断点，逐行运行 M 文件，在不同的工作区检查变量，跟踪和控制程序的运行，帮助寻找和发现错误。所有的程序调试命令都是以字母 db 开头的，如表 4-2 所示。

表 4-2　程序调试命令

命　令	调用格式	功　能
dbstop	dbstop in file	在 M 文件 file 的第一可执行代码行位置设置断点
	dbstop in file at location	在 M 文件 file 的 location 指定位置代码行上设置断点
	dbstop in file if exp	当满足条件 exp 时，暂停运行程序。当发生错误时，条件 exp 可以是 error；发生 NaN 或 inf 时，条件 exp 也可以是 naninf 或 infnan
	dstop if condition	在满足指定的 condition（如 error 或 naninf）的行位置处暂停执行
	dbstop(b)	用于恢复之前保存到 b 的断点。文件必须位于搜索路径中或当前文件夹中

命　令	调用格式	功　能
dbclear	dbclear all	清除所有 M 文件中的所有断点
	dbclear in file	清除文件 file 第一可执行程序上的所有断点
	dbclear in file at location	删除在指定文件中指定位置设置的断点，关键字 at 和 in 为可选参数
	dbclear if condition	删除指定 condition（如 dbstop if error 或 dbstop if naninf）设置的所有断点
dbstatus	dbstatus	列出所有有效断点，包括错误、捕获的错误、警告和 naninfs
	dbstatus file	列出指定 file 文件中所有有效断点
	dbstatus file -completenames	为指定文件中的每个断点显示包含该断点的函数或文件的完全限定名称
dbstep	dbstep	执行下一可执行代码行，跳过当前行所调用的函数中设置的任何断点
	dbstep in	在下一个调用函数的第一可执行程序处停止运行
	dbstep out	将运行当前函数的其余代码并在退出函数后立即暂停
	dbstep nlines	执行 nlines 指定的可执行代码行数，然后停止
dbcont	dbcont	执行所有行程序，直至遇到下一个断点、满足暂停条件、或到达文件尾为止
dbquit	dbquit	退出调试模式

在进行程序调试时，要调用带有断点的函数。当 MATLAB 进入调试模式时，提示符为 K>>。最重要的区别在于现在程序能访问函数的局部变量，但不能访问 MATLAB 工作区中的变量。对于具体的调试技术，请读者在调试程序的过程中逐渐体会。

4.3.4　程序剖析

对于简单的 MATLAB 程序中出现的语法错误，可以采用直接调试法，即直接运行该 M 文件，MATLAB 将直接找出语法错误的类型和出现的位置，根据 MATLAB 的反馈信息对语法错误进行修改。

当 M 文件很大或 M 文件中含有复杂的嵌套时，需要使用 MATLAB 调试器对程序进行调试，即使用 MATLAB 提供的大量调试函数及与之相对应的图形化工具进行调试。

【例 4-11】编写一个判断 2000—2025 年的闰年年份的程序并调试。

闰年分为普通闰年和世纪闰年，其判断方法为：公历年份是 4 的倍数，且不是 100 的倍数为普通闰年；公历年份是整百数，且必须是 400 的倍数是世纪闰年。简言之：四年一闰，百年不闰，四百年再闰。

（1）创建一个名为 leapyear.m 的 M 函数文件，并输入函数代码程序。

```
function leapyear          % 定义函数 leapyear
% 该函数用于判断 2000—2025 年间的闰年年份，函数无输入/输出变量
% 函数调用格式为 leapyear，输出结果为 2000—2025 年间的闰年年份

for year=2000:2025         % 定义循环区间
    sign=1;                % 标志变量 sign 设为 1
    a=rem(year,100);       % 求 year 除以 100 后的余数
```

```
    b=rem(year,4);              % 求 year 除以 4 后的余数
    c=rem(year,400);            % 求 year 除以 400 后的余数
    if a=0                      % 根据 a、b、c 是否为 0 对标志变量 sign 进行处理
        signsign=sign-1;
    end
    if b=0
        signsign=sign+1;
    end
    if c=0
        signsign=sign+1;
    end
    if sign=1
        fprintf('%4d \n',year)
    end
end
```

（2）运行以上 M 程序，此时 MATLAB 命令行窗口会给出如下错误提示：

```
>> leapyear
文件: leapyear.m 行: 10 列: 9
'=' 运算符使用不正确。 '=' 用于为变量赋值，'==' 用于比较值的相等性。
```

由错误提示可知，在程序的第 10 行存在语法错误，检测可知，在 if 选择判断语句中，用户将 "==" 写成了 "="。因此，将 "=" 改成 "=="，同时更改第 13、16、19 行中的 "=" 为 "=="。

🔔 **注意：**

此时在编辑器窗口右侧会以深红色标志标识语法错误。读者在运行前首先需要将此类错误屏蔽掉。程序中存在问题的位置，MATLAB 会在其下显示波浪线，以方便查找，如图 4-11 所示。

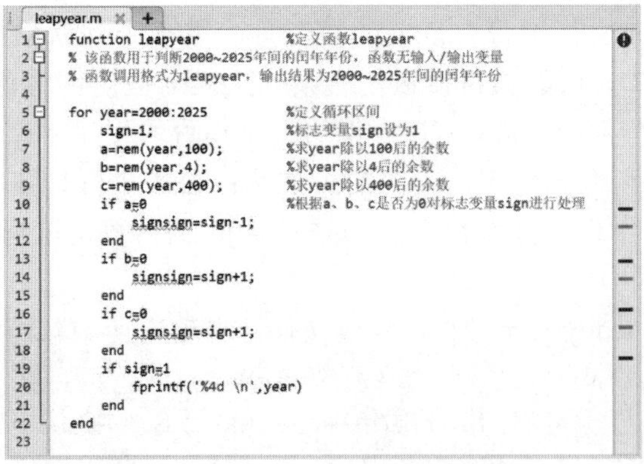

图 4-11　编辑器窗口错误提示信息

（3）程序修改并保存完成后，可直接运行修正后的程序，程序运行结果为：

```
leapyear
2000
```

```
2001
2002
⋮                              % 中间略
2025
```

显然，2000—2025 年不可能每年都是闰年，由此判断程序存在运行错误。

（4）分析原因。可能由于在处理年号是否是 100 的倍数时，变量标识 sign 存在逻辑错误。

（5）断点设置。断点为 MATLAB 程序执行时人为设置的中断点，程序运行至断点时便自动停止运行，等待下一步操作。设置断点只需单击程序左侧的"行号"，使得"行号"出现暗红框，如图 4-12 所示。

应该在可能存在逻辑错误或需要显示相关代码执行数据的附近设置断点，如本例中的第 10、13、16、19 行。如果用户需要去除断点，则可以再次单击行号上的暗红框，也可以单击运行下拉列表中的工具去除所有断点。

```
leapyear.m  ×  +
 1 ⊟ function leapyear              %定义函数leapyear
 2 |  % 该函数用于判断2000~2025年间的闰年年份，函数无输入/输出变量
 3 |  % 函数调用格式为leapyear，输出结果为2000~2025年间的闰年年份
 4 |
 5 |  for year=2000:2025             %定义循环区间
 6 |      sign=1;                    %标志变量sign设为1
 7 |      a=rem(year,100);           %求year除以100后的余数
 8 |      b=rem(year,4);             %求year除以4后的余数
 9 |      c=rem(year,400);           %求year除以400后的余数
10 |      if a==0                    %根据a、b、c是否为0对标志变量sign进行处理
11 |          signsign=sign-1;
12 |      end
13 |      if b==0
14 |          signsign=sign+1;
15 |      end
16 |      if c==0
17 |          signsign=sign+1;
18 |      end
19 |      if sign==1
20 |          fprintf('%4d \n',year)
21 |      end
22 |  end
23 |
```

图 4-12　断点标记

（6）运行程序。单击"编辑器"→"运行"→ ▷（运行）按钮，执行程序，这时其他调试按钮将被激活。当程序运行至第一个断点时，会暂停，在断点右侧会出现向右指向的绿色箭头，如图 4-13 所示。

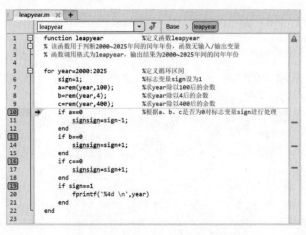

图 4-13　程序运行至断点处暂停

当进行程序调试运行时，在 MATLAB 的命令行窗口中将显示如下内容：

```
>> leapyear
K>>
```

此时可以输入一些调试指令，可以更加方便地查看程序调试的相关中间变量。

（7）单步调试。可以通过单击"编辑器"→"运行"→ ⤷（步进）按钮，进行单步执行，此时程序将一步一步按照需求向下执行。

（8）查看中间变量。可以将鼠标指针停留在某个变量上，MATLAB 会自动显示该变量的当前值；也可以在 MATLAB 的工作区中直接查看所有中间变量的当前值。

（9）修正代码。通过查看中间变量可知，在任何情况下，sign 的值都是 1，调整代码程序如下。

```
function leapyear          % 定义函数 leapyear
% 该函数用于判断 2000—2025 年间的闰年年份，函数无输入/输出变量
% 函数调用格式为 leapyear，输出结果为 2000—2025 年间的闰年年份

for year=2000:2025          % 定义循环区间
    sign=0;                 % 标志变量 sign 设为 0
    a=rem(year,100);        % 求 year 除以 100 后的余数
    b=rem(year,4);          % 求 year 除以 4 后的余数
    c=rem(year,400);        % 求 year 除以 400 后的余数
    if a==0                 % 根据 a、b、c 是否为 0 对标志变量 sign 进行处理
        sign=sign-1;
    end
    if b==0
        sign=sign+1;
    end
    if c==0
        sign=sign+1;
    end
    if sign==1
        fprintf('%4d \n',year)
    end
end
```

单击"编辑器"选项卡的"断点"选项组的"断点"下拉菜单中的 ▤ 按钮，执行"运行"选项组中的 ▷ 命令，得到的运行结果如下。

```
>> leapyear
2000
2004
2008
2012
2016
2020
2024
```

分析发现，结果正确，程序调试结束。

4.4 程序设计与实现

4.4

前面介绍了 MATLAB 程序设计的语法规则和使用方法，本节通过一个示例来具体讲述如何用 MATLAB 解决实际问题。

4.4.1 建立数学模型

一切客观存在的事物及其运动状态统称为实体或对象，对实体特征及变化规律的近似描述或抽象就是模型，用模型描述实体的过程称为建模或模型化。

数学模型是系统的某种特征本质的数学表达式，即用数学表达式（如函数式、代数方程、微分方程、积分方程、差分方程等）描述（表达、模拟）所研究的客观对象或系统在某一方面存在的规律。

下面对建立数学模型的一般方法进行介绍。

一个理想的数学模型必须既能反映系统的全部主要特征，在数学上又易于处理。也就是说，它必须满足以下两点。

（1）可靠性：在允许的误差值范围内，它能反映出该系统有关特性的内在联系。

（2）适用性：它必须易于数学处理和计算。复杂模型的求解是困难的，复杂模型也会因简化不当而将一些非本质的东西带入模型，使得模型不能真正反映系统的本质。因此，模型既要精确，又要简单。

建立模型的方法大致有两种：实验归纳法和理论分析法。最小二乘法就是典型的实验归纳法。由理论分析法建立数学模型的步骤如下。

（1）对系统进行仔细的观察分析，根据问题的性质和精度要求，做出合理性假设、简化，抽象出系统的物理模型。

（2）在上述基础上确定输入/输出变量和模型参数，建立数学模型。一般来说，在不降低精度的条件下，模型变量的数目越少越好。通常可以这样处理来减少变量的数量：将相似变量归结为一个变量；将对输出影响小的变量视为常数。

（3）检验和修正所得模型。检验模型的手段是将模型计算结果与实验结果做对比，在修正模型时，可从以下几方面考虑模型的缺陷：模型含有无关或关系不大的变量；模型遗漏了重要的有关变量；模型参数不准确；数学模型的结构形式有错；模型反映系统的精度不够。

4.4.2 代码编写

数学模型建立后，需要考虑 MATLAB 程序的实现。下面根据算例来介绍代码的实现。

【例 4-12】利用矩阵除法求线性方程组 $\begin{cases} 5x_1 + 6x_2 = 1 \\ x_1 + 5x_2 + 6x_3 = 0 \\ x_2 + 5x_3 + 6x_4 = 0 \\ x_3 + 5x_4 + 6x_5 = 0 \\ x_4 + 5x_5 = 1 \end{cases}$ 的特解。

（1）确定实现方案。这是一个事先已经建立好的数学模型，共有 5 个未知元素。求一个线性方程组的解，需要用到 MATLAB 求解运算符"\"，即 X=A\B。

（2）书写代码。在新建的 M 文件中编写如下代码，并保存为 linerequ.m：

```
A=[5  6  0  0  0
   1  5  6  0  0
   0  1  5  6  0
   0  0  1  5  6
   0  0  0  1  5];
B=[1 0 0 0 1]';
R_A=rank(A)                 % 求秩
X=A\B                       % 求解
```

（3）运行。在 MATLAB 命令行窗口中输入 linerequ，运行后的结果如下。

```
>> linerequ
R_A=
     5
X=
   2.2662
  -1.7218
   1.0571
  -0.5940
   0.3188
```

这就是方程组的解。

4.5   本章小结

本章向读者展示了 MATLAB 的基本语法规则、程序流程控制及程序调试等；分别介绍了顺序语句、循环语句、条件语句、流程控制语句；结合调试案例，对 MATLAB 程序的调试进行了详细的讲解。本章最后还通过一个简单的算例介绍了编程的设计与实现。希望读者在自己的专业领域中不断地练习编程技术并用好 MATLAB。

习   题

1. 填空题

（1）控制顺序结构有两大类：_____，用于选择执行特定的语句；_____，用于重复执行特定部分的代码。

（2）注释行以＿＿＿＿＿开始，可以出现在函数的任何地方，也可以出现在一行语句的右边。若注释行很多，可以使用注释块操作符"＿＿＿＿＿"（注释起始行）和"＿＿＿＿＿"（注释结束行）。

（3）MATLAB 的基本程序结构为＿＿＿＿＿＿，同时，还需要使用其他流程控制语句以实现程序的控制，主要包括＿＿＿＿＿＿、＿＿＿＿＿＿和＿＿＿＿＿＿等。

（4）流程控制语句 continue 的功能为：＿＿＿＿＿＿＿＿＿＿＿＿＿＿＿＿＿＿＿＿＿。

　　　流程控制语句 break 的功能为：＿＿＿＿＿＿＿＿＿＿＿＿＿＿＿＿＿＿＿＿＿＿。

　　　流程控制语句 return 的功能为：＿＿＿＿＿＿＿＿＿＿＿＿＿＿＿＿＿＿＿＿＿。

2．计算与简答题

（1）编写程序，计算 $2+4+6+\cdots+2n$ 的值，其中 n 由 input 语句输入。

（2）编写分段函数 $f(x)=\begin{cases}2x, & x\leqslant 0\\ 4x+1, & 0<x\leqslant 1\\ x^2+4x, & 其他\end{cases}$ 的函数文件，并存放于文件 subsfun.m 中，

试计算 $f(-9)$、$f(\sqrt{2})$、$f(6)$ 的值。

（3）观察以下循环语句，计算每个循环的循环次数和循环结束之后 var 的值。

```
var=1;
while mod(var,10)~=0
    var=var+1
end
var=2;
while var<=100
    var=var^2;
end
var=3;
while var>100
    var=var^2;
end
```

注：函数 mod 为求余运算函数（通常称为取模运算），其语法格式为：

```
b=mod(a,m)      % 返回 a 除以 m 后的余数 b，其中 a 是被除数，m 是除数
              % 通常称为取模运算，表达式为 b=a-m.*floor(a./m)，约定 mod(a,0)返回 a
```

（4）编写一求解数论问题的函数文件：取任意整数，若为偶数则除以 2，否则乘 3 加 1，重复此过程，直至整数变为 1 为止。

第 5 章
矩阵运算

矩阵运算是线性代数中极其重要的部分，MATLAB 支持很多线性代数中定义的操作。本章将对矩阵运算进行详细的讲解，包括针对整个矩阵的矩阵运算和针对矩阵元素的运算。本章内容包括矩阵分析、矩阵分解、线性方程组、非线性矩阵运算等。

学习目标:
（1）掌握常见的矩阵分析函数。
（2）掌握线性方程组的求解。
（3）掌握矩阵分解方法。
（4）掌握非线性矩阵的运算。

5.1　矩阵分析基础

5.1

矩阵分析是 MATLAB 提供的最基本功能，常用的矩阵分析函数如表 5-1 所示。

表 5-1　矩阵分析函数

函 数 名	功 能 描 述	函 数 名	功 能 描 述
norm	求矩阵或向量的范数	null	矩阵的零空间
normest	估计矩阵的 2 阶范数	orth	矩阵的正交化空间
rank	矩阵的秩	rref	矩阵的约化行阶梯形式
det	矩阵的行列式	subspace	求两个矩阵空间之间的夹角
trace	矩阵的迹，即求对角元素的和	…	…

5.1.1　向量的范数

对于线性空间中的一个向量 $x=\{x_1,x_2,\cdots,x_n\}$，如果存在一个函数 $r(x)$ 满足以下 3 个条件，则称 $r(x)$ 为向量 x 的范数，一般记为 $\|x\|$。

（1）正定性。$r(x)>0$，且 $r(x)=0$ 的充要条件为 $x=0$。

（2）齐次性。$r(a\boldsymbol{x})=ar(\boldsymbol{x})$，其中 a 为任意标量。

（3）三角不等式。对向量 $\boldsymbol{x}$ 和 $\boldsymbol{y}$，有 $r(\boldsymbol{x}+\boldsymbol{y}) \leqslant r(\boldsymbol{x})+r(\boldsymbol{y})$。

范数的形式多种多样，下式中定义的范数操作就满足以上 3 个条件：

$$\|\boldsymbol{x}\|_p = \left(|x_1|^p + |x_2|^p + \cdots + |x_n|^p\right)^{\frac{1}{p}} = \left(\sum_{i=1}^{n}|x_i|^p\right)^{1/p}, \quad p=1,2,\cdots \text{且} \|\boldsymbol{x}\|_\infty = \max_{1 \leqslant i \leqslant n}|x_i|$$

式中，$\|\boldsymbol{x}\|_p$ 称为 p-范数，其中最有用的是 1 阶、2 阶和 ∞ 阶范数，即

$$1-范数: \qquad \|\boldsymbol{x}\|_1 = |x_1| + |x_2| + \cdots + |x_n|$$

$$2-范数: \qquad \|\boldsymbol{x}\|_2 = \left(|x_1|^2 + |x_2|^2 + \cdots + |x_n|^2\right)^{\frac{1}{2}}$$

$$\infty-范数: \qquad \|\boldsymbol{x}\|_\infty = \max_{1 \leqslant i \leqslant n}|x_i|$$

矩阵的范数是基于向量的范数定义的，其定义式如下。

$$\|\boldsymbol{A}\| = \max_{\boldsymbol{x} \neq 0} \frac{\|\boldsymbol{Ax}\|}{\|\boldsymbol{x}\|}$$

与向量的范数一样，矩阵的范数最常用的也是 1 阶、2 阶和 ∞ 阶范数，它们的定义式如下。

$$\|\boldsymbol{A}\|_1 = \max_{1 \leqslant j \leqslant n}\sum_{i=1}^{n}|a_{ij}|, \quad \|\boldsymbol{A}\|_2 = \sqrt{S_{\max}\{\boldsymbol{A}^{\mathrm{T}}\boldsymbol{A}\}} \text{和} \|\boldsymbol{A}\|_\infty = \max_{1 \leqslant i \leqslant n}\sum_{j=1}^{n}|a_{ij}|$$

式中，$S_{\max}\{\boldsymbol{A}^{\mathrm{T}}\boldsymbol{A}\}$ 为矩阵 $\boldsymbol{A}$ 的最大奇异值的平方。

在 MATLAB 中，用函数 norm 计算向量和矩阵的范数，其调用格式如下。

```
n=norm(v)              % 返回向量 v 的欧几里得范数，也称为 2-范数、向量模或欧几里得长度
n=norm(v,p)            % 返回广义向量 p-范数
n=norm(X)              % 返回矩阵 X 的 2-范数或最大奇异值，该值近似等于 max(svd(X))
n=norm(X,p)            % 返回矩阵 X 的 p-范数，其中 p 为 1、2 或 Inf
n=norm(X,'fro')        % 返回矩阵 X 的 Frobenius 范数
```

在 norm(X,p) 语句中，如果 p=1，则 n 是矩阵的最大绝对列之和；若 p=2，则 n 近似等于 max(svd(X))，相当于 norm(X)；若 p=Inf，则 n 是矩阵的最大绝对行之和。

【例 5-1】范数应用示例。

在命令行窗口中输入以下命令并显示输出结果。

```
>> A=[5 -2 2];
>> m=norm(A)                   % 计算向量的范数
m =
    5.7446
>> m=norm(A,1)                 % 计算向量的 1-范数，该范数为元素模的总和
m =
    9
>> B=[6 0 8;-1 5 0;-5 6 0];
>> n=norm(B)                   % 计算矩阵的 2-范数，该范数为最大奇异值
n =
    11.0410
```

```
>> S=sparse(1:15,1:15,1);
>> n=norm(S,'fro')                    % 计算稀疏矩阵的 Frobenius 范数
n =
    3.8730
```

5.1.2 矩阵的行列式

行列式对于判断一个方程组是否有解很有帮助，行列式是一个特殊的方形阵列，可以简化为一个数，行列式用 | | 表示，矩阵用 [ ] 表示。

矩阵 $A = \{a_{ij}\}_{n \times n}$ 对应行列式的值定义如下。

$$|A| = \det(A) = \sum (-1)^k a_{1k_1} a_{2k_2} \ldots a_{nk_n}$$

其中，$k_1, k_2, \cdots, k_n$ 是将序列 $1, 2, \cdots, n$ 交换 k 次得到的序列。

在 MATLAB 中，用函数 det 计算矩阵对应行列式的值，其调用格式如下。

```
d=det(A)                    % 返回矩阵 A 的行列式
```

【例 5-2】计算行列式 $A = \begin{vmatrix} 1 & 4 & 7 \\ 2 & 5 & 8 \\ 3 & 6 & 9 \end{vmatrix}$、$B = \begin{vmatrix} 1 & 5 & 12 \\ 2 & 8 & 18 \\ 3 & 9 & 25 \end{vmatrix}$ 的值。

在命令行窗口中输入以下命令并显示输出结果。

```
>> A=[1 4 7; 2 5 8; 3 6 9];
>> A_det=det(A)
A_det =
     0
>> B=[1 5 12; 2 8 18; 3 9 25];
>> B_det=det(B)
B_det =
  -14.0000
```

在上述代码中，矩阵 A 的行列式恰好为 0。在线性代数中，定义行列式为 0 的矩阵为奇异矩阵。但是一般不能使用语句 abs(det(A))<=ε 来判断矩阵的奇异性，因为不容易选择合适的允许误差 ε 来满足要求。MATLAB 提供了函数 cond，可以用来判定矩阵的奇异性。

5.1.3 矩阵的秩

在矩阵中，线性无关的列向量的个数称为列秩，线性无关的行向量的个数称为行秩。可以证明，矩阵的列秩与行秩是相等的。

在 MATLAB 中，用函数 rank 计算矩阵的秩，采用的算法基于矩阵奇异值的分解，这种算法最耗时也最稳定。函数 rank 的调用格式如下。

```
k=rank(A)                   % 用默认允许误差计算矩阵的秩
k=rank(A,tol)               % 给定允许误差计算矩阵的秩
```

提　示

对于具有 n 个未知量的 m 个线性系统方程 $Ax = b$，由 A、b 可以构成增广矩阵 $[A\ b]$。当且仅当 rank(A)=rank($A\ b$)时，系统有解。如果秩等于 n，系统有唯一解；如果秩小于 n，系统有无数解。

【例 5-3】求矩阵 $A = \begin{bmatrix} 1 & 4 & 7 \\ 2 & 5 & 8 \\ 3 & 6 & 9 \end{bmatrix}$ 的秩。

在命令行窗口中输入以下命令并显示输出结果。

```
>> A=[1 4 7; 2 5 8; 3 6 9];
>> A_rank=rank(A)
A_rank =
    2
```

5.1.4　矩阵的迹

矩阵的迹定义为矩阵对角元素之和。在 MATLAB 中，用函数 trace 计算矩阵的迹，其调用格式如下。

```
b=trace(A)          % 计算矩阵 A 的对角元素之和
```

【例 5-4】计算矩阵 $A = \begin{bmatrix} 1 & 4 & 7 \\ 2 & 5 & 8 \\ 3 & 6 & 9 \end{bmatrix}$ 的迹。

在命令行窗口中输入以下命令并显示输出结果。

```
>> A=[1 4 7; 2 5 8; 3 6 9];
>> A_trace=trace(A)
A_trace =
    15
```

5.1.5　特征值和特征向量

一个 $n×n$ 的方阵 A 的特征值和特征向量满足下列关系式：

$$Av = \lambda v$$

其中，λ 为一个标量，v 为一个向量。如果把矩阵 A 的所有 n 个特征值放在矩阵 D 的对角线上，则相应的特征向量按照与特征值对应的顺序排列，作为矩阵 V 的列，此时特征值问题可以改写为

$$AV = VD$$

如果 V 是非奇异的，则该问题可以认为是一个特征值分解问题，此时关系式如下。

$$A = VDV^{-1}$$

广义特征值问题是指方程 $AX = \lambda BX$ 的非平凡解问题。其中 A 和 B 都是 $n \times n$ 的矩阵，λ 是一个标量。满足方程的 λ 称为广义特征值，对应的向量 X 称为广义特征向量。

在 MATLAB 中，用函数 eig 求矩阵的特征值和特征向量，其调用格式如下。

```
e=eig(A)              % 返回一个列向量，包含矩阵 A 的所有特征值
[V,D]=eig(A)          % 返回特征值对角阵 D 和特征向量 V，列对应右特征向量，满足 A*V=V*D
[V,D,W]=eig(A)        % 额外返回满矩阵 W，列对应左特征向量，满足 W'*A=D*W'
e=eig(A,B)            % 返回一个列向量，包含方阵 A 和 B 的广义特征值
[V,D]=eig(A,B)        % 返回 A 和 B 的广义特征值对角阵 D 与广义特征向量 V，满足 A*V=B*V*D
[V,D,W]=eig(A,B)      % 额外返回满矩阵 W，列对应左特征向量，满足 W'*A=D*W'*B
```

【例 5-5】求解矩阵 A 的特征值和特征向量。

在命令行窗口中输入以下命令并显示输出结果。

```
>> A=[3 15 27;1 8 32;-4 -12 -38];
>> [V D]=eig(A)
V =
 -0.3090 + 0.0000i   0.8042 + 0.0000i   0.8042 + 0.0000i
 -0.6617 + 0.0000i  -0.0718 + 0.5580i  -0.0718 - 0.5580i
  0.6831 + 0.0000i  -0.0857 - 0.1712i  -0.0857 + 0.1712i
D =
 -24.5658 + 0.0000i   0.0000 + 0.0000i   0.0000 + 0.0000i
   0.0000 + 0.0000i  -1.2171 + 4.6607i   0.0000 + 0.0000i
   0.0000 + 0.0000i   0.0000 + 0.0000i  -1.2171 - 4.6607i
```

说明：由以上结果可以看出，矩阵 A 的特征值中有两个是相同的，与之对应的矩阵 A 的特征向量也有两个是相同的。故矩阵 V 是奇异矩阵，该矩阵不可以做特征值分解。

5.1.6　矩阵的逆

对于 n 阶矩阵 A，如果有一个 n 阶矩阵 B，使得 $AB=BA=E$，E 为单位矩阵，则矩阵 A 是可逆的，并把矩阵 B 称为 A 的逆矩阵。

在 MATLAB 中，用函数 inv 计算矩阵的逆，其调用格式如下。

```
Y=inv(X)                % 用默认允许误差计算矩阵的秩
```

说明：$X^{\wedge}(-1)$ 等效于 inv(X)。x=A\b 的计算方式与 x=inv(A)*b 不同，建议用于求解线性方程组。

【例 5-6】求矩阵的逆矩阵，并进行验证。

在命令行窗口中输入以下命令并显示输出结果。

```
>> X=[1 0 2; -1 5 0; 0 3 -9];
>> Y=inv(X)
Y =
    0.8824   -0.1176    0.1961
    0.1765    0.1765    0.0392
    0.0588    0.0588   -0.0980
>> I=Y*X
```

```
I =
    1.0000    0.0000   -0.0000
         0    1.0000   -0.0000
         0   -0.0000    1.0000
```

5.1.7　矩阵的正交空间

MATLAB 提供了函数 orth 用来求正交空间 Q，其调用格式如下。

```
Q=orth(A)              % 返回矩阵 A 的正交空间 Q
```

矩阵 A 的正交空间 Q 具有 $Q'Q=I$ 的性质，并且 Q 的列向量构成的线性空间与矩阵 A 的列向量构成的线性空间相同，且正交空间 Q 与矩阵 A 具有相同的秩。

【例 5-7】求矩阵 $A=\begin{bmatrix} 1 & 4 & 7 \\ 2 & 5 & 8 \\ 3 & 6 & 9 \end{bmatrix}$ 的正交空间 Q，以及 Q 和 A 的秩。

在命令行窗口中输入以下命令并显示输出结果。

```
>> A=[1 4 7;2 5 8;3 6 9];
>> Q=orth(A)            % 求矩阵 A 的正交空间
Q =
   -0.4797    0.7767
   -0.5724    0.0757
   -0.6651   -0.6253
>> TA=rank(A)           % 求矩阵 A 的秩
TA =
     2
>> TQ=rank(Q)           % 求矩阵 Q 的秩
TQ =
     2
```

5.1.8　矩阵的化零矩阵

MATLAB 提供了求化零矩阵的函数 null，其调用格式如下。

```
Z=null(A)          % 返回矩阵 A 的一个化零矩阵（零空间的标准正交基），不存在，则返回空矩阵
Z=null(A,'r')      % 返回有理数形式的化零矩阵（零空间的有理基，它通常不是正交基）
```

对于非满秩矩阵 A，若有矩阵 Z 使得 AZ 的元素都为 0，且矩阵 Z 为一个正交矩阵（$Z'Z=I$），则称矩阵 Z 为矩阵 A 的化零矩阵。

【例 5-8】求矩阵 $A=\begin{bmatrix} 1 & 4 & 7 \\ 2 & 5 & 8 \\ 3 & 6 & 9 \end{bmatrix}$ 的化零矩阵及有理数形式的化零矩阵。

在命令行窗口中输入以下命令并显示输出结果。

```
>> A=[1 4 7;2 5 8;3 6 9];
>> Z=null(A)                % 求化零矩阵
Z =
    0.4082
   -0.8165
    0.4082
>> AZ=A*Z
AZ =
  1.0e-14 *
    0.0888
         0
   -0.1332
>> Zr=null(A,'r')           % 求有理数形式的化零矩阵
Zr =
    1
   -2
    1
>> AZr=A*Zr
AZr =
    0
    0
    0
```

5.1.9　矩阵约化行阶梯形式

矩阵的约化行阶梯形式是高斯消元法解线性方程组的结果，其形式为

$$\begin{pmatrix} 1 & K & 0 & * \\ L & O & L & * \\ 0 & M & 1 & * \end{pmatrix}$$

MATLAB 提供了函数 rref，用来求矩阵的约化行阶梯形式，其调用格式如下。

```
R=rref(A)          % 使用高斯消元法和部分主元消元法返回矩阵 A 的约化行阶梯形式 R
R=rref(A,tol)      % 以 tol 作为误差容限
[R,jb]=rref(A)     % 返回矩阵 A 的约化行阶梯形式 R，并返回 1×r 的向量 jb，使 r 为 A 的秩
                   % A(:,jb) 是 A 的列向量构成的线性空间；R(1:r,jb) 是 r×r 的单位矩阵
```

【例 5-9】求出矩阵 $A = \begin{bmatrix} 8 & 1 & 6 \\ 3 & 5 & 7 \\ 4 & 9 & 2 \end{bmatrix}$ 的约化行阶梯形式 R，并比较 R 和 A 的秩。

在命令行窗口中输入以下命令并显示输出结果。

```
>> A=[8 1 6; 3 5 7; 4 9 2];
>> R=rref(A)
>> t=(rank(A)==rank(R))
```

```
R =
     1     0     0
     0     1     0
     0     0     1
t =
  logical
   1
```

说明：矩阵为满秩，因此约化行阶梯形矩阵是单位矩阵。

5.1.10 矩阵空间夹角

矩阵空间之间的夹角代表两个矩阵线性相关的程度，如果夹角很小，则它们之间的线性相关度很高；反之则不高。

在 MATLAB 中，用函数 subspace 实现求矩阵空间之间的夹角，其调用格式如下。

```
Th=subspace(A,B)                    % 返回矩阵 A 和矩阵 B 之间的夹角
```

【例 5-10】创建矩阵 *A* 和 *B*，并求它们之间的夹角。

在命令行窗口中输入以下命令并显示输出结果。

```
>> A=[1 4 7; 2 5 8; 3 6 9; 10 12 16];
>> B=[1 15 23; 14 11 5; 8 13 29; 2 4 6];
>> Th=subspace(A,B)
Th =
    1.5480
```

5.2 矩阵分解

5.2

矩阵分解是把一个矩阵分解成几个"较简单"的矩阵连乘积的形式。无论在理论方面还是在工程应用方面，矩阵分解都十分重要。下面介绍几种矩阵分解的方法，相关函数如表 5-2 所示。

表 5-2 矩阵分解函数

函　数	功　能　描　述	函　数	功　能　描　述
chol	Cholesky 分解	qr	正交三角分解（QR 分解）
ichol	稀疏矩阵的不完全 Cholesky 分解	svd	奇异值分解
lu	矩阵 LU 分解	gsvd	广义奇异值分解
ilu	稀疏矩阵的不完全 LU 分解	schur	舒尔分解

在 MATLAB 中，线性方程组的求解主要基于 3 种基本的矩阵分解，即对称正定矩阵的 Cholesky 分解、一般方阵的高斯消元法（LU 分解）和矩形矩阵的正交分解（QR 分解）。这 3 种分解分别通过函数 chol、lu 和 qr 实现，它们都使用了三角矩阵的概念。

若矩阵的所有对角线以下的元素都为 0，则称为上三角矩阵；若矩阵的所有对角线以上的元素都为 0，则称为下三角矩阵。

5.2.1 Cholesky 分解

Cholesky 分解是把一个对称正定矩阵 A 表示为一个上三角矩阵 R 与其转置的乘积，公式为 $A=R'R$。

 注意：

  并不是所有的对称矩阵都可以进行 Cholesky 分解。能进行 Cholesky 分解的矩阵必须是正定的，即矩阵的所有对角元素必须都是正的，同时矩阵的非对角元素不会太大。

1．chol 函数

Cholesky 分解在 MATLAB 中用函数 chol 实现，其调用方式如下。

```
R=chol(A)            % 将 A 分解为满足 A=R'*R 的上三角矩阵 R
```

其中，A 为对称正定矩阵，若 A 不是对称正定矩阵，那么将返回出错信息。

```
[R,p]=chol(A)        % 返回两个参数，并且不会返回出错信息
```

其中，当 A 是正定矩阵时，返回的上三角矩阵 R 满足 $A=R'R$，且 p=0；当 A 是非正定矩阵时，返回值 p 是正整数，R 是上三角矩阵，其阶数为 p-1，且满足 $A(1{:}p{-}1,1{:}p{-}1)=R'R$。

考虑线性方程组 $AX=B$，其中 A 可以做 Cholesky 分解，使得 $A=R'R$，这样，线性方程组就可以改写成 $R'RX=B$，由于\可以快速处理三角矩阵，因此可以快速解出：

$$X=R\backslash(R'\backslash B)$$

如果 A 是 $n×n$ 的方阵，则 chol(A)的计算复杂度是 $O(n_3)$，而\的计算复杂度只有 $O(n_2)$。

2．ichol 函数

对于稀疏矩阵，MATLAB 提供了函数 ichol 来做不完全 Cholesky 分解。默认情况下，函数 ichol 引用 A 的下三角并生成下三角因子。函数 ichol 的调用格式如下。

```
L=ichol(A)           % 使用零填充对 A 执行不完全 Cholesky 分解
L=ichol(A,opts)      % 使用 opts 指定的选项对 A 执行不完全 Cholesky 分解
```

ichol 函数仅适用于稀疏方阵。关于 opts 参数的设置可参考帮助文件，这里不再赘述。

【例 5-11】对给定矩阵 A 进行 Cholesky 分解。

在命令行窗口中输入以下命令并显示输出结果。

```
>> A=[1 1 1 2; 1 4 2 1;1 2 20 8; 2 1 8 40];          % A 为正定矩阵
>> R=chol(A)
R =
    1.0000    1.0000    1.0000    2.0000
         0    1.7321    0.5774   -0.5774
         0         0    4.3205    1.4659
         0         0         0    5.7895
>> B=[1 0 6 0; 0 18 0 60; 6 0 42 0; 0 60 0 78];      % B 为非正定矩阵
```

```
>> R=chol(B)
错误使用 chol
矩阵必须为正定矩阵。
>> Rinf=ichol(sparse(A));          % 函数 sparse 将矩阵 A 转化为稀疏矩阵
>> Rinf=full(Rinf)                 % 函数 full 将稀疏矩阵转化为满存储结构
Rinf =
    1.0000         0         0         0
    1.0000    1.7321         0         0
    1.0000    0.5774    4.3205         0
    2.0000   -0.5774    1.4659    5.7895
```

5.2.2　LU 分解

LU 分解又称为高斯消元法，它可以将任意一个方阵 *A* 分解为一个下三角矩阵 *L* 和一个上三角矩阵 *U* 的乘积，即 *A=LU*。

1. lu 函数

LU 分解在 MATLAB 中用函数 lu 实现，其调用方式如下。

```
[L,U]=lu(A)      % 将矩阵 A 分解为一个上三角矩阵 U 和一个经过置换的下三角矩阵 L,满足 A=L*U
[L,U,P]=lu(A)    % 返回满足 A=P'*L*U 的置换矩阵 P, L 是单位下三角矩阵，U 是上三角矩阵
```

考虑线性方程组 *AX=B*，对矩阵 *A* 可以做 LU 分解，使得 *A=LU*，这样，线性方程组就可以改写成 *LUX=B*，由于\可以快速处理三角矩阵，因此可以快速解出：

$$X=U\backslash(L\backslash B)$$

矩阵的行列式的值和矩阵的逆也可以利用 LU 分解来计算，形式如下。

```
det(A)=det(L)*det(U)
inv(A)=inv(U)*inv(L)
```

2. ilu 函数

对于稀疏矩阵，MATLAB 提供了函数 ilu 来做不完全 LU 分解，生成一个单位下三角矩阵、一个上三角矩阵和一个置换矩阵，其调用格式如下。

```
ilu(A,setup)     % 计算 A 的不完全 LU 分解，返回 L+U-speye(size(A))
```

其中，*L* 为单位下三角矩阵，*U* 为上三角矩阵。

```
[L,U]=ilu(A,setup)        % 分别在 L 和 U 中返回单位下三角矩阵和上三角矩阵
[L,U,P]=ilu(A,setup)      % 返回 L 中的单位下三角矩阵、U 中的上三角矩阵和 P 中的置换矩阵
```

其中，*L* 为单位下三角矩阵；*U* 为上三角矩阵；setup 是一个最多包含 5 个设置选项的输入结构体。

关于 setup 参数的设置可参考帮助文件，这里不再赘述。ilu 函数仅适用于稀疏方阵。

【例 5-12】对矩阵 *A* 做 LU 分解。

在命令行窗口中输入以下命令并显示输出结果。

```
>> A=[1 4 7;2 5 8;3 6 9];
>> [L,U,P]=lu(A)
```

```
L =
   1.0000        0        0
   0.3333   1.0000        0
   0.6667   0.5000   1.0000
U =
   3   6   9
   0   2   4
   0   0   0
P =
   0   0   1
   1   0   0
   0   1   0
```

5.2.3　QR 分解

　　QR 分解又称矩形矩阵的正交分解。QR 分解是把一个 $m \times n$ 的矩阵 **A** 分解为一个正交矩阵 **Q** 和一个上三角矩阵 **R** 的乘积，即 **A=QR**。

　　在 MATLAB 中，QR 分解由函数 qr 实现，下面介绍 QR 分解的调用方式：

```
X=qr(A)           % 返回 QR 分解 A=Q*R 的上三角 R 因子
                  % 当 A 为满矩阵时，R=triu(X)；当 A 为稀疏矩阵时，R=X
[Q,R]=qr(A)       % 对 m×n 的矩阵 A 执行 QR 分解，满足 A=Q*R，适用于满矩阵和稀疏矩阵
                  % 因子 R 是 m×n 的上三角矩阵，因子 Q 是 m×m 的正交矩阵
[Q,R,E]=qr(A)     % R 是上三角矩阵，Q 为正交矩阵，E 为置换矩阵，它们满足 A*E=Q*R
                  % 选择的矩阵 E 使得 abs(diag(R)) 是降序排列的。适用于满矩阵
R=qr(A,0)         % 精简方式返回上三角矩阵 R
[Q,R]=qr(A,0)     % 精简方式 QR 分解。适用于满矩阵和稀疏矩阵
                  % 设矩阵 A 是一个 m×n 的矩阵，若 m>n，则只计算矩阵 Q 的前 n 列元素
                  % R 为 n×n 的矩阵；若 m≤n，则其效果与 [Q,R]=qr(A) 的效果一致
[Q,R,E]=qr(A,0)   % 精简方式 QR 分解，E 是置换向量，满足 A(:,E)=Q*R。适用于满矩阵
[C,R]=qr(A,B)     % 矩阵 B 必须与矩阵 A 具有相同的行数，矩阵 R 是上三角矩阵，C=Q'*B
                  % 使用 C 和 R 计算稀疏线性方程组 S*X=B 和 X=R\C 的最小二乘解
[C,R,P]=qr(S,B)   % 额外返回置换矩阵 P
                  % 使用 C、R、P 计算稀疏线性方程组 S*X=B 和 X=P*(R\C) 的最小二乘解
```

　　【例 5-13】 通过 QR 分解分析矩阵的秩。

　　在命令行窗口中输入以下命令并显示输出结果。

```
>> A=[1 4 7; 2 5 8; 3 6 9]
>> A_rank=rank(A);
>> disp(['矩阵 A 的秩=' num2str(A_rank)]);
>> [Q,R]=qr(A)
A =
   1   4   7
   2   5   8
```

```
        3       6       9
矩阵 A 的秩= 2
Q =
    -0.2673     0.8729      0.4082
    -0.5345     0.2182     -0.8165
    -0.8018    -0.4364      0.4082
R =
    -3.7417    -8.5524    -13.3631
         0      1.9640      3.9279
         0          0      0.0000
```

说明：矩阵 R 的第 3 行元素全为 0，不满秩，从而得到矩阵 A 的秩为 2。该结果与用函数 rank 得到的结果一致。

5.3　线性方程组

5.3

在工程计算中，一个重要的问题是线性方程组的求解。在矩阵表示法中，线性方程组可以表述为给定两个矩阵 A 和 B，是否存在唯一的解 X 使得 $AX=B$ 或 $XA=B$。

5.3.1　线性方程组问题

尽管在标准的数学中并没有矩阵除法的概念，但 MATLAB 采用了与解标量方程中类似的约定（用除号表示求解线性方程的解），采用运算符斜杠"/"和运算符反斜杠"\"表示求线性方程的解，其具体含义如下。

```
X=A\B                 % 表示求矩阵方程 AX=B 的解
X=B/A                 % 表示求矩阵方程 XA=B 的解
```

对于 $X=A\backslash B$，要求矩阵 A 和 B 有相同的行数，X 和 B 有相同的列数，X 的行数等于矩阵 A 的列数；$X=B\backslash A$ 的行和列的性质与之相反。

在实际情况中，形式 $AX=B$ 的线性方程组比形式 $XA=B$ 的线性方程组要常见得多。因此反斜杠用得更多。本节的内容也主要针对反斜杠除法进行介绍。斜杠除法的性质可以由恒等变换式得到，即 $(B/A)'=(A'\backslash B')$。

系数矩阵 A 不一定要求是方阵，矩阵 A 可以是 $m \times n$ 的矩阵，有如下 3 种情况。

● $m=n$ 表示恰定方程组，MATLAB 会寻求精确解；
● $m>n$ 表示超定方程组，MATLAB 会寻求最小二乘解；
● $m<n$ 表示欠定方程组，MATLAB 会寻求基本解，该解最多有 m 个非零元素。

说明：当用 MATLAB 求解这些问题时，并不采用计算矩阵的逆的方法。针对不同的情况，MATLAB 会采用不同的算法来解线性方程组。

5.3.2　线性方程组的一般解

线性方程组 $AX=B$ 的一般解给出了满足它的所有解。线性方程组的一般解可以通过下面的步骤得到。

（1）解相应的齐次方程组 $AX=0$，求得基础解。可以使用函数 null 得到基础解。语句 null(A)表示返回齐次方程组 $AX=0$ 的一个基础解，其他基础解与 null(A)是线性关系。

（2）求非齐次线性方程组 $AX=B$，得到一个特殊解。

（3）非齐次线性方程组 $AX=B$ 的一般解等于基础解的线性组合加上特殊解。

5.3.3　恰定方程组的求解

恰定方程组是方程的个数与未知量的个数相同的方程组。恰定方程组中的矩阵 A 是一个方阵，矩阵 B 可能是一个方阵或列向量。

如果恰定方程组是非奇异的，则语句 A\B 给出了恰定方程组的精确解，该精确解的维数与矩阵 B 的维数一样。

【例 5-14】求矩阵 $A\backslash B$ 的精确值。

在命令行窗口中输入以下命令并显示输出结果。

```
>> A=[8 1 6; 2 5 7; 3 9 2];
>> B=[1;2;3];
>> X=A\B
X =
    0.0463
    0.3059
    0.0540
```

可以验证，AX 精确地等于矩阵 B。

 注意：

> 如果恰定方程组是奇异的，则该方程的解不存在或不唯一。在执行语句 A\B 时，如果发现 A 是接近奇异的，那么 MATLAB 将给出警告信息；如果发现 A 是严格奇异的，那么 MATLAB 将一方面给出警告信息，另一方面给出结果 Inf。

5.3.4　超定线性方程组的求解

超定线性方程组是方程的个数大于未知量的个数的方程组。当进行实验数据拟合时，经常会碰到解超定线性方程组问题。

【例 5-15】有两组如表 5-3 所示的观测数据 x 和 y。请采用 $y = ax + bx^2$ 的模型拟合这两组数据。

表 5-3　观测数据

x	0	0.25	0.5	0.75	1	1.25	1.5	1.75	2	2.25
y	-0.001	0.8	2.2	5.6	12.5	20.8	32.4	45.6	60	98.8

该例中共有 10 个方程和 2 个未知数，因此，必须用最小二乘法来拟合以求解 a 和 b。在编辑器窗口中输入以下命令，保存为 OverdEx.m 并显示输出结果。

```
clear
x=(0:0.25:2.25);              % 用矩阵形式表示 x
y=([-0.001 0.8 2.2 5.6 12.5 20.8 32.4 45.6 60 98.8])';  % 用矩阵形式表示 y
A(:,1)=x';                    % 构造系数矩阵 A
A(:,2)=x'.^2;
b=A\y                         % 方程组可以写成 A*[b1 b2]'=y，然后用\求系数 a 和 b
```

在命令行窗口中输入 OverdEx 运行上述程序，输出结果如下。

```
>> OverdEx
b =
  -13.0750
   23.6278
```

由此可知 $y = -13.075x + 23.6278x^2$。在命令行窗口中输入拟合曲线操作代码如下。

```
>> x=0:0.25:3;
>> y=-13.075*x+23.6278*x.^2;
>> plot(x,y,'-',x,y,'o')
>> grid
```

由此得到的拟合曲线如图 5-1 所示，其中圆圈为原始数据。

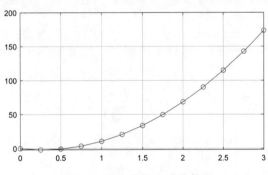

图 5-1　拟合曲线及原始数据

5.4　非线性矩阵运算

5.4

MATLAB 提供的非线性矩阵运算函数及其功能如表 5-4 所示，下面介绍这几个函数的用法。

表 5-4　非线性矩阵运算函数及其功能

函　数	功　能　描　述	函　数	功　能　描　述
expm	矩阵指数运算	sqrtm	矩阵开平方运算
logm	矩阵对数运算	funm	一般非线性矩阵运算

5.4.1　矩阵指数运算

线性微分方程组的一般形式为 $\dfrac{\mathrm{d}\boldsymbol{x}(t)}{\mathrm{d}t} = \boldsymbol{A}\boldsymbol{x}(t)$，其中，$\boldsymbol{x}(t)$是与时间有关的一个向量；$\boldsymbol{A}$ 是与时间无关的矩阵。该方程的解可以表示为 $\boldsymbol{x}(t) = \mathrm{e}^{t\boldsymbol{A}}\boldsymbol{x}(0)$

因此，解一个线性微分方程组的问题就等效于矩阵指数运算。在 MATLAB 中，函数 expm 用于矩阵指数运算，其调用格式如下。

```
Y=expm(X)   % 返回矩阵 X 的指数
```

【例 5-16】求一个三元线性微分方程组的解。

在编辑器窗口中输入以下命令，保存为 expmEx.m 并显示输出结果。

```
A=[1 0 5; 2 -4 8; -5 3 -1];
x0=[0; 1; 1];
t=0:0.03:3;
xt=[];
for i=1:length(t)
    xt(i,:)=expm(t(i)*A)*x0;
end
plot3(xt(:,1),xt(:,2),xt(:,3),'-o')
grid on;
```

在命令行窗口中输入 expmEx，运行上述程序，结果如图 5-2 所示。

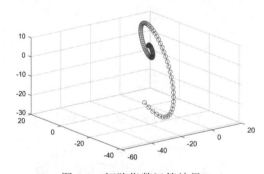

图 5-2　矩阵指数运算结果

5.4.2　矩阵对数运算

矩阵对数运算是矩阵指数运算的逆运算，在 MATLAB 中，函数 logm 用来实现矩阵对数运算，其调用格式如下。

```
L=logm(A)                    % 返回矩阵 A 的对数 L，即 expm(A) 的倒数
[L,exitflag]=logm(A)         % 返回矩阵 A 的对数 L，同时返回标量 exitflag
```

说明：当 exitflag 为 0 时，函数成功运行；当 exitflag 为 1 时，表明运算过程中某些泰勒级数不收敛，但运算结果仍可能精确。

【例 5-17】求矩阵的反函数并进行验证。

在命令行窗口中输入以下命令并显示输出结果。

```
>> A1=[1 4 7;2 5 8;3 6 9];
>> B=expm(A1)
>> A2=logm(B)
B =
    1.0e+006 *
    1.1189    2.5339    3.9489
    1.3748    3.1134    4.8520
    1.6307    3.6929    5.7552

A2 =
    1.0000    4.0000    7.0000
    2.0000    5.0000    8.0000
    3.0000    6.0000    9.0000
```

5.4.3　矩阵开平方运算

对矩阵 A 开平方得到矩阵 X，满足 $XX=A$。如果矩阵 A 的某个特征值具有负实部，则其平方根 X 为复数矩阵；如果矩阵 A 是奇异的，则它有可能不存在平方根 X。

在 MATLAB 中，有两种计算矩阵平方根的方法：$A^{0.5}$ 和 sqrtm(A)。函数 sqrtm 的运算精度比 $A^{0.5}$ 的运算精度高。函数 sqrtm 的调用格式如下。

```
X=sqrtm(A)                   % 返回矩阵 A 的平方根 X（X*X=A），若矩阵 A 是奇异的，则返回警告信息
[X,resnorm]=sqrtm(A)         % 返回残差 resnorm，不返回非警告信息
[X,alpha,condx]=sqrtm(A)     % 返回稳定因子 alpha，矩阵 X 的平方根条件数估计 condx
```

【例 5-18】求一个正定矩阵 A 的平方根 B，并验证 $BB=A$。

在命令行窗口中输入以下命令并显示输出结果。

```
>> A=[1 -12 8;2 25 -16;-3 36 27];
>> B=sqrtm(A)
B =
    1.3237    -2.0946    0.7115
    0.1847     5.4719   -1.4504
   -0.5134     3.1402    5.6498
>> BB=B*B
BB =
    1.0000   -12.0000    8.0000
    2.0000    25.0000  -16.0000
   -3.0000    36.0000   27.0000
```

可见，BB 与矩阵 A 相等，验证了运算的正确性。

5.4.4　一般非线性矩阵运算

MATLAB 提供了一般非线性矩阵运算的函数 funm，其基本调用格式如下。

```
F=funm(A,fun)          % 计算在方阵参数为 A 时定义的函数 fun，其中 fun 是一个函数句柄
```

函数 fun 的格式是 fun(x,k)，其中 x 是一个向量，k 是一个标量。fun(x,k)返回的值是 fun 代表的函数的 k 阶导数作用在向量 x 上的值。

fun 代表的函数的泰勒展开在无穷远处必须是收敛的（函数 logm 除外）。一般非线性矩阵运算函数如表 5-5 所示。

表 5-5　一般非线性矩阵运算函数

函 数 名	调 用 格 式	函 数 名	调 用 格 式
exp	funm(A,@exp)	cos	funm(A,@cos)
log	funm(A,@log)	sinh	funm(A,@sinh)
sin	funm(A,@sin)	cosh	funm(A,@cosh)

在计算矩阵的指数时，表达式 funm(A,@exp)和 expm(A)中计算精度的高低取决于矩阵 A 自身的性质。

【例 5-19】计算矩阵 A 的余弦函数。

在命令行窗口中输入以下命令并显示输出结果。

```
>> A=[1 -2 8; 2 4 -1; -3 9 12];
>> A_cos=funm(A,@cos)
A_cos =
  -56.5160   38.3912   42.3732
    3.1211  -46.0226    2.0372
   -5.5119   64.6900   -2.5424
```

5.5　本章小结

本章详细介绍了 MATLAB 中矩阵运算的方法，涉及的矩阵运算函数都是需要读者熟练掌握的内容。本章首先对矩阵分析中的基本函数进行了讲解，然后对矩阵分解、线性方程组的求解、非线性矩阵的运算方法进行了详细的剖析。相信通过本章的学习，读者对 MATLAB 的强大功能会有一个深入的认识。

习　题

1. 填空题

（1）对于线性系统方程 $Ax=b$，当且仅当_____时，方程有解。方程有唯

一解时，秩_____n；如果秩_____n，方程有无数解。

（2）高斯消元法又称_____，它可以将任意一个方阵分解为一个下三角矩阵和一个上三角矩阵的乘积。

（3）矩形矩阵的正交分解又称_____。它是把一个 $m×n$ 的矩阵 A 分解为一个正交矩阵和一个上三角矩阵的乘积。

（4）求方程 $AX=B$ 的解的语法为_____；求方程 $XA=B$ 的解的语法为_____。

（5）函数 trace 的功能为：_____。

函数 rank 的功能为：_____。

函数 null 的功能为：_____。

函数 eig 的功能为：_____。

2．计算与简答题

（1）求矩阵 $A = \begin{bmatrix} 16 & 2 & 3 & 13 \\ 5 & 11 & 10 & 8 \\ 9 & 7 & 6 & 12 \\ 4 & 14 & 15 & 1 \end{bmatrix}$ 的化零矩阵及有理数形式的化零矩阵。

（2）计算矩阵 $A = \begin{bmatrix} 1 & 0 & 1 \\ 0 & 2 & 0 \\ 1 & 0 & 3 \end{bmatrix}$ 的 Cholesky 因子。

（3）使用 gallery 函数创建一个 6×6 对称正定测试矩阵，并使用 A 的上三角矩阵计算 Cholesky 因子。测试矩阵创建语句为：

```
A=gallery('lehmer',6)
```

（4）求 5×5 帕斯卡矩阵的 QR 分解。帕斯卡矩阵创建语句为：

```
A=pascal(5)
```

（5）下面的程序代码是使用系数矩阵的精简 QR 分解来求解线性方程组 $Ax=b$。补充其中的缺失语句，并得到正确的结果。

```
A=magic(10);
A=A(:,1:5);
b=sum(A,2);
                              % 计算 A 的精简 QR 分解
x(p,:)=R\(Q\b)                % 求解线性方程组 QRx=b
```

第6章

数据可视化

数据可视化是指通过将数据或信息编码为图形中包含的可视对象来传达数据或信息的手段。这是数据分析或数据科学中的步骤之一。通过数据可视化可以直接感受数据的内在本质，发现数据的内在联系。本章将系统地阐述 MATLAB 绘制曲线和曲面的基本技法与指令等，分别介绍数据的可视化、二维图形的绘制、三维图形的绘制、特殊图形的绘制等内容，并结合相应的范例来讲解如何运用 MATLAB 的绘图命令生成图形。

学习目标：

（1）了解基本绘图知识。

（2）熟练掌握二维图形的绘制。

（3）熟练掌握三维图形的绘制。

（4）掌握特殊图形的绘制。

6.1　绘图基础

6.1

与其他类似的科学计算工具相比，MATLAB 的图形编辑功能显得尤为强大。通过图形，用户可以直观地观察数据间的内在关系，也可以十分方便地分析各种数据结果。下面介绍绘图的基础知识。

6.1.1　离散数据的可视化

对于任何二元实数标量对 (x, y) 均可以用平面上的一个点来表示，任何二元实数向量对 (x, y) 均可以用平面上的一组点来表示。对于离散函数 $y_n = f(x_n)$，当 x_n 以递增（或递减）的次序取值时，根据函数关系可以求得同样数目的 y_n。

当把 $y_n = f(x_n)$ 所对应的向量用直角坐标中的点序列表示时，就实现了离散函数的可视化。当然，图形上的离散序列所反映的只是某些确定的有效区间内的函数关系。

注意：

图形不能表现无限区间上的函数关系，这是由图形特点决定的，并不是 MATLAB 软件本身的限制。

【例 6-1】用图形表示离散函数 $y = \dfrac{100}{\left|(n-12)(n+20)\right|}, n = 0,1,\cdots,50$。

在命令行窗口中输入以下命令并显示输出结果，如图 6-1 所示。

```
>> n=0:50;                           % 取 51 个点
>> y=100./abs((n-12).*(n+20));       % 准备离散点数据
>> plot(n,y,'.','MarkerSize',16)     % 绘制散点图
>> grid                              % 添加栅格
```

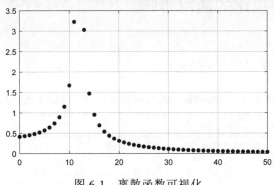

图 6-1　离散函数可视化

6.1.2　连续函数的可视化

与离散函数可视化一样，进行连续函数可视化也必须先在一组离散自变量上计算相应的函数值，并把这一组数据对用点表示。但这些离散的点不能表现函数的连续性。为了进一步表示离散点之间的函数情况，可以采用下面的方法：

① 对区间进行更细的分割，计算更多的点去近似表现函数的连续变化。

② 把两点用直线连接，近似表现两点间的函数形状。

在 MATLAB 中，以上两种方法都可以实现。

 注意：

当自变量的采样点数不够多时，无论使用哪种方法都不能真实地反映原函数。

【例 6-2】用图形表示连续函数 $\sin(x), x \in [0, 2\pi]$。

在命令行窗口中输入以下命令并显示输出结果，如图 6-2 所示。

```
>> x=linspace(0,2*pi,21);   % 在 0～2π 间取 21 个点，作为自变量 x
>> y=sin(x);                % 对应 sin 的函数值 y
>> plot(x,y,'-o')           % 绘制图形
>> grid                     % 添加栅格
```

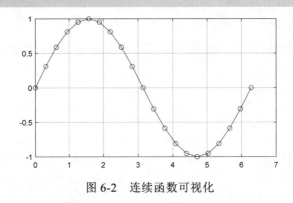

图 6-2 连续函数可视化

6.1.3　数据可视化的通用步骤

数据可视化的通用步骤如表 6-1 所示，可以让读者对图形的绘制过程有一个宏观的了解，这些通用步骤会贯穿在后面的绘图中。

表 6-1　数据可视化的通用步骤（以二维绘图为例）

步　骤	内　容	典型命令示例
1	准备数据。选定所要绘图的范围，产生自变量采样向量，并计算相应的函数值	x=linspace(0,2*pi,21);　　% 自变量 x y=sin(x);　　　　　　　% 因变量 y
2	选定图形窗口及子图位置。默认打开 Figure 1，或当前窗口，或当前子图；通过命令可以指定图形窗口和子图位置	figure(1);subplot(2,3,2) figure(1);subplot(2,3,5)
3	调用绘图命令，可指定线型、线宽、颜色、数据点类型等	plot(x,y,'r-*')
4	设置轴的范围与刻度、坐标栅格	axis([0,2*pi,-1.2,1.2])　　% 坐标轴范围 grid on　　　　　　　% 栅格控制
5	添加图形注释。包括图题、轴题、图例、文字说明等	title(figure)　　　　　% 图题 xlabel(x);ylabel(y)　　% 轴题 legend(x,sin(x))　　　% 图例 text(2,0.5,y=sin(x))　　% 说明
6	图形精细修饰。利用对象属性值及图形窗口工具栏进行设置	set(h,MarkerSize,8)　　% 设置数据点大小
7	导出与打印图形	无命令，采用图形窗口菜单操作

备注：步骤 1、3 是最基本的绘图步骤。通常，这两个步骤所画的图形已经具备足够的表现力，其他步骤并不是必需的。其他步骤的输入顺序也可以根据需要或者喜好进行调整，一般情况下并不影响输出结果。

6.2　二维图形的绘制

二维图形的绘制是 MATLAB 语言图形处理的基础，也是在绝大多数数值计算中广泛应用的绘图方式之一。常用的二维绘图命令有 plot、fplot、ezplot 等。

6.2.1　plot 绘图命令

plot 函数将从外部输入或通过函数数值计算得到的数据矩阵转化为连线图。plot 函数是绘制二维图形的最常用函数，通过不同形式的输入可以实现不同的功能，其调用格式如下。

```
plot(y)                  % 绘制 y 对一组隐式 x 坐标的图
plot(x,y)                % 创建 y 中数据对 x 中对应值的二维线图
plot(x1,y1,…,xn,yn)      % 在同一组坐标轴上绘制多对 x 和 y 坐标
plot(___,LineSpec)       % 使用指定的线型、标记和颜色绘图
plot(___,Name,Value)     % 使用一个或多个名称-值参数对指定线条属性
```

其中，Name,Value 为名称-值参数对，Name 可以为'Marker'（标记）、'MarkerFaceColor'（标记颜色），'LineStyle'（线型），'LineWidth'（线宽）等。设置格式如下。

```
'Marker','o','MarkerFaceColor','r'
```

下面重点介绍其中的三种。

1. plot(y)命令

plot(y)命令中的参数 y 可以是向量、实数矩阵或复数向量。若 y 为向量，则绘制的图形以向量索引为横坐标值，以向量元素的值为纵坐标值。

说明：①y 是向量时，x 坐标范围从 1 到 length(y)；②y 是矩阵时，对 y 中的每个列，图中包含一个对应的行，x 坐标的范围是从 1 到 y 的行数；③y 包含复数时，绘制 y 的虚部对 y 的实部的图，当同时指定 x 和 y，虚部会被忽略。

【例 6-3】用 plot(y)命令绘制向量曲线、矩阵曲线、复数向量曲线示例。

在命令行窗口中输入以下命令并显示输出结果。

```
>> x=0:pi/5:4*pi;
>> y=2*cos(x);
>> plot(y)          % 绘制的向量曲线如图 6-3(a)所示，x 坐标从 1 至 length(y)

>> y=[3 6 9; 2 4 6; 1 2 3];            % 创建实数矩阵
>> plot(y)          % 绘制矩阵曲线如图 6-3(b)所示，即绘制 y 中各列对其行号的图，x 坐标为
从 1 到 y 的行数
>> x=[1:0.5:10];
>> y=[1:0.5:10];
>> z=x+sin(y).*i;   % 创建复数向量
>> plot(z)          % 绘制的复数向量曲线如图 6-3(c)所示，实部为横坐标、虚部为纵坐标
```

2. plot(x,y)命令

在 plot(x,y)命令中，参数 x、y 均可为向量和矩阵。若 x 和 y 均为 n 维向量，则绘制向量 y 对向量 x 的图形，即以 x 为横坐标，以 y 为纵坐标。

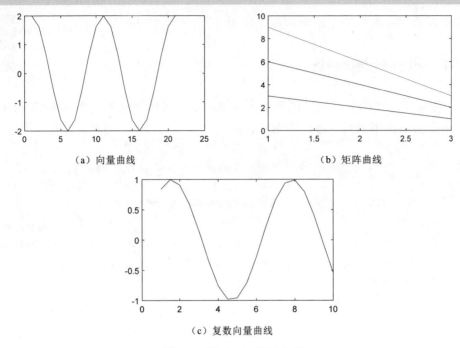

（a）向量曲线　　　　　　　　（b）矩阵曲线

（c）复数向量曲线

图 6-3　用 plot(y)绘制曲线

当 x 为 *n* 维向量，y 为 *m×n* 或 *n×m* 的矩阵时，该命令将在同一图内绘得 *m* 条不同颜色的曲线，并且以向量 x 为 *m* 条曲线的公共横坐标，以矩阵的 *m* 个 *n* 维分量为纵坐标。

当 x 和 y 均为 *m×n* 的矩阵时，将绘制 *n* 条不同颜色的曲线。绘制规则为：以矩阵 x 的第 *i* 列分量为横坐标，以矩阵 y 的第 *i* 列分量为纵坐标绘得第 *i* 条曲线。

【例 6-4】利用 plot(x,y)命令绘制双向量曲线、向量和矩阵曲线、双矩阵曲线示例。

在命令行窗口中输入以下命令并显示输出结果。

```
>> x=0:pi/10:4*pi;
>> y=2*sin(x);
>> plot(x,y)          % 绘制的双向量曲线如图 6-4(a)所示


>> x=0:pi/10:4*pi;
>> y=[sin(1.5*x); cos(x)+2];
>> plot(x,y)            % 绘制的向量和矩阵曲线如图 6-4(b)所示


>> x=[1 2 3; 4 5 6; 7 8 9];
>> y=[7 8 9; 6 5 4; 1 2 3];
>> plot(x,y)          % 绘制的双矩阵曲线如图 6-4(c)所示
```

🔔 注意：

　　plot(x,y1,x,y2,x,y3,…)以公共向量 x 为横轴，分别以 y1,y2,y3,…为纵轴，其效果与双矩阵曲线的绘制效果类似。

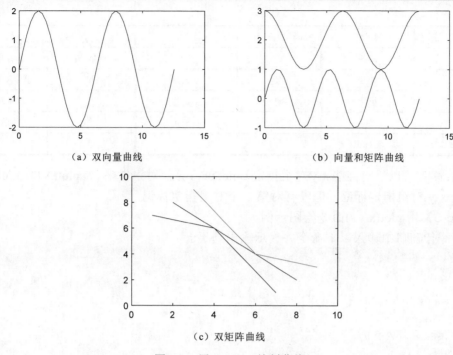

（a）双向量曲线　　　　　　　　　　（b）向量和矩阵曲线

（c）双矩阵曲线

图 6-4　用 plot(x,y)绘制曲线

3．plot(x,y,LineSpec)命令

plot(x,y,LineSpec)用于绘制不同线型、标记和颜色的图形，其中 LineSpec 用于指定不同的线型、标记和颜色。常用的颜色对应的符号如表 6-2 所示，常用的线型对应的符号如表 6-3 所示，常用的标记对应的符号如表 6-4 所示。

表 6-2　常用的颜色对应的符号

颜色符号	颜　色	颜色符号	颜　色	颜色符号	颜　色
'r'	红色	'c'	青色	'w'	白色
'g'	绿色	'm'	紫色	'k'	黑色
'b'	蓝色	'y'	黄色		

表 6-3　常用的线型对应的符号

标 记 符 号	标　记	标 记 符 号	标　记
'-'	实线（默认）	'-.'	点画线
'--'	虚线	':'	点线
'none'	无线条		

表 6-4　常用的标记对应的符号

标 记 符 号	标　记	标 记 符 号	标　记	标 记 符 号	标　记
'.'	点	's'	方形	'<'	左三角

117

标记符号	标 记	标记符号	标 记	标记符号	标 记
'o'	圆圈	'd'	菱形	'p'	五角形
'+'	加号	'^'	上三角	'h'	六角形
'*'	星号	'v'	下三角	'_'	水平线条一
'x'	叉号	'>'	右三角	'|'	竖直线条|
'none'	无标记				

说明：读者可以只对某些 x-y 对组指定 LineSpec，其他对组省略。如 plot(X1,Y1,'o',X2,Y2) 对第一个 x-y 对组指定标记，但没有对第二个对组指定标记。

【例 6-5】用 plot(x,y,s)命令绘图示例。

在命令行窗口中输入以下命令并显示输出结果。

```
>> x=0:pi/50:4*pi;
>> y=sin(x);
>> plot(x,y,'k.')   % 结果如图 6-5（a）所示


>> x=0:pi/20:6*pi;
>> y1=sin(x);
>> y2=cos(x);
>> plot(x,y1,'k-',x,y2,'r--')  % 绘制不同颜色和线型的曲线，如图 6-5（b）所示


>> t=(0:pi/100:2*pi)';
>> y1=sin(t)*[1,-1];
>> y2=sin(t).*cos(6*t);
>> t3=2*pi*(0:10)/10;
>> y3=sin(t3).*sin(10*t3);
>> plot(t,y1,'r:',t,y2,'-bo',t3,y3,'m.')  % y=sin(t)cos(t) 的图形包络线如图
6-5（c）所示
```

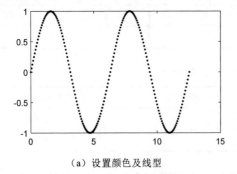

（a）设置颜色及线型

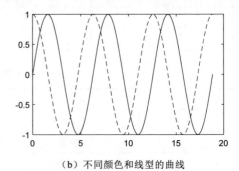

（b）不同颜色和线型的曲线

图 6-5　用 plot(x,y,s)命令绘图

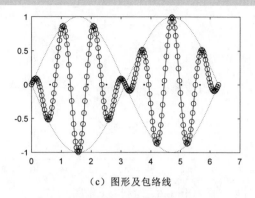

（c）图形及包络线

图 6-5 用 plot(x,y,s)命令绘图（续）

6.2.2 绘制双坐标图

6.2.2

在实际应用中，经常需要把同一自变量的两个不同量纲、不同数量级的函数量的变化绘制在同一张图上。如在同一张图上，温度、湿度随时间变化的曲线，人口规模、GDP 的变化曲线等，这就需要绘制双坐标图。

1. plotyy 函数

在 MATLAB 中，plotyy 可以绘制双坐标图，其调用格式如下。

```
plotyy(X1,Y1,X2,Y2)                   % 绘制 Y1 对 X1 的图，在左侧显示 y 轴标签
                                      % 同时绘制 Y2 对 X2 的图，在右侧显示 y 轴标签
plotyy(X1,Y1,X2,Y2,function)          % 使用指定的绘图函数生成图形
plotyy(X1,Y1,X2,Y2,'function1','function2')   % 使用 function1(X1,Y1)绘制左
轴的数据
                                      % 使用 function2(X2,Y2)绘制右轴的数据
```

其中，function 可以是指定 plot、semilogx、semilogy、loglog、stem 的函数句柄或字符向量，或者是能接受以下语法的任意 MATLAB 函数：

```
h=function(x,y)
```

如：

```
plotyy(x1,y1,x2,y2,@loglog)          % 函数句柄
plotyy(x1,y1,x2,y2,'loglog')         % 字符向量
```

【例 6-6】使用双 y 轴在同一个图上绘制两个数据集。

在命令行窗口中输入以下命令并显示输出结果。

```
>> x=0:0.01:20;
>> y1=200*exp(-0.05*x).*sin(x);
>> y2=0.8*exp(-0.5*x).*sin(10*x);
>> plotyy(x,y1,x,y2)                 % 绘制双 y 轴图，如图 6-6 所示
```

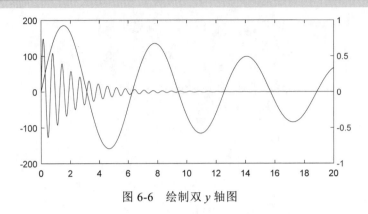

图 6-6　绘制双 y 轴图

2. 使用 yyaxis 命令

使用 yyaxis 命令也可以创建具有两个 y 轴的图。其中

```
yyaxis left      % 激活当前坐标区中与左侧 y 轴关联的一侧，后续图形命令的目标为左侧
yyaxis right     % 激活当前坐标区中与右侧 y 轴关联的一侧，后续图形命令的目标为右侧
```

说明：若当前坐标区中没有两个 y 轴，此命令将添加第二个 y 轴；若没有坐标区，此命令将首先创建坐标区。

【例 6-7】创建具有双 y 轴的图。

在命令行窗口中输入以下命令并显示输出结果。

```
x=linspace(0,10);
y=sin(3*x);
yyaxis left                % 激活左轴
plot(x,y)
z=sin(3*x).*exp(0.5*x);
yyaxis right               % 激活右轴
plot(x,z)
ylim([-150 150])           % 绘制双 y 轴图，如图 6-7 所示
```

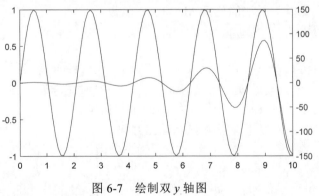

图 6-7　绘制双 y 轴图

6.2.3　fplot 绘图命令

6.2.3

当某一个函数随自变量变化的趋势未知时，利用 plot 命令绘图则有可能因为自变量的

取值间隔不合理而使曲线图形不能反映自变量在某些区域内的函数值的变化情况。

而 fplot 命令可以通过内部的自适应算法来动态决定自变量的取值间隔，当函数值变化缓慢时，间隔取大一点；当函数值变化剧烈（函数的二阶导数很大）时，间隔取小一点。

fplot 命令绘制表达式或函数的图形，其调用格式如下。

```
fplot(f)                  % 在默认区间[-5,5]（对 x）绘制由函数 y=f(x)定义的曲线
fplot(f,xinterval)        % 在指定区间[xmin,xmax]内绘图
fplot(funx,funy)          % 在默认区间[-5,5]（对 t）绘制由 x=funx(t)与 y=funy(t)定义的曲线
fplot(funx,funy,tinterval)        % 在指定区间[tmin,tmax]内绘图
fplot(___,LineSpec)               % 指定线型、标记符号和线条颜色
fplot(___,Name,Value)             % 使用一个或多个名称-值参数对指定线条属性
```

【例 6-8】①在指定区间内绘图；②绘制参数化曲线示例。

在命令行窗口中输入以下命令并显示输出结果。

```
>> ff=@tan;
>> fplot(ff,[-3 6]);    % 在指定区间内绘图，如图 6-8(a)所示


>> xt=@(t)cos(3*t);
>> yt=@(t)sin(2*t);
>> fplot(xt,yt)         % 绘制参数化曲线 x=cos(3t)和 y=sin(2t)，如图 6-8(b)所示
```

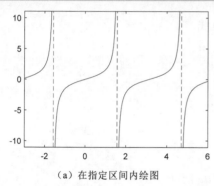 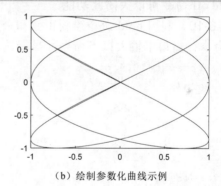

（a）在指定区间内绘图　　　　　　　（b）绘制参数化曲线示例

图 6-8　绘图结果

6.2.4　ezplot 绘图函数

6.2.4-6.2.6

ezplot 也是用于绘制函数在某一自变量区域内的图形，其调用格式如下。

```
ezplot(f)                 % 在默认区间[-2π 2π]（对 x）绘制 y=f(x)定义的曲线
ezplot(f,xyinterval)      % 在指定区间[min,max]绘图
ezplot(f2)                % 在默认区[-2π 2π]（对 x 和 y）绘制 f2(x,y)=0 定义的曲线
ezplot(f2,xyinterval)     % 在指定区间[xmin,xmax,ymin,ymax] 绘制图
ezplot(funx,funy)         % 在默认区域[0 2π]（对 u）绘制由 x=funx(u)和 y=funy(u)
                          % 通过参数方式定义的平面曲线
ezplot(funx,funy,xyinterval)    % 在指定区间[umin,umax]绘图
```

【例 6-9】绘制隐函数 $x^4 - y^6 = 0$ 的图形。

```
>> ezplot('x^4-y^6')
```

用 ezplot 命令绘制出来的图形如图 6-9 所示。

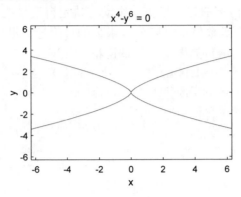

图 6-9　用 ezplot 命令绘图

6.2.5　多次叠图操作

若在已存在的图形窗口中用 plot 函数继续添加新的图形内容，则可使用图形保持命令 hold：执行 hold on 命令，再执行 plot 函数，即可在保持原有图形的基础上添加新的图形。利用 hold off 命令可以关闭此功能。

【例 6-10】利用 hold 命令绘制正弦和余弦曲线。

在命令行窗口中输入以下命令并显示输出结果。

```
>> x=linspace(0,4*pi,50);
>> y=sin(x);
>> z=cos(x);
>> plot(x,y,'b');
>> hold on;
>> plot(x,z,'k--');
>> legend('sin(x)','cos(x)'); % 结果如图 6-10 所示
>> hold off
```

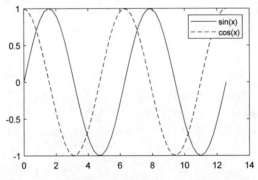

图 6-10　利用 hold 命令绘制正弦和余弦曲线

6.2.6　多子图操作

使用 subplot(m,n,k)函数，可以在视图中显示多个子图，即在各个分块位置创建坐标区。其中，m×n 表示子图个数，k 表示当前图。

【例 6-11】使用 subplot 命令对图形窗口进行分割。

在命令行窗口中输入以下命令并显示输出结果。

```
>> x=linspace(0,4*pi,40);
>> y=sin(x);
>> z=cos(x);
>> t=sin(x)./(cos(x)+eps);
>> ct=cos(x)./(sin(x)+eps);

>> subplot(2,2,1); plot(x,y);
>> title('sin(x)');
>> subplot(2,2,2); plot(x,z);
>> title('cos(x)');
>> subplot(2,2,3); plot(x,t);
>> title('tangent(x)');
>> subplot(2,2,4); plot(x,ct);
>> title('cotangent(x)');    % 结果如图 6-11 所示
```

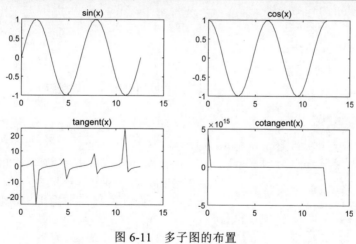

图 6-11　多子图的布置

6.3　三维图形的绘制

6.3

MATLAB 提供了多个函数用来绘制三维图形。最常用的三维绘图函数可以绘制三维曲线图、三维网格图和三维曲面图，相应的 MATLAB 命令分别为 plot3、mesh 和 surf 等。

6.3.1 plot3 绘图命令

plot3 是三维绘图的基本函数，其用法和 plot 函数的用法基本一样，只是在绘图时需要提供 3 个数据参数（一个数据组），其调用格式如下。

```
plot3(X,Y,Z)                         % 绘制三维空间中的坐标，X、Y、Z 为向量或矩阵
plot3(X,Y,Z,LineSpec)                % 使用 LineSpec 指定的线型、标记和颜色绘图
plot3(X1,Y1,Z1,…,Xn,Yn,Zn)           % 在同一组坐标轴上绘制多组坐标
plot3(X1,Y1,Z1,LineSpec1,…,Xn,Yn,Zn,LineSpecn)
                                     % 为每个 XYZ 三元组指定特定的线型、标记和颜色
```

说明：

（1）当 X、Y、Z 为长度相同的向量时，plot3 命令将绘得一条分别以向量 X1、Y1、Z1 为 x、y、z 轴坐标值的空间曲线。

（2）当 X、Y、Z 均为 $m \times n$ 的矩阵时，plot3 命令将绘得 n 条曲线。其中，第 i 条空间曲线分别以 X1、Y1、Z1 矩阵的第 i 列分量为 x、y、z 轴坐标值的空间曲线。

【例 6-12】用 plot3 命令绘图示例。

在命令行窗口中输入以下命令并显示输出结果。

```
>> t=0:pi/50:10*pi;
>> plot3(sin(t),cos(t),t)          % 绘制螺旋线，结果如图 6-12（a）所示


>> t=0:pi/100:3*pi;
>> x=[t t];
>> y=[cos(t) cos(2*t)];
>> z=[(sin(t)).^2+(cos(t)).^2 (sin(t)).^2+(cos(t)).^2+1];
>> plot3(x,y,z)                    % 绘制矩阵向量曲线，结果如图 6-12（b）所示


>> t=0:pi/500:pi;
>> X=[sin(t).*cos(10*t); sin(t).*cos(12*t); sin(t).*cos(20*t)]; % 矩阵 X
>> Y=[sin(t).*sin(10*t); sin(t).*sin(12*t); sin(t).*sin(20*t)]; % 矩阵 Y
>> Z=cos(t);                       % 创建矩阵 Z，其中包含所有三组坐标的 z 坐标
>> plot3(X,Y,Z)                    % 在同一坐标轴上绘制三组曲线，如图 6-12（c）所示


>> t=(0:0.02:2)*pi;
>> x=sin(t);y=sin(2*t);z=2*cos(t);
>> plot3(x,y,z,'b-',x,y,z,'bd')    % 通过三维曲线图演示该曲线的参数方程
>> xlabel('x'),ylabel('y'),zlabel('z')   % 结果如图 6-12（d）所示
```

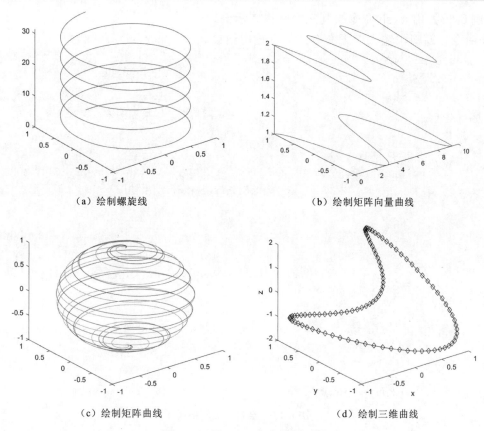

（a）绘制螺旋线　　　　　　　　　　　（b）绘制矩阵向量曲线

（c）绘制矩阵曲线　　　　　　　　　　（d）绘制三维曲线

图 6-12　用 plot3 命令绘图示例

6.3.2　三维网格图和三维曲面图的绘制

1. 三维网格图 mesh 命令

mesh 命令用于绘制三维网格图。MATLAB 用 xy 平面上的 z 坐标定义一个网格面。mesh 命令通过将相邻的点用直线连接而构成一个网格图，网格节点是 z 坐标中的数据点。mesh 命令的调用格式如下。

```
mesh(X,Y,Z)      % 创建一个网格图，该网格图为三维曲面，有实色边颜色，无面颜色
```

说明：该函数将矩阵 Z 中的值绘制为由 X 和 Y 定义的平面中的网格上方的高度。边颜色因 Z 指定的高度而异。

```
mesh(Z)          % 创建一个网格图，并将 Z 中元素的列索引和行索引用作 x 坐标和 y 坐标
mesh(___,C)      % 进一步指定边的颜色
```

说明：C 用于定义颜色，如果没有定义 C，则 mesh(X,Y,Z)绘制的颜色随 Z 值（曲面高度）成比例变化。

X 和 Y 必须均为向量，若 X 和 Y 的长度分别为 m 和 n，则 Z 必须为 n×m 的矩阵，即 [n,m]=size(Z)，此时网格线的顶点为(X(j),Y(i),Z(i,j))；若参数中没有提供 X 和 Y，则将(i,j)作为 Z(i,j)的 X 和 Y。

【例6-13】用mesh命令绘制三维网格图示例。

在命令行窗口中输入以下命令并显示输出结果。

```
>> x=0:0.1:2*pi;
>> y=0:0.1:2*pi;
>> z=sin(x')*cos(2*y);
>> mesh(x,y,z)                    % 绘制三维网格图，结果如图6-13（a）所示

>> [X,Y]=meshgrid(-5:.2:5);
>> Z=Y.*sin(X)-X.*cos(Y);
>> mesh(Z)                        % 绘制三维网格图，结果如图6-13（b）所示
```

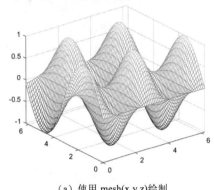
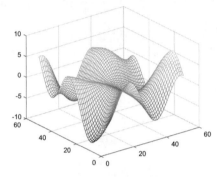

（a）使用 mesh(x,y,z)绘制 　　　　　　　　（b）使用 mesh(z)绘制

图6-13　绘制三维网格图

2. 三维曲面图 surf 命令

surf命令的调用方式与mesh命令的调用方式类似，不同的是，mesh函数绘制的图形是一个网格图，而surf命令绘制的是着色的三维曲面图。

着色的方法是在得到相应的网格后，依据每个网格代表的节点的色值（由变量C控制）定义这一网格的颜色。surf命令的调用格式如下。

```
surf(X,Y,Z)        % 创建一个具有实色边和实色面的三维曲面
```

说明：该函数将矩阵Z中的值绘制为由X和Y定义的平面中的网格上方的高度。曲面的颜色根据Z指定的高度而异。

```
surf(Z)            % 创建一个曲面图，并将Z中元素的列索引和行索引用作x坐标和y坐标
surf(___,C)        % 通过C指定曲面的颜色
```

【例6-14】用surf命令绘制着色的三维曲面图。

在命令行窗口中输入以下命令并显示输出结果。

```
>> x=0:0.2:2*pi;
>> y=0:0.2:2*pi;
>> z=sin(x')*cos(2*y);
>> surf(x,y,z)                    % 结果如图6-14所示
```

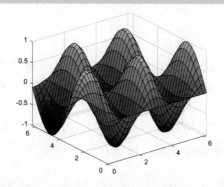

图 6-14　用 surf 命令绘制着色的三维曲面图

6.3.3　其他三维绘图函数

基本三维绘图函数还有一些对应的改进函数，它们在基本三维绘图函数的基础上增加了一些特别的处理图形的功能。

1．meshgrid、meshc 和 meshz

meshgrid 命令的作用是将给定的区域按一定的方式划分成平面网格，该平面网格可以用来绘制三维曲面图，其调用格式如下。

```
[X,Y]=meshgrid(x,y)
```

其中，x 和 y 为给定的向量，用来定义网格划分区域（也可定义网格划分方法）；X 和 Y 是用来存储网格划分后的数据矩阵。

meshc 命令是在用 mesh 命令绘制的三维网格图中再绘出等高线，meshz 命令是在 mesh 命令的功能之上增加绘制边界面的功能，它们的调用方式与 mesh 命令的调用方式相同。

【例 6-15】利用 meshc、meshz 命令绘制三维网格图示例。

在命令行窗口中输入以下命令并显示输出结果。

```
>> x=0:0.2:2*pi;
>> y=0:0.2:2*pi;
>> z=sin(x')*cos(2*y);
>> meshc(z)          % 利用 meshc 命令绘制三维网格图，结果如图 6-15（a）所示
>> meshz(z)          % 利用 meshz 命令绘制三维网格图，结果如图 6-15（b）所示
```

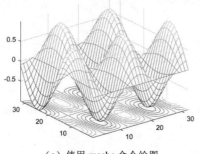

（a）使用 meshc 命令绘图

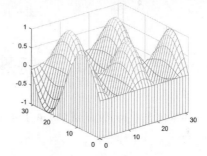

（b）使用 meshz 命令绘图

图 6-15　绘制三维网格图

2．surfc 和 surfl 命令

surf 有两个变体函数：①函数 surfc 用来绘制等高线三维曲面图，即在绘图时还绘制了底层等高线图；②函数 surfl 用来绘制光照效果三维曲面图，即在绘图时增加了光照效果，也可用来绘制三维曲面光照模式的阴影图。

surfc、surfl 函数的调用方式与 surf 函数的调用方式基本一致。只是 surfl 会受到光源的影响，图形的色泽取决于曲面的漫反射、镜面反射与环境光照模式。surfl 命令的主要调用格式如下。

```
surfl(Z)              % 创建曲面，并将 Z 中元素的列索引和行索引作为 x 坐标和 y 坐标
surfl(X,Y,Z)          % 创建一个带光源高光的三维曲面图，X、Y、Z 定义 x、y、z 的坐标
surfl(____,S)         % 参数 S 为一个三维向量 [Sx,Sy,Sz]，用于指定光源的方向
surfl(X,Y,Z,S,K)      % K 为反射常量
```

【例 6-16】绘制等高线及光照效果三维曲面图，然后用三维曲面图表现函数 $z = 2x^2 + 2y^2$。

在命令行窗口中输入以下命令并显示输出结果。

```
>> x=0:0.2:2*pi;
>> y=0:0.2:2*pi;
>> z=sin(x')*cos(2*y);
>> surfc(x,y,z)       % 绘制等高线三维曲面图，结果如图 6-16（a）所示
>> surfl(x,y,z)       % 绘制光照效果三维曲面图，结果如图 6-16（b）所示
```

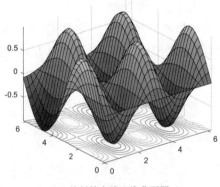
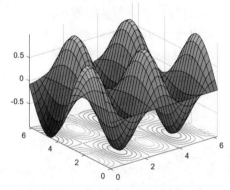

（a）绘制等高线三维曲面图　　　　　　　　（b）绘制光照效果三维曲面图

图 6-16　绘图结果

6.4　特殊图形的绘制

6.4

除了一些基本绘图函数，MATLAB 还提供了许多特殊绘图函数。下面介绍一些常见的特殊绘图函数。

6.4.1　二维特殊图形函数

常见的二维特殊图形函数如表 6-5 所示。

表 6-5　常见的二维特殊图形函数

函 数 名	说 明	函 数 名	说 明
pie	饼状图	barh	水平条形图
area	填充绘图	bar	垂直条形图
comet	彗星图	plotmatrix	分散矩阵绘制
errorbar	误差条图	hist/histogram	二维条形直方图
feather	矢量图	scatter	散射图
fill	多边形填充	stem	离散数据序列针状图
gplot	拓扑图	stairs	阶梯图
quiver	向量场	rose	极坐标系下的柱状图
contour	等高线图	—	—

下面介绍其中几个常用命令的使用方法。

1. pie 命令

pie 命令用于绘制饼状图,其调用格式如下。

```
pie(X)                % 使用 X 中的数据绘制饼状图,饼状图中的每个扇区代表 X 中的一个元素
pie(X,explode)        % 指定扇区从饼状图偏移一定位置
pie(X,labels)         % 指定扇区的文本标签,X 是数值型,标签数必须等于 X 中的元素数
pie(X,explode,labels) % 偏移扇区并指定文本标签,X 可以是数值或分类数据类型
```

其中,explode 是一个由与 X 对应的零值和非零值组成的向量或矩阵,pie 命令仅将对应于 explode 中的非零元素的扇区偏移一定位置。对于数值数据类型的 X,标签数必须等于 X 中的元素数;对于分类数据类型的 X,标签数必须等于分类数。

【例 6-17】利用 pie 命令绘制饼状图。

在命令行窗口中输入以下命令并显示输出结果。

```
>> x=[0.43 .30 .68 .45 .8];
>> pie(x)              % 结果如图 6-17 (a) 所示
>> y=[0 0 0 1 0];
>> pie(x,y)            % 结果如图 6-17 (b) 所示
```

2. stairs 命令

stairs 命令用于绘制阶梯图,其调用格式为:

```
stairs(Y)             % 绘制 Y 中元素的阶梯图
                      % Y 为向量时,绘制一条线条;Y 为矩阵时,为每个矩阵列绘制一条线条
stairs(X,Y)           % 在 Y 中由 X 指定的位置绘制元素,X 和 Y 必须是相同大小的向量或矩阵
```

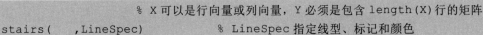

```
                        % X 可以是行向量或列向量，Y 必须是包含 length(X)行的矩阵
stairs(___,LineSpec)    % LineSpec 指定线型、标记和颜色
```

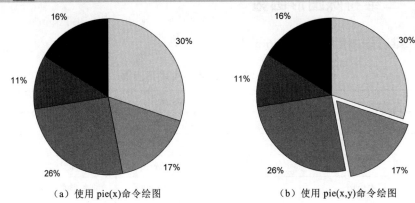

（a）使用 pie(x)命令绘图 　　　　（b）使用 pie(x,y)命令绘图

图 6-17　利用 pie 命令绘制饼状图

【例 6-18】绘制阶梯图。

在命令行窗口中输入以下命令并显示输出结果。

```
>> X=linspace(0,4*pi,40);        % 在[0,4π]区间取 40 个均匀分布的值
>> Y=sin(X);
>> stairs(Y)         % 创建阶梯图如图 6-18（a）所示，Y 的长度自动确定并生成 x 轴刻度
>> stairs(X,Y)       % 在指定的 x 值位置绘制单个数据序列阶梯图，如图 6-18（b）所示
```

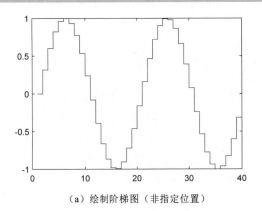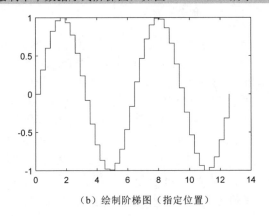

（a）绘制阶梯图（非指定位置）　　　　（b）绘制阶梯图（指定位置）

图 6-18　绘制阶梯图

3. bar 与 barh 命令

bar 命令用于绘制二维垂直条形图，用垂直条显示向量或矩阵中的值，调用格式如下。

```
bar(y)           % 创建一个条形图，y 中的每个元素对应一个条形
                 % 若 y 是 m×n 的矩阵，则创建每组包含 n 个条形的 m 个组
bar(x,y)         % 在 x 指定的位置绘制条形图
bar(___,width)   % 设置条形的相对宽度以控制组中各个条形的间隔
bar(___,style)   % 指定条形组样式，包括'grouped'（默认)|'stacked'|'hist'|'histc'
bar(___,color)   % 设置条形的颜色，包括'b'|'r'|'g'|'c'|'m'|'y'|'k'|'w'
```

barh 命令的用法与 bar 命令的用法完全相同，只是将绘制的条形图水平显示。

【例 6-19】 用 bar 命令绘制条形图。

在命令行窗口中输入以下命令并显示输出结果。

```
>> x=-2.5:0.25:2.5;
>> y=2*exp(-x.*x);
>> bar(x,y,'b')        % 绘制条形图，如图 6-19(a)所示
>> y=[2 2 3; 2 5 6; 2 8 9; 2 11 12];
>> bar(y)              % 显示 4 个条形组，每组包含 3 个条形，如图 6-19(b)所示
```

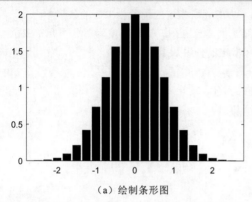
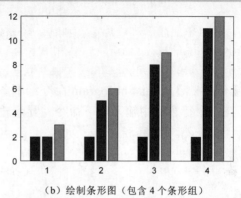

（a）绘制条形图　　　　　　　　　　　（b）绘制条形图（包含 4 个条形组）

图 6-19　用 bar 命令绘制条形图

【例 6-20】 绘制条形图示例。

```
>> X=round(20*rand(3,4));
>> subplot(2,2,1); bar(X,'group'); title('bargroup')
>> subplot(2,2,2); barh(X,'stack'); title('barhstack')
>> subplot(2,2,3); bar(X,'stack'); title('barstack')
>> subplot(2,2,4); bar(X,1.2); title('barwidth=1.2') % 结果如图 6-20 所示
```

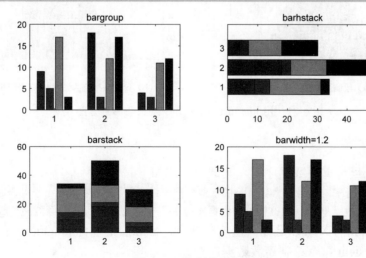

图 6-20　绘制条形图示例

4. hist/histogram 命令

hist/histogram 命令用于绘制二维条形直方图，可以显示出数据的分布情况。hist(y)所有

131

向量 y 中的元素或矩阵 y 的列向量中的元素都是根据它们的数值范围来分组的，将每组作为一个条形进行显示。

条形直方图中的横坐标轴反映了数据 y 中元素数值的范围，纵坐标轴显示出数据 y 中的元素落入该组的数目，其调用格式如下。

```
hist(y)              % 把向量 y 中的元素放入等距的 10 个条形中，且返回每个条形中的元素个数
                     % 若 y 为矩阵，则该命令按列对 y 进行处理
hist(y,x)            % 参量 x 为标量，用于指定条形的数目；参量 x 为向量，把 y 中的元素放到
                     % m（m=length(x)）个由 x 中的元素指定的位置为中心的条形中
histogram(X)         % 基于 X 使用自动分组划分算法创建直方图。矩形高度为各分组元素数量
histogram(X,nbins)     % 使用标量 nbins 指定的分组数量
histogram(X,edges)     % 将 X 划分到由向量 edges 指定边界的分组内
```

【例 6-21】用 hist/histogram 命令绘制条形直方图。

在命令行窗口中输入以下命令并显示输出结果。

```
>> x=-2.5:0.25:2.5;
>> y=randn(5000,1);
>> hist(y,x)                    % 结果如图 6-21（a）所示

>> x=randn(1000,1);
>> nbins=25;
>> histogram(x,nbins)   % 根据等距分组的随机数绘制条形直方图，如图 6-21（b）所示
```

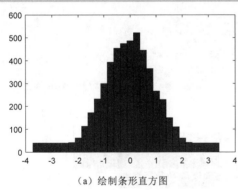
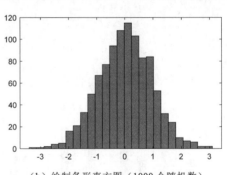

（a）绘制条形直方图　　　　　　　　　（b）绘制条形直方图（1000 个随机数）

图 6-21　用 hist/histogram 命令绘制条形直方图

5．stem 命令

stem 命令用于绘制离散数据序列，其调用格式如下。

```
stem(Y)   % 将数据序列 Y 绘制为从 x 轴的基线延伸的针状图，数据值由终止于每个针状图的圆表示
stem(X,Y)     % 在 X 指定值的位置绘制数据序列 Y。X、Y 必须是大小相同的向量或矩阵
```

其中，stem(X,Y)的 X 可以是行向量或列向量，Y 必须是包含 length(X)行的矩阵。

【例 6-22】用 stem 命令绘制离散数据序列。

在命令行窗口中输入以下命令并显示输出结果。

```
>> Y=linspace(-2*pi,2*pi,20);   % 创建一个在[-2π,2π]区间内的 20 个离散数据值
>> stem(Y)                      % 绘制离散数据序列针状图，结果如图 6-22（a）所示
```

```
>> X=linspace(0,2*pi,20);        % 在[0,2π]区间内产生20个余弦数据值
>> Y=cos(X);
>> stem(X,Y)                     % 绘制离散数据序列针状图，结果如图6-22（b）所示
```

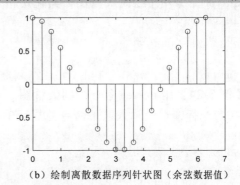

（a）绘制离散数据序列针状图　　　（b）绘制离散数据序列针状图（余弦数据值）

图6-22　用stem命令绘制离散数据序列

6．contour命令

contour命令用于绘制等高线图，变量必须为一数值矩阵，其调用格式如下。

```
contour(Z)              % 创建一个包含矩阵Z的等高线图，其中Z包含XY平面上的高度值
                        % Z的列索引和行索引分别是平面中的X和Y坐标
contour(X,Y,Z)          % 指定Z中各值的X和Y坐标
contour(___,levels)     % 为等高线指定最后一个参数
contour(___,LineSpec)   % 指定等高线的线型和颜色
```

其中，levels为标量n时，表示在n个自动选择的层级（高度）上显示等高线；levels为单调递增值的向量时，表示可以在某些特定高度上绘制等高线；levels为二元素行向量[k k]时，表示在一个高度处(k)绘制等高线。

【例6-23】用contour命令绘制等高线。

在命令行窗口中输入以下命令并显示输出结果。

```
>> [X,Y]=meshgrid(-2:.2:2,-2:.2:3);
>> Z=2*Y.*exp(-X.^2-Y.^2);
>> contour(X,Y,Z);              % 结果如图6-23（a）所示
>> [X,Y,Z]=peaks;              % 调用peaks函数以创建X、Y和Z
>> contour(X,Y,Z,20)           % 绘制Z的20条等高线，如图6-23（b）所示
```

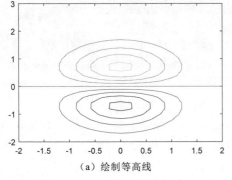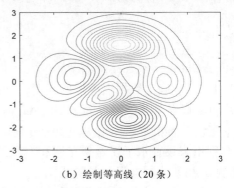

（a）绘制等高线　　　　　　　　　　　（b）绘制等高线（20条）

图6-23　用contour命令绘制等高线

7. quiver 命令

quiver 命令用于绘制矢量图，其调用格式如下。

```
quiver(u,v)            % 在 XY 平面的等距点处绘制 u 和 v 指定的向量
quiver(x,y,u,v)        % 在坐标(x,y)处用箭头图形绘制向量，(u,v)为相应点的速度分量
                       % x、y、u、v 必须大小相同
quiver(___,scale)      % scale 用来控制图中向量长度的实数，默认为 1
```

【例 6-24】 用 quiver 命令绘制矢量图。

在命令行窗口中输入以下命令并显示输出结果。

```
>> [X,Y]=meshgrid(-2:.2:2,-2:.2:3);
>> Z=2*Y.*exp(-X.^2-Y.^2);
>> [DX,DY]=gradient(Z,.2,.2);
>> contour(X,Y,Z)
>> hold on
>> quiver(X,Y,DX,DY)              % 结果如图 6-24 所示
```

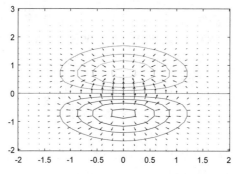

图 6-24　用 quiver 命令绘制矢量图

8. errorbar 命令

errorbar 命令用于沿曲线绘制含误差条的线图（误差条图）。误差条为数据的置信水平或沿着曲线的偏差。当命令的输入参数为矩阵时，则按列画出误差条，其调用格式如下。

```
errorbar(y,err)                    % 创建 y 中的数据线图，并在每个数据点处绘制一个垂直误差条
                                   % err 中的值确定数据点上方和下方的每个误差条的长度
errorbar(x,y,err)                  % 绘制 y 对 x 的图，并在每个数据点处绘制一个垂直误差条
errorbar(x,y,neg,pos)              % 在每个数据点处绘制一个垂直误差条
errorbar(___,ornt)                 % ornt 设置误差条的方向
errorbar(x,y,yneg,ypos,xneg,xpos)  % 绘制 y 对 x 的图，并绘制水平和垂直误差条
errorbar(___,linespec)             % 设置线型、标记和颜色
```

其中，neg 确定数据点下方的长度，pos 确定数据点上方的长度。ornt 默认为 vertical，表示绘制垂直误差条；设置为 horizontal 时，表示绘制水平误差条；设置为 both 时，由水平和垂直误差条指定。yneg 和 ypos 分别用来设置垂直误差条下部和上部的长度；xneg 和 xpos 分别用来设置水平误差条左侧和右侧的长度。

【例 6-25】 绘制含误差条的线图。

在命令行窗口中输入以下命令并显示输出结果。

```
>> x=[0:0.1:4*pi];
>> y=2*cos(2*x);
>> e=[0:1/(length(x)-1):1];
>> errorbar(x,y,e)              % 结果如图 6-25 所示
```

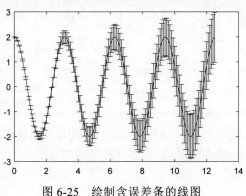

图 6-25　绘制含误差条的线图

9. comet 命令

comet 命令用于绘制二维彗星图。彗星图为彗星头（一个小圆圈）沿着数据点前进的动画，彗星体为跟在彗星头后面的痕迹，轨道为整个函数的实线，其调用格式如下。

```
comet(y)          % 显示向量 y 的彗星图
comet(x,y)        % 显示向量 y 对向量 x 的彗星图
comet(x,y,p)      % 指定长度为 p*length(y) 的彗星体，p 默认为 0.1
```

【例 6-26】绘制彗星图。

在命令行窗口中输入以下命令并显示输出结果。

```
>> t=0:.01:4*pi;
>> x=sin(t).*(cos(2*t).^2);
>> y=cos(t).*(sin(2*t).^2);
>> comet(x,y);                 % 结果如图 6-26 所示
```

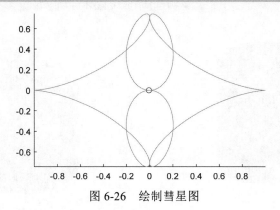

图 6-26　绘制彗星图

6.4.2　三维特殊图形函数

常见的三维特殊图形函数如表 6-6 所示。

表 6-6　常见的三维特殊图形函数

函 数 名	说　　明	函 数 名	说　　明
bar3	三维条形图	stem3	三维离散数据图
comet3	三维彗星轨迹图	trisurf	三角形表面图
ezgraph3	函数控制绘制三维图（不推荐）	trimesh	三角形网格图
pie3	三维饼状图	sphere	球面图
scatter3	三维散射图	cylinder	柱面图
quiver3	向量场	contour3	三维等高线

　　三维特殊图形函数实现的功能和调用方式与对应的二维特殊图形函数实现的功能和调用方式基本相同，下面介绍其中几个常用命令的使用方法。

1. cylinder 命令

　　cylinder 命令用于绘制圆柱图形，其调用格式如下。

```
[X,Y,Z]=cylinder          % 返回半径 r=1、高度 h=1 圆柱体的 x、y、z 坐标值，不绘图
[X,Y,Z]=cylinder(r)       % 返回半径为 r、高度 h=1 圆柱体的 x、y、z 坐标值，不绘图
[X,Y,Z]=cylinder(r,n)     % 额外指定等距点数目 n，不绘图
cylinder(___)             % 无输出变量时，直接绘制圆柱体
```

　　说明：无输入参数时半径 r=1，高度 h=1，圆周有 20 个距离相等的点，圆柱体的圆周有指定的 n 个距离相同的点。

　　【例 6-27】用 cylinder 命令绘制圆柱图形示例。

　　在命令行窗口中输入以下命令并显示输出结果。

```
>> cylinder(3)              % 绘制圆柱图形，结果如图 6-27（a）所示
>> t=0:pi/10:4*pi;
>> [X,Y,Z]=cylinder(sin(2*t)+3,50);
>> surfc(X,Y,Z)            % 绘制圆柱图形，结果如图 6-27（b）所示
```

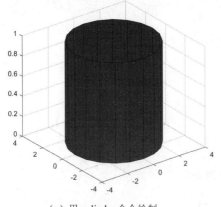

（a）用 cylinder 命令绘制

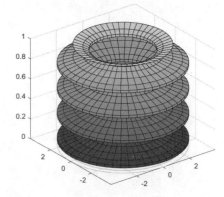

（b）用 surfc 命令绘制

图 6-27　绘制圆柱图形

2. sphere 命令

sphere 命令用于生成球体，其调用格式如下。

```
sphere                % 生成三维直角坐标系中的单位球体，球体半径为 1，由 20×20 个面组成
sphere(n)             % 在当前坐标系中画出有 n×n 个面的球体
[X,Y,Z]=sphere(___)   % 返回 3 个阶数为 (n+1)×(n+1) 的直角坐标系中的坐标矩阵
```

说明：最后一条命令只返回矩阵，不绘图，可以使用命令 surf 或 mesh 画出球体。

【例 6-28】用 sphere 命令绘制球体示例。

在命令行窗口中输入以下命令并显示输出结果。

```
>> sphere              % 绘制球体，结果如图 6-28（a）所示
>> [x,y,z]=sphere(40);
>> mesh(x,y,z)         % 绘制球体，结果如图 6-28（b）所示
```

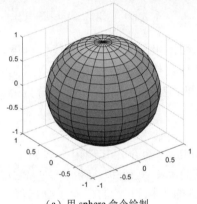
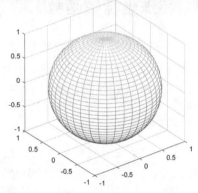

（a）用 sphere 命令绘制　　　　　　　　（b）用 mesh 命令绘制

图 6-28　绘制球体

3. stem3 命令

stem3 命令用于绘制三维空间中的离散数据序列，其调用格式如下。

```
stem3(Z)            % 将 Z 中的各项绘制为针状图，从 xy 平面开始延伸并在各项值处以圆圈终止
stem3(X,Y,Z)        % 将 Z 中的各项绘制为针状图，这些针状图从 xy 平面开始延伸
stem3(___,'filled') % 填充圆形
stem3(___,LineSpec) % 指定线型、标记和颜色
```

其中，X 和 Y 指定 xy 平面中的针状图位置，不指定时，xy 平面中的针状线条位置是自动生成的，X、Y 和 Z 的输入必须是大小相同的向量或矩阵。

【例 6-29】用 stem3 命令绘制三维离散数据序列。

在命令行窗口中输入以下命令并显示输出结果。

```
>> x=0:1:4;
>> y=0:1:4;
>> z=3*rand(5);
>> stem3(x,y,z,'bo')         % 绘制三维离散数据序列，结果如图 6-29（a）所示
>> z=rand(4);
>> stem3(z,'ro','filled')    % 带填充的三维离散数据序列，结果如图 6-29（b）所示
```

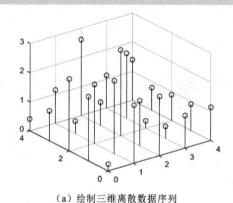
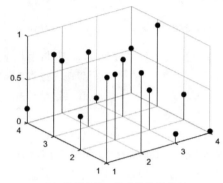

（a）绘制三维离散数据序列　　　　　　　（b）带填充的三维离散数据序列

图 6-29　用 stem3 命令绘制三维离散数据序列

6.4.3　特殊坐标轴函数

在某些情况下，实际数据按指数规律变化，如果坐标轴刻度仍为线性刻度，那么指数变化就不能直观地从图形上体现出来，而且在进行数值比较过程中经常会遇到双纵坐标显示的要求。为了解决这些问题，MATLAB 提供了相应的绘图函数，下面分别介绍。

1. semilogx 命令

绘制半对数图（x 轴采用对数坐标）使用 semilogx 命令，其调用格式如下。

```
semilogx(Y)          % 对 x 轴的刻度求常用对数（以 10 为底），而 y 轴为线性刻度
```

若 Y 为实数向量或矩阵，则结合 Y 的列向量的下标与 Y 的列向量画出线条；若 Y 为复数向量或矩阵，则 semilogx(Y) 等价于 semilogx(real(Y),imag(Y))，在其他使用形式中，Y 的虚数部分将被忽略。

```
semilogx(X1,Y1,X2,Y2,…)            % 在同一组坐标轴上绘制多对 x 和 y 坐标
semilogx(X1,Y1,LS1,X2,Y2,LS2,…)    % 按顺序取三参数 Xn, Yn, LSn 画线
```

其中，参数 LSn 指定使用的线型、标记和颜色，二参数和三参数形式可以混合使用。

【例 6-30】用 semilogx 命令绘制以 x 轴为对数的坐标图。

在命令行窗口中输入以下命令并显示输出结果。

```
>> x=0:0.01:2*pi;
>> y=abs(100*sin(4*x))+1;
>> plot(x,y);                 % 绘制图形，如图 6-30（a）所示
>> x=0:0.01:2*pi;
>> y=abs(100*sin(4*x))+1;
>> semilogx(x,y);             % 绘制以 x 轴为对数的坐标图，如图 6-30（b）所示
```

2. semilogy 命令

在用 semilogy 命令绘制图形时，y 轴采用对数坐标，其调用格式与 semilogx 命令的调用格式基本相同。

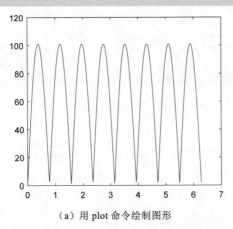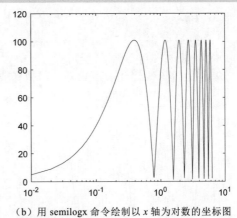

（a）用 plot 命令绘制图形　　　　（b）用 semilogx 命令绘制以 x 轴为对数的坐标图

图 6-30　运行结果

【例 6-31】用 semilogy 命令绘制以 y 轴为对数的坐标图。

在命令行窗口中输入以下命令并显示输出结果。

```
>> x=0:0.1:4*pi;
>> y=abs(100*sin(2*x))+1;
>> plot(x,y)                % 绘制图形，如图 6-31（a）所示
>> x=0:0.1:4*pi;
>> y=abs(100*sin(2*x))+1;
>> semilogy(x,y);           % 绘制以 y 轴为对数的坐标图，如图 6-31（b）所示
```

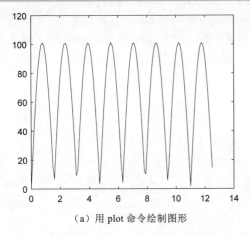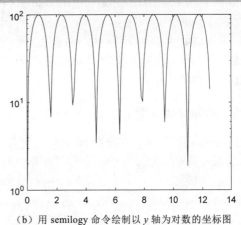

（a）用 plot 命令绘制图形　　　　（b）用 semilogy 命令绘制以 y 轴为对数的坐标图

图 6-31　最终结果

3. loglog 命令

当用 loglog 绘制图形时，x 轴和 y 轴均采用对数坐标，其调用格式与 semilogx 命令的调用格式基本相同。

【例 6-32】用 loglog 命令绘制双对数坐标图。

在命令行窗口中输入以下命令并显示输出结果。

```
>> x=0:0.1:2*pi;
>> y=abs(100*sin(3*x))+2;
```

```
>> plot(x,y)                    % 绘制图形，如图 6-32（a）所示
>> x=0:0.1:2*pi;
>> y=abs(100*sin(3*x))+2;
>> loglog(x,y)                  % 绘制双对数坐标图，结果如图 6-32（b）所示
```

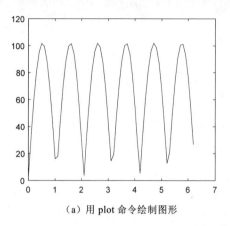

（a）用 plot 命令绘制图形

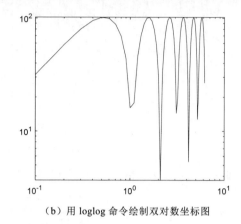

（b）用 loglog 命令绘制双对数坐标图

图 6-32　最终结果

4．polar 命令

polar 命令用于画极坐标图（不建议采用）。它接受极坐标形式的函数 rho=$f(\theta)$，在笛卡尔坐标系平面上画出该函数，且在平面上画出极坐标形式的栅格，其调用格式如下。

```
polar(theta,rho)                % 创建角 theta 对半径 rho 的极坐标图
polar(theta,rho,LineSpec)       % LineSpec 指定线型、绘图符号及极坐标图中线条颜色
```

其中，theta 是从 x 轴到半径向量所夹的角（以弧度单位指定）；rho 是半径向量的长度（以数据空间单位指定）。

5．polarplot 命令

polarplot 命令用于在极坐标中绘制线条，其调用格式如下。

```
polarplot(theta,rho)          % 在极坐标中绘制线条
polarplot(rho)                % 按等间距角度（介于 0 和 2π 之间）绘制 rho 中的半径值
polarplot(Z)                  % 绘制 Z 中的复数值
polarplot(___,LineSpec)       % 设置线条的线型、标记符号和颜色
polarplot(theta1,rho1,…,thetaN,rhoN)     % 绘制多个 rho,theta 对组
polarplot(theta1,rho1,LineSpec1,…,thetaN,rhoN,LineSpecN)
```

其中，theta 表示弧度角，rho 表示每个点的半径值。输入必须是长度相等的向量或大小相等的矩阵。如果输入为矩阵，将绘制 rho 列对 theta 列的图。也可以一个输入为向量，另一个输入为矩阵，但向量的长度必须与矩阵的一个维度相等。

【例 6-33】用 polar 命令绘制极坐标图。

在命令行窗口中输入以下命令并显示输出结果。

```
>> theta=0:0.01:2*pi;
>> rho=sin(2*theta).*cos(2*theta);
>> polarplot(theta,rho);    % 等同于 polar(theta,rho)，结果如图 6-33（a）所示
```

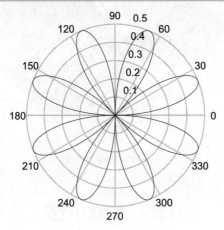

图 6-33 绘制极坐标图

6.4.4 四维表现图（三维体切片平面）

对于三维图形，可以利用 $z=z(x,y)$ 的确定或不确定函数关系绘制图形，但此时自变量只有两个，是二维的。当自变量有 3 个时，定义域是整个三维空间，由于空间和思维的局限性，计算机的屏幕上只能表现出 3 个空间变量。

为此，MATLAB 通过颜色来表示存在于第四维空间的值，由函数 slice 实现，其调用格式如下。

```
slice(V,sx,sy,sz)           % 使用 V 的默认坐标数据绘制切片，切片位置由 sx、sy、sz 指定
slice(X,Y,Z,V,sx,sy,sz)     % 为三维体数据 V 绘制切片，X、Y 和 Z 作为坐标数据
slice(____,method)          % 指定内插值的方法，指定 linear、cubic、nearest 之一
```

说明：linear 为使用三次线性内插值法（默认）；cubic 为使用三次立方内插值法；nearest 为使用最近点内插值法。

【例 6-34】根据 $v = x\mathrm{e}^{-x^2-y^2-z^2}$ 定义的三维体创建三维体数组 V，其中 x，y 和 z 的范围是 $[-5,5]$。试沿 $z = x^2 - y^2$ 定义的曲面显示三维体数据的一个切片。

在命令行窗口中输入以下命令并显示输出结果。

```
>> [X,Y,Z]=meshgrid(-5:0.2:5);
>> V=X.*exp(-X.^2-Y.^2-Z.^2);
>> [xsurf,ysurf]=meshgrid(-2:0.2:2);

>> zsurf=xsurf.^2-ysurf.^2;
>> slice(X,Y,Z,V,xsurf,ysurf,zsurf) % 显示沿非平面切片的三维体数据如图 6-34 所示
```

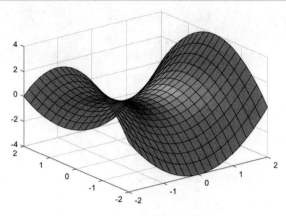

图 6-34　绘制切片图

6.5　本章小结

本章主要介绍了 MATLAB 的图形化功能，图形化就是将计算的数据转化成图形，使得用户在观察数据时更具有直观感受，并且操作简单。本章已经向读者介绍了诸多的绘图方法，并给出了相应的示例。通过运用这些绘图方法，可以直接获得视觉感受。

习　　题

1. 填空题

（1）plot(y)命令中的参数 y 可以是向量、实数矩阵或复数向量。若 y 为向量，则绘制的图形以_____为横坐标值，以_____为纵坐标值。

（2）在 MATLAB 中，用来绘制三维曲线图、三维网格图和三维曲面图相应的命令分别为_____、_____和_____等。

（3）surf 有两个变体函数：①函数_____用来绘制等高线三维曲面图，即在绘图时还绘制了底层等高线图；②函数_____用来绘制光照效果三维曲面图，既在绘图时增加了光照效果，也可用来绘制三维曲面光照模式的阴影图。

（4）polarplot 命令用于在极坐标中绘制线条，其调用格式 polarplot(theta,rho)中，theta 是_____，rho 是_____。

（5）函数 semilogx 的功能为：_____。

函数 ezplot 的功能为：_____。

函数 subplot 的功能为：_____。

函数 slice 的功能为：_____。

2. 计算与简答题

（1）试描述数据可视化的基本步骤。

（2）用图形表示离散函数 $y = \dfrac{5}{(n-1)(n+2)}, n = 1, 2, \cdots, 25$。

（3）用图形表示连续函数 $y = \sin(x) + \cos(x)$，$x \in [0, 2\pi]$。

（4）在同一窗口不同坐标系下分别绘制 $y = 2\sin x$、$y = \sin 2x$、$y = 2\cos x$、$y = \cos 2x$，$x \in [0, 2\pi]$ 的图形。

（5）创建一个 5×3 的随机矩阵，矩阵的每个元素为 1～10 的整数，在同一图形窗口中分别绘制纵向条形图和横向条形图。

（6）绘制 $y = 1 + e^{-0.1t}\sin t$ 在区间 $[0, 2\pi]$ 上的曲线。

（7）绘制函数 $z = 1 + e^{\sin xy}$ 在 $D = \{(x, y) \mid 0 \leqslant x \leqslant 10, 0 \leqslant y \leqslant 5\}$ 上的曲面。

（8）绘制 $z = \dfrac{1}{4}x^3 + y^2$ 在 $x \in [-5, 5]$、$y \in [-4, 4]$ 的三维网格表面图和三维曲面图。

（9）绘制函数 $z = x^2 + y^2$ 在 x、$y \in [-4, 4]$ 的三维网格表面图和三维曲面图。

（10）在区间 $10^{-2} \sim 10^2$ 上绘制函数 e^x 的双轴对数图形。

第 7 章

图形处理与操作

在掌握 MATLAB 图形绘制基本操作方法的基础上，本章将重点介绍图形的处理方法，包括对图形的线型、色彩、光线、视角等属性进行控制，从而把数据的内在特征表现得更加细腻完善。本章在讲解图形编辑与处理过程中，结合示例展示如何运用 MATLAB 生成和运用标注，如何使用线型、色彩、数据点标记凸显不同数据的特征，如何利用着色、灯光照明、烘托表现高维函数的性状等。

学习目标：

（1）熟练掌握标注的生成和运用方法。

（2）熟练掌握图形控制操作。

（3）熟练掌握图形窗口操作。

7.1 图形标注

7.1

在没有指定的情况下，系统在绘图时会自动对图形进行简单标注。MATLAB 允许用户对图形指定标注，并提供了丰富的图形标注函数供用户使用。

7.1.1 坐标轴与图形标注

对坐标轴与图形进行标注的函数主要有 xlabel、ylabel、zlabel 和 title 等，它们的调用形式基本相同。以 xlable 为例，其调用格式如下。

```
xlabel(txt)              % 为当前坐标区或图的 x 轴添加标签或替换旧标签
xlabel(target,txt)       % 为指定的目标对象添加标签
xlabel(___,Name,Value)   % 使用一个或多个名称-值参数对修改标签外观
```

MATLAB 默认支持一部分 TeX 标记。通过 TeX 标记可添加下标和上标，修改字体类型和颜色，并在文本中添加特殊字符。MATLAB 还提供了与特殊符号对应的转换字符，如表 7-1 所示。另外，对文本标注文字进行显示控制的具体方式如表 7-2 所示。

表 7-1 常见转换字符

控制字符串	转换字符串	控制字符串	转换字符串	控制字符串	转换字符串
\alpha	α	\eta	η	\pi	π
\beta	β	\theta	θ	\omega	ω
\gamma	γ	\leftarrow	←	\tau	τ
\delta	δ	\lambda	λ	\sigma	Σ
\epsilon	ε	\mu	μ	\kappa	κ
\zeta	ζ	\xi	ξ	\uparrow	↑

表 7-2 常见文字显示控制

控制字符串	含 义	控制字符串	含 义
^{ }	上标	\rm	标准形式
_{ }	下标	\fontname{specifier}	定义字体
\bf	粗体	\fontsize{specifier}	定义字体大小
\it	斜体	\color{specifier}	定义字体颜色
\sl	透视	\color[rgb]{specifier}	自定义字体颜色

【例 7-1】实现对坐标轴和图形的标注，标注的效果如图 7-1 所示。

在命令行窗口中输入以下命令并显示输出结果。

```
>> x=0:0.1*pi:3*pi;
>> y=2*cos(x);
>> plot(x,y)
>> xlabel({'x','0 \leq x \leq 2\pi'});              % x轴添加两行标签
>> ylabel('y');
>> title('y=2cos(x)','fontsize',12,'fontweight','bold','fontname','仿宋')
```

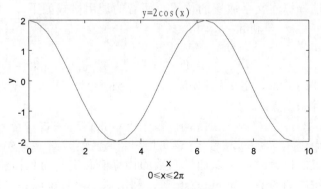

图 7-1 坐标轴和图形标注

【例 7-2】实现对坐标轴的标注，标注的效果如图 7-2 所示。

在命令行窗口中输入以下命令并显示输出结果。

```
>> clf
>> subplot(1,2,1), plot((1:10).^2)
>> year=2014;
>> xlabel(['Population for Year ',num2str(year)])        % 标签中包含变量值 year

>> t=linspace(0,1);
>> y=exp(t);
>> subplot(1,2,2), plot(t,y)
>> xlabel('t_{seconds}')                                 % 标签中包含下标
>> ylabel('e^t','FontSize',12,'FontWeight','bold','Color','r')
```

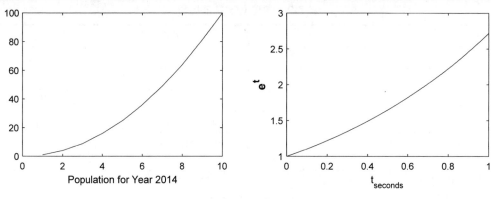

图 7-2　坐标轴标注

7.1.2　图形的文本标注

在 MATLAB 中，可以使用 text 或 gtext 命令对图形进行文本标注。当使用 text 命令进行标注时，需要定义用于注释的文本字符串和放置注释的位置；当使用 gtext 命令进行标注时，可以使用鼠标选择标注文字放置的位置。两者的调用格式如下。

```
text(x,y,txt)         % 使用由 txt 指定的文本，向当前坐标区中的一个或多个数据点添加文本
text(x,y,z,txt)       % 在三维坐标中定位文本
text(___,Name,Value)        % 使用一个或多个名称-值参数对指定 txt 对象的属性
```

说明：当 x 和 y 为标量时，将文本说明添加到一个数据点处；当 x 和 y 为长度相同的向量时，将文本说明添加到多个数据点处。

```
gtext(str)            % 使用鼠标在所需位置单击或按任意键（Enter 除外）插入文本 str
gtext(str,Name,Value) % 使用一个或多个名称-值参数对指定文本属性
```

在定义标注放置的位置时，可以通过函数的计算值确定，而且标注过程中还可以实时地调用返回值为字符串的函数，如 num2str 等，利用这些函数可以完成较复杂的文本标注。

【例 7-3】用 text 及 gtext 命令标注图形。

在命令行窗口中输入以下命令并显示输出结果。

```
>> clf
>> x=0:0.1*pi:3*pi;
```

```
>> y=2*cos(x);
>> subplot(1,2,1),plot(x,y)
>> text(pi/2,2*cos(pi/2),'\leftarrow 2cos(x)=0','FontSize',10)
>> text(5*pi/4,2*cos(5*pi/4),'\rightarrow 2cos(x)=-1.414','FontSize',10)
```

执行 text 命令后，结果如图 7-3（a）所示。

```
>> subplot(1,2,2),plot(x,y)
>> gtext('y=2cos(x)','fontsize',10)
```

执行 gtext 命令后，当鼠标指针悬停在图形窗口上时，鼠标指针变为十字准线，用鼠标选择标注位置，确定位置后，开始标注，执行的结果如图 7-3（b）所示。

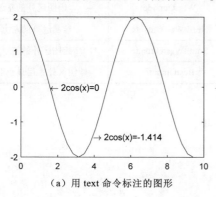
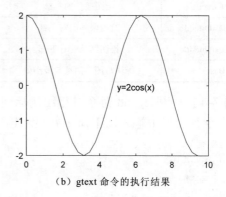

（a）用 text 命令标注的图形　　　　　　　　　（b）gtext 命令的执行结果

图 7-3　最终结果

7.1.3　图例的标注

在对数值结果进行绘图时，经常会出现在一张图中绘制多条曲线的情况，这时可以使用 legend 命令为曲线添加图例以示区分。该命令能够对图形中的所有曲线进行自动标注，并以输入变量作为标注文本，其调用格式如下。

```
legend                        % 为每个绘制的数据序列创建一个带有描述性标签的图例
```

说明：对于标签，图例使用数据序列 DisplayName 属性中的文本，文本为空时，使用 dataN 形式的标签。

```
legend(label1,…,labelN)    % 设置图例标签，以字符向量或字符串列表形式指定标签
legend(labels)             % 使用字符向量元胞数组、字符串数组或字符矩阵设置标签
legend(subset,___)         % 在图例中仅包括 subset（图形对象向量）列出的数据序列的项
legend(target,___)         % 使用 target 指定的坐标区作图
legend(___,'Location',lcn) % 设置图例位置
legend(___,'Orientation',ornt) % ornt 为 horizontal 时并排显示，默认垂直显示
legend(___,Name,Value)     % 使用一个或多个名称-值参数对设置图例属性
```

说明：函数中的 Location 用于定义标注放置的位置。它可以是一个 1×4 的向量（[left bottom width height]）或任意一个字符串。可以通过鼠标调整图例标注的位置。图例位置标注定义如表 7-3 所示。

表7-3　图例位置标注定义

字　符　串	位　　置	字　符　串	位　　置
North	绘图区内的上中部	South	绘图区内的底部
East	绘图区内的右部	West	绘图区内的左中部
NorthEast	绘图区内的右上部	NorthWest	绘图区内的左上部
SouthEast	绘图区内的右下部	SouthWest	绘图区内的左下部
NorthOutside	绘图区外的上中部	SouthOutside	绘图区外的下部
EastOutside	绘图区外的右部	WestOutside	绘图区外的左部
NorthEastOutside	绘图区外的右上部	NorthWestOutside	绘图区外的左上部
SouthEastOutside	绘图区外的右下部	SouthWestOutside	绘图区外的左下部
Best	标注与图形的重叠最小处	BestOutside	绘图区外占用最小面积处

【例 7-4】 利用 legend 命令进行图例标注。

在命令行窗口中输入以下命令并显示输出结果。

```
>> clf
>> x=linspace(0,pi);
>> y1=cos(x);
>> y2=cos(2*x);
>> y3=cos(3*x);
>> plot(x,y1, x,y2, x,y3)
>> legend({'cos(x)','cos(2x)','cos(3x)'},'Location','northwest',…
          'NumColumns',2)                        % 结果如图 7-4 所示
```

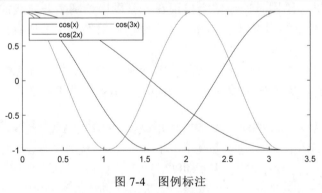

图 7-4　图例标注

7.2　图形控制

7.2

　　MATLAB 除了提供强大的绘图功能，还提供强大的图形控制功能。下面对这些技术进行详细介绍。

7.2.1　图形数据取点

当需要了解已作好的图形在某一自变量值下的函数值时，可以使用取点命令 ginput 方便地通过鼠标读取二维平面图中任一点的坐标值，其调用格式如下。

```
[x,y]=ginput(n)        % 通过鼠标选择 n 个点，其坐标值保存在[x,y]中，按 Enter 键结束取点
[x,y]=ginput           %取点数目不受限制，其坐标值保存在[x,y]中，按 Enter 键结束取点
[x,y,button]=ginput(…)       % 返回值 button 记录有选取每个点时的相关信息
```

【例 7-5】利用 ginput 命令绘图。
在命令行窗口中输入以下命令并显示输出结果。

```
>> clf
>> x=0:0.05*pi:2*pi;
>> y=2*cos(x).*sin(x);
>> plot(x,y)
>> [m n]=ginput(2)
>> hold on
>> plot(m,n,'or')
>> text(m(1),n(1),['(',num2str(m(1)),num2str(n(1)),')'])
```

执行 ginput 命令后，当鼠标指针悬停在图形窗口上时，鼠标指针变为十字准线，此时用鼠标选择标注的位置。确定位置后，单击以获取该点数据，结果如图 7-5 所示。

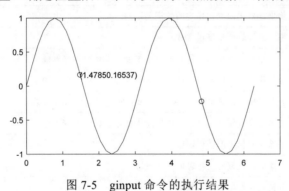

图 7-5　ginput 命令的执行结果

取点结束后，在 MATLAB 命令行窗口中会显示如下结果：

```
m =
    1.4785
    4.8226
n =
    0.1654
   -0.2276
```

7.2.2　坐标轴控制

在 MATLAB 中，可以通过设置各种参数来实现对坐标轴的控制。

1．坐标轴特征控制函数 axis

axis 函数用于控制坐标轴的刻度范围及显示形式，其调用格式如下。

```
axis(limits)      % 指定当前坐标区的范围，包含指定 4、6 或 8 个元素的向量形式
axis style        % 使用预定义样式设置坐标范围和尺度
axis mode         % 设置是否自动选择范围。mode 为 manual、auto 或半自动选项之一
axis ydirection   % 当 ydirection 为 ij 时，将原点放在坐标区的左上角，y 值按从上到下的
                  % 顺序逐渐增加；取默认值 xy 时，将原点放在左下角，y 按从下到上的顺序逐渐增加
axis visibility   % visibility 取 off/on 时，关闭/打开坐标区背景的显示，绘图区仍会显示
lim=axis          % 返回当前坐标区的 x 轴和 y 轴的范围
                  % 对三维坐标区，还会返回 z 坐标的范围；对极坐标区，返回 theta 角和 r 坐标的范围
```

控制字符串可以是表 7-4 中的任一字符串。

表 7-4　axis 命令控制的字符串

参　数	字　符　串	说　明
limits	—	[xmin xmax ymin ymax]：将 x 坐标范围设置为 xmin~xmax；将 y 坐标范围设置为 ymin~ymax [xmin xmax ymin ymax zmin zmax]：将 z 坐标范围设置为 zmin~zmax [xmin xmax ymin ymax zmin zmax cmin cmax]：设置颜色范围。cmin 对应颜色图中的第一种颜色的数据值。cmax 对应颜色图中的最后一种颜色的数据值
mode	auto	自动模式，使得坐标范围能容纳下所有的图形
	manual	以当前的坐标范围限定图形的绘制，此后再次使用 hold on 命令绘图时，保持坐标范围不变
style	tight	将坐标范围限制在指定的数据范围内
	equal	将各坐标轴的刻度设置成相同
	image	每个坐标区使用相同的数据单位长度，并使坐标区框线紧密围绕数据
	square	使用相同长度的坐标轴线，相应调整数据单位之间的增量
	fill	设置坐标范围和 PlotBoxAspectRatio 属性以使坐标满足要求
	vis3d	使图形在旋转或拉伸过程中保持坐标轴的比例不变
	normal	解除对坐标轴的任何限制
visibility	on	默认值，恢复对坐标轴的一切设置
	off	取消对坐标轴的一切设置
ydirection	xy	默认方向。将坐标设置成直角坐标系
	ij	将坐标设置成矩阵形式，原点在左上角

【例 7-6】使用 axis 命令设定坐标轴示例。

在命令行窗口中输入以下命令并显示输出结果。

```
>> clf
>> x=0:0.2:6;
>> subplot(1,2,1),plot(x,exp(x),'-bo')% 系统自动分配坐标轴，如图 7-6（a）所示

>> subplot(1,2,2),plot(x,exp(x),'-bo')
>> axis([0 4 0 80])                    % 设定坐标轴后绘制的图形如图 7-6（b）所示
```

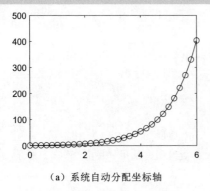
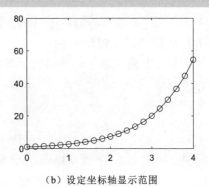

（a）系统自动分配坐标轴　　　　　　（b）设定坐标轴显示范围

图 7-6　设定坐标轴示例

2．坐标轴网格控制函数 grid

grid 函数用于绘制坐标轴网格，其调用格式如下。

```
grid on          % 给当前坐标轴添加网格线
grid off         % 取消当前坐标轴的网格线
grid             % 在 grid on 命令和 grid off 命令之间切换
grid minor       % 设置网格线间的间距
```

【例 7-7】使用 grid 函数添加/删除网格线。

在命令行窗口中输入以下命令并显示输出结果。

```
>> x=0:0.1*pi:3*pi;
>> y=2*cos(x);
>> plot(x,y)
>> grid on          % 添加网格线，结果如图 7-7（a）所示
>> grid off         % 删除网格线，结果如图 7-7（b）所示
```

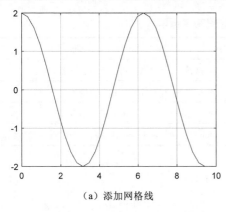
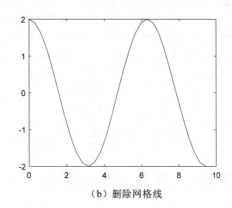

（a）添加网格线　　　　　　　　　　（b）删除网格线

图 7-7　添加/删除网格线

3．坐标轴封闭控制函数 box

box 函数用于在图形四周显示坐标，其调用格式如下。

```
box on           % 在坐标区周围显示框轮廓
box off          % 去除坐标区周围的框轮廓
```

```
box                    % 切换框轮廓的显示
```

【例 7-8】 坐标轴封闭控制示例。

在命令行窗口中输入以下命令并显示输出结果。

```
>> x=0:0.1*pi:3*pi;
>> y=2*cos(x);
>> plot(x,y)
>> box off          % 将封闭的坐标轴打开，结果如图 7-8（a）所示
>> box on           % 将当前打开的坐标轴重新封闭，结果如图 7-8（b）所示
```

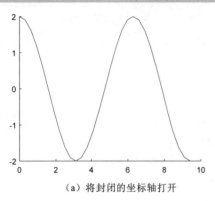
（a）将封闭的坐标轴打开

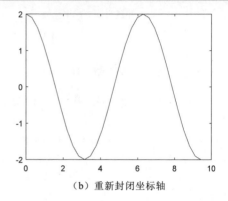
（b）重新封闭坐标轴

图 7-8　坐标轴封闭控制示例

4．坐标轴缩放控制函数 zoom

zoom 函数用于实现对二维图形的缩放，其调用格式如下。

```
zoom '控制字符串'
```

其中控制字符串可以是表 7-5 中的任一字符串。

表 7-5　zoom 函数的控制字符串

字 符 串	说 明	字 符 串	说 明
空	在 zoom on 和 zoom off 之间切换	reset	设置当前的坐标轴为最初值
on	允许对坐标轴进行缩放	xon	允许对 x 轴进行缩放
off	禁止对坐标轴进行缩放	yon	允许对 y 轴进行缩放
out	恢复到最初的坐标轴设置	(factor)	以 factor 作为缩放因子进行坐标轴的缩放

7.2.3　视角与透视控制

三维视图表现的是一个空间内的图形，因此，从不同的位置和角度观察图形，会有不同的效果，不同透明度的图形效果也不相同。MATLAB 提供对图形进行视角与透视控制的功能。

用于视角控制的函数主要有 view、viewmtx 和 rotate3d，用于透视控制的命令有 hidden。下面分别介绍它们的调用方法。

1. 视角控制命令 view

view 命令用于指定立体图形的观察点。观察者的位置决定了坐标轴的方向。用户可以用方位角（azimuth）和仰角（elevation），或者空间中的一点来确定观察点的位置，如图 7-9 所示。view 命令的调用格式如下。

```
view(az,el)      % 为三维空间图形设置观察点的方位角。az 为方位角，el 为仰角
view([x,y,z])    % 在笛卡儿坐标系中将视角设为沿向量[x,y,z]指向原点
view(2)          % 设置默认的二维形式视点。其中，az=0，el=90，即从 z 轴上方看所绘图形
view(3)          % 设置默认的三维形式视点。其中，az=-37.5，el=30
view(T)          % 根据转换矩阵 T 设置视点。其中 T 为 4×4 的矩阵
[az,el]=view     % 返回当前的方位角 az 与仰角 el
```

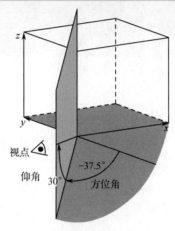

图 7-9　仰角和方位角示意图

说明，方位角与仰角按下面的方法定义：

① 作一通过视点与 z 轴的平面，与 xy 平面有一交线，该交线与 y 轴反方向的夹角就是观察点的方位角 az，该夹角按逆时针方向（从 z 轴的方向观察）计算，单位为"°"。若角度为负值，则按顺时针方向计算。

② 在通过视点与 z 轴的平面上，用一直线连接视点与坐标原点，该直线与 xy 平面的夹角就是观察点的仰角 el。若仰角为负值，则将观察点转移到曲面下面。

【例 7-9】利用 view 命令设置视点，结果如图 7-10 所示。

在命令行窗口中输入以下命令并显示输出结果。

```
>> clf
>> X=0:0.1*pi:3*pi;Z=2*cos(X);Y=zeros(size(X));
>> subplot(2,2,1)
>> plot3(X,Y,Z,'r');grid;
>> xlabel('X-axis');ylabel('Y-axis');zlabel('Z-axis');
>> title('DefaultAz=-37.5,E1=30');
>> view(-37.5,30);
>> subplot(2,2,2)
>> plot3(X,Y,Z,'r');grid;
```

```
>> xlabel('X-axis');ylabel('Y-axis');zlabel('Z-axis');
>> title('Az=-37.5,E1=60')
>> view(-37.5,60)
>> subplot(2,2,3)
>> plot3(X,Y,Z,'b');grid;
>> xlabel('X-axis');ylabel('Y-axis');zlabel('Z-axis')
>> title('Az=60,E1=30')
>> view(60,30)
>> subplot(2,2,4)
>> plot3(X,Y,Z,'b');grid;
>> xlabel('X-axis');ylabel('Y-axis');zlabel('Z-axis')
>> title('Az=90,E1=0')
>> view(90,10)
```

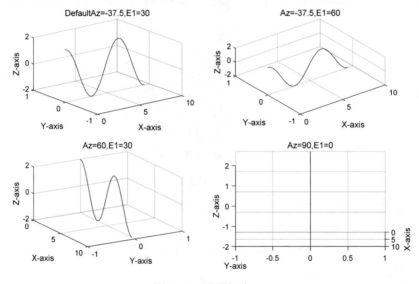

图 7-10　设置视点

2. 视角控制命令 viewmtx

viewmtx 命令用于视点转换矩阵。计算一个 4×4 的正交或透视转换矩阵，该矩阵将一四维的、齐次的向量转换到一个二维的视平面上，viewmtx 命令的调用格式如下。

```
T=viewmtx(az,el)        % 返回一个与视点的方位角 az 与仰角 el 对应的正交矩阵，不改变当前视点
T=viewmtx(az,el,phi)         % 返回一个透视转换矩阵，参量 phi 是透视角
T=viewmtx(az,el,phi,xc)        % 返回以在标准化的图形立方体中的点 xc 为目标点的透视矩阵
```

其中，透视角 phi 为标准化立方体的对象视角角度与透视扭曲程度，phi 的取值如表 7-6 所示；目标点 xc 为视角的中心点，可以用一个三维向量 xc=[xc,yc,zc]指定该中心点，每一分量都在区间[0,1]内，默认为 xc=[0 0 0]。

表 7-6　phi 的取值

phi 的值	说　明	phi 的值	说　明
0°	正交投影	25°	类似于普通投影
10°	类似于远距离投影	60°	类似于广角投影

3. 视角控制命令 rotate3d

rotate3d 命令为三维视角变化函数，它的使用将触发图形窗口的"rotate3d"选项，用户可以方便地用鼠标控制视角的变化，且视角的变化值也将实时地显示在图中。rotate3d 命令的调用格式如下。

```
rotate3d on          % 打开旋转模式并允许在当前图窗中的所有坐标区上使用旋转
rotate3d off         % 关闭旋转模式并禁止在当前图窗中进行交互式坐标区旋转
rotate3d             % 在当前图窗中切换交互坐标区旋转
```

【例 7-10】采用 rotate3d 视角控制命令显示示例。

在命令行窗口中输入以下命令并显示输出结果。

```
>> a=peaks(30);
>> mesh(a);           % 默认的视角显示如图 7-11（a）所示
>> rotate3d on        % 按住鼠标左键，调节视角，得到的图形如图 7-11（b）所示
```

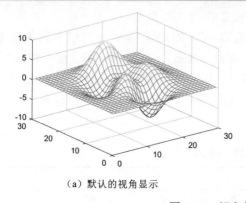 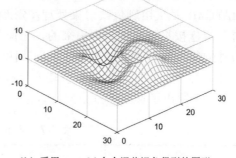

（a）默认的视角显示　　　　　　　（b）采用 rotate3d 命令调节视角得到的图形

图 7-11　视角控制显示示例

4. 三维透视命令 hidden

在 MATLAB 中，当使用 mesh 等命令绘制网格曲面时，系统在默认情况下会隐藏重叠在后面的网格，利用透视命令 hidden 可以看到被隐藏的部分。hidden 命令的调用格式如下。

```
hidden on   % 默认状态，对当前网格图启用隐线消除模式，网格后的线会被前面的线遮住
hidden off  % 对当前网格图禁用隐线消除模式
hidden      % 切换隐线消除状态
```

【例 7-11】利用三维透视命令 hidden 绘制图形示例。

在命令行窗口中输入以下命令并显示输出结果。

```
>> a=peaks(30);
>> mesh(a);
>> hidden off   % 关闭三维透视功能，结果如图 7-12 所示
```

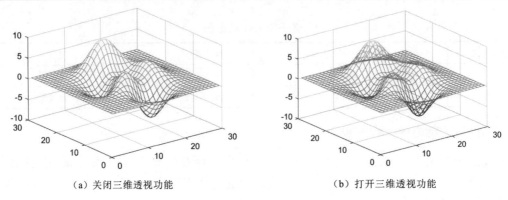

（a）关闭三维透视功能　　　　　　　（b）打开三维透视功能

图 7-12　三维透视图形示例

可以使用 alpha 函数控制图形的透明度。在使用该函数时，增加光照函数，效果会更明显，光照函数会在后面进行详细介绍。alpha 函数的调用格式如下。

```
alpha(v)     % 其中 v 为透明度参数，取值为 0≤v≤1，为 0 时完全透明，为 1 时不透明
```

7.2.4　图形色彩控制

图形的一个重要因素就是图形的颜色，丰富的颜色变化能让图形更具表现力。在 MATLAB 中，色图命令 colormap 是完成这方面工作的主要命令。

MATLAB 是采用颜色映射来处理图形颜色的，即 RGB 色系。计算机中的各种颜色都是通过三原色按不同比例调制出来的，三原色即红（Red）、绿（Green）、蓝（Blue）。

每种颜色的值表达为一个 1×3 的向量[RGB]，其中 R、G、B 值的大小分别代表这 3 种颜色的相对亮度，因此它们的取值均必须在[0,1]区间内。每种不同的颜色对应一个不同的向量。表 7-7 给出了典型的颜色配比方案。

表 7-7　典型的颜色配比方案

原　　色			调得的颜色	原　　色			调得的颜色
红（R）	绿（G）	蓝（B）		红（R）	绿（G）	蓝（B）	
1	0	0	红色	0	0	1	蓝色
1	0	1	洋红色	0	0	0	黑色
1	1	0	黄色	1	1	1	白色
0	1	0	绿色	0.5	0.5	0.5	灰色
0	1	1	青色				

一般的线图函数（如 plot、plot3 等）不需要色图来控制其色彩显示，而对于面图函数（如 mesh、surf 等）则需要调用色图。色图设定命令为：

```
colormap([R,G,B])  % 输入变量[R,G,B]为一个 3 列矩阵，行数不限，该矩阵称为色图
```

表 7-8 给出了几种典型的常用色图的名称及其生成函数。

表 7-8 典型的常用色图的名称及其生成函数

色 图 名 称	生 成 函 数	色 图 名 称	生 成 函 数
默认色图	default	黑红黄白色图	hot
红黄色图	autumn	饱和色图	hsv
蓝色调灰度色图	bone	粉红色图	pink
青红浓淡色图	cool	光谱色图	prism
线性灰度色图	gray	线性色图	lines

【例 7-12】使用 hsv 命令绘制图形。

在命令行窗口中输入以下命令并显示输出结果。

```
>> [x,y,z]=peaks(30);
>> surf(x,y,z);
>> colormap(hsv(128))   % 定义图形为饱和色图,定义了 128 种颜色
```

执行上述代码,结果如图 7-13 所示。

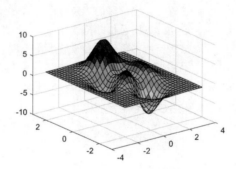

图 7-13 色彩控制绘图

通过以下常用命令,也可以对色图进行控制。

1. shading 命令

shading 命令用于控制曲面图形的着色方式,其常见调用格式如下。

```
shading flat        % 平滑方式着色
shading faceted     % 以平面为着色单位,这是系统默认的着色方式
shading interp      % 以插值形式为图形的像点着色
```

【例 7-13】利用 shading 命令控制图形的着色方式,结果如图 7-14 所示。

在命令行窗口中输入以下命令并显示输出结果。

```
>> x=-8:8;y=x;
>> [X,Y]=meshgrid(x,y);
>> Z=2*X.^2+2*Y.^2;
>> subplot(1,3,1),surf(Z),shading flat
>> title('FlatShading')
>> subplot(1,3,2),surf(Z),shading faceted
>> title('FacetedShading')
```

```
>> subplot(1,3,3),surf(Z),shading interp
>> title('InterpolatedShading')
```

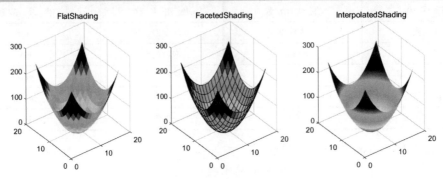

图 7-14 图形的着色方式

2. caxis 命令

caxis 命令用于控制数值与色彩间的对应关系及颜色的显示范围，其基本调用格式如下。

```
caxis([cmin cmax])      % 设置当前坐标区的颜色范围[cmin cmax]，并依此为图形着色
caxis auto              % 自动计算出色值的范围
caxis manual            % 按照当前的色值范围设置色图范围
v=caxis                 % 返回当前色图范围的最大值和最小值[cmin cmax]
```

【例 7-14】利用 caxis 命令绘制图形，结果如图 7-15 所示。

在命令行窗口中输入以下命令并显示输出结果。

```
>> a=peaks(40);
>> surf(a)
>> caxis([-4 4])
```

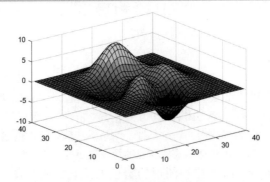

图 7-15 控制颜色显示范围

3. brighten 命令

brighten 命令用于增亮或变暗色图，其常见调用格式如下。

```
brighten(beta)          % 增亮或变暗当前的色图。0<beta<1，增亮；-1<beta<0，变暗
brighten(map,beta)      % 变换指定为 map 的色图的强度
newmap=brighten(___)    % 没有改变当前图形的亮度，而是返回变化后的色图
```

注意:

改变的色图将代替原来的色图,但本质上是相同的颜色。

【例 7-15】 利用函数 brighten 改变图色,结果如图 7-16 所示。

```
>> a=peaks(40);
>> surf(a)
>> brighten(-0.2)
```

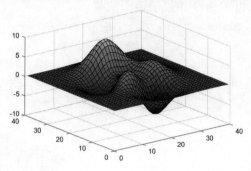

图 7-16　亮度控制

4. colorbar 命令

colorbar 命令用于显示能指定颜色刻度的颜色标尺,其常见调用格式如下。

```
colorbar                    % 在当前坐标区或图的右侧显示一个垂直颜色标尺
colorbar('vert')            % 增加一垂直的颜色标尺到当前的坐标轴中
colorbar('horiz')           % 增加水平的颜色标尺到当前的坐标轴中
colorbar(location)          % 在特定位置显示颜色标尺,如'northoutside'
colorbar(target,___)        % 在 target 指定的坐标区或图上添加一个颜色标尺
colorbar('off')             % 删除与当前坐标区或图关联的所有颜色标尺
```

【例 7-16】 利用函数 colorbar 增加颜色标尺。

在命令行窗口中输入以下命令并显示输出结果。

```
>> subplot(1,2,1),surf(peaks)
>> colorbar('vert')                % 结果如图 7-17(a)所示
>> subplot(1,2,2),contourf(peaks)
>> colorbar('southoutside')        % 结果如图 7-17(b)所示,同 colorbar('horiz')
```

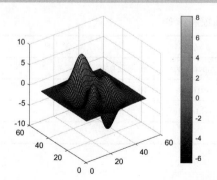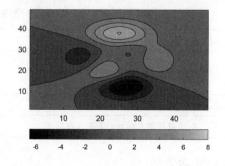

图 7-17　添加颜色标尺

5．colordef 命令

colordef 命令用于设置图形的背景颜色，其常见调用格式如下。

```
colordef white      % 将图形背景颜色设置为白色
colordef black      % 将图形背景颜色设置为黑色
colordef none       % 将图形背景颜色和图形窗口颜色设置为系统默认颜色（黑色）
```

【例 7-17】利用 colordef 命令设置图形背景颜色示例。

在命令行窗口中输入以下命令并显示输出结果。

```
>> subplot(1,2,1),colordef white   % 将图形背景颜色设为白色
>> a=peaks(30);
>> surf(a)                         % 结果如图 7-18（a）所示
>> subplot(1,2,2),colordef black   % 将图形背景颜色设为黑色
>> surf(a)                         % 结果如图 7-18（b）所示
```

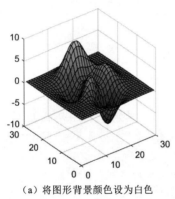
（a）将图形背景颜色设为白色

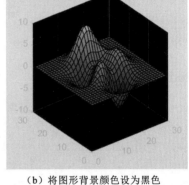
（b）将图形背景颜色设为黑色

图 7-18　设置图形背景颜色

7.2.5　光照控制

光照是图形色彩强弱变化的方向，好的光效可以更好地在图形窗口中展现绘制对象的特点，增强用户可视化分析数据的能力。MATLAB 提供了如表 7-9 所示的图形光照控制命令，下面介绍其中几个常用的命令。

表 7-9　图形光照控制命令

命　令　名	说　明	命　令　名	说　明
light	设置曲面光源	specular	镜面反射模式
surfl	绘制存在光源的三维曲面图	diffuse	漫反射模式
lighting	设置曲面光源模式	lightangle	球坐标系中的光源
material	设置图形表面对光照的反映模式	—	—

1．light 命令

light 命令用于为当前图形建立光源，其基本调用格式如下。

```
light('PropertyName',PropertyValue,…)    使用给定属性的指定值创建光源对象
```

【例 7-18】利用 light 命令为图形设置光源。

在命令行窗口中输入以下命令并显示输出结果。

```
>> surf(peaks)
>> light('Position',[-1 0 0],'Style','infinite');        % 结果如图7-19所示
```

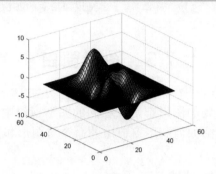

图 7-19　为图形设置光源

2．lighting 命令

lighting 命令用于设置曲面光源模式，其调用格式如下。

```
lighting flat        % 该模式为平面模式，以网格为光照的基本单元。这是系统默认的模式
lighting gouraud     % 该模式为点模式，以像素为光照的基本单元
lighting phong       % 以像素为光照的基本单元，并计算各点的反射
lighting none        % 关闭光源
```

【例 7-19】利用 lighting 命令设置曲面光源模式。

在命令行窗口中输入以下命令并显示输出结果。

```
>> surf(peaks)
>> light('Position',[-1 0 0],'Style','infinite');
>> lighting gouraud            % 结果如图 7-20（a）所示
>> lighting none               % 结果如图 7-20（b）所示
```

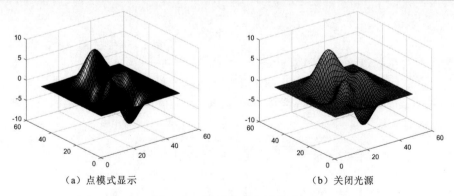

（a）点模式显示　　　　　　　　　（b）关闭光源

图 7-20　设置曲面光源模式

3．material 命令

material 命令用于设置图形表面对光照的反映模式，其调用格式如下。

```
material shiny            % 使图形表面显示较光亮的色彩模式
material dull             % 使图形表面显示较暗的色彩模式
material metal            % 使图形表面呈现金属光泽的模式
material([ka kd ks])      % 设置对象的环境反射/漫反射/镜面反射模式的强度
material([ka kd ks n])    % n 用于定义镜面反射的指数
material([ka kd ks n sc]) % sc 用于定义镜面反射的颜色
```

7.3 图形窗口

7.3

前面介绍的绘图函数得到的图形都是在相同的图形窗口中绘制的，它们都具有相同的窗口菜单和工具栏。下面介绍如何利用窗口中的命令对图形和图形窗口的属性进行设置。

7.3.1 图形窗口的创建

创建图形窗口的命令是 figure，其调用格式如下。

```
figure                    % 使用默认属性值创建一个新的图形窗口，并作为当前图形窗口
figure(Name,Value)        % 使用一个或多个名称-值参数对修改图形窗口的属性
figure(f)                 % 将 f 指定的图形窗口作为当前图形窗口，并显示在最上方
```

另外，针对图形窗口的操作命令还有 get 命令、set 命令，其调用格式如下。

```
get(h)                    % 返回句柄值为 h 的图形窗口的参数名称及其当前值
set(h)                    % 返回句柄值为 h 的图形窗口的参数名称及为这些参数设置的值
```

【例 7-20】创建并获取图形窗口的属性。

在命令行窗口中输入以下命令并显示输出结果。

```
>> figure                 % 创建图形窗口，如图 7-21 所示
>> get(1)                 % 获取图形窗口属性
        Alphamap: [0 0.0159 0.0317 0.0476 0.0635 0.0794 … ]
     BeingDeleted: off
        BusyAction: 'queue'
           …                              % 限于篇幅删去部分内容
  WindowScrollWheelFcn: ''
        WindowState: 'normal'
        WindowStyle: 'normal'
```

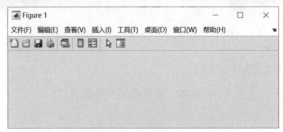

图 7-21　创建图形窗口

7.3.2　图形窗口的菜单操作

下面对图形窗口中各菜单下的主要命令进行简单介绍。

1.“文件”菜单

“新建”：用于创建一个脚本（M 文件）、图形窗口（Figure）、变量等。

“生成代码”：用于生成 M-函数文件。

“导入数据”：用于导入数据。

“保存工作区”：用于将图形窗口中的图形数据存储在二进制 mat 文件中，可以供其他的编程语言（如 C 语言等）调用。

“预设”：用于定义图形窗口的各种属性，包括字体、颜色等。

“导出设置”：用于打开“导出设置”对话框，如图 7-22 所示，设置有关图形窗口的显示等方面的参数。

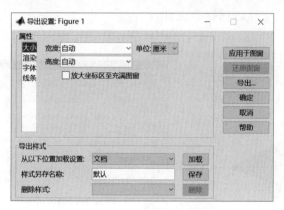

图 7-22　“导出设置”对话框

2.“编辑”菜单

“复制图窗”：用于复制图形。

“复制选项”：用于打开“预设项”对话框中的“复制选项”，设置图形复制的格式、图形背景颜色和图形大小等。

“图窗属性”：用于打开“属性检查器”窗口，并对图形窗口属性进行设置。

3.“查看”菜单

“查看”菜单的各选项主要用于打开各种工具栏和控制面板。

（1）“图窗”工具栏主要用于对图形窗口进行各种处理，如打印、保存、插入图例和颜色栏等。

（2）“照相机”工具栏主要用于设置图形的视角和光照等，通过它可以实现从不同角度观察所绘三维图形的功能，并且可以为图形设置不同的光照情况。

（3）“绘图编辑”工具栏主要用于向图形中添加文本标注和各种图形标注等。

图形命令其实可以直接通过这些直观的图标工具来实现，熟练掌握这些工具的应用，就可以完成大部分图形处理工作，而不需要记忆大量的函数。

4．"插入"菜单

"插入"菜单主要用于向当前图形窗口中插入各种图形标注（如箭头、文字等），即实现"绘图编辑"工具栏中的各种功能。

5．"工具"菜单

对于"工具"菜单中的大部分选项实现的功能，使用前面介绍的几个工具栏的相关命令图标同样可以实现。

【例 7-21】图形窗口操作示例。

（1）在命令行窗口中输入以下命令。

```
>> surf(peaks)              % 绘制三维图形，如图 7-23 所示
```

（2）在图形窗口中执行"文件"→"生成代码"命令，即可在 MATLAB 编辑器窗口中生成如图 7-24 所示的代码文件，保存该文件。

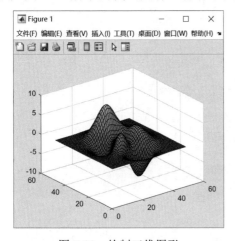

图 7-23　绘制三维图形　　　　　　　　图 7-24　生成代码文件

（3）选中"查看"菜单中除"相机工具栏""属性检查器"外的所有选项。

（4）在 MATLAB 命令行窗口中执行下列命令，MATLAB 工作空间中会出现两个变量 x 和 y。

```
>> clear,clf                % 清除工作区中的变量及图形窗口中的图形
>> x=[0:0.1*pi:2*pi];
>> y=2*cos(x)+1;
```

（5）在"图窗选项板"下的"新子图"下拉列表中单击"二维坐标区"，此时 Figure 1 窗口中会出现一空白二维图形窗口。

（6）选择"绘图浏览器"下的"坐标区(无标题)"复选框，然后单击"添加数据"按钮，打开"在坐标区上添加数据"对话框，在此对 X 数据源和 Y 数据源进行设置，如图 7-25 所示。单击"确定"按钮，就会绘制出图形，如图 7-26 所示。

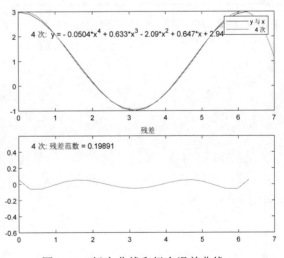

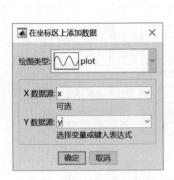

图 7-25　"在坐标区上添加数据"对话框　　　　　　图 7-26　绘制图形

（7）取消选择"查看"菜单中的"图窗选项板""绘图浏览器""属性编辑器"选项，执行菜单中的"工具"→"基本拟合"命令，按图 7-27 进行相应的设置。图形窗口就会变成如图 7-28 所示的拟合曲线和拟合误差曲线。

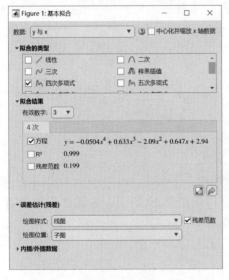

图 7-27　设置图形数据拟合的参数　　　　　　图 7-28　拟合曲线和拟合误差曲线

7.3.3　图形窗口工具栏

图形窗口工具栏中的主要工具说明如表 7-10 所示。

表 7-10　工具栏中的主要工具说明

工具栏图标	说　明	工具栏图标	说　明
	"图窗"工具栏		
	新建一个图形窗口		打开图形窗口文件（后缀为.fig）
	保存图形窗口文件		打印图形
	插入颜色条		插入图例
	"照相机"工具栏		
	设置环形视角		设置光照相关属性
	倾斜视角		在水平方向设置视角
	前后移动视角		设置视角大小
	水平移动视角		以 X 方向为标准设置环形视角
	以 Y 方向为标准设置环形视角		以 Z 方向为标准设置环形视角
	选择是否打开光照		重置图形的视角和光照
	停止光照和视角的移动		—
	"绘图编辑"工具栏		
	设置绘图颜色		边界颜色
	插入直线		插入单箭头
	插入双箭头		插入文本箭头
	插入文本框		插入方框
	插入椭圆		为图形上的点添加 pin
	对齐		—

【例 7-22】图形窗口工具栏应用示例。

在命令行窗口中输入以下命令并显示输出结果。

```
>> clear
>> x=[0:0.1*pi:2*pi];
>> y1=2*cos(x)+1;
>> plot(y1)
>> hold on
>> y2=0.2*x;
>> plot(y2)
```

选中图形窗口中"查看"菜单的前三项，图形窗口如图 7-29 所示；为图形添加单箭头，结果如图 7-30 所示。

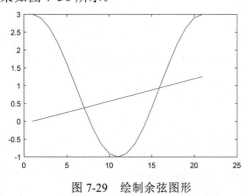

图 7-29　绘制余弦图形　　　　　　　图 7-30　添加单箭头

7.3.4 图形的打印与输出

图形绘制完成后，经常需要将图形打印出来或以图片形式存放在其他文档中，或者在其他图片处理软件中做进一步处理。MATLAB 为用户提供了 3 种不同的方式以输出当前的图形。

（1）通过图形窗口的菜单命令或工具栏中的打印选项来输出。

（2）使用 MATLAB 提供的内置打印引擎或系统的打印服务来实现。

（3）以其他图形格式存储图形，然后通过专业的图形处理软件对其进行处理和打印。

利用菜单或工具栏实现打印非常简单，这也是最常用的一种方式，在这里不做介绍。下面简单介绍实现打印的函数 print 的基本调用格式：

```
print(fname,ftype)                  % 使用指定的文件格式将当前图形窗口保存到文件中
print(fname,ftype,foptions)         % 指定可用于某些格式的其他选项
print                               % 将当前图形窗口输出到默认打印机中
print(printer)                      % 指定打印机，包含以-P开头的打印机名称
print(driver)                       % 指定驱动程序
print(printer,driver)               % 指定打印机和驱动程序
print('-clipboard',clipboardformat) % 使用指定格式将当前图形窗口复制到剪切板
```

7.4 本章小结

本章是上一章的延续，主要介绍了 MATLAB 的图形处理与编辑，对图形窗口的操作也进行了较为详细的介绍。通过本章的学习，可以使读者尽快掌握图形的标注、图形的控制、图形窗口的操作等。本章内容对于读者撰写科技论文、科技报告等有很大帮助。

习　题

1. 填空题

（1）在 MATLAB 中，对坐标轴进行标注的函数主要有＿＿＿、＿＿＿＿、＿＿＿等。

（2）使用 mesh 等命令绘制网格曲面时，系统在默认情况下会＿＿＿＿＿＿，利用透视命令 hidden 可以＿＿＿＿＿＿。

（3）view 命令用于指定立体图形的观察点。观察者的位置决定了坐标轴的方向。用户可以用＿＿＿＿＿和＿＿＿＿＿，或者＿＿＿＿＿＿来确定观察点的位置。

（4）MATLAB 是采用＿＿＿＿＿来处理图形颜色的，即 RGB 色系。计算机中的各种颜色都是通过三原色按不同比例调制出来的，三原色即＿＿＿、＿＿＿、＿＿＿＿。

（5）函数 legend 的功能为：＿＿＿＿＿＿＿＿＿＿。

函数 ginput 的功能为：＿＿＿＿＿＿＿＿＿＿。

函数 colorbar 的功能为：＿＿＿＿＿＿＿＿＿＿。

函数 grid 的功能为：_____。

2．计算与简答题

（1）试描述用 text 及 gtext 命令标注图形时的差异。

（2）绘制函数 $y = 2 - 1.5e^{-t}\sin t (0 \leqslant t \leqslant 8)$ 的图形，并在 x 轴上标注 Time，y 轴上标注 Amplitude，图形的标题为 Decaying Oscillating Exponential。

（3）在同一图形中绘制下列两条曲线（$x \in [0, 25]$），要求用不同的颜色和线型分别表示，并给图形添加图例及注解。

① $y_1(x) = 2.4e^{-0.5x}\cos(0.6x) + 0.9$ ② $y_2(x) = 1.8\cos(2x) + \sin(2x)$

（4）在一个图形窗口下绘制两个子图，分别显示下列曲线，要求给 x 轴、y 轴添加标注，为每个子图添加标题。

① $y = \sin(3x)\cos(2x) + 0.5$ ② $y = 0.4x^2 + 2$

（5）在命令行窗口中绘制图形（代码如下），试为图形设置光源，并调整光照模式观察图形的变化情况。

```
>> [X,Y]=meshgrid(-5:.5:5);
>> Z=Y.*sin(X)-X.*cos(Y);
>> s=surf(X,Y,Z,'FaceAlpha',0.5);
```

第 8 章
数学函数通览

本章将介绍 MATLAB 中内置的与数学运算有关的函数和概念。初等函数运算是 MATLAB 数学运算的重要组成部分。本章先介绍初等数学函数运算，包括三角函数、指数和对数函数、复数函数、截断和求余函数；然后介绍特殊数学函数运算，包括特殊函数、坐标变换函数、数论函数，这些都是进行数学运算的基础。

学习目标：

（1）熟练掌握初等函数的使用方法。

（2）掌握特殊函数的使用方法。

8.1 初等数学函数运算

8.1

本节介绍初等数学函数运算，包括三角函数、指数和对数函数、复数函数、截断和求余函数。这些函数共同的特点是函数的运算针对的都是矩阵中的元素，即它们都是对矩阵中的每个元素进行运算的。

8.1.1 三角函数

MATLAB 提供了大量的三角函数，方便用户直接调用。三角函数的功能如表 8-1 所示。

表 8-1 三角函数的功能

函 数 名	功 能 描 述	函 数 名	功 能 描 述
sin	正弦	sec	正割
sind	正弦，输入值以"°"为单位	secd	正割，输入值以"°"为单位
sinpi	准确计算 sin(X*pi)	sech	双曲正割
sinh	双曲正弦	asec	反正割
asin	反正弦	asecd	反正割，输出值以"°"为单位

续表

函 数 名	功 能 描 述	函 数 名	功 能 描 述
asind	反正弦，输出值以"°"为单位	asech	反双曲正割
asinh	反双曲正弦	csc	余割
cos	余弦	cscd	余割，输入值以"°"为单位
cosd	余弦，输入值以"°"为单位	csch	双曲余割
cospi	准确计算 cos(X*pi)	acsc	反余割
cosh	双曲余弦	acscd	反余割，输出值以"°"为单位
acos	反余弦	acsch	反双曲余割
acosd	反余弦，输出值以"°"为单位	cot	余切
acosh	反双曲余弦	cotd	余切，输入值以"°"为单位
tan	正切	coth	双曲余切
tand	正切，输入值以"°"为单位	acot	反余切
tanh	双曲正切	acotd	反余切，输出值以"°"为单位
atan	反正切	acoth	反双曲余切
atand	反正切，输出值以"°"为单位	hypot	平方和的平方根（斜边）
atan2	四象限反正切	deg2rad	将角以"°"为单位转换为以弧度为单位
atan2d	四象限反正切（以"°"为单位）	rad2deg	将角的单位从弧度转换为"°"
atanh	反双曲正切	…	…

【例 8-1】绘制 $0 \sim 2\pi$ 的正弦函数、余弦函数图形。

在命令行窗口中输入以下命令并显示输出结果。

```
>> x=0:0.05*pi:2*pi;
>> y1=sin(x);
>> y2=cos(x);
>> plot(x,y1,'b-',x,y2,'ro-')
>> xlabel('X取值'); ylabel('函数值')
>> legend('正弦函数','余弦函数')
```

运行上述代码，结果如图 8-1 所示。

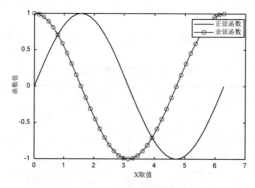

图 8-1　三角函数图形

8.1.2　指数和对数函数

MATLAB 提供的指数和对数函数及其功能如表 8-2 所示。

表 8-2　指数和对数函数功能

函 数 名	功 能 描 述	函 数 名	功 能 描 述
exp	指数	realpow	幂，若结果是复数则报错
expm1	准确计算 exp(x)减去 1 的值	reallog	自然对数，若输入不是正数则报错
log	自然对数（以 e 为底）	realsqrt	开平方根，若输入不是正数则报错
log1p	准确计算 log(1+x)的值	sqrt	开平方根
log10	常用对数（以 10 为底）	nthroot	求 x 的 n 次方根
log2	以 2 为底的对数	nextpow2	返回满足 2^P>=abs(N)的最小正整数 P，N 为输入

【例 8-2】计算 e^{x_1}（$x_1 \in [-1,6]$）和 $\log x_2$（$x_2 \in [0.1,6]$）的值，并绘图。

在命令行窗口中输入以下命令并显示输出结果。

```
>> x1=-1:0.2:6; x2=0.1:0.3:6;
>> y1=exp(x1); y2=log(x2);
>> subplot(1,2,1); plot(x1,y1,'b-')
>> xlabel('自变量取值'); ylabel('函数值')
>> legend('e^x');
>> subplot(1,2,2); plot(x2,y2,'ro-')
>> xlabel('自变量取值'); ylabel('函数值')
>> legend('log^x');
```

运行上述代码，结果如图 8-2 所示。

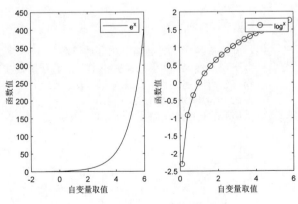

图 8-2　指数和对数函数图形

8.1.3　复数函数

MATLAB 提供的复数函数及其功能如表 8-3 所示。

表 8-3　复数函数功能

函 数 名	功 能 描 述	函 数 名	功 能 描 述
abs	绝对值（复数的模）	imag	复数的虚部
angle	复数的相角	isreal	是否为实数矩阵
complex	用实部和虚部构造一个复数	real	复数的实部
conj	复数的共轭	sign	符号函数
cplxpair	把复数矩阵排列成复共轭对	unwrap	调整矩阵元素的相位
i	虚数单位	j	虚数单位

在复数函数中，除了函数 unwrap 和 cplxpair 的用法比较复杂，其他函数都比较简单。下面就详细介绍函数 unwrap 和 cplxpair。

函数 unwrap 用于对表示相位的矩阵进行校正，当矩阵相邻元素的相位差大于设定阈值（默认值为 π）时，通过加 $\pm 2\pi$ 来校正相位。函数 unwrap 的基本调用格式如下。

```
Q=unwrap(P)            % 当相位大于默认阈值 π 时，校正相位
Q=unwrap(P,tol)        % 用 tol 设定阈值
Q=unwrap(P,[],dim)     % 用默认阈值 π 在给定维 dim 上做相位校正
Q=unwrap(P,tol,dim)    % 用阈值 tol 在给定维 dim 上做相位校正
```

函数 cplxpair 用于将复数排序为复共轭对组，其基本调用格式如下。

```
B=cplxpair(A)          % 对沿复数数组不同维度的元素排序，并将复共轭对组组合在一起
B=cplxpair(A,tol)      % 覆盖默认容差
B=cplxpair(A,[],dim)   % 沿着标量 dim 指定的维度对 A 排序
B=cplxpair(A,tol,dim)  % 沿着指定维度对 A 排序并覆盖默认容差
```

【例 8-3】绘制螺旋线的正确相位角。

定义相位角为 0 至 6π 的螺旋线的 x 坐标和 y 坐标。在命令行窗口中输入以下命令并显示输出结果。

```
>> t=linspace(0,6*pi,201);
>> x=t/pi.*cos(t);
>> y=t/pi.*sin(t);
>> plot(x,y)           % 绘制螺旋线，结果如图 8-3（a）所示
>> P=atan2(y,x);       % 基于螺旋线 x、y 坐标求其相位角，返回函数在[-π,π]区间的角度值
>> plot(t,P)           % 相位角有不连续性，如图 8-3（b）所示
>> Q=unwrap(P);        % 使用 unwrap 函数消除不连续性
>> plot(t,Q)           % 平移后的相位角，如图 8-3（c）所示
```

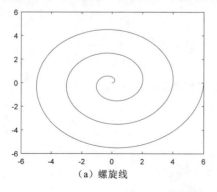

（a）螺旋线

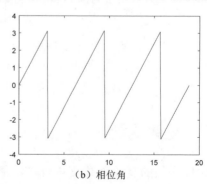

（b）相位角

图 8-3　绘制螺旋线的正确相位角

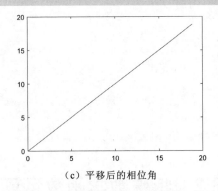

（c）平移后的相位角

图 8-3 绘制螺旋线的正确相位角（续）

说明：当 P 的连续元素之间的相位差大于或等于跳跃阈值 π 时，unwrap 函数会将角度增加 2π 的倍数，平移后的相位角 Q 在[0,6π]区间上。

8.1.4 截断和求余函数

MATLAB 提供的截断和求余函数及其功能如表 8-4 所示。

表 8-4 截断和求余函数功能

函 数 名	功 能 描 述	函 数 名	功 能 描 述
fix	向零取整	mod	除法求余（与除数同号）
floor	向负无穷方向取整	rem	除法求余（与被除数同号）
ceil	向正无穷方向取整	sign	符号函数
round	四舍五入	idivide	带有舍入选项的整除

【例 8-4】截断和求余函数应用示例。

（1）区别函数 fix、floor、ceil 和 round。在命令行窗口中输入以下命令并显示输出结果。

```
>> A=[-2.88 -2.35 2.35 2.88];
>> fix_A=fix(A)
fix_A =
    -2    -2     2     2
>> floor_A=floor(A)
floor_A =
    -3    -3     2     2
>> ceil_A=ceil(A)
ceil_A =
    -2    -2     3     3
>> round_A=round(A)
round_A =
    -3    -2     2     3
```

（2）区别函数 rem 和 mod。在命令行窗口中输入以下命令并显示输出结果。

```
>> A=[12 -12 12 -12];
```

```
>> B=[7 -7 -7 7];
>> rem_C=rem(A,B)
rem_C =
     5    -5     5    -5
>> mod_C=mod(A,B)
mod_C =
     5    -5    -2     2
```

8.2 特殊数学函数运算

8.2

本节针对一些用途比较特殊的数学函数进行介绍，主要包括特殊函数、坐标变换函数和数论函数。

8.2.1 特殊函数

特殊函数通常是数学物理方程的解。MATLAB 提供的特殊函数及其功能如表 8-5 所示。

表 8-5　特殊函数功能

函 数 名	功 能 描 述	函 数 名	功 能 描 述
airy	Airy 函数	erfc	补余误差函数：erfc(x)=1-erf(x)
besseli	第一类修正 Bessel 函数	erfcinv	逆补余误差函数
besselj	第一类 Bessel 函数	erfcx	换算补余误差函数 erfcx(x)=exp(x^2)*erfc(x)
besselk	第二类修正 Bessel 函数	erfinv	误差函数的逆函数
bessely	第二类 Bessel 函数	expint	指数积分函数
besselh	第三类 Bessel 函数（Hankel 函数）	gamma	Gamma 函数
beta	Beta 函数	gammainc	不完全 Gamma 函数
betainc	不完全 Beta 函数	gammaincinv	逆不完全 Gamma 函数
betaincinv	Beta 逆累积分布函数	gammaln	对数 Gamma 函数
betaln	Beta 函数的对数	psi	多Γ函数
ellipj	Jacobi 椭圆函数	legendre	连带勒让德函数
ellipke	第一类和第二类完全椭圆积分	cross	矢量叉乘
erf	误差函数	dot	矢量点乘

将这些特殊函数进行分类，包括 Airy 函数、Bessel 函数、Gamma 函数、Beta 函数、Jacobi 椭圆函数和完全椭圆积分、误差函数、指数积分函数和连带勒让德函数。

1. Airy 函数

Airy 函数是微分方程 $\dfrac{\mathrm{d}^2 W}{\mathrm{d}Z^2} - ZW = 0$ 的解。有两类 Airy 函数：第一类 Airy 函数 $A_i(Z)$ 和

第二类 Airy 函数 $B_i(Z)$。它们可以用改进的第一类 Bessel 函数 $I_v(Z)$ 和改进的第二类 Bessel 函数 $K_v(Z)$ 定义，表达式如下。

$$A_i(Z) = \left[\frac{1}{\pi}\sqrt{\frac{Z}{3}}\right] K_{\frac{1}{3}}\left(\frac{2}{3}Z^{\frac{3}{2}}\right)$$

$$B_i(Z) = \sqrt{\frac{Z}{3}}\left[K_{-\frac{1}{3}}\left(\frac{2}{3}Z^{\frac{3}{2}}\right) + K_{\frac{1}{3}}\left(\frac{2}{3}Z^{\frac{3}{2}}\right)\right]$$

函数 Airy 的调用格式如下。

```
W=airy(Z)            % 为 Z 的每个元素返回第一类 Airy 函数 Aᵢ(Z)
W=airy(k,Z)          % 根据 k 值返回 Airy 函数
                     % k=0 返回 Aᵢ(Z)，k=1 返回 Aᵢ'(Z)，k=2 返回 Bᵢ(Z)，k=3 返回 Bᵢ'(Z)
W=airy(k,Z,scale)    % 根据选择的 k 和 scale 缩放生成 Airy 函数
```

2．Bessel 函数

Bessel 函数是微分方程 $Z^2\dfrac{d^2y}{dZ^2} + Z\dfrac{dy}{dZ} + (Z^2 - v^2)y = 0$（Bessel 方程）的解，其中 v 是常量。该方程有两个线性无关的解，第一类 Bessel 函数 $J_v(Z)$ 和第二类 Bessel 函数 $Y_v(Z)$，它们的表达式如下。

$$J_v(Z) = \left(\frac{Z}{2}\right)^v \sum_{k=0}^{\infty} \frac{(Z)^k}{k!\,\Gamma(v+k+1)}$$

$$Y_v(Z) = \frac{J_v(Z)\cos(v\pi) - J_{-v}(Z)}{\sin(v\pi)}$$

有时也采用 Hankel 函数来表示 Bessel 方程，它们是第一类 Bessel 函数和第二类 Bessel 函数的线性组合，即

$$H_v^{(1)}(Z) = J_v(Z) + iY_v(Z)$$

$$H_v^{(1)}(Z) = J_v(Z) - iY_v(Z)$$

Hankel 函数 $H_v^{(k)}$ 称为第三类 Bessel 函数。

在 MATLAB 中，与 Bessel 函数相关的函数调用格式如下。

```
J=besselj(nu,Z)        % 为数组 Z 中的每个元素计算第一类 Bessel 函数 Jᵥ(Z)
J=besselj(nu,Z,scale)  % 指定是否呈指数缩放第一类 Bessel 函数以避免溢出或精度损失

Y=bessely(nu,Z)        % 返回第二类 Bessel 函数 Yᵥ(Z)
Y=bessely(nu,Z,scale)  % 指定是否呈指数缩放第二类 Bessel 函数以避免溢出或精度损失

H=besselh(nu,Z)        % 为数组 Z 中的每个元素计算第一类 Hankel 函数
H=besselh(nu,K,Z)      % 为数组 Z 中的每个元素计算第一类或第二类 Hankel 函数，K 为 1 或 2
H=besselh(nu,K,Z,scale)  % 指定是否缩放 Hankel 函数以避免溢出或精度损失
```

说明：如果 scale 为 1，函数 besselj、bessely 输出按因子 exp(-abs(imag(Z))) 进行缩放；函数 besselh 输出时，第一类 Hankel 函数 $H_v^{(1)}(Z)$ 按 e^{-iZ} 进行缩放，第二类 Hankel 函数 $H_v^{(2)}(Z)$ 按 e^{+iZ} 进行缩放。

改进的 Bessel 函数是微分方程 $Z^2\dfrac{d^2y}{dZ^2}+Z\dfrac{dy}{dZ}-(Z^2+v^2)y=0$ 的解，其中 v 是常量。

该方程有两个线性无关的解，第一类改进的 Bessel 函数 $I_v(Z)$ 和第二类改进的 Bessel 函数 $K_v(Z)$。它们的表达式如下。

$$I_v(Z)=\left(\frac{Z}{2}\right)^v\sum_{k=0}^{\infty}\frac{\left(\dfrac{Z^2}{4}\right)^k}{k!\Gamma(v+k+1)}$$

$$K_v(Z)=\frac{\pi}{2}\frac{I_{-v}(Z)-I_v(Z)}{\sin(v\pi)}$$

在 MATLAB 中，与改进的 Bessel 函数相关的函数调用格式如下。

```
I=besseli(nu,Z)        % 返回第一类改进的 Bessel 函数 Iᵥ(Z)
I=besseli(nu,Z,1)      % 返回 besseli(nu,Z).*exp(-abs(real(Z)))
K=besselk(nu,Z)        % 返回第二类改进的 Bessel 函数 Kᵥ(Z)
K=besselk(nu,Z,1)      % 返回 besselk(nu,Z).*exp(Z)
```

3. Gamma 函数和 Beta 函数

在 MATLAB 中，Gamma 函数和 Beta 函数的定义如下。

Gamma 函数：$\Gamma(a)=\displaystyle\int_0^{\infty}\mathrm{e}^{-t}t^{a-1}\mathrm{d}t$。

不完全 Gamma 函数：$P(x,a)=\dfrac{1}{\Gamma(a)}\displaystyle\int_0^x\mathrm{e}^{-t}t^{a-1}\mathrm{d}t$。

多 Γ 函数：$\psi_n(x)=\dfrac{\mathrm{d}^{n-1}\psi(x)}{\mathrm{d}x^{n-1}}$，其中 $\psi(x)=\dfrac{\Gamma'(x)}{\Gamma(x)}=\dfrac{\mathrm{d}\ln(\Gamma(x))}{\mathrm{d}x}$，$\psi_n(x)$ 称为 $(n+1)\Gamma$ 函数，如 $\psi_3(x)$ 称为 4Γ 函数。

Beta 函数：$B(z,w)=\displaystyle\int_0^1 t^{z-1}(1-t)^{w-1}\mathrm{d}t=\dfrac{\Gamma(z)\Gamma(w)}{\Gamma(z+w)}$。

不完全 Beta 函数：$I_x(z,w)=\dfrac{1}{B(z,w)}\displaystyle\int_0^x t^{z-1}(1-t)^{w-1}\mathrm{d}t$。

在 MATLAB 中，与 Gamma 函数和 Beta 函数相关的函数调用格式如下。

```
Y=gamma(a)             % 返回Γ(a)
Y=gammainc(x,a)        % 返回不完全 Gamma 函数 P(x,a)
Y=gammainc(X,A,tail)   % 当tail='lower'时返回 P(x,a)，tail='upper'时返回1-P(x,a)
Y=gammaln(A)           % 返回 Gamma 函数的对数，避免采用 log(gamma(a))造成的溢出情况
Y=psi(X)               % 返回双Γ函数ψ₁(x)
Y=psi(k,X)             % 返回 k+2Γ函数ψₖ₊₁(x)
B=beta(z,w)            % 返回 Beta 函数 B(z,w)
I=betainc(x,z,w)       % 返回不完全 Beta 函数 Iₓ(z,w)
L=betaln(z,w)          %返回 ln(B(z,w))，可以避免采用 log(beta(a))造成的溢出情况
```

4. Jacobi 椭圆函数和完全椭圆积分

Jacobi 椭圆函数 sn(u)、cn(u)和 dn(u)是定义在勒让德第一类椭圆积分基础上的。其中，

勒让德第一类椭圆积分表达式如下。

$$u(m,\phi) = \int_0^\phi \frac{\mathrm{d}\theta}{(1 - m\sin^2(\theta))^{\frac{1}{2}}}$$

第一类完全椭圆积分 $K(m)$ 也是定义在勒让德第一类椭圆积分基础上的（$\phi = \dfrac{\pi}{2}$），其表达式如下。

$$K(m) = \int_0^{\frac{\pi}{2}} (1 - m\sin^2(\theta))^{\frac{1}{2}} \mathrm{d}\theta$$

在 MATLAB 中，与 Jacobi 椭圆函数和完全椭圆积分相关的函数调用格式如下。

```
[SN,CN,DN]=ellipj(U,M)        % 返回 Jacobi 椭圆函数 sn(u)、cn(u) 和 dn(u)
[SN,CN,DN]=ellipj(U,M,tol)    % 以指定精度 tol 计算 Jacobi 椭圆函数，默认精度是 eps
K=ellipke(M)                  % 返回第一类完全椭圆积分 K(m)
[K,E]=ellipke(M)              % 返回第一类完全椭圆积分 K(m) 和第二类完全椭圆积分 E(m)
[K,E]=ellipke(M,tol)          % 以指定精度 tol 计算完全椭圆积分
```

说明：若 tol 指定一个更大的值，则会降低计算精度从而提高计算速度。

5. 误差函数

与误差函数有关的表达式如下。

误差函数：$\mathrm{erf}(x) = \dfrac{2}{\sqrt{\pi}} \int_0^x \mathrm{e}^{-t^2} \mathrm{d}t$。

补余误差函数：$\mathrm{erfc}(x) = \dfrac{2}{\sqrt{\pi}} \int_x^\infty \mathrm{e}^{-t^2} \mathrm{d}t = 1 - \mathrm{erf}(x)$。

在 MATLAB 中，与误差函数相关的函数调用格式如下。

```
Y=erf(X)        % 返回误差函数
Y=erfc(X)       % 返回补余误差函数 1-erf(x)
                % 当 erf(x) 接近 1 时，使用 erfc 函数替换 1-erf(x) 以提高准确性
Y=erfcx(X)      % 返回换算补余误差函数 exp(x^2)*erfc(x) 的值，避免下溢或溢出错误
X=erfinv(Y)     % 返回误差函数的逆函数，对于 [-1 1] 区间之外的输入，erfinv 返回 NaN
X=erfcinv(Y)    % 返回补余误差函数的反函数
```

【例 8-5】误差函数应用示例。

在命令行窗口中输入以下命令并显示输出结果。

```
>> erf(0.66)      % 求值的误差函数
ans =
    0.6494
>> V=[-0.8 0 3 0.82];
>> erf(V)          % 求向量元素的误差函数
ans =
  -0.7421        0    1.0000    0.7538
>> M=[0.59 -0.41; 6.1 -1.9];
>> erf(M)          % 求矩阵元素的误差函数
ans =
```

```
    0.5959    -0.4380
    1.0000    -0.9928
```

6. 指数积分函数

指数积分表达式为 $E_1(x) = \int_x^{\infty} \frac{e^{-t}}{t} dt$。

在 MATLAB 中，用函数 expint 计算指数积分，其调用格式如下。

```
Y=expint(X)        % 计算 X 中每个元素的指数积分
```

8.2.2 坐标变换函数

MATLAB 提供的坐标变换函数及其功能如表 8-6 所示。

表 8-6　坐标变换函数功能

函　数　名	功　能　描　述	函　数　名	功　能　描　述
cart2sph	将笛卡儿坐标系转换为球坐标系	sph2cart	将球坐标系转换为笛卡儿坐标系
cart2pol	将笛卡儿坐标系转换为极坐标系	hsv2rgb	将灰度饱和度颜色空间转换为 RGB 颜色空间
pol2cart	将极坐标系转换为笛卡儿坐标系	rgb2hsv	将 RGB 颜色空间转换为灰度饱和度颜色空间

【例 8-6】将极坐标系和球坐标系中的点(1,1,1)转换到笛卡儿坐标系中。

在命令行窗口中输入以下命令并显示输出结果。

```
>> [a,b,c]=pol2cart(1,1,1)
a=
    0.5403
b=
    0.8415
c=
    1
>> [d,e,f]=sph2cart(1,1,1)
d=
    0.2919
e=
    0.4546
f=
    0.8415
```

8.2.3 数论函数

MATLAB 提供的数论函数及其功能如表 8-7 所示。

表 8-7　数论函数功能

函 数 名	功 能 描 述	函 数 名	功 能 描 述
factor	分解质因子	perms	给出向量的所有置换（可能的排列）
factorial	阶乘	matchpairs	求解线性分配问题
gcd	最大公因数	primes	小于或等于输入值的素数
isprime	判断是否为素数	rat	把实数近似为有理数
lcm	最小公倍数	rats	利用 rat 函数显示输出
nchoosek	二项式系数或所有组合	—	—

【例 8-7】求 686 的所有质因数和 5 的阶乘。

在命令行窗口中输入以下命令并显示输出结果。

```
>> f=factor(686)            % 求质因数
f =
    2    7    7    7
>> f=factorial(5)           % 求阶乘
f=
    120
>> A=[-5 17; 10 0];
>> B=[-15 3; 100 0];
>> G=gcd(A,B)               % 求 A 和 B 元素的最大公因数，gcd(0,0)返回 0
G =
    5    1
   10    0
```

8.3　本章小结

本章主要介绍了 MATLAB 的数学函数，包括初等数学函数运算和特殊数学函数运算。读者在今后学习 MATLAB 软件的过程中还会经常遇到这些基本的数学运算，应当掌握一些基本的函数，避免因不熟悉相应命令及其用法而影响工作效率。

习　　题

1．填空题

（1）初等数学函数运算，包括_____、_____、_____、截断和求余函数。这些函数共同的特点是函数的运算针对的都是_____。

（2）在 MATLAB 中，用_____函数计算指数积分，指数积分表达式为_____。

（3）函数 sqrt 的功能为：_____。

函数 complex 的功能为：_____。

函数 floor 的功能为：_____。

函数 factor 的功能为：_____。

2．计算与简答题

（1）在 MATLAB 中求 468 的所有质因数和 20 的阶乘。可尝试自行编写程序求解。

（2）利用 MATLAB 数学函数计算 $5+e^{2x}$ 和 $3\log(2+x)$ 在区间[3,4]上某些点的值，并绘图。

（3）利用 MATLAB 数学函数求 365/23 的余数及四舍五入的值。可尝试自行编写程序求解。

（4）将极坐标系和球坐标系中的点(5,2,3)转换到笛卡儿坐标系中。

第 9 章

符号运算

在 MATLAB 中，符号运算是与数值计算并存的一种特有运算，它的指令、结果的图形化显示、程序的编写都十分完整。本章分别介绍符号运算基础、符号微积分及其变换、符号矩阵的计算、符号方程求解、可视化数学分析等内容。

学习目标：

（1）熟练掌握符号运算的 sym、syms 函数。

（2）熟练掌握符号运算中常用的基本函数。

（3）熟练掌握符号微积分、矩阵计算及方程求解。

（4）熟练掌握可视化数学分析界面的使用方法。

9.1　符号运算基础

9.1

本节介绍符号变量、符号表达式、符号矩阵，以及 MATLAB 的默认符号变量及其设置方法。

9.1.1　创建符号对象和表达式

sym 类是符号数学工具箱中定义的一种新的数据类型。sym 类的实例就是符号对象。符号对象是一种数据结构，用于存储代表符号的字符串。在符号数学工具箱中，用符号对象表示符号变量、符号表达式和符号矩阵。

在 MATLAB 程序中，可以使用 sym、syms 函数规定和创建符号常量、符号变量、符号函数、符号表达式；利用 class 函数，可以测试建立的操作对象为何种操作对象类型，以及是否为符号对象类型。

1. sym 函数

如下面的函数格式，sym 函数用于由 A 建立一个符号对象 S，其类型为 sym 类。如果

A（不带单引号）是一个数字、数值矩阵或数值表达式，则输出是由数值对象转换成的符号对象；如果 A（带单引号）是一个字符串，则输出是由字符串转换成的符号对象。其调用格式如下。

```
S=sym(A)                    % 创建符号矩阵/变量
S=sym('A',[n1 ··· nM])      % 创建 n1×···×nM 的符号矩阵
S=sym('A',n)                % 创建 n 行 n 列的符号矩阵
S=sym(___,set)              % set 设置创建的符号变量或数组元素的属性
S=sym(___,'clear')          % clear 清除所有以前对变量 x 的设置
S=sym(A,flag)               % flag 为转换的符号对象应该符合的格式
```

其中，set 可以为'real'（实数）、'positive'（正数）、'integer'（整数）、'rational'（有理数）。当被转换的对象为数值对象时，flag 可以有如下选择。

- 'r'：为默认设置，最接近有理表示的形式。
- 'd'：最接近的十进制浮点精确表示。
- 'e'：带（数值计算时）估计误差的有理表示。
- 'f'：十六进制浮点表示。

> **注意：**
> 新版 MATLAB 已取消对非有效变量名且未定义数字的字符向量的支持。要创建符号表达式，首先需创建符号变量，然后才能对其操作和使用，这与较早版本不同。

【例 9-1】利用 sym 函数创建符号对象。

在命令行窗口中输入以下命令并显示输出结果。

```
>> var=sym('x')
var =
    x
>> num=sym(8)
num =
    8
>> a=sym('x_%d',[1 4])
a =
    [x_1, x_2, x_3, x_4]
>> A=sym('a',[2 2 2])
A(:,:,1) =
    [a1_1_1, a1_2_1]
    [a2_1_1, a2_2_1]
A(:,:,2) =
    [a1_1_2, a1_2_2]
    [a2_1_2, a2_2_2]
```

2. syms 函数

syms 函数用于同时创建多个符号对象，其中 flag、set、clear 的含义同上，其调用格式如下。

```
syms var1 … varN              % 创建多个符号对象
syms f(var1,…,varN)           % 创建符号函数 f 或符号变量 var1,…,varN
syms ___ [n1 … nM]            % 创建 n1×…×nM 的符号对象或符号函数
syms ___ n                    % 创建 n×n 的符号对象或符号函数
syms ___ set                  % set 设置创建符号函数 f 或符号变量的属性
```

【例 9-2】利用 syms 函数创建符号对象及符号函数。

在命令行窗口中输入以下命令并显示输出结果。

```
>> syms x y z                 % 创建符号对象变量 x、y、z
>> syms a [1 4]
>> a                          % 创建符号向量
a =
    [a1, a2, a3, a4]
>> syms 'p_a%d' 'p_b%d' [1 4]    % 创建符号向量
>> p_a
p_a =
     [p_a1, p_a2, p_a3, p_a4]
>> p_b
p_b =
     [p_b1, p_b2, p_b3, p_b4]

>> syms A [3 4]               % 创建符号矩阵
>> A
A =
    [A1_1, A1_2, A1_3, A1_4]
    [A2_1, A2_2, A2_3, A2_4]
    [A3_1, A3_2, A3_3, A3_4]

>> syms s(t) f(x,y)           % 创建符号函数 s(t)、f(x,y)
>> f(x,y)=x+2*y               % 定义函数
f(x,y) =
    x + 2*y
>> f(1,2)
ans =
    5

>> syms x
>> M=[x x^3; x^2 x^4];        % 用矩阵作为公式创建和计算符号函数
>> f(x)=M
f(x) =
    [ x, x^3]
    [x^2, x^4]
>> f(4)
ans =
```

```
    [ 4,  64]
    [16, 256]
```

3. class 函数

class 函数用于检测对象数据的类型，其调用格式如下。

```
className=class(obj)                    % 返回 obj 对象数据的类型
```

（1）符号常量的创建与检测

利用 sym 函数可以创建一个符号常量。建立了一个符号常量，即使看上去它是一个数值量，但它确实已经成为一个符号对象。如果想对创建的数据类型进行验证，就可以用 class 函数对其进行检测。

【例 9-3】对数值 2 创建符号常量，并检测其相应的数据类型。

在命令行窗口中输入以下命令并显示输出结果。

```
>> a=2; b='2';
>> c=sym(2); d=sym('2');
>> classa=class(a)
classa=
    'double'
>> classb=class(b)
classb=
    'char'
>> classc=class(c)
classc=
    'sym'
>> classd=class(d)
classd=
    'sym'
```

提　示

double 为双精度类型、char 为字符型、sym 为符号型。其中，b 将双精度类型转化为字符型，而在使用 sym 函数时，无论输入的参数是哪种类型，输出值的类型均为符号型。

（2）符号变量的创建与检测

在 MATLAB 的符号运算中，符号变量是内容可变的符号对象。符号变量通常是指一个或几个特定的字符，而不是指符号表达式，但可以将一个符号表达式赋值给一个符号变量。符号变量名称的命名规则与 MATLAB 数值变量名称的命名规则相同。

【例 9-4】用 sym 和 syms 函数建立符号变量 a。

在命令行窗口中输入以下命令并显示输出结果。

```
>> a=sym('a');
>> classa=class(a)
classa=
    'sym'
```

```
>> syms a;
>> classa=class(a)
classa=
    'sym'
```

从上面的两种实现方法可以看出，sym 和 syms 是等价的。当符号变量比较多时，建议使用 syms 函数，以减少命令行数。

9.1.2 符号对象的基本运算

在 MATLAB 中，符号运算表达式的运算符在形状、名称、使用方法上，都与数值计算中的运算符和基本函数几乎完全相同。

在 MATLAB 符号运算中，符号表达式是由符号常量、符号变量、符号函数运算符及专用函数连接起来的符号对象。下面就符号运算中的运算符和基本函数做一些简单归纳。

（1）基本运算符"+""-""*""\""/""^"分别实现矩阵的加、减、乘、左除、右除和求幂运算；基本运算符".*""./"".\"".^"分别实现元素对元素的数组的乘、左除、右除和求幂运算；基本运算符"'"".'"分别实现矩阵的共轭转置和非共轭转置运算。

（2）关系运算符"=="和"~="分别对运算符两边的对象进行"相等"和"不相等"的比较。当事实为"真"时，返回结果 1；否则，返回结果 0。

（3）三角函数（如除 atan2 之外的 sin、cos 等）、双曲函数（如 cosh）及它们的反函数（如 asin、acosh）无论在数值运算还是在符号运算中，使用方法都相同。

（4）sqrt、exp 和 expm 函数在数值运算与符号运算中的使用方法完全相同。

（5）复数函数涉及复数的共轭（conj）、实部（real）、虚部（imag）和模（abs）的求解函数，在符号运算与数值运算中的使用方法相同。

（6）在符号运算中，MATLAB 提供的常用矩阵代数指令有 diag、triu、tril、inv、det、rank、rref、null、colspace、poly、expm、eig 等。

【例 9-5】创建符号函数和符号矩阵。

在命令行窗口中输入以下命令并显示输出结果。

```
>> syms x y z;
>> f1=x^2+y^2+z^2+1
f1=
    x^2+y^2+z^2+1
>> classf1=class(f1);             % 符号方程

>> syms a b c d e f;
>> m1=[a b c; d e f]             % 符号矩阵
m1=
    [a, b, c]
    [d, e, f]
>> classm1=class(m1);
```

9.1.3　符号表达式的替换

符号运算所得的结果比较烦琐，非常不直观。为此，MATLAB 专门提供了对符号运算结果进行简化和替换的函数，如同类项合并、符号表达式的展开、因式分解、符号表达式化简等。

符号工具箱中提供了 subexpr 和 subs 两个函数，用于实现符号对象的替换。在 MATLAB 中，可以通过符号替换使表达式的输出形式简化，从而得到比较简单的表达式。

1. subexpr 函数

subexpr 函数将表达式中重复出现的字符串用变量代替，它的调用格式如下。

```
[Y,sigma]=subexpr(S,sigma)      % 指定用变量 sigma 的值（必须为符号对象）替换
                                % 符号表达式（可以是矩阵）中重复出现的字符串
[Y,sigma]=subexpr(S,'sigma')    % 输入参数 sigma 是字符或字符串
```

说明：替换后的结果由 Y 返回，被替换的字符串由 sigma 返回。

【例 9-6】subexpr 函数应用示例。

在命令行窗口中输入以下命令并显示输出结果。

```
>> syms a b c x;
>> s=solve(a*x^2+b*x+c==0)      % 后面得到的结果比较复杂
s=
-(b + (b^2 - 4*a*c)^(1/2))/(2*a)
-(b - (b^2 - 4*a*c)^(1/2))/(2*a)
>> r=subexpr(s)                 % 用字符串代替相同部分
sigma =
    (b^2 - 4*a*c)^(1/2)
r =
    -(b + sigma)/(2*a)
    -(b - sigma)/(2*a)
```

2. subs 函数

subs 函数可以用指定符号替换符号表达式中的某一特定符号，其调用格式如下。

```
R=subs(S)            % 用工作空间中的变量值替代符号表达式 S 中的所有符号变量
                     % 如果没有指定某符号变量的值，则返回值中该符号变量不被替换
R=subs(S,New)        % 用新符号变量 New 替代原来符号表达式 S 中的默认变量
                     % 确定默认变量的规则与 findsym 函数的规则相同
R=subs(S,Old,New)    % 用新符号变量 New 替代原来符号表达式 S 中的变量 Old
```

【例 9-7】替换函数 subs 应用示例。

在命令行窗口中输入以下命令并显示输出结果。

```
>> syms a b t;
>> subs(a^2+a*b+8,a,1)          % 简单替换，将 a+b 中的 a 替换为 1
ans=
```

```
        b+9
>> subs(exp(a*t),'a',-magic(2))      % 用矩阵替换符号变量
ans=
    [   exp(-t), exp(-3*t)]
    [ exp(-4*t), exp(-2*t)]
```

为了使符号表达式比较美观，符号数学工具箱提供了一个名为 pretty 的函数。

【例 9-8】使用 pretty 函数进行显示。

在命令行窗口中输入以下命令并显示输出结果。

```
>> syms a x
>> s=solve(x^2+x+a)
s=
    -(1-4*a)^(1/2)/2-1/2
     (1-4*a)^(1/2)/2-1/2
>> pretty(s)
/   sqrt(1 - 4 a)   1 \
| - ------------- - - - |
|         2         2   |
|                       |
|   sqrt(1 - 4 a)   1   |
| ------------- - - -   |
\         2         2   /
```

9.1.4 符号表达式的化简

MATLAB 符号工具箱中提供了 collect、expand、horner、factor、simplify 函数以实现符号表达式的化简。下面分别介绍这些函数。

1. collect 函数

collect 函数实现的功能是将符号表达式中的同类项合并，其具体调用格式有以下两种：

```
R=collect(S)     % 合并表达式 S 中相同次幂的项。S 可以是表达式，也可以是符号矩阵
R=collect(S,v)   % 合并表达式 S 中具有 v 次幂的项。不指定 v，则合并所有 x 相同次幂的项
```

【例 9-9】利用 collect 函数合并 f 中 x 的同类项。

在命令行窗口中输入以下命令并显示输出结果。

```
>> syms x y
>> coeffs=collect((exp(x)+x)*(x+2))
coeffs =
    x^2+(exp(x)+2)*x+2*exp(x)
>> coeffs_x=collect(x^2*y+y*x-x^2-2*x,x)
coeffs_x =
    (y-1)*x^2+(y-2)*x
>> coeffs_y=collect(x^2*y+y*x-x^2-2*x,y)
coeffs_y =
```

```
    (x^2+x)*y-x^2-2*x
>> syms a b
>> coeffs_xy=collect(a^2*x*y+a*b*x^2+a*x*y+x^2,[x y])
coeffs_xy =
    (a*b+1)*x^2+(a^2+a)*x*y
```

2. expand 函数

expand 函数实现的功能是将表达式展开。它的调用格式如下。

```
R=expand(S)
```

上述命令将表达式 S 中的各项展开，如果 S 包含函数，则利用恒等变形将它写成相应的和的形式。该函数多用于求解多项式、三角函数、指数函数和对数函数。

【例 9-10】expand 函数应用示例。

在命令行窗口中输入以下命令并显示输出结果。

```
>> syms x y;
>> expand(cos(x+y))              % 将三角函数展开
ans=
    cos(x)*cos(y)-sin(x)*sin(y)
>> expand((x^2+x+y+1)^2)         % 将多项式展开
ans=
    x^4+2*x^3+2*x^2*y+3*x^2+2*x*y+2*x+y^2+2*y+1
>> expand(exp(x+y+2))            % 指数函数的展开
ans=
    exp(2)*exp(x)*exp(y)
```

3. horner 函数

horner 函数用来将符号表达式转换成嵌套形式，其调用格式如下。

```
R=horner(S)          % S 是符号多项式矩阵，将其中每个多项式都转换成它们的嵌套形式
```

【例 9-11】将多项式转换成嵌套形式示例。

在命令行窗口中输入以下命令并显示输出结果。

```
>> syms x y;
>> f=x^3-6*x^2+11*x-6;
>> horner(f)
ans=
    x*(x*(x-6)+11)-6
```

4. factor 函数

factor 函数用来将符号多项式进行因式分解，其调用格式如下。

```
f=factor(n)          % 返回包含 n 的质因数的行向量，向量 f 与 n 具有相同的数据类型
f=factor(X)% 把 X 表示成系数为有理数的低阶多项式相乘的形式，X 为多项式，系数为有理数
           % 若 X 不能分解成有理多项式乘积的形式，则返回 X 本身
```

【例 9-12】①求某数的质因数；②对多项式进行因式分解。

在命令行窗口中输入以下命令并显示输出结果。

```
>> f=factor(98)                    % 求 98 的质因数
f =
     2    7    7
>> syms x y n;
>> f=2*x^2-7*x*y-5*x-22*y^2+35*y-3;
>> factor(f)                       % 对多项式进行因式分解
ans =
    [2*x-11*y+1,x+2*y-3]
```

5．simplify 函数

simplify 函数根据一定的规则对表达式进行简化，其调用格式如下。

```
R=simplify(A)
```

该函数是一个强有力的具有普遍意义的工具。它应用于包含和式、方根、分数的乘方、指数函数、对数函数、三角函数、Bessel 函数及超越函数等的表达式，并对表达式进行简化。其中，A 可以是符号表达式矩阵。

【例 9-13】符号表达式与符号矩阵化简。

在命令行窗口中输入以下命令并显示输出结果。

```
>> S=sym((x^2-x-2)/(x+1));
>> simplify(S)
ans=
    x-2

>> syms x
>> M=[(x^2+5*x+6)/(x+2),  sin(x)*sin(2*x)+cos(x)*cos(2*x);
      (exp(-x*1i)*1i)/2-(exp(x*1i)*1i)/2,  sqrt(16)];
>> S=simplify(M)
S =
[ x+3, cos(x)]
[sin(x),     4]
```

9.1.5　精度计算

在特殊情况下，如果希望计算结果足够精确，就要牺牲计算时间和存储空间，用符号运算可以获得足够高的计算精度。

一般符号运算的结果都是字符串，特别是一些符号运算结果从形式上来看是数值，但从变量类型上来说，它们仍然是字符串。要从精确解中获得任意精度的解，并改变默认精度，把任意精度符号解变成"真正的"数值解，就需要用到 MATLAB 提供的如下几个函数。

```
digits(d)    % 将近似解的精度调整为 d 位有效数字，默认为 32，为空时得到当前采用的精度
vpa(A,d)     % 求符号解 A 的近似解，该近似解的有效位数由参数 d 指定
             % 如果不指定 d，则按照一个 digits(d) 指令设置的有效位数输出
```

```
double(A)    % 把符号矩阵或任意精度表示的矩阵 A 转换成双精度矩阵
```

【例 9-14】 演示上述 3 个函数的输出结果。

在命令行窗口中输入以下命令并显示输出结果。

```
>> A=[3.100 1.300 5.500;4.970 4.400 1;9.000 2.90 4.61];
>> S=sym(A)
S=
    [   31/10,  13/10,    11/2]
    [ 497/100,   22/5,       1]
    [       9,  29/10, 461/100]
>> digits(6)    % 转换成有效数为 6 的任意精度的矩阵
>> vpa(S)
ans=
    [ 3.1, 1.3,  5.5]
    [ 4.97, 4.4, 1.0]
    [ 9.0, 2.9, 4.61]
>> double(S)    % 转换成双精度型矩阵
ans =
    3.1000    1.3000    5.5000
    4.9700    4.4000    1.0000
    9.0000    2.9000    4.6100
```

符号运算的一个特点是计算过程中不会出现舍入误差，因此可以得到任意精度的数值解。

9.2　符号微积分及其变换

9.2

微积分是高等数学的重要组成部分，符号工具箱提供了一些常用的函数以支持微积分运算，涉及的方面主要包括微分、求极限、积分、级数求和及积分变换等。

9.2.1　符号表达式的微分运算

1. diff 函数

利用 diff 函数可以求解符号表达式的微分，其调用格式如下。

```
Y=diff(X)            % 对符号表达式或符号矩阵 X 求微分
Y=diff(X,n)          % 对 X 中的默认变量进行 n 阶微分运算
Y=diff(X,n,dim)      % 对符号表达式或矩阵 X 沿 dim 指定的维进行 n 阶微分运算
```

其中，X 中的默认变量可以用 findsym 函数来确定，参数 n 必须是正整数，dim 是一个正整数标量。

要进行微分运算，首先要建立一个符号表达式，然后取相应的微分。

【例 9-15】求 $\dfrac{\mathrm{d}}{\mathrm{d}x}\tan x$ 和 $\dfrac{\mathrm{d}^2}{\mathrm{d}x^2}(\tan x)$。

在命令行窗口中输入以下命令并显示输出结果。

```
>> syms a x
>> f=tan(x);
>> df=diff(f)
df=
    tan(x)^2 + 1
>> df=diff(f,2)
df=
    2*tan(x)*(tan(x)^2 + 1)
```

【例 9-16】求 $\dfrac{\mathrm{d}}{\mathrm{d}x}\begin{bmatrix} a & t \\ t\sin x & \ln x \end{bmatrix}$ 和 $\dfrac{\mathrm{d}^2}{\mathrm{d}x\mathrm{d}t}\begin{bmatrix} a & t \\ t\sin x & \ln x \end{bmatrix}$。

在命令行窗口中输入以下命令并显示输出结果。

```
>> syms a t x;
>> f=[a, t; t*sin(x), log(x)];
>> df=diff(f)
df=
    [      0,     0 ]
    [t*cos(x), 1/x]
>> dfdxdt=diff(diff(f,x),t)
dfdxdt=
    [      0,   0]
    [sos(x),   0]
```

2. Jacobian 函数

设 $\boldsymbol{F}(x_1,x_2,\ldots,x_n)=\begin{pmatrix} f_1(x_1,x_2,\ldots,x_n) \\ f_2(x_1,x_2,\ldots,x_n) \\ \vdots \\ f_n(x_1,x_2,\ldots,x_n) \end{pmatrix}$，其 Jacobian 矩阵的数学表达式为

$$\boldsymbol{J}=\begin{pmatrix} \dfrac{\partial f_1}{\partial x_1} & \cdots & \dfrac{\partial f_1}{\partial x_n} \\ \dfrac{\partial f_2}{\partial x_1} & & \dfrac{\partial f_2}{\partial x_n} \\ & \cdots & \\ \dfrac{\partial f_n}{\partial x_1} & \cdots & \dfrac{\partial f_n}{\partial x_n} \end{pmatrix}$$

由此可见，求多元函数矩阵的本质还是求其 Jacobian 函数微分，其调用格式如下。

```
R=jacobian(f,v)          % f 是一个符号列向量，v 是指定进行变换的变量组成的行向量
```

【例 9-17】 求 $f(x_1,x_2)=\begin{bmatrix} e^{x_1} \\ \sin x_2 \\ \cos x_1 \end{bmatrix}$ 的 Jacobian 矩阵。

在命令行窗口中输入以下命令并显示输出结果。

```
>> syms x1 x2;
>> f=[exp(x1); sin(x2); cos(x1)];
>> v=[x1 x2];
>> fjac=jacobian(f,v)
fjac=
    [ exp(x1),       0]
    [       0, cos(x2)]
    [ -sin(x1),      0]
```

提　示

jacobian 函数的第一个参数必须是列向量，第二个参数必须是行向量。

3. 符号表达式的极限

经典微积分是建立在极限基础上的，求微积分的基本思想是当自变量趋近某个值时，求函数值的变化，利用的是逼近思想。

在 MATLAB 中，用 limit 函数求表达式的极限，其调用格式如下。

```
limit(F,x,a)            % 求当 x→a 时符号表达式 F 的极限
limit(F,a)              % F 采用默认自变量，求 F 的自变量趋近于 a 时的极限值
limit(F)                % F 采用默认自变量，并以 a=0 作为自变量的趋近值，求 F 的极限值
limit(F,x,a,'left')     % 求 F 的左极限，即自变量从左边趋近于 a 时的函数极限值
limit(F,x,a,'right')    % 求 F 的右极限，即自变量从右边趋近于 a 时的函数极限值
```

【例 9-18】 求极限 $\lim\limits_{x\to 0}\dfrac{x+1}{x^3}$、$\lim\limits_{x\to 0^-}\dfrac{x+1}{x^3}$ 和 $\lim\limits_{x\to 0^+}\dfrac{x+1}{x^3}$。

在命令行窗口中输入以下命令并显示输出结果。

```
>> limit((x+1)/x^3,x,0)
ans=
    NaN
>> limit((x+1)/x^3,x,0,'left')
ans=
    -Inf
>> limit((x+1)/x^3,x,0,'right')
ans=
    Inf
```

9.2.2　符号表达式的级数与积分

在高等数学中，微分与积分在数学中是一对互逆的运算。求解积分的基本步骤是分割、

求和并近似取极限；求积分的过程就是累积求和的过程。在学习符号积分前，需要先了解级数求和的 MATLAB 函数。

1. 级数求和

symsum 函数用于对符号表达式进行求和。该函数的调用格式如下。

```
r=symsum(s,v,a,b)        % 求符号表达式 s 中的变量 v 从 a 到 b 的和
r=symsum(s,a,b)          % 求符号表达式 s 中的默认自变量从 a 到 b 的和
r=symsum(s,v)            % 求符号表达式 s 中的变量 v 从 0 到 v-1 的和
```

说明：默认自变量可通过 symvar 函数查得。

【例 9-19】求 $r = \sum_{k=1}^{10} k^2$、$F_1 = \sum_k k$、$F_2 = \sum_k 2^k$、$F(x) = \sum_{k=1}^{8} kx^k$，并求 $x=2$ 时的值。

在命令行窗口中输入以下命令并显示输出结果。

```
>> syms k x;
>> r=symsum(k^2,1,10)
r=
    385
>> F1=symsum(k,k)
F1 =
    k^2/2-k/2
>> F2=symsum(2^k,k)
F2 =
    2^k
>> F(x)=symsum(k*x^k,k,1,8)
F(x) =
    8*x^8+7*x^7+6*x^6+5*x^5+4*x^4+3*x^3+2*x^2+x
>> F(2)
ans =
    3586
```

2. Taylor 级数

Taylor 级数主要利用已知函数的不同阶导数的组合近似地逼近函数。在 MATLAB 中，taylor 函数用来求符号表达式的 Taylor 级数展开式，其调用格式如下。

```
T=taylor(f)              % 返回符号表达式 f 在默认变量=0 处做 5 阶 Taylor 展开时的展开式
T=taylor(f,v)            % 返回符号表达式 f 在 v=0 处做 5 阶 Taylor 展开时的展开式
T=taylor(f,v,a)          % 返回 f 在 v=a 处做 5 阶 Taylor 展开的展开式
T=taylor(f,v,'Order',n)  % 返回 f 的 n-1 阶麦克劳林级数展开式
                         % 即在 v=0 处做 Taylor 展开，f 以符号标量 v 作为自变量
```

【例 9-20】①计算函数 $t = e^x$、$t = \sin x$ 在 $x=0$ 处的 5 阶 Taylor 展开式。②计算 $T = \dfrac{1}{e^x} - e^x + 2x$ 在 $x=0$ 处的 4 阶展开式。

在命令行窗口中输入以下命令并显示输出结果。

```
>> syms x;
```

```
>> t=taylor(exp(x))
t =

    x^5/120+x^4/24+x^3/6+x^2/2+x+1
>> t=taylor(sin(x))
t=

    x^5/120-x^3/6+x
>> T=taylor(1/exp(x)-exp(x)+2*x,x,'Order',5)
T =

    -x^3/3
```

3. 符号积分

符号工具箱中提供了 int 函数，用来求符号表达式的积分，其调用格式如下。

```
R=int(S)         % 用默认变量（可用函数 findsym 确定）求符号表达式 S 的不定积分值
R=int(S,v)       % 用符号标量 v 作为变量求符号表达式 S 的不定积分值
R=int(S,a,b)     % 用来求默认变量从 a 变到 b 时的符号表达式
R=int(S,v,a,b)   % 求当 v 从 a 变到 b 时符号表达式 S 的定积分值，S 采用符号标量 v 作为变量
```

求 S 的定积分值：如果 S 是符号矩阵，那么积分将对各个元素分别进行，而且每个元素的变量也可以独立地由 findsym 函数确定，a 和 b 可以是符号或数值标量。

【例 9-21】求积分 $\int \sin x \mathrm{d}x$ 和 $\int_0^\pi \sin x \mathrm{d}x$ 。

在命令行窗口中输入以下命令并显示输出结果。

```
>> syms x;
>> int(sin(x))
ans=

    -cos(x)
>> int(sin(x),0,pi)
ans=

    2
```

下面举一个符号积分的综合例子。

【例 9-22】求二重积分 $\int_x^y \int_x^{x^2} (x^2 + y^2) \mathrm{d}y \mathrm{d}x$ 。

在命令行窗口中输入以下命令并显示输出结果。

```
>> syms x y;
>> int(int(x^2+y^2,x,x^2),x,y)
ans=

    -x^7/21+x^4/12-(x^3*y^2)/3+(x^2*y^2)/2+y^7/21+y^5/3-(7*y^4)/12
```

9.2.3 符号积分变换

变换的主要目的是把较复杂的运算转化为比较简单的运算，是数学上经常采用的一种手段。所谓积分变换，就是通过积分运算，把一类函数变换成另一类函数。下面介绍 Fourier 变换、Laplace 变换与 Z 变换。

1. Fourier 变换及其逆变换

时域中的 $f(t)$ 与它在频域中的 Fourier 变换 $F(\omega)$ 之间存在如下关系：

$$F(\omega) = \int_{-\infty}^{\infty} f(t) \mathrm{e}^{\mathrm{i}\omega t} \mathrm{d}t$$

$$f(t) = \int_{-\infty}^{\infty} F(\omega) \mathrm{e}^{\mathrm{i}\omega t} \mathrm{d}\omega$$

由计算机完成这种变换的途径有两种：一种是直接调用函数 fourier 和 ifourier；另一种是根据上面的定义，利用积分函数 int 来实现。下面介绍 fourier 和 ifourier 函数的使用方法。

```
Fw=fourier(ft,t,w)          % 求时域函数 ft 的 Fourier 变换 Fw
ft=ifourier(Fw,w,t)         % 求频域函数 Fw 的 Fourier 逆变换
```

其中，ft 是以 t 为自变量的时域函数，Fw 是以圆频率 w 为自变量的频域函数。

【例 9-23】求单位阶跃函数 $f(t) = \begin{cases} 1 & t \geq 0 \\ 0 & t < 0 \end{cases}$ 的 Fourier 变换及其逆变换。

在命令行窗口中输入以下命令并显示输出结果。

```
>> syms t w
>> ut=sym(heaviside(t));   % heaviside 为单位阶跃函数
>> UT=fourier(ut,t,w)
UT=
    pi*dirac(w)-1i/w
>> Ut=ifourier(UT,w,t)
Ut=
    (pi+pi*sign(t))/(2*pi)
```

2. Laplace 变换及其逆变换

Laplace 变换及其逆变换的定义为

$$F(s) = \int_0^{\infty} f(t) \mathrm{e}^{-st} \mathrm{d}t$$

$$f(t) = \frac{1}{2\pi\mathrm{i}} \int_{c-\mathrm{i}\infty}^{c+\mathrm{i}\infty} F(s) \mathrm{e}^{st} \mathrm{d}s$$

与 Fourier 变换相似，Laplace 变换及其逆变换的实现也有两种途径：一种是直接调用函数 laplace 和 ilaplace；另一种是根据上面的定义，利用积分函数 int 来实现。比较而言，直接使用 laplace 和 ilaplace 函数实现较为简捷，它们的调用格式如下。

```
Fs=laplace(ft,t,s)          % 求时域函数 ft 的 Laplace 变换 Fs
ft=ilaplace(Fs,s,t)         % 求频域函数 Fs 的 Laplace 逆变换 ft
```

其中，ft 是以 t 为自变量的时域函数，Fs 是以复频率 s 为自变量的频域函数

【例 9-24】求 $\begin{bmatrix} \delta(t-a) & u(t-b) \\ \mathrm{e}^{-t}\sin bt & \cos t \end{bmatrix}$ 的 Laplace 变换及其逆变换。

在命令行窗口中输入以下命令并显示输出结果。

```
>> syms t s;
>> syms a b positive;
>> Mt=[dirac(t-a),heaviside(t-b);exp(-t)*sin(b*t),cos(t)];
```

```
% dirac 和 heaviside 分别为单位脉冲函数和单位阶跃函数
>> MS=laplace(Mt,t,s)
MS =
    [        exp(-a*s), exp(-b*s)/s]
    [ b/((s+1)^2+b^2), s/(s^2+1)]
>> ft=ilaplace(MS,s,t)
ft =
    [    dirac(a-t), heaviside(t-b)]
    [ exp(-t)*sin(b*t),        cos(t)]
```

3．Z 变换及其逆变换

一个序列的 Z 变换及其逆变换定义为

$$F(z) = \sum_{n=0}^{\infty} f(n)z^{-n}$$

$$f(n) = Z^{-1}\{F(z)\}$$

涉及 Z 逆变换的具体计算方法，最常见的有 3 种，分别是幂级数展开法、部分分式展开法和围线积分法。MATLAB 提供 ztrans 及 iztrans 函数求 Z 变换及其逆变换，iztrans 函数采用的是围线积分法，它们的调用格式如下。

```
FZ=ztrans(fn,n,z)          % 求时域函数 fn 的 Z 变换 FZ
fn=iztrans(FZ,z,n)         % 求频域函数 FZ 的 Z 逆变换 fn
```

其中，fn 是以 n 为自变量的时域序列，FZ 是以复频率 z 为自变量的频域函数。

【例 9-25】求函数 $f(t) = \dfrac{1}{a-b}[e^{-bt} - e^{-at}]$ 的 Z 变换及其逆变换。

在命令行窗口中输入以下命令并显示输出结果。

```
>> clear, clc
>> syms a b t z n
>> f=1/(a-b)*(exp(-(b*t))-exp(-a*t));
>> Fz=ztrans(f)
>> FZ=iztrans(Fz,z,n)
Fz =
    z/((z-exp(-b))*(a-b))-z/((z-exp(-a))*(a-b))
FZ =
    -(exp(-a)*(exp(-a)^n*exp(a)-exp(a)*kroneckerDelta(n,0)))/(a-b)-
(exp(-b)*(exp(b)*kroneckerDelta(n,0)-exp(-b)^n*exp(b)))/(a-b)
```

9.3　符号矩阵的计算

9.3

符号运算规则的很多方面在形式上与数值计算的规则都是相同的。这给 MATLAB 用户带来了极大的方便。符号对象的矩阵运算在形式上与数值计算中的矩阵运算十分相似。

9.3.1　代数基本运算

如果两个对象都是符号矩阵，则其加减法运算必须大小相等。当然，符号矩阵也可以和符号标量进行加减运算，其运算按照数组运算法则进行。

在 MATLAB 中，符号对象的代数运算和双精度运算从形式上看是一样的。由于 MATLAB 采用了符号的重载，所以用于双精度数运算的运算符同样可以用于符号对象。

【例 9-26】符号矩阵的加减运算。

在命令行窗口中输入以下命令并显示输出结果。

```
>> syms a b c d
>> A=sym([a b;c d]);            % 定义符号矩阵
>> B=sym([2*a b;c 2*d]);        % 定义符号矩阵
>> A+B
ans=
    [3*a,    2*b]
    [2*c,    3*d]
>> A*B
ans =
    [2*a^2+b*c, a*b+2*b*d]
    [2*a*c+c*d, 2*d^2+b*c]
```

9.3.2　线性代数运算

在下面的例子中，首先生成一个希尔伯特矩阵（数值型），然后将它转换成符号矩阵，并对它进行各种线性代数运算。读者可以从中体会符号对象线性代数运算的特点。

【例 9-27】线性代数运算实例。

在命令行窗口中输入以下命令并显示输出结果。

```
>> H=hilb(6);          % 生成六阶希尔伯特数值矩阵
>> H=sym(H)            % 将数值矩阵转换成符号矩阵
H =
    [   1, 1/2, 1/3, 1/4,  1/5,  1/6]
    [ 1/2, 1/3, 1/4, 1/5,  1/6,  1/7]
    [ 1/3, 1/4, 1/5, 1/6,  1/7,  1/8]
    [ 1/4, 1/5, 1/6, 1/7,  1/8,  1/9]
    [ 1/5, 1/6, 1/7, 1/8,  1/9, 1/10]
    [ 1/6, 1/7, 1/8, 1/9, 1/10, 1/11]
>> inv(H)            % 求符号矩阵的逆矩阵
ans =
    [    36,    -630,     3360,    -7560,     7560,    -2772]
    [  -630,   14700,   -88200,   211680,  -220500,    83160]
    [  3360,  -88200,   564480, -1411200,  1512000,  -582120]
```

```
      [ -7560,  211680, -1411200,  3628800, -3969000,  1552320]
      [  7560, -220500,  1512000, -3969000,  4410000, -1746360]
      [ -2772,   83160,  -582120,  1552320, -1746360,   698544]
>> det(H)          % 方阵 A 的行列式的值
ans =
    1/186313420339200000
```

9.3.3 特征值分解

在线性代数中，求矩阵的特征值与特征向量极为常见。因此，为了方便读者深入学习和掌握有关计算的指令，在 MATLAB 中，分别采用下面的函数来求符号方阵的特征值和特征向量：

```
E=eig(A)           % 求符号方阵 A 的符号特征值 E
[v,E]=eig(A)       % 返回方阵 A 的符号特征值 E 和相应的特征向量 v
```

与它们对应的任意精度计算的指令是 E=eig(vpa(A)) 和 [v,E]=eig(vpa(A))。

【例 9-28】求上例中矩阵 **H** 的特征值和特征向量。

在命令行窗口中输入以下命令并显示输出结果。

```
>> H=hilb(6);      % 生成六阶希尔伯特数值矩阵
>> H=sym(H);       % 将数值矩阵转换成符号矩阵
>> [v,E]=eig(H)    % v 的每一列是 H 的一个特征向量，E 的对角线元素是 H 的特征值
% 输出略，读者可自行查看输出结果
```

9.3.4 约当标准型

在线性代数中，对矩阵约当标准型进行求解是相当复杂的。MATLAB 提供了 jordan 函数，用来求矩阵的约当标准型，它的调用格式如下。

```
J=jordan(A)        % 计算矩阵 A 的约当标准型。其中 A 可以是数值矩阵或符号矩阵
[V,J]=jordan(A)    % 除了计算矩阵 A 的约旦标准型 J，还返回相应的变换矩阵 V
```

【例 9-29】计算矩阵的约当标准型。

在命令行窗口中输入以下命令并显示输出结果。

```
>> A=sym([1 2 -3; 1 2 5; 2 4 -5 ]);       % 定义符号矩阵
>> [V,J]=jordan(A)
V =
    [ -2,       30^(1/2)/58 + 14/29,       14/29 - 30^(1/2)/58]
    [  1, 22/29 - (15*30^(1/2))/58, (15*30^(1/2))/58 + 22/29]
    [  0,                        1,                         1]
J =
    [ 0,               0,           0]
    [ 0, - 30^(1/2) - 1,           0]
    [ 0,               0, 30^(1/2) - 1]
```

jordan 函数对矩阵元素值的极微小变化均特别敏感，这使得采用数值方法计算约当标准型非常困难，矩阵 A 的值必须精确地知道它的元素是整数或有理表达式。该函数不支持对于任意精度矩阵求其约当标准型。

9.3.5 奇异值分解

由于符号运算产生的公式一般都比较长、比较复杂，而且没有多大的用处。因此，在符号工具箱中，只有任意精度矩阵的奇异值分解才是可行的。用于对符号矩阵 A 进行奇异值分解的函数是 svd，其调用格式如下。

```
S=svd(A)              % 给出符号矩阵奇异值对角矩阵，其计算精度由 digits 函数指定
[U,S,V]=svd(A)        % 输出参数 U 和 V 是两个正交矩阵，它们满足关系式 A=USV′
```

【例 9-30】求矩阵 A 的奇异值分解。

在命令行窗口中输入以下命令并显示输出结果。

```
>> rng default              % 设置种子数，方便复现
>> X=rand(6,6)              % 生成 6×6 的随机矩阵
X =
    0.8147    0.2785    0.9572    0.7922    0.6787    0.7060
    0.9058    0.5469    0.4854    0.9595    0.7577    0.0318
    0.1270    0.9575    0.8003    0.6557    0.7431    0.2769
    0.9134    0.9649    0.1419    0.0357    0.3922    0.0462
    0.6324    0.1576    0.4218    0.8491    0.6555    0.0971
    0.0975    0.9706    0.9157    0.9340    0.1712    0.8235
>> X=sym(X);                % 将数值矩阵转换成符号矩阵
>> digits(12)              % 指定输出精度
>> S=svd(vpa(X))
S=
  3.56929388263
  1.22304661566
  1.01009041207
  0.616635007956
  0.406220375211
  0.0390212779873
```

9.4 符号方程求解

9.4

方程在数学的漫长探索、深化过程中有着非常重要的历史背景。从最初的消元法到数值计算中的牛顿迭代法、高斯消元法，一直到微分方程的求解理论，MATLAB 为符号方程的求解提供了强有力的支持。

9.4.1　代数方程的求解

符号方程根据其中涉及的运算类别，可以分为代数方程和微分方程。其中，代数方程只涉及符号对象的代数运算，相对比较简单，它还可以细分为线性方程和非线性方程。线性方程往往可以很容易地求得所有解；但是对于非线性方程来说，经常容易丢失一些解，这时就必须绘制函数图形，通过图形来判断方程解的个数。

这里所讲的是一般代数方程，求解函数是 solve。若方程组不存在符号解且无其他自由参数，则 solve 将给出数值解。该指令的使用格式包括以下几种：

```
S=solve(eqn,var)                % 求方程 eqn 的解，自变量由 var 指定
S=solve(eqn,var,Name,Value)     % 使用由一个或多个名称-值参数对指定的其他选项
Y=solve(eqns,vars)     % 求方程组 eqns 的解，并返回解的结构体，自变量由 vars 指定
Y=solve(eqns,vars,Name,Value)   % 使用由一个或多个名称-值参数对指定的其他选项
[y1,…,yN]=solve(eqns,vars)      % 将解分配给变量 y1，…，yN
```

其中，未指定 var 或 vars 时，由 symvar 函数确定要求解的变量，symvar 找到的变量的数量等于方程 eqns 的数量。

说明：早期版本中仅有此字符向量或字符串输入方式，如

```
solve('2*x==1','x')
```

新版中使用 syms 声明变量，并用以下语句替换。

```
syms x;
solve(2*x==1,x)
```

说明：对于有与方程数目相同的输出参数的情况，方程组的解将分别赋给每个输出参数，并按照字母表的顺序进行排列；对于只有一个输出参数的方程组，方程组的解将以结构矩阵的形式赋给输出参数。

【例 9-31】求方程 $ax^2+bx+c=0$ 的解。

在命令行窗口中输入以下命令并显示输出结果。

```
>> syms a b c x
>> eqn=a*x^2+b*x+c==0;
>> S=solve(eqn)
S =
  -(b+(b^2-4*a*c)^(1/2))/(2*a)
  -(b-(b^2-4*a*c)^(1/2))/(2*a)
```

【例 9-32】求线性方程组 $\begin{cases} d+\dfrac{n}{4}+\dfrac{p}{6}=q \\ n+d+q-p=1 \\ q+d-\dfrac{n}{2}=p \\ q+p-n-d=2 \end{cases}$ 的解。

在命令行窗口中输入以下命令并显示输出结果。

```
>> A=sym([1 1/4 1/6 -1;1 1 -1 1;1 -1/2 -1 1;-1 -1 1 1]);
>> b=sym([0;1;0;2]);
```

```
>> X1=A\b;                        % 直接利用运算符求解

>> syms d n p q;         % 利用 solve 求解
>> eqns=[d+n/4+p/6==q, n+d+q-p==1, q+d-n/2==p, q+p-n-d==2];
>> Y=solve(eqns)
Y =
  包含以下字段的 struct:
    d: 41/42
    n: 2/3
    p: 15/7
    q: 3/2
```

【例 9-33】求方程组 $\begin{cases} uy+vx+2w=0 \\ x+y-w=0 \end{cases}$ 关于 x 和 y 的解。

在命令行窗口中输入以下命令并显示输出结果。

```
>> syms x y u v w
>> eqn1=u*y+v*x+2*w==0;
>> eqn2=y+x-w==0;
>> eqns=[eqn1 eqn2];
>> vars=[x,y];
>> Y=solve(eqns,vars)
Y =
  包含以下字段的 struct:
    x:  (2*w+u*w)/(u-v)
    y: -(2*w+v*w)/(u-v)
```

9.4.2　微分方程的求解

微分方程的求解稍微复杂一些，它按照自变量的个数，可以分为常微分方程和偏微分方程。偏微分方程的求解在数学上相当复杂，而且理论体系也繁杂，用机器求解往往不能找到通行的方法，也很难求出其精确解。这里主要介绍用 MATLAB 求解常微分方程。

从数值计算角度看，与初值问题求解相比，微分方程边值问题的求解显得复杂和困难。对于求解实际问题的科研人员来说，此时，不妨利用符号计算指令进行求解。

因为对于符号运算来说，不论是初值问题，还是边值问题，其求解微分方程的指令形式都相同，且相当简单。当然，符号运算可能花费较多的计算机资源，也可能得不到简单的解析解或封闭形式的解，甚至无法求解。因此，没有万能的微分方程的一般解法，但求解微分方程的符号法和数值法有很好的互补作用。

dsolve 函数用来求常微分方程的符号解，其调用格式如下。

```
S=dsolve(eqn)              % 求解微分方程 eqn，其中 eqn 是一个符号方程
S=dsolve(eqn,cond)         % 用初始或边界条件 cond 求解方程 eqn
S=dsolve(___,Name,Value)   % 使用由一个或多个名称-值参数对指定其他选项
[y1,…,yN]=dsolve(___)      % 将解分配给变量 y1，…，yN
```

在新版 MATLAB 中，使用 diff 和 == 表示微分方程。例如，diff(y,x)==y 表示方程 dy/dx=y。通过将 eqn 指定为这些方程的向量来求解微分方程组。

说明：早期版本中仅有此字符向量或字符串输入方式，如

```
dsolve('Dy=-3*y')
```

新版中使用 syms 声明变量，并用以下语句替换。

```
syms y(t);
dsolve(diff(y,t)==-3*y)
```

dsolve 函数的输出结果与 solve 函数的输出结果类似，既可以用与因变量个数相同数目的输出参数分别接收每个变量的解，也可以把方程的解写入一个结构数组中。

【例 9-34】求微分方程 $\dfrac{\mathrm{d}x}{\mathrm{d}t}=ax$，$x(0)=5$ 的解。

在命令行窗口中输入以下命令并显示输出结果。

```
>> xSol=dsolve('Dx=a*x','x(0)=5');        % 旧版输入方式，即将被淘汰

>> syms x(t) a;                           % 新版输入方式
>> eqn=diff(x,t)==a*x;
>> cond=x(0)==5;
>> xSol(t)=dsolve(eqn,cond)
xSol(t) =
    5*exp(a*t)
```

【例 9-35】求微分方程 $\dfrac{\mathrm{d}^2x}{\mathrm{d}t^2}=a^2x$，$x(0)=b$，$x'(0)=1$ 的解。

在命令行窗口中输入以下命令并显示输出结果。

```
>> xSol=dsolve('D2x=a^2*x','x(0)=b','Dx(0)=1');   % 旧版输入方式，即将被淘汰

>> syms x(t) a b;                         % 新版输入方式
>> eqn=diff(x,t,2)==a^2*x;
>> Dx=diff(x,t);
>> cond=[x(0)==b, Dx(0)==1];
>> xSol(t)=dsolve(eqn,cond)
xSol(t) =
    (exp(a*t)*(a*b+1))/(2*a)+(exp(-a*t)*(a*b-1))/(2*a)
```

【例 9-36】求 $\dfrac{\mathrm{d}x}{\mathrm{d}t}=2y$，$\dfrac{\mathrm{d}y}{\mathrm{d}t}=3x$ 的解。

在命令行窗口中输入以下命令并显示输出结果。

```
>> S=dsolve('Dx=2*y,Dy=3*x');             % 旧版输入方式，即将被淘汰

>> syms x(t) y(t);                        % 新版输入方式
>> eqns=[diff(x,t)==2*y, diff(y,t)==3*x];
>> dsolve (eqns)
ans =
    包含以下字段的 struct:
```

```
y: C1*exp(6^(1/2)*t)+C2*exp(-6^(1/2)*t)
x: (6^(1/2)*C1*exp(6^(1/2)*t))/3-(6^(1/2)*C2*exp(-6^(1/2)*t))/3
```

【例 9-37】求边值问题 $\dfrac{\mathrm{d}f}{\mathrm{d}x}=2f+3g$，$\dfrac{\mathrm{d}g}{\mathrm{d}x}=f+g$，$f(0)=1$，$g(0)=0$ 的解。

在命令行窗口中输入以下命令并显示输出结果。

```
>> S=dsolve('Df=2*f+3*g,Dg=f+g','f(0)=1,g(0)=0');% 旧版输入方式，即将被淘汰

>> syms f(x) g(x);                              % 新版输入方式
>> eqns=[diff(f,x)==2*f+3*g, diff(g,x)==f+g];
>> cond=[f(0)==1, g(0)==0];
>> dsolve (eqns,cond)
ans =
  包含以下字段的 struct:
    g: (13^(1/2)*exp((x*(13^(1/2)+3))/2)))/13-(13^(1/2)*e…
    f: (13^(1/2)*exp(-(x*(13^(1/2)-3))/2)*(13^(1/2)/2-1/…
```

9.5 可视化数学分析

9.5

MATLAB 为符号函数可视化提供了一组简便易用的指令，下面简单介绍两个用于数学分析的可视化工具，即图示化符号函数计算器和 Taylor 级数逼近分析器。

9.5.1 图示化符号函数计算器

对于习惯使用计算器或只想进行一些简单符号运算与图形处理的用户，MATLAB 提供的图示化符号函数计算器是一个较好的选择。该计算器的功能虽然简单，但操作方便、可视性强。

图示化符号函数计算器由两个图形窗口（"f"和"g"）和一个函数运算控制窗口（"funtool"）组成。在 MALTAB 命令行窗口中执行 funtool 命令，就会弹出上述 3 个窗口，如图 9-1 所示，利用该计算器即可进行符号函数运算。

```
>> funtool
```

在任何时候，两个图形窗口只有一个处于激活状态。函数运算控制窗口中的任何操作都只能对被激活的图形窗口起作用，即被激活的函数图像可随函数运算控制窗口的操作而做相应的变化。

（1）函数运算控制窗口中的第一排按键只对"f"图形窗口起作用，如求导、积分、简化、提取分子和分母、计算 1/f 及求反函数。

（2）函数运算控制窗口中的第二排按键处理函数 f 和常数 a 之间的加、减、乘、除等运算。

（3）函数运算控制窗口中第三排的前 4 个按键对两个函数 f 和 g 进行算术运算，第五个按键用来求复合函数，第六个按键的功能是把 f 函数传递给 g 函数，最后一个按键 swap

实现 f 和 g 的互换。

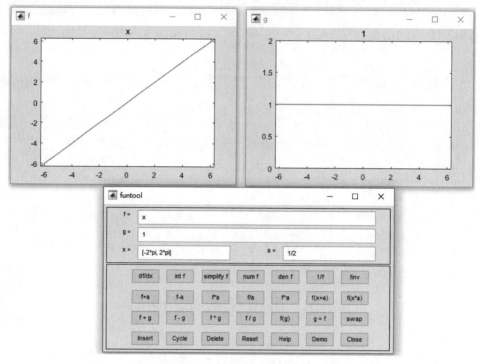

图 9-1　图示化符号函数计算器的 3 个窗口

（4）函数运算控制窗口中的第四排按键用于对计算器自身进行操作，这些按键的功能如下。

- Insert：把当前激活窗口的函数写入列表。
- Cycle：依次循环显示 fxlist 中的函数。
- Delete：从 fxlist 列表中删除激活窗口的函数。
- Reset：使计算器恢复到初始调用状态。
- Help：获得关于界面的在线提示说明。
- Demo：自动演示。
- Close：退出。

9.5.2　Taylor 级数逼近分析器

在 MATLAB 命令行窗口中运行以下指令，将引出如图 9-2 所示的 Taylor 逼近分析器窗口。该窗口用于观察函数 $f(x)$ 在给定区间上被 N 阶 Taylor 多项式 $T_N(x)$ 逼近的情况。

```
>> taylortool
```

函数 $f(x)$ 的输入方式有两种：①直接由指令 taylortool 引入；②在窗口的"f(x)"数值框中直接输入表达式。窗口中的"N"被默认地设置为 7，可以用其右侧的按键改变阶次，也可以直接输入阶次。窗口中的"a"是级数的展开点，其默认值为 0。函数的观察区被默认地设置为 $(-2\pi, 2\pi)$。

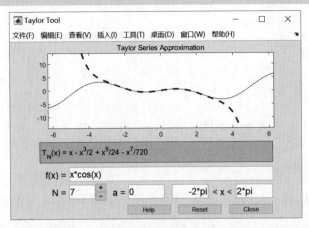

图 9-2　Taylor 级数逼近分析器窗口

9.6　本章小结

本章主要介绍了 MATLAB 有关符号运算的基础内容，读者通过本章的学习并根据相应的算例，可以系统地掌握符号运算的基本操作，为解决现实问题奠定基础。符号运算具有以下优点：①计算以推理解析的方式进行，实际上得到的解是真实的、可靠的；②可以给出完全正确的封闭解或任意精度的数值解；③指令的调用比较简单，不必把过多的精力放在编写算法上。符号运算的不足之处在于计算所需的时间较长且结果的形式较繁杂。

习　　题

1. 填空题

（1）在 MATLAB 程序中，可以使用＿＿＿＿＿、＿＿＿＿＿函数规定和创建符号常量、符号变量、符号函数、符号表达式；利用＿＿＿＿＿函数，可以测试建立的操作对象为何种操作对象类型，以及是否为符号对象类型。

（2）在 MATLAB 中，使用＿＿＿＿＿和＿＿＿＿＿表示微分方程。例如，＿＿＿＿＿表示方程 $dy/dx=y$。通过将 eqn 指定为这些方程的向量来求解微分方程组。

（3）在 MATLAB 中，可以通过＿＿＿＿＿使表达式的输出形式简化，从而得到比较简单的表达式。符号运算工具箱中提供 subexpr 和 subs 两个函数，用于实现＿＿＿＿＿。

（4）符号方程根据其中涉及的运算类别，可以分为＿＿＿＿＿和＿＿＿＿＿。其中，＿＿＿＿＿只涉及符号对象的代数运算，相对比较简单，它还可以细分为线性方程和非线性方程。

（5）函数 collect 的功能为：＿＿＿＿＿＿＿＿＿＿＿＿＿＿。

　　　　函数 simplify 的功能为：＿＿＿＿＿＿＿＿＿＿＿。

　　　　函数 eig 的功能为：＿＿＿＿＿＿＿＿＿＿＿＿＿＿。

函数 dsolve 的功能为：_____。

2．计算与简答题

（1）求表达式 $\dfrac{x}{|x|}$ 在 0 点的左右极限。

（2）在 MATLAB 中生成 6×6 的随机矩阵 A，并对矩阵 A 进行奇异值分解。

（3）求矩阵 $\begin{bmatrix} a_{11} & a_{12} \\ a_{21} & a_{22} \end{bmatrix}$ 的行列式的值、逆、特征值。

（4）求 t^4、$\dfrac{1}{\sqrt{s}}$ 的 Laplace 变换，并求 $f(u)=\dfrac{1}{u^2-a^2}$ 的 Laplace 逆变换。

（5）试对表达式 $x^4-5x^3+5x^2+5x-6$ 进行因式分解；将符号表达式 $x^3+6x^2+12x-8$ 转换成嵌套形式。

（6）求关于 x、y 的方程组 $\begin{cases} 5uy+3vx+2w=0 \\ 3x+6y-5w=0 \end{cases}$ 的解。

（7）求常微分方程 $\dfrac{\mathrm{d}^3u}{\mathrm{d}x^3}=u, u(0)=1, u'(0)=-1, u''(0)=\pi$ 的解。

（8）计算二重积分 $\int_1^2 \int_2^{x^2} (x^2+y^2)\mathrm{d}x\mathrm{d}y$。

第 10 章
数值计算

数值计算在工程领域和理论分析方面有着非常重要的作用，许多工科专业都要学习并掌握数值计算方法。而 MATLAB 是一种以矩阵为基础描述语言的软件，其数值计算功能相当强大。本章将介绍几种常见的数值计算方法（以应用为主），使读者能够利用 MATLAB 解决实际当中遇到的复杂数学问题。

学习目标：

（1）掌握线性方程组的求解方法。

（2）掌握曲线拟合和数值积分方法。

（3）掌握常微分方程（组）的数值求解方法。

（4）掌握基本数据统计量对应的常用命令。

10.1　线性方程组的解法

10.1

在科学研究和工程技术领域提出的计算问题中，经常会遇到线性方程组的求解问题。例如，计算插值函数与拟合函数、构造求解微分方程的差分格式、解非线性方程组等，都包含了解线性方程组问题。因此，线性方程组的解法在数值计算中占有重要的地位。

10.1.1　直接求解法

在许多实际工程问题的计算中，往往直接或间接地涉及解线性方程组的问题。首先看以下线性方程组的一般形式。

设有以下 n 阶线性方程组

$$Ax = b$$

其中，

$$A = \begin{bmatrix} a_{11} & a_{12} & \cdots & a_{1n} \\ a_{21} & a_{22} & \cdots & a_{2n} \\ & \cdots & \cdots & \\ a_{n1} & a_{n2} & \cdots & a_{nn} \end{bmatrix}, \quad x = \begin{bmatrix} x_1 \\ x_2 \\ \vdots \\ x_n \end{bmatrix}, \quad b = \begin{bmatrix} b_1 \\ b_2 \\ \vdots \\ b_n \end{bmatrix}$$

解线性方程组的方法大致可分为两类：直接法和迭代法。

直接法是指假设计算过程中不产生舍入误差，经过有限次运算可求得方程组精确解的方法，主要用于解低阶稠密矩阵。

迭代法是从解的某个近似值出发，通过构造一个无穷序列去逼近精确解的方法。一般地，迭代法在有限计算步骤内得不到方程的精确解，主要用于解大型稀疏矩阵。

1. 高斯（Gauss）消元法

当线性方程组的系数矩阵为三角形矩阵时，该方程组极易求解，如线性方程组：

$$4x_1 - x_2 + 2x_3 + 3x_4 = 20$$
$$-2x_2 + 7x_3 - 4x_4 = -7$$
$$6x_3 + 5x_4 = 4$$
$$3x_4 = 6$$

对于此线性方程组，可以首先通过第四个方程求出 x_4；其次将 x_4 带入第三个方程，求出 x_3；然后将 x_4 和 x_3 代入第二个方程，求出 x_2；最后将 x_4、x_3 和 x_2 带入第一个方程，求出 x_1。具体求解过程如下。

$$x_4 = \frac{6}{3} = 2$$
$$x_3 = \frac{4 - 5 \times 2}{6} = -1$$
$$x_2 = \frac{-7 - 7 \times (-1) + 4 \times 2}{-2} = -4$$
$$x_1 = \frac{20 + 1 \times (-4) - 2 \times (-3) - 3 \times 2}{4} = 3$$

解线性方程组的大多数直接法就是先将线性方程组变形成等价的三角形方程组，然后进行求解的方法。三角形方程组既可以是上三角形，也可以是下三角形。

这种化线性方程组为等价的三角形方程组的方法有多种，由此可导出不同的直接法，其中 Gauss 消元法是最基本的一种方法。

Gauss 消元法的基本思想是：先逐次消去变量，将方程组化成同解的上三角形方程组，此过程称为消元过程；然后按方程的相反顺序求解上三角形方程组，得到原方程组的解，此过程称为回代过程。这种方法称为 Gauss 消元法，它由消元过程和回代过程构成。

计算经验表明，全主元素法的精度优于列主元素法的精度，这是由于全主元素法在全体系数中选主元，故它对控制舍入误差十分有效。但全主元素法在计算过程中需要同时进行行与列的互换，因而程序比较复杂，计算时间较长。

列主元素法的精度虽稍低于全主元素法的精度，但其计算简单，工作量大为减少，且计算经验与理论分析均表明，它与全主元素法具有同样良好的数值稳定性，故列主元素法是求解中小型稠密线性方程组的最好方法之一。

2. 直接三角分解法

对于任意一个 n 阶方阵 A，若 A 的顺序主子式 $A_i(i=1,2,\cdots,n-1)$ 均不为零，则矩阵 A 可以唯一表示成一个单位下三角矩阵 L 和一个上三角矩阵 U 的乘积，这称为 LU 分解，即

$$A=LU$$

其中，

$$L = \begin{bmatrix} 1 & 0 & 0 & \cdots & & 0 \\ l_{21} & 1 & 0 & \cdots & & 0 \\ l_{31} & l_{32} & 1 & \cdots & & 0 \\ \vdots & \vdots & \vdots & \ddots & & \vdots \\ & & & & 1 & \\ l_{n1} & l_{n2} & l_{n3} & & l_{nn-1} & 1 \end{bmatrix}, \quad U = \begin{bmatrix} u_{11} & u_{12} & u_{13} & \cdots & u_{1n} \\ & u_{22} & u_{23} & \cdots & u_{2n} \\ & & u_{33} & & \\ & & & \ddots & u_{nn} \end{bmatrix}$$

当对系数矩阵进行三角分解后，求解方程组 $Ax=b$ 的问题就变得十分容易，它等价于求解两个三角形方程组 $Ly=b$ 和 $Ux=y$。因此，解线性方程组问题可转化为矩阵的三角分解问题。

3. 解三对角方程组的追赶法

在数值计算中，如三次样条插值或用差分方法解常微分方程边值问题，常常会遇到求解以下形式方程组的问题：

$$\begin{cases} b_1x_1 + c_1x_2 = d_1 \\ a_2x_1 + b_2x_2 + c_2x_3 = d_2 \\ a_3x_2 + b_3x_3 + c_3x_4 = d_3 \\ \quad \cdots \qquad\qquad \cdots \\ a_{n-1}x_{n-2} + b_{n-1}x_{n-1} + c_{n-1}x_n = d_{n-1} \\ a_nx_{n-1} + b_nx_n = d_n \end{cases}$$

如果用矩阵形式可简记为 $Ax=d$，其中

$$A = \begin{bmatrix} b_1 & c_1 & & & & \\ a_2 & b_2 & c_2 & & O & \\ & a_3 & b_3 & c_3 & & \\ & & \ddots & \ddots & \ddots & \\ & O & & \ddots & b_{n-1} & c_{n-1} \\ & & & & a_n & b_n \end{bmatrix}$$

这是一种特殊的稀疏矩阵。它的非零元素集中分布在主对角线及其相邻两条次对角线上，称为三对角矩阵。对应的方程组称为三对角方程组。当 Gauss 消元法用于求解三对角方程组时，过程可以大大简化。

若矩阵可唯一分解为如下形式：

$$A = LU = \begin{bmatrix} 1 & & & & & \\ l_2 & 1 & & & O & \\ & l_3 & 1 & & & \\ & & \ddots & \ddots & & \\ O & & & l_{n-1} & 1 & \\ & & & & l_n & 1 \end{bmatrix} \begin{bmatrix} u_1 & c_1 & & & & \\ & u_2 & c_2 & & & \\ & & u_3 & c_3 & & \\ & & & \ddots & \ddots & \\ & & & & u_{n-1} & c_{n-1} \\ & & & & & u_n \end{bmatrix}$$

且 $u_i \neq 0 (i = 1, 2, \cdots, n-1)$ 时，则有

$$\begin{cases} u_1 = b_1 \\ l_i = a_i / u_{i-1} & (i = 2, 3, \cdots, n) \\ u_i = b_i - c_{i-1} l_i \end{cases}$$

按上述过程求解三对角方程组称为追赶法。

可以证明，当系数矩阵为严格对角占优时，此方法具有良好的数值稳定性。

10.1.2 迭代法求解

直接法比较适用于求解小型方程组。对于高阶方程组，即使系数矩阵是稀疏的，在运算时也很难保持稀疏，因而此时有存储量大、程序复杂等不足。

而迭代法则能保持矩阵的稀疏性，具有计算简单、编制程序容易的优点，且在许多情况下收敛较快，故能有效地求解一些高阶方程组。

迭代法的基本思想是构造一串收敛到解的序列，即建立一种从已有近似解计算新的近似解的规则。由不同的计算规则得到不同的迭代法，常用迭代过程的一般形式为 $x^{k+1} = Mx^k + g(k = 0, 1, 2, \cdots)$，$M$ 为迭代矩阵。

1. 雅可比（Jacobi）迭代法

因为方程组

$$\begin{cases} a_{11}x_1 + a_{12}x_2 + \cdots + a_{1n}x_n = b_1 \\ a_{21}x_1 + a_{22}x_2 + \cdots + a_{2n}x_n = b_2 \\ \cdots \\ a_{n1}x_1 + a_{n2}x_2 + \cdots + a_{nn}x_n = b_{n1} \end{cases}$$

的系数矩阵 A 非奇异，所以不妨设 $a_{ii} \neq 0 (i = 1, 2, \cdots, n)$，可将上式变形为

$$\begin{cases} x_1 = \qquad\quad b_{12}x_2 + b_{13}x_3 + \cdots + b_{1n}x_n + g_1 \\ x_2 = b_{21}x_1 \qquad\quad + b_{23}x_3 + \cdots + b_{2n}x_n + g_2 \\ \cdots \\ x_n = b_{n1}x_1 + b_{n2}x_2 + b_{n3}x_3 + \cdots + b_{nn-1}x_n + g_n \end{cases}$$

其中，$b_{ij} = -\dfrac{a_{ij}}{a_{ii}} (i \neq j, \ i, j = 1, 2, \cdots, n)$，$g_i = \dfrac{b_i}{a_{ii}} (i = 1, 2, \cdots, n)$，若记

$$B = \begin{bmatrix} 0 & b_{12} & b_{13} & \cdots & b_{1n-1} & b_{1n} \\ b_{21} & 0 & b_{23} & \cdots & b_{2n-1} & b_{2n} \\ \vdots & \vdots & \vdots & \ddots & \vdots & \vdots \\ b_{n1} & b_{n2} & b_{n3} & \cdots & b_{nn-1} & 0 \end{bmatrix} \quad g = \begin{bmatrix} g_1 \\ g_2 \\ \vdots \\ g_n \end{bmatrix}$$

则方程组可简记为 $x = Bx + g$，其迭代格式为 $x^{k+1} = Bx^k + g (k = 0,1,2,\cdots)$，此即 Jacobi 迭代法，又称简单迭代法。

2．高斯-赛德尔（Gauss-Seidel）迭代法

迭代公式用方程组表示为

$$\begin{cases} x_1^{k+1} = & b_{12}x_2^k + b_{13}x_3^k + \cdots + b_{1n}x_n^k + g_1 \\ x_2^{k+1} = b_{21}x_1^k & + b_{23}x_3^k + \cdots + b_{2n}x_n^k + g_2 \\ & \cdots \\ x_n^{k+1} = b_{n1}x_1^k + b_{n2}x_2^k + b_{n3}x_3^k + \cdots + b_{nn-1}x_n^k + g_n \end{cases}$$

因此，在 Jacobi 迭代法的计算过程中，要同时保留两个近似解向量，即 x^k 和 x^{k+1}。如果把迭代公式改写为

$$\begin{cases} x_1^{k+1} = & b_{12}x_2^k + b_{13}x_3^k + \cdots + b_{1n}x_n^k + g_1 \\ x_2^{k+1} = b_{21}x_1^{k+1} & + b_{23}x_3^k + \cdots + b_{2n}x_n^k + g_2 \\ & \cdots \\ x_n^{k+1} = b_{n1}x_1^{k+1} + b_{n2}x_2^{k+1} + b_{n3}x_3^{k+1} + \cdots + b_{nn-1}x_n^{k+1} + g_n \end{cases}$$

则每计算出新的近似解的一个分量 x_i^{k+1}，在计算下一个分量 x_{i+1}^{k+1} 时，用新分量 x_i^{k+1} 代替老分量 x_i^k 进行计算，此即 Gauss-Seidel 迭代法。

3．松弛法

为了加速迭代过程的收敛，通过引入参数，可以在 Gauss-Seidel 迭代法的基础上得到一种新的迭代法。记 $\Delta x = (\Delta x_1, \Delta x_2, \cdots, \Delta x_n)^{\mathrm{T}} = x^{k+1} - x^k$，其中 x^{k+1} 由上述公式计算出，于是有

$$\Delta x_i = \sum_{j=1}^{i-1} b_{ij}x_j^{k+1} + \sum_{j=i+1}^{n} b_{ij}x_j^k + g_i - x_i^k$$

$$= \frac{1}{a_{ii}}(b_i - \sum_{j=1}^{i-1} a_{ij}x_j^{k+1} - \sum_{j=i+1}^{n} a_{ij}x_j^k) - x_i^k \quad (i = 1,2,\cdots,n)$$

把 Δx 看作 Gauss-Seidel 迭代的修正项，即第 k 次近似解 x^k 以此项修正后得到新的近似解 $x^{k+1} = x^k + \Delta x$。松弛法是将 Δx 乘以一个参数因子 ω 作为修正项而得到新的近似解，其具体公式为 $x^{k+1} = x^k + \omega \cdot \Delta x$，即

$$x_i^{k+1} = x_i^k + \omega \cdot \Delta x_i$$

$$= (1-\omega)x_i^k + \frac{\omega}{a_{ii}}\left(b_i - \sum_{j=1}^{i-1} a_{ij}x_j^{k+1} - \sum_{j=i+1}^{n} a_{ij}x_j^k\right) \quad (i = 1,2,\cdots,n)$$

10.1.3　MATLAB 求解

前面介绍了求解线性方程组的基本方法，下面介绍相关线性方程组的 MATLAB 命令，用于计算矩阵的行列式、逆矩阵的秩等，如表 10-1 所示。

表 10-1　矩阵函数

函　数	功　能
rank(A)	求 A 的秩，即 A 中线性无关的行数和列数
det(A)	求 A 的行列式
inv(A)	求 A 的逆矩阵。如果 A 是奇异矩阵或近似奇异矩阵，则会给出一个错误信息
pinv(A)	求 A 的伪逆。如果 A 是 $m \times n$ 矩阵，则伪逆的大小为 $n \times m$。对于非奇异矩阵 A 来说，有 pinv(A)=inv(A)
trace(A)	求 A 的迹，即对角线元素之和

在 MATLAB 中，用运算符"\"直接求解线性系统，该运算符的功能很强大，而且具有智能性。

令 A 是 $n \times m$ 矩阵，b 和 x 是有 n 个元素的列向量，B 和 X 是 n 行 p 列的矩阵。则，求解线性系统的 MATLAB 指令如下。

```
x=A\b           % 求解系统 Ax=b
X=A\B           % 求解系统 AX=B，其中 B=(b1 b2 … bp)
```

如果 A 是一个奇异矩阵或近似奇异矩阵，则会给出一个错误信息。

1．直接解法

【例 10-1】求方程组 $\begin{cases} x_1 + 3x_2 - 3x_3 - x_4 = 1 \\ 3x_1 - 6x_2 - 3x_3 + 4x_4 = 4 \\ x_1 + 5x_2 - 9x_3 - 8x_4 = 0 \end{cases}$ 的一个特解。

在命令行窗口中输入以下命令并显示输出结果。

```
>> A=[1 3 -3 -1; 3 -6 -3 4; 1 5 -9 -8];
>> B=[1 4 0]';
>> X=A\B
X =               % 一个特解近似值
       0
       0
  -0.5333
   0.6000
```

2．逆矩阵法

对于线性方程组 $AX=b$，只要矩阵 A 是非奇异的，则可以通过矩阵 A 的逆矩阵求解，即 $X=A^{-1}b$，MATLAB 命令如下（二选一即可）：

```
x=A^-1*b
x=inv(A)*b
```

【例 10-2】求方程组 $\begin{cases} x_1 + 2x_2 = -1 \\ 3x_1 + 4x_2 = -1 \end{cases}$ 的解。

在命令行窗口中输入以下命令并显示输出结果。

```
>> A=[1 2; 3 4]; b=[-1; -1];
>> x=A^-1*b              % 也可采用 x=inv(A)*b
x=
    1.0000
   -1.0000
```

如果矩阵 **A** 是奇异的，则

```
>> A=[1 2;2 4];b=[-1;-1];
>> x=A^-1*b
警告：矩阵为奇异工作精度。
x=
   -Inf
   -Inf
```

3．利用矩阵的 LU 分解求解

LU 分解可把任意方阵分解为下三角矩阵的基本变换形式（行交换）和上三角矩阵的乘积。即 **A**=**LU**，**L** 为下三角阵、**U** 为上三角阵。

根据以上分析，**AX**=**b** 变成 **LUX**=**b**，因此，**X**=**U**\(**L****b**)，这样可以大大加快运算速度。MATLAB 指令如下。

```
[L,U]=lu(A)
```

【例 10-3】求方程组 $\begin{cases} 4x_1 + 2x_2 - x_3 = 2 \\ 3x_1 - x_2 + 2x_3 = 10 \\ 11x_1 + 3x_2 + x_3 = 8 \end{cases}$ 的一个特解。

在命令行窗口中输入以下命令并显示输出结果。

```
>> A=[4 2 -1; 3 -1 2; 11 3 1];
>> B=[2 10 8]';
>> D=det(A)
>> [L,U]=lu(A)
>> X=U\(L\B)
```

显示结果如下。

```
D =
  -10.0000
L =
    0.3636   -0.5000    1.0000
    0.2727    1.0000         0
    1.0000         0         0
U =
   11.0000    3.0000    1.0000
        0   -1.8182    1.7273
```

```
            0        0   -0.5000
X =
    4.0000
  -10.0000
   -6.0000
```

4．求线性方程组的其他解法

对于求解三对角线性方程组的追赶法和迭代法，在 MATLAB 中没有对应的算法，若需要采用这些方法，则需要编写相应的算法程序。

【例 10-4】利用 Jacobi 迭代法及 Gauss-Seidel 迭代法求方程组 $\begin{cases} 3x_1 + x_2 - x_3 = 6 \\ 4x_1 + 8x_2 + x_3 = -20 \\ 3x_1 + x_2 + 6x_3 = 15 \end{cases}$ 的解。

（1）Jacobi 迭代法。

编写如下 Jacobi 迭代程序，并保存为 jacobi.m。

```
function jacobi(A,B,P,delta,max1)
% A-系数矩阵；B-常数项；P-初始值；delta-允许误差；max1-最大迭代次数
N=length(B);
for k=1:max1
    for j=1:N
        X(j)=(B(j)-A(j,[1:j-1,j+1:N])*P([1:j-1,j+1:N]))/A(j,j);
    end
    err=abs(norm(X'-P));
    relerr=err/(norm(X)+eps);
    P=X';
    k;P';
    if (err<delta)|(relerr<delta)
        break
    end
end
X=X'
```

在命令行窗口中输入以下命令并显示输出结果。

```
>> A=[3 1 -1;4 8 1;3 1 6];
>> B=[6 -20 15]';
>> x0=[1 2 1]';      % 设定初始值
>> jacobi (A,B,x0, 1e-5,50);
```

经过 10 次迭代，可以得到收敛解如下。

```
X=
    3.9786
   -4.6500
    1.2857
```

（2）Gauss-Seidel 迭代法。

编写如下 Gauss-Seidel 迭代程序，并保存为 gseid.m。

```
function X=gseid(A,B,P,delta,max1)
% A-系数矩阵；B-常数项；P-初始值；delta-允许误差；max1-最大迭代次数
N=length(B);
% X=zeros(N,1)
for k=1:max1
    for j=1:N
        if j==1
            X(1)=(B(1)-A(1,2:N)*P(2:N))/A(1,1);
        elseif j==N
            X(N)=(B(N)-A(N,1:N-1)*(X(1:N-1))')/A(N,N);
        else
            X(j)=(B(j)-A(j,1:j-1)*X(1:j-1)-A(j,j+1:N)*P(j+1:N))/A(j,j);
        end
    end
    err=abs(norm(X'-P));
    relerr=err/(norm(X)+eps);
    P=X';
    k;P';
    if (err<delta)|(relerr<delta)
        break
    end
end
X=X'
```

在命令行窗口中输入以下命令并显示输出结果。

```
>> A=[3 1 -1;4 8 1;3 1 6];
>> B=[6 -20 15]';
>> x0=[1 2 1]';      % 设定初始值
>> gseid (A,B,x0, 1e-5,60);
```

经过 8 次迭代，可以得到收敛解如下。

```
X=
    3.9786
   -4.6500
    1.2857
```

10.2　数值逼近方法

10.2

　　数值逼近是进行近似计算的理论基础，广泛应用于函数计算、数据的处理与分析、微分方程和积分方程的数值求解等方面。本节介绍数值逼近方法的基本内容，包括插值、曲线拟合、数值积分。

10.2.1　插值

在工程计算中，常常会遇到许多以表格形式给定的函数，如方根表、对数表、三角函数表等各种数学用表、实验数据记录表等。这些表格函数没有直接给出未列点处的函数值，也不便于进行微分和积分等计算。

在工程计算中，常常需要寻找与给定表格函数相适应的近似解析表达式，以便于求未列点处的函数值，以及进行微分和积分等计算。这些问题都可通过构造与给定表格函数相适应的近似函数来解决，这就是所谓的插值问题。

为给定表格函数构造相适应的近似解析表达式，可用函数类型很多。例如，可用代数多项式，也可用三角多项式或有理函数，甚至可用定义区间 $[a,b]$ 上的任意光滑函数或分段光滑函数等。由于代数多项式形式简单、计算简便，而且易于微分和积分，因此它是最基本、最常用的插值函数类型。本节仅介绍代数多项式插值法，简称代数插值法或多项式插值法。

1. 拉格朗日插值

拉格朗日插值多项式是一组插值的基本公式，即 n 次插值多项式，它是代数插值中最基本且最常用的一类公式。

一般地，当 $n=1$ 时，需要两个节点 x_0 和 x_1，以构造 1 个一次（线性）插值多项式，它有两个线性插值基函数，且

$$y = P_1(x) = \sum_{k=0}^{1} y_k L_k(x)$$

其中

$$L_k(x) = \frac{x - x_j}{x_k - x_j}, \qquad k, j = 0,1$$

当 $n=2$ 时，需要 3 个节点 x_0，x_1 和 x_2，以构造 1 个二次（抛物线性）插值多项式，它有 3 个二次插值基函数，且

$$y = P_2(x) = \sum_{k=0}^{2} y_k L_k(x)$$

其中

$$L_k(x) = \prod_{\substack{j=0 \\ j \neq k}}^{2} \frac{x - x_j}{x_k - x_j}, \quad k = 0,1,2$$

对于一般情况，需要 $n+1$ 个节点 x_0，x_1，x_2，…，x_n，以构造 1 个 n 次插值多项式，它有 $n+1$ 个 n 次插值基函数，且

$$y = P_n(x) = \sum_{k=0}^{n} y_k L_k(x)$$

其中

$$L_k(x) = \prod_{\substack{j=0 \\ j \neq k}}^{n} \frac{x - x_j}{x_k - x_j} = \frac{(x - x_0) \cdots (x - x_{k-1})(x - x_{k+1}) \cdots (x - x_n)}{(x_k - x_0) \cdots (x_k - x_{k-1})(x_k - x_{k+1}) \cdots (x_k - x_n)}$$

n 次插值基函数的特征为

$$L_k(x_i) = \prod_{\substack{j=0 \\ j \neq k}}^{n} \frac{x_i - x_j}{x_k - x_j} = \begin{cases} 1, & i = k \\ 0, & i \neq k \end{cases}, \quad i, k = 0, 1, 2, \cdots, n$$

因此，n 次插值多项式为

$$P_n(x) = \sum_{k=0}^{n} \left[y_k \prod_{\substack{j=0 \\ j \neq k}}^{n} \frac{x - x_j}{x_k - x_j} \right] \begin{cases} = f(x_k), & x = x_k \\ \approx f(x), & x \neq x_k \end{cases}, \quad k = 0, 1, 2, \cdots, n$$

上式称为拉格朗日插值多项式，它由 $n+1$ 个 n 次插值基函数线性组合而成。由于该多项式通过 $n+1$ 个几何点 (x_0, y_0)，(x_1, y_1)，(x_2, y_2)，$\cdots$，(x_n, y_n)，故它是唯一的。

2．分段低次插值

分段低次插值主要用于计算被插值点处的函数值。只要节点选择适宜，便可保证计算结果的精度。

分段线性插值也称折线插值。将区间 $[a_0, a_n]$ 分为若干小区间 $[a_{i-1}, a_i](i = 1, 2, \cdots, n)$，在每个小区间上应用线性插值多项式，可写成以下形式：

$$y = P_i(x) = b_{i-1} \frac{x - a_i}{a_{i-1} - a_i} + b_i \frac{x - a_{i-1}}{a_i - a_{i-1}}, \quad i = 1, 2, \cdots, n$$

根据插值多项式的余项，可知

$$|R_1(x)| = \max_{a_{i-1} \leqslant x \leqslant a_i} |f''(x)| |(x - a_{i-1})(x - a_i)| / 2$$

故应选取最靠近插值点 x 的两个节点 a_{i-1} 和 a_i，即 $a_{i-1} \leqslant x \leqslant a_i (i = 0, 1, 2, \cdots, n)$。若节点按序排列，即 $a_0 < a_1 < a_2 < \cdots < a_n$，则寻找 a_{i-1} 和 a_i 的具体做法如下。

将插值点 x 与节点 $a_i(i = 0, 1, 2, \cdots, n)$ 从小到大逐个进行比较，当 $x \leqslant a_{i0}$ 时，取 $i = i_0$。这实际上是在确定数组 a_i 的下标，即要求

$$i = \begin{cases} 1, & x \leqslant a_0 \\ k, & a_{k-1} < x \leqslant a_k, \ k = 1, 2, \cdots, n \\ n, & x > a_n \end{cases}$$

当 $x \leqslant a_0$ 时，取 $i = 1$，即选用 a_0 和 a_1 作为节点来计算 y 值，这是外推计算，求取区间 $[a_0, a_n]$ 之外的插值点 x 处的函数值。当 $a_{k-1} < x \leqslant a_k(k = 1, 2, \cdots, n)$ 时，取 $i = k$，即选用 a_{i-1} 和 a_i 作为节点来计算 y 值，这是内插计算。当 $x > a_n$ 时，取 $i = n$，即选用 a_{n-1} 和 a_n 作为节点来计算 y 值，这也是外推计算。

分段线性插值的几何意义就是用折线 $y = P_i(x)(i = 1, 2, \cdots, n)$ 代替曲线 $y = f(x)$，仅当 $n \rightarrow \infty$ 时两者才能吻合。线性插值的精度较低，在一般情况下不推荐使用。根据拉格朗日插值多项式的性质，适当提高插值多项式的次数可提高插值计算的精度。例如，二次插值多项式的精度高于线性插值多项式的精度。

最后，值得指出的是，分段低次插值虽然有效地克服了高次插值计算不稳定及端点附

近计算精度差等缺点，但它只能保证曲线的连续性，而不能使曲线光滑。由几何意义可知，在各个小区间的分点处，曲线只连续而不光滑，满足不了工程计算的某些要求，如微分计算等。因而工程上常常采用样条函数插值。

3．三次样条插值

工程上经常要求通过平面中的 $n+1$ 个已知点作一条连接光滑的曲线。例如，船体放样与机翼设计均要求曲线不但连续而且处处光滑。

由上述讨论可知，拉格朗日高次插值多项式虽然可保证插值曲线光滑，但计算不稳定，可能出现龙格现象；分段低次插值虽然计算稳定，但在分段衔接处不能保证曲线的光滑性。

对于此类既要求稳定，又要求曲线光滑，即要求具有连续的二阶导数的插值问题。应用样条函数插值可满足这些要求，因此样条函数插值在工程上得到了广泛应用。在化工辅助计算机设计中，将试验结果或计算结果的离散点连接成一条光滑的曲线，用的就是样条曲线。

在工程上进行放样时，描图员常用富有弹性的细长木条作为样条。把它用压铁固定在样点上，在其他地方让它自由弯曲，然后画出长条的曲线，称为样条曲线。

该曲线可以看作由一段一段的三次多项式曲线拼凑而成，在拼接处，不但函数自身是连续的，而且它的一阶和二阶导数也是连续的。对描图员描出的样条曲线进行数学模拟得出的函数叫作样条插值函数，最常用的是三次样条插值函数。

4．MATLAB 中的插值函数

MATLAB 中有几个函数可以用不同的方法来进行数据插值。

（1）一维数据插值

一维数据插值函数为 interp1，其调用格式如下。

```
vq=interp1(x,v,xq)                      % 使用线性插值返回一维函数在特定查询点的插入值
vq=interp1(x,v,xq,method)               % 指定备选插值方法
vq=interp1(x,v,xq,method,extrapolation)   % 指定外插策略计算落在 x 域范围外的点
```

其中，向量 x 包含样本点，v 包含对应值 v(x)，向量 xq 包含查询点的坐标。如果有多个在同一点坐标采样的数据集，则可以将 v 以数组的形式进行传递。数组 v 的每一列都包含一组不同的一维样本值。

method 指定备选插值方法，包括：'linear'（默认）、'nearest'、'next'、'previous'、'pchip'、'cubic'、'v5cubic'、'makima'或'spline'。

将 extrapolation 设置为'extrap'，可以使用 method 算法进行外插；设置为标量值时，将为所有落在 x 域范围外的点返回该标量值。

```
vq=interp1(v,xq)                      % 返回插入的值，并假定一个样本点坐标默认集
vq=interp1(v,xq,method)               % 指定备选插值方法中的任意一种，并使用默认样本点
vq=interp1(v,xq,method,extrapolation)   % 指定外插策略，并使用默认样本点
pp=interp1(x,v,method,'pp')            % 使用 method 算法返回分段多项式形式的 v(x)
```

说明：默认点是 1～n 的数字序列，其中 n 取决于 v，当 v 是向量时，默认点是 1:length(v)；当 v 是数组时，默认点是 1:size(v,1)。如果不在意点之间的绝对距离时，可使用此语法。

【例 10-5】在区间$[0, 2\pi]$中给出函数 $\cos(x^2)$ 的 40 个函数值,利用一维数据插值求 0、$\pi/4$、$\pi/2$ 点的值,并验证。

在命令行窗口中输入以下命令并显示输出结果。

```
>> x=linspace(0,2*pi,40);
>> y=cos(x.^2);
>> val=interp1(x,y,[0 pi/2 3])          % 用 interp1 计算中间点的函数值
val =
    1.0000   -0.7677   -0.8200
>> cor=cos([0 pi/2 3].^2)               % 与用 cos 计算得到的正确结果进行比较
cor =
    1.0000   -0.7812   -0.9111
```

（2）二维数据插值

二维数据插值函数为 interp2,其调用格式如下。

```
Vq=interp2(X,Y,V,Xq,Yq)          % 使用线性插值返回双变量函数在特定查询点的插入值
```

其中,X 和 Y 包含样本点的坐标,V 包含各样本点处的对应函数值,Xq 和 Yq 包含查询点的坐标。结果始终穿过函数的原始采样数据。

```
Vq=interp2(V,Xq,Yq)              % 假定一个默认的样本点网格
```

说明:默认网格点覆盖矩形区域 X=1:n 和 Y=1:m,其中[m,n]=size(V)。希望节省内存且不在意点之间的绝对距离时,可使用该语法。

```
Vq=interp2(V)          % 将每个维度上样本值之间的间隔分割一次形成优化网格,并返回插入值
Vq=interp2(V,k)        % 将每个维度上样本值之间的间隔反复分割 k 次形成优化网格
                       % 并在这些网格上返回插入值,即在样本值之间生成 2^k-1 个插值点
Vq=interp2(___,method)            % 指定备选插值方法
Vq=interp2(___,method,extrapval)  % 指定标量值 extrapval
```

说明:method 插值方法有'linear'（默认）、'nearest'、'cubic'、'makima'或'spline'。extrapval 为处于样本点域范围外的所有查询点赋予该标量值,如果省略 extrapval 参数,则对于'spline'和'makima'方法返回外插值,对于其他内插方法返回 NaN 值。

【例 10-6】在区间[-3, 3]创建查询网格,利用二维数据插值函数进行插值。

在命令行窗口中输入以下命令并显示输出结果。

```
>> [X,Y]=meshgrid(-3:3);
>> V=peaks(7);
>> subplot(1,2,1); surf(X,Y,V)
>> title('初始数据');
>> [Xq,Yq]=meshgrid(-3:0.25:3);         % 创建间距为 0.25 的查询网格
>> Vq=interp2(X,Y,V,Xq,Yq,'cubic');     % 对查询点插值,并指定三次插值
>> subplot(1,2,2);surf(Xq,Yq,Vq);       % 绘制结果
>> title('cubic插值');
```

运行程序后,得到结果如图 10-1 所示。

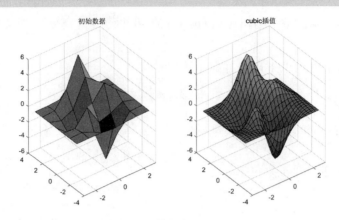

图 10-1　二维插值效果示例

（3）三维及多维数据插值

三维数据插值函数为 interp3，其调用格式如下。

```
Vq=interp3(X,Y,Z,V,Xq,Yq,Zq)
Vq=interp3(V,Xq,Yq,Zq)
Vq=interp3(V)
Vq=interp3(V,k)
Vq=interp3(___,method)
Vq=interp3(___,method,extrapval)
```

函数 interp3 的使用方法同 interp2，只是多了参数 Z，这里不再赘述。同样的，interpn 实现多维数据（一维、二维、三维和 n 维网格数据）的插值，使用方法同上。

（4）三次样条数据插值

三次样条数据插值函数为 spline，其调用格式如下。

```
s=spline(x,y,xq)      % 返回与 xq 中的查询点对应的三次样条插值 s 的向量
pp=spline(x,y)        % 返回一个分段多项式结构体，以用于 ppval 和样条工具 unmkpp
```

另外，函数 pchip 用于计算分段三次 Hermite 插值的多项式；函数 makima 计算修正 Akima 分段三次 Hermite 插值的多项式；函数 ppval 用于计算分段多项式。它们的使用方法与 spline 类似。

函数 spline、pchip、makima 都执行不同形式的分段三次 Hermite 插值，由于每个函数计算插值斜率的方式不同，因此它们在基础数据的平台区或波动处展现出不同行为。

【例 10-7】将 spline、pchip 和 makima 为两个不同数据集生成的插值结果进行比较。

在命令行窗口中输入以下命令并显示输出结果。

```
>> x=-3:3;
>> y=[-1 -1 -1 0 1 1 1];
>> xq1=-3:.01:3;
>> p=pchip(x,y,xq1);
>> s=spline(x,y,xq1);
>> m=makima(x,y,xq1);
>> plot(x,y,'o',xq1,p,'-',xq1,s,'-.',xq1,m,'--')
>> legend('Points','pchip','spline','makima','Location','SouthEast')
```

运行程序后，得到结果如图 10-2 所示。

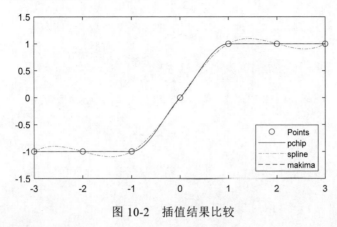

图 10-2　插值结果比较

（5）快速傅里叶变换插值

快速傅里叶变换插值函数为 interpft，其调用格式如下。

```
y=interpft(X,n)             % 在 X 中内插函数值的傅里叶变换以生成 n 个等间距的点
y=interpft(X,n,dim)         % 沿维度 dim 运算
```

（6）对二维或三维散点数据插值

对二维或三维散点数据插值函数为 griddata，其调用格式如下。

```
vq=griddata(x,y,v,xq,yq)    % 拟合 v=f(x,y)形式的曲面与向量(x,y,v)中的散点数据
                            % 即在(xq,yq)指定的点对曲面进行插值并返回插入的值 vq
vq=griddata(x,y,z,v,xq,yq,zq)  % 拟合 v=f(x,y,z)形式的超曲面
vq=griddata(___,method)     % 指定计算 vq 所用的插值方法
[Xq,Yq,vq]=griddata(x,y,v,xq,yq)
[Xq,Yq,vq]=griddata(x,y,v,xq,yq,method) % 额外返回 Xq、Yq，包含查询点的网格坐标
```

其中，method 可以是'linear'（默认）、'nearest'、'natural'、'cubic'或'v4'。

另外还有 griddatan（对 n 维散点数据插值）、ndgrid（创建 n 维空间中的矩形网格）函数，这里不再赘述。

【例 10-8】利用命令 griddata 在三维空间内建立任意数据点外的函数。

首先生成值随机分布在 0～1 的 3 个具有 20 个元素的向量，建立一个网格以计算内部曲面，然后用命令 griddata 对这些点之间的曲面进行插值。

```
x=rand(20,1);               % 生成有 20 个元素的向量，元素值随机分布在 0～1 内
y=rand(20,1);
z=rand(20,1);
stps=0:0.02:1;              % 向量 A 的值在[0,1]区间
[X,Y]=meshgrid(stps);      % 生成一个[0,1]×[0,1]坐标网格
Z1=griddata(x,y,z,X,Y);    % 线性插值
Z2=griddata(x,y,z,X,Y,'cubic');   % 三次插值
Z3=griddata(x,y,z,X,Y,'nearest'); % 最邻近插值
Z4=griddata(x,y,z,X,Y,'v4');      % MATLAB 中的插值方法
subplot(2,2,1); mesh(X,Y,Z1);     % 第一个子图中画曲面网格
hold on                            % 保持当前图形
```

```
plot3(x,y,z,'o');                    % 画出数据点
hold off                             % 释放图形
subplot(2,2,2); mesh(X,Y,Z2);        % 第二个子图中画曲面网格
hold on                              % 保持当前图形
plot3(x,y,z,'o');                    % 画出数据点
hold off                             % 释放图形
subplot(2,2,3); mesh(X,Y,Z3);        % 第三个子图中画曲面网格
hold on;                             
plot3(x,y,z,'o');                    % 画出数据点
hold off                             
subplot(2,2,4); mesh(X,Y,Z4);        % 第四个子图中画曲面网格
hold on                              
plot3(x,y,z,'o');                    % 画出数据点
hold off                             
```

执行上述代码，结果如图 10-3 所示，反映出了不同插值方法之间的区别，其中图 10-3（a）用的是 linear，图 10-3（b）用的是 cubic，图 10-3（c）用的是 nearest，图 10-3（d）用的是 v4。

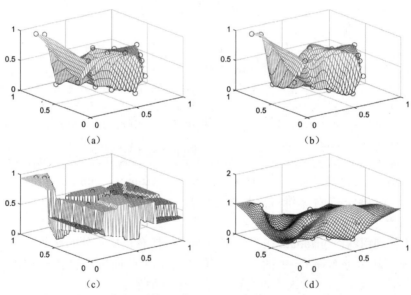

图 10-3　用 griddata 命令对 20 个随机点进行插值

10.2.2　曲线拟合

在科学研究及生产实践中，常常需要寻找某些参量之间的定量关系式，即由已知数据确定经验或半经验的数学模型，以便分析预测。

当这些参量之间的数学关系式不能从理论上导出或理论公式过于复杂时，常用的方法是将观测到的离散数据标记在平面图上（这只是对一个变量的情况而言的），然后描成一条光滑的曲线（也包括直线或对数坐标下的直线等）。

为了进一步分析，常常希望将曲线用一个简单的数学表达式加以描述，这就是曲线拟合，

或者称经验建模。所谓曲线拟合，就是函数逼近（包括连续函数和离散函数，后者是主要的），其方法（包括逼近手段和逼近优/劣的判据）有多种。下面主要介绍线性最小二乘法。

对于多变量离散函数 $(y_j, x_{ij})(i=1,2,\cdots,p;\ j=1,2,\cdots,m)$，常常利用线性最小二乘法将其拟合为线性多元函数，即

$$Y = BF(X)$$

其中，$Y = y$ 为因变量，只有一个；$X = [x_1, x_2, \cdots, x_p]^{\mathrm{T}}$ 为自变量，共 p 个；$B = [b_1, b_2, \cdots, b_n]^{\mathrm{T}}$ 为待定系数，共 n 个；$F = [f_1, f_2, \cdots, f_n]^{\mathrm{T}}$ 为 X 的函数关系式，共 n 个。

将上式写为标量形式为

$$y = \sum_{k=1}^{n} b_k f_k(x_1, x_2, \cdots, x_p) = b_1 f_1(x_1, x_2, \cdots, x_p) + \cdots + b_n f_n(x_1, x_2, \cdots, x_p)$$

可以看出，待定系数 B 在多元函数式中处于与 y 呈线性关系的位置，因此称上式为线性多元函数，对这类函数进行的最小二乘法拟合称为线性最小二乘法。

应当特别指出的是，在线性多元函数中，$F(X) = [f_1(x_1, x_2, \cdots, x_p), \cdots, f_n(x_1, x_2, \cdots, x_p)]$ 不一定是线性的，而且往往是非线性的。

在 MATLAB 中，最小二乘拟合用函数 polyfit 对一组数据进行定阶数的多项式拟合，其基本用法为

```
p=polyfit(x,y,n)        % 返回多项式的系数，是一个长度为 n+1 的向量 p
                        % 用最小二乘法对输入的数据 x、y 用 n 阶多项式进行逼近
[p,s]=polyfit(x,y,n)    % 额外返回误差分析报告，并保存在结构体变量 s 中
```

在多项式拟合中，如果 n=1，相当于用最小二乘法进行直线拟合。

【例 10-9】某实验中测得的一组数据如下。已知 x 和 y 呈线性关系，即 $y=kx+b$，求系数 k 和 b。其中 x 为 1、2、3、4、5，对应的 y 为 1.2、1.8、2.4、3.9、4.5。

在命令行窗口中输入以下命令并显示输出结果。

```
>> x=[1 2 3 4 5];
>> y=[1.2 1.8 2.4 3.9 4.5];
>> [p,s]=polyfit(x,y,1)        % 输出略
>> y1=polyval(p,x);            % 去掉;可查看输出数据
>> plot(x,y1); hold on;
>> plot(x,y,'b*');
```

执行上述代码，结果如图 10-4 所示。

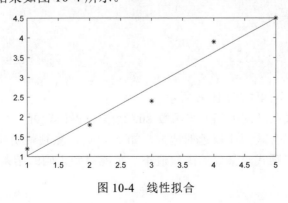

图 10-4　线性拟合

【例 10-10】在[-2,2]区间上对函数 $f(x)=\dfrac{1}{1+2x^2}$ 分别进行 4 次和 10 次的多项式拟合。

```
>> clear,clf
>> x=-2:0.2:2;
>> y=1./(1+2*x.^2);
>> p4=polyfit(x,y,4);              % 去掉;可查看输出数据
>> p10=polyfit(x,y,10);           % 用向量 x 和 y 中元素拟合不同次数的多项式
>> xcurve=-2:0.02:2;
>> p4curve=polyval(p4,xcurve);    % 计算在这些 x 点处的多项式值
>> p10curve=polyval(p10,xcurve);
>> plot(xcurve,p4curve,'r--',xcurve,p10curve,'b-.',x,y,'ko');
>> legend('L4(x)','L10(x)','精确值');
```

执行上述代码后，结果如图 10-5 所示。通过拟合结果可以看出，次数越高的多项式的精度越好。10 次多项式拟合曲线基本经过所有的点。

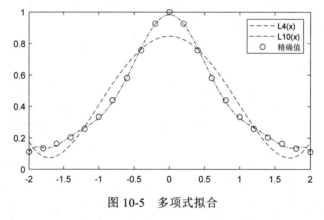

图 10-5　多项式拟合

【例 10-11】用 8 阶多项式逼近函数 $\sin x$。在此例中，用[0,2]区间上的数据生成多项式，而在[0,6]区间上画图。

在命令行窗口中输入以下命令并显示输出结果。

```
>> x=0:0.2:2;
>> y=sin(x);
>> p=polyfit(x,y,8);              % 用 x 和 y 在[0,2]区间上拟合
>> x1=0:0.2:6;
>> y1=polyval(p,x1);
>> y2=sin(x1);
>> plot(x1,y1,'kx',x1,y2,'k-')    % 在[0,6]区间上画图
>> legend('polyfit','sin(x)');
```

执行上述代码后，结果如图 10-6 所示。

由此可知，多项式在区间[0,3]上与函数 $\sin(2x)$ 拟合得比较好，在区间以内的 4 处，也没问题，但是，在离拟合区间比较远的地方，如 5 以后，差别就明显了。因而在拟合区间以外，用拟合所得的多项式求某处的函数值不一定能得到正确的结果。

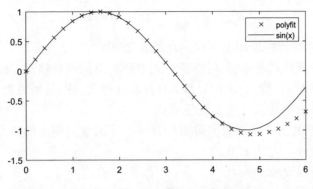

图 10-6　多项式拟合的区间问题

10.2.3　数值积分

考虑定积分 $\int_a^b f(x)\mathrm{d}x$。将区间 $[a,b]$ n 等分，步长 $h=(b-a)/n$，取等距节点，即

$$x_k = a + kh \quad (k=0,1,\cdots,n)$$

利用这些节点作 $f(x)$ 的 n 次拉格朗日插值多项式，即

$$L_n(x) = \sum_{k=0}^n l_k(x)f(x_k)$$

其中，$l_k(x)$ 是拉格朗日基函数，均为 n 次多项式。以 $L_n(x)$ 代替 $f(x)$ 计算定积分，得到的求积公式称为牛顿-柯特斯（Newton-Cotes）公式，即

$$\int_a^b f(x)\mathrm{d}x \approx I_n(f) = \sum_{k=0}^n A_k f(x_k)$$

其中，A_k 为系数，即

$$A_k = \int_a^b l_k(x)\mathrm{d}x \quad (k=0,1,\cdots,n)$$

当 $n=1$ 时，拉格朗日插值是一条直线，这时求积节点为 $x_0=a$、$x_1=b$，令 $h=b-a$，由系数公式确定求积系数 $A_0=A_1=h/2$，得到的求积公式称为梯形公式，即

$$I_1(f) = \frac{h}{2}(f(a) + f(b))$$

可以验证，梯形公式仅具有一次代数精度，并且它的余项为

$$R_1(f) = -\frac{h^3}{12}f''(\eta), \quad \eta \in (a,b)$$

当 $n=2$ 时，拉格朗日插值是抛物线，这时求积节点为 $x_0=a$、$x_1=(a+b)/2$、$x_2=b$，令 $h=(b-a)/2$，确定系数 $A_0=A_2=h/3$，$A_1=4h/3$，得到的求积公式称为辛普森（Simpson）公式，即

$$I_2(f) = \frac{h}{3}\left(f(a) + 4f\left(\frac{a+b}{2}\right) + f(b)\right)$$

易证得辛普森公式具有三次代数精度，且它的余项为

$$R_2(f) = -\frac{h^5}{90}f^{(4)}(\eta), \quad \eta \in (a,b)$$

类似地，$n=4$ 时得到的求积公式称为柯特斯公式。

梯形公式和辛普森公式是牛顿-柯特斯公式中最简单的两种情形。虽然 $n=2$ 时的辛普森公式的精度高于 $n=1$ 时的梯形公式的精度，但并非 n 越大，牛顿-柯特斯公式的精度就越高，这是由高阶多项式插值的数值不稳定性造成的。

MATLAB 分别提供了一元函数的数值积分和二元函数重积分的数值计算，这里主要介绍一元函数的数值积分，方法如下。

（1）梯形法数值积分：trapz。

（2）自适应辛普森积分法：quad、quadl、quad8。

1. 梯形法数值积分

梯形法数值积分采用 trapz 函数实现，其调用格式如下。

```
T=trapz(Y)          % 用等距梯形法近似计算 Y 的积分
```

若 Y 是一向量，则 trapz(Y) 为 Y 的积分；若 Y 是一矩阵，则 trapz(Y) 为 Y 的每一列的积分；若 Y 是一多维阵列，则 trapz(Y) 沿着 Y 的第一个非单元集的方向进行计算。

```
T=trapz(X,Y)        % 用梯形法计算 Y 在 X 点上的积分
```

若 X 为一列向量、Y 为矩阵，且 size(Y,1)=length(X)；则 trapz(X,Y) 通过 Y 的第一个非单元集方向进行计算。

```
T=trapz(___,dim)    % 沿着 dim 指定的方向对 Y 进行积分
                    % 若参量中包含 X，则应有 length(X)=size(Y,dim)
```

说明：trapz 是对数值数据而不是函数表达式求积分，因此表达式无须已知也可对数据矩阵使用 trapz。在已知函数表达式的情况下，可改用 integral、integral2 或 integral3 求解。

【例 10-12】求定积分 $\int_{-1}^{1}\frac{1}{1+2x^2}\mathrm{d}x$。

在命令行窗口中输入以下命令并显示输出结果。

```
>> X=-1:.1:1;
>> Y=1./(1+2*X.^2);
>> T=trapz(X,Y)
T =
    1.3503
```

【例 10-13】求定积分 $\int_{-5}^{5}\int_{-3}^{3}(x^2+y^2)\mathrm{d}x\mathrm{d}y$。

在命令行窗口中输入以下命令并显示输出结果。

```
>> x=-3:.1:3;
>> y=-5:.1:5;
>> [X,Y]=meshgrid(x,y);          % 创建由域值构成的网格
>> F=X.^2+Y.^2;                  % 建立网格上的函数
>> T=trapz(y,trapz(x,F,2))       % 对数值数据的数组执行二重积分运算
T =
    680.2000
```

2．自适应辛普森积分法

MATLAB 中自适应辛普森积分法采用 quad 函数实现，其调用格式如下。

```
q=quad(fun,a,b)              % 近似地从 a 到 b 计算函数 fun 的数值积分，默认误差为 1.0e-6
q=quad(fun,a,b,tol)          % 用指定的绝对误差 tol 代替默认误差
q=quad(fun,a,b,tol,trace)    % 打开诊断信息的显示
```

当 trace 为非零值时，quad 显示递归中每个子区间的值[fcnEvals, a, b-a, Q]组成的向量。其中，fcnEvals 给出函数计算的次数，a 和 b 是积分的范围，Q 是子区间的计算面积。

另外，函数 quadl 以自适应 Lobatto 积分法计算数值积分，函数 quadgk 以高斯-勒让德积分法计算数值积分，函数 quadl 以自适应 Lobatto 积分法计算数值积分，quad2d 采用 tiled 法计算二重数值积分。

【例 10-14】求定积分 $\int_0^2 \frac{x^2}{x^3-x^2+3}\mathrm{d}x$。

在命令行窗口中输入以下命令并显示输出结果。

```
>> fun=inline('x.^2./(x.^3-x.^2+3)');
>> Q1=quad(fun,0,2)
>> Q2=quadl(fun,0,2)
Q1=
    0.6275
Q2=
    0.6275
```

【例 10-15】分别采用梯形法和自适应辛普森积分法求 $\int_0^{\pi/2}\cos(x)\mathrm{d}x$。

（1）将$(0,\pi/2)$10 等分，步长为$\pi/20$，按梯形法计算，利用 trapz(x)函数进行积分。trapz(x)函数的功能是输入数组 x，输出为按梯形公式计算的 x 的积分。这是 MATLAB 中常用的数值积分方法。

在命令行窗口中输入以下命令并显示输出结果。

```
>> m=pi/20;
>> x=0:m:pi/2;
>> y=cos(x);
>> z=trapz(y)*m
z=
    0.9979
```

（2）自适应辛普森积分法：使用 quad('fun',a,b)函数。它将计算以 fun 命名的函数在区间(a,b)上的积分，自动选择步长，相对误差为 1E-3。

在命令行窗口中输入以下命令并显示输出结果。

```
>> z=quad('cos',0,pi/2)
z=
    1
```

注意：

上面两种方法得出的结果不同，这是由于所选方法各自产生的误差不同造成的。

3. 全局自适应积分法

在 MATLAB 中还提供了使用全局自适应积分法（默认误差限）进行数值积分的函数，包括 integral（数值积分）、integral2（二重数值积分）、integral3（三重数值积分），它们的调用格式如下。

```
q=integral(fun,xmin,xmax)          % 在 xmin~xmax 间以数值形式对函数 fun 求积分
q=integral(fun,xmin,xmax,Name,Value)          % 指定一个或多个 Name,Value 参数对

q=integral2(fun,xmin,xmax,ymin,ymax)
q=integral2(fun,xmin,xmax,ymin,ymax,Name,Value)

q=integral3(fun,xmin,xmax,ymin,ymax,zmin,zmax)
q=integral3(fun,xmin,xmax,ymin,ymax,zmin,zmax,Name,Value)
```

【例 10-16】求函数 $f(x) = \mathrm{e}^{-x^2}(\ln x)^2$ 的广义积分 $\int_0^{+\infty} f(x)\mathrm{d}x$。

在命令行窗口中输入以下命令并显示输出结果。

```
>> fun=@(x) exp(-x.^2).*log(x).^2;          % 创建匿名函数
>> q=integral(fun,0,Inf)          % 求积分
q =
    1.9475
```

【例 10-17】在笛卡儿坐标中计算单位球面积分，其中 $f(x,y,z) = x\cos y + x^2 \cos z$。

在命令行窗口中输入以下命令并显示输出结果。

```
>> fun=@(x,y,z) x.*cos(y)+x.^2.*cos(z);          % 创建匿名函数
>> xmin=-1;
>> xmax=1;
>> ymin=@(x) -sqrt(1-x.^2);
>> ymax=@(x) sqrt(1-x.^2);
>> zmin=@(x,y) -sqrt(1-x.^2-y.^2);
>> zmax=@(x,y) sqrt(1-x.^2-y.^2);
>> q=integral3(fun,xmin,xmax,ymin,ymax,zmin,zmax)
q =
    0.7796
```

10.3 常微分方程（组）的数值求解

10.3

许多实际问题的数学模型是微分方程或微分方程组的定解问题，如物体运动、电路振荡、化学反应及生物群体的变化等。下面介绍常微分方程（组）的数值解法。

10.3.1 常微分方程初值问题的离散化

能用解析方法求出精确解的微分方程为数不多，而且有的方程即使有解析解，也可能

由于表达式非常复杂而不易计算。因此，有必要研究微分方程的数值解法。

本节主要讨论一阶常微分方程的初值问题，其一般形式为

$$\begin{cases} \dfrac{\mathrm{d}y}{\mathrm{d}x} = f(x,y) & (a \leqslant x \leqslant b) \\ y(a) = y_0 \end{cases}$$

所谓数值解法，就是求上述问题的解 $y(x)$ 在若干点 $a = x_0 < x_1 < x_2 < \cdots < x_N = b$ 处的近似值 $y_n(n = 1, 2, \cdots, N)$ 的方法，y_n 称为数值解，$h_n = x_{n+1} - x_n$ 为从 x_n 到 x_{n+1} 的步长。要建立数值解法，首先要将微分方程离散化，一般采用以下几种方法。

1. 用差商近似导数进行离散化

若用向前差商 $\dfrac{y(x_{n+1}) - y(x_n)}{h}$ 代替 $y'(x_n)$ 代入微分方程，则

$$\frac{y(x_{n+1}) - y(x_n)}{h} \approx f(x_n, y(x_n)) \quad (n = 0, 1, \cdots)$$

化简得 $y(x_{n+1}) \approx y(x_n) + hf(x_n, y(x_n))$。

如果用 $y(x_n)$ 的近似值 y_n 代入上式等号的右端，所得结果作为 $y(x_{n+1})$ 的近似值，记为 y_{n+1}，则有 $y_{n+1} = y_n + hf(x_n, y_n) \quad (n = 0, 1, \cdots)$。

这样，常微分方程的近似解可通过下述问题求解，即

$$\begin{cases} y_{n+1} = y_n + hf(x_n, y_n) & (n = 0, 1, \cdots) \\ y_0 = y(a) \end{cases}$$

这是一个离散化问题，称为差分方程初值问题。不同的差商近似得到不同的公式。

2. 用数值积分方法进行离散化

将一般的解表达成积分形式，用数值积分方法离散化。例如，对微分方程两端积分，得

$$y(x_{n+1}) - y(x_n) = \int_{x_n}^{x_{n+1}} f(x, y(x)) \mathrm{d}x \quad (n = 0, 1, \cdots)$$

用 y_{n+1} 和 y_n 分别代替 $y(x_{n+1})$ 和 $y(x_n)$，对上式右端积分采用取左端点的矩形公式，即

$$\int_{x_n}^{x_{n+1}} f(x, y(x)) \mathrm{d}x \approx hf(x_n, y_n)$$

则由上式得

$$y_{n+1} - y_n \approx hf(x_n, y_n)$$

于是问题一般式的近似解可由以下公式求出，即

$$\begin{cases} y_{n+1} = y_n + hf(x_n, y_n) & (n = 0, 1, \cdots) \\ y_0 = y(a) \end{cases}$$

> **注意：**
>
> 完全类似地，对右端积分采用取右端点的矩形公式或其他数值积分方法，可得到不同的计算公式。

3．用 Taylor 多项式进行离散化

将函数 $y(x)$ 在 x_n 处展开，取一次 Taylor 多项式近似，得

$$y(x_{n+1}) = y(x_n + h) \approx y(x_n) + hy'(x_n) = y(x_n) + hf(x_n, y(x_n))$$

再将 $y(x_n)$ 的近似值 y_n 代入上式右端，所得结果作为 $y(x_{n+1})$ 的近似值 y_{n+1}，得到离散化的计算公式为 $y_{n+1} = y_n + hf(x_n, y_n)$。

说明：Taylor 展开法不仅可以得到求数值解的公式，还容易估计截断误差。因此下面介绍的方法主要采用此法。

10.3.2 常微分方程初值问题

1．欧拉（Euler）方法

Euler 方法就是用差分方程初值问题的解近似微分方程初值问题的解，即依次算出 $y(x_n)$ 的近似值 y_n $(n = 1, 2, \cdots)$。

如果在微分方程离散化时，用向后差商代替导数，即 $y'(x_{n+1}) \approx \dfrac{y(x_{n+1}) - y(x_n)}{h}$，则得计算公式为

$$\begin{cases} y_{n+1} = y_n + hf(x_{n+1}, y_{n+1}) \\ y_0 = y(a) \end{cases}$$

用这组公式求解问题一般式的数值解称为向后 Euler 方法。向后 Euler 方法与 Euler 方法在形式上相似，但在实际计算时复杂得多。Euler 公式是显式的，可直接求解。向后 Euler 公式的右端含有 y_{n+1}，因此是隐式公式，一般要用迭代法求解，迭代公式通常为

$$\begin{cases} y_{n+1}^0 = y_n + hf(x_n, y_n) \\ y_{n+1}^{k+1} = y_n + hf(x_{n+1}, y_{n+1}^k) \ (k = 0, 1, 2, \cdots) \end{cases}$$

 注意：

如果用中心差商代替导数，则可导出 Euler 两步公式。

最后要说明的是，Euler 公式为一阶方法。

2．梯形公式

当利用数值积分方法将微分方程离散化时，若用梯形公式计算右端积分，即

$$\int_{x_n}^{x_{n+1}} f(x, y(x))\mathrm{d}x \approx \frac{h}{2}[f(x_n, y(x_n)) + f(x_{n+1}, y(x_{n+1}))]$$

并用 y_n 和 y_{n+1} 分别代替 $y(x_n)$ 和 $y(x_{n+1})$，则得计算公式为

$$y_{n+1} = y_n + \frac{h}{2}[f(x_n, y_n) + f(x_{n+1}, y_{n+1})]$$

这就是求解初值问题一般式的梯形公式。

截断误差为 $R_{n+1} = y(x_{n+1}) - y_{n+1} = -\dfrac{h^3}{12}y''(\xi)$，故它为二阶方法。

梯形公式也是隐式公式，一般需要用迭代法求解，迭代公式为

$$\begin{cases} y_{n+1}^0 = y_n + hf(x_n, y_n) \\ y_{n+1}^{k+1} = y_n + \dfrac{h}{2}[f(x_n, y_n) + f(x_{n+1}, y_{n+1}^k)] \quad (k = 0, 1, 2, \cdots) \end{cases}$$

说明：在用上式求解时，若每步只迭代一次，则导出另一种方法——改进的 Euler 方法。

3．改进的 Euler 方法

在按上式计算一般式的数值解时，若每步只迭代一次，相当于将 Euler 公式与梯形公式相结合：先用 Euler 公式求出 y_{n+1} 的一个初步近似值 $\overline{y}_{n+1}$，称为预测值；然后用梯形公式校正以求得近似值 y_{n+1}，即

$$\begin{cases} \overline{y}_{n+1} = y_n + hf(x_n, y_n) & \text{预测} \\ y_{n+1} == y_n + \dfrac{h}{2}[f(x_n, y_n) + f(x_{n+1}, \overline{y}_{n+1})] & \text{校正} \end{cases}$$

上式称为由 Euler 公式和梯形公式得到的预测－校正系统，也叫改进的 Euler 方法。为便于程序设计，通常将上式改写成如下形式，即

$$\begin{cases} y_p = y_n + hf(x_n, y_n) \\ y_q = y_n + hf(x_n + h, y_p) \\ y_{n+1} = (y_p + y_q)/2 \end{cases}$$

4．龙格-库塔（R-K）法

若用 p 阶 Taylor 多项式近似函数，即

$$y_{n+1} = y(x_n) + hy'(x_n) + \frac{h^2}{2!}y''(x_n) + \cdots + \frac{h^p}{p!}y^{(p)}(x_n)$$

其中

$$y' = f(x, y)，\quad y'' = f_x'(x, y) + f_y'(x, y)f(x, y)，\quad \cdots$$

则局部截断误差应为 p 阶 Taylor 余项 $O(h^{p+1})$。由此得到启示：可以通过提高 Taylor 多项式的次数来提高算法的阶数，以得到高精度的数值方法。

若将 Euler 公式与改进的 Euler 公式分别写成以下形式，即

$$\begin{cases} y_{n+1} = y_n + hK_1 \\ K_1 = f(x_n, y_n) \end{cases} \quad \text{（Euler 公式）}$$

$$\begin{cases} y_{n+1} = y_n + h\left(\dfrac{1}{2}K_1 + \dfrac{1}{2}K_2\right) \\ K_1 = f(x_n, y_n) \\ K_2 = f(x_n + h, y_n + hK_1) \end{cases} \quad \text{（改进的 Euler 公式）}$$

则这两组公式都是采用函数 $f(x, y)$ 在某些点上的值的线性组合来计算 $y(x_{n+1})$ 的近似值 y_{n+1} 的。Euler 公式每步计算一次 $f(x, y)$ 的值，它是 $y(x_{n+1})$ 在 x_n 处的一阶 Taylor 多项式，因而是一阶方法。

改进的 Euler 公式每次需要计算两次 $f(x, y)$ 的值，它在 (x_n, y_n) 处的 Taylor 展开式与

$y(x_{n+1})$ 在 x_n 处的 Taylor 展开式的前三项完全相同，故是二阶方法。

于是，可以考虑用函数 $f(x, y)$ 在若干点上的函数值的线性组合构造近似公式，在构造时，要求近似公式在 (x_n, y_n) 处的 Taylor 展开式与 $y(x)$ 在 x_n 处的一阶 Taylor 展开式的前几项重合，从而使近似公式达到所需的阶数。这样既避免了计算函数 $f(x, y)$ 的偏导数，又提高了方法的精度，这就是 R-K 法的基本思想。

一般地，R-K 法的近似公式为

$$\begin{cases} y_{n+1} = y_n + h\sum_{i=1}^{p} c_i K_i \\ K_1 = f(x_n, y_n) \\ K_i = f\left(x_n + a_i h, y_n + h\sum_{j=1}^{i-1} b_{ij} K_j\right) \quad (i = 2, 3, \cdots, p) \end{cases}$$

其中，a_i、b_{ij}、c_i 都是参数，确定它们的原则是使近似公式在 (x_n, y_n) 处的 Taylor 展开式与 $y(x)$ 在 x_n 处的一阶 Taylor 展开式的前几项尽可能多的重合，这样就可以使近似公式有尽可能高的精度。

以 $p = 2$ 为例，近似公式为

$$\begin{cases} y_{n+1} = y_n + h(c_1 K_1 + c_2 K_2) \\ K_1 = f(x_n, y_n) \\ K_2 = f(x_n + a_2 h, y_n + h b_{21} K_1) \end{cases}$$

类似地，对 $p = 3$ 和 $p = 4$ 的情形，通过更复杂的计算，可以导出三阶和四阶 R-K 公式，其中最常用的三阶和四阶 R-K 公式分别为

$$\begin{cases} y_{n+1} = y_n + \dfrac{h}{6}(K_1 + 4K_2 + K_3) \\ K_1 = f(x_n, y_n) \\ K_2 = f(x_n + \dfrac{h}{2}, y_n + \dfrac{h}{2} K_1) \\ K_3 = f(x_n + h, y_n + hK_1 + 2hK_2) \end{cases}$$

$$\begin{cases} y_{n+1} = y_n + \dfrac{h}{6}(K_1 + 2K_2 + 2K_3 + K_4) \\ K_1 = f(x_n, y_n) \\ K_2 = f(x_n + \dfrac{h}{2}, y_n + \dfrac{h}{2} K_1) \\ K_3 = f(x_n + \dfrac{h}{2}, y_n + \dfrac{h}{2} K_2) \\ K_4 = f(x_n + h, y_n + hK_3) \end{cases}$$

5. 常微分方程（组）初值问题的 MATLAB 求解

在 MATLAB 中，用于求解常微分方程初值问题的函数如表 10-2 所示。

表 10-2　用于求解常微分方程初值问题的函数

函　　数	求解问题类型	方　　法
ode23	求解非刚性微分方程-低阶方法	显式 Runge-Kutta (2,3)法
ode45	求解非刚性微分方程-中阶方法	基于显式 Runge-Kutta(4,5)的 Dormand-Prince 法
ode113	求解非刚性微分方程-变阶方法	Adams-Bashforth-Moulton PECE 求解
ode78	求解非刚性微分方程-高阶方法	7 阶连续外推 Runge-Kutta 8(7)法
ode89	求解非刚性微分方程-高阶方法	8 阶连续外推 Runge-Kutta 9(8)法
ode15s	求解刚性微分方程和 DAE-变阶方法	基于 1 到 5 阶数值微分公式(NDF)的 VSVO 求解器
ode23s	求解刚性微分方程-低阶方法	改进的二阶 Rosenbrock 法
ode23t	求解中等刚性的 ODE 和 DAE-梯形法	使用"自由"插值的梯形法
ode23tb	求解刚性微分方程-梯形法+后向差分公式	TR-BDF2，采用隐式 Runge-Kutta 公式
ode15i	求解全隐式微分方程-变阶方法	基于 1 到 5 阶后向差分公式(BDF)的 VSVO 求解器

微分方程数值求解的调用格式为：

```
[X,Y]=odeN('odex',[t0,tf],y0,tol,trace)
```

其中，odeN 可以是表 10-2 中的任意一个命令；输入参变量 odex 是定义 f(x,y)的函数文件名，该函数文件必须以 y'=f(x,y)为输出，以 x、y 为输入参变量，次序不能颠倒。

变量 t0 和 tf 分别是积分的初值和终值；变量 y0 是初始状态列向量；变量 tol 控制解的精度，默认值在 ode23 中为 tol=1E-3，在 ode45 中为 tol=1E-6；变量 trace 决定求解的中间结果是否显示，默认值为 trace=0，表示不显示中间结果。

【例 10-18】求方程 $y''' - y'(y''^2 + 1) + y = 0$ 在从 $x=0$ 到 $x=30$（或 0.9）各节点上的数值解。已知初值为 $y(0)=1$，$y'(0)=-1$，$y''(0)=0$。

（1）化为标准方程。

将微分方程的导数降阶，即令 $y_1 = y$，$y_2 = y'$，$y_3 = y''$，则原方程变为

$$\begin{cases} y_1' = y_2 \\ y_2' = y_3 \\ y_3' = y_2(1 + y_3^2) - y_1 \end{cases}$$

其初值条件为

$$\begin{cases} y_1(0) = 1 \\ y_2(0) = -1 \\ y_3(0) = 0 \end{cases}$$

（2）定义微分方程。在 M 文件编辑器中编辑函数文件，并存储为 odex1.m。

```
function dy=odex1(x,y)
dy=[y(2);y(3);y(2)*(1+y(3)^2)-y(1)];
end
```

（3）求解并绘图。在命令行窗口中输入以下命令并显示输出结果。

```
>> [X,Y]=ode45('odex1',[0,30],[1;-1;0]); % 调用 ode45 命令求解
>> plot(X,Y(:,1),'r-',X,Y(:,2),'k:',X,Y(:,3),'b--')    % 绘图并观察变化趋势
```

```
>> xlabel('timeX');
>> ylabel('solutionY');
>> legend('Y1','Y2','Y3');
```

执行上述代码，结果如图 10-7（a）所示，可以发现，Y1 与 Y2 的线基本重合。同时 MATLAB 提示如下警告信息。

警告：在 t=9.144391e-01 处失败。在时间 t 处，步长必须降至所允许的最小值（1.776357e-15）以下，才能达到积分容差要求。

将求解区间[0,30]调整为[0,0.9]后，执行上述程序，结果如图 10-7（b）所示，警告信息消失。

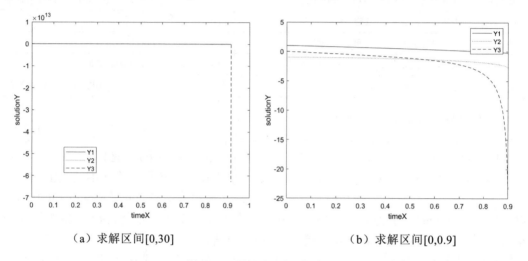

（a）求解区间[0,30]　　　　　　　　　　　（b）求解区间[0,0.9]

图 10-7　微分方程初值问题 1

【例 10-19】解微分方程组 $\begin{cases} y_1' = -y_2 y_3 \\ y_2' = y_1 y_3 \\ y_3' = 2y_1 y_2 \end{cases}$ ，其初值条件为 $\begin{cases} y_1(0) = 1 \\ y_2(0) = 0 \\ y_3(0) = 1 \end{cases}$ 。

（1）定义微分方程。在 M 文件编辑器中编辑函数文件，并存储为 rigid.m。

```
function dy=rigid(t,y)
dy=zeros(3,1);                    % 列向量
dy(1)=-y(2)*y(3);
dy(2)=y(1)*y(3);
dy(3)=2*y(1)*y(2);
end
```

（2）求解并绘图。在命令行窗口中输入以下命令并显示输出结果。

```
>> options=odeset('RelTol',1e-4,'AbsTol',[1e-4 1e-4 1e-5]);
>> [t,Y]=ode45(@rigid,[0 12],[1 0 1],options);        % 调用 ode45 命令求解
>> plot(t,Y(:,1),'-',t,Y(:,2),'-.',t,Y(:,3),'.')      % 绘图并观察变化趋势
```

执行上述代码后，结果如图 10-8 所示。

【**例 10-20**】解微分方程组 $\begin{cases} y_1' = y_2 \\ y_2' = 900(1-y_1^2)y_2 - y_1 \end{cases}$，其初值条件为 $\begin{cases} y_1(0) = 2 \\ y_2(0) = 0 \end{cases}$。

（1）定义微分方程。在 M 文件编辑器中编辑函数文件，并命名，将其保存在 vdp.m 中。

```
function dy=vdp(t,y)
dy=zeros(2,1);              % 列向量
dy(1)=y(2);
dy(2)=900*(1-y(1)^2)*y(2)-y(1);
end
```

（2）求解并绘图。在命令行窗口中输入以下命令并显示输出结果。

```
>> [T,Y]=ode15s(@vdp,[0 4000],[2 0]);     % 调用 ode15s 命令求解
>> plot(T,Y(:,1),'-o')                     %绘图并观察变化趋势
```

输出结果如图 10-9 所示。

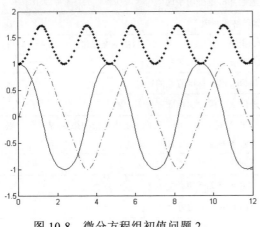

图 10-8　微分方程组初值问题 2

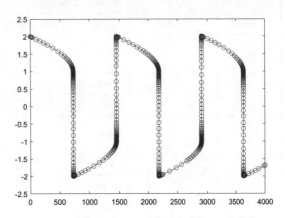

图 10-9　微分方程组初值问题 3

10.4　数据分析和多项式

10.4

MATLAB 中的数据分析和多项式是用户经常会遇到的一类数学分析问题，特别是数据分析在当今科学与技术领域里有着举足轻重的作用。多项式的求解方法在 MATLAB 中也非常常见。

10.4.1　基本数据分析函数

在 MATLAB 中，一维统计数据可以用行向量或列向量表示，不管输入数据是行向量还是列向量，运算都是对整个向量进行的；二维统计数据可以采用多个向量来表示，也可以采用二维矩阵来表示。在对二维矩阵进行运算时，运算总是按列进行的。

这两条约定不仅适用于本节提到的函数，还适用于 MATLAB 各个工具箱中的函数。下面对基本数据分析函数进行介绍。

MATLAB 提供的基本数据分析函数的功能和调用格式如表 10-3 所示。

表 10-3　基本数据分析函数的功能和调用格式

函 数 名	功能描述	基本调用格式	
max	求最大值	C=max(A)	如果 A 是向量，则返回向量中的最大值；如果 A 是矩阵，则返回一个包含各列最大值的行向量
		C=max(A,B)	返回矩阵 A 和 B 中较大的元素，矩阵 A、B 必须具有相同的大小
		C=max(A,[],dim)	返回 dim 维上的最大值[C,I]=max(...)，多返回最大值的下标
min	求最小值	与求最大值函数 max 的调用格式一致	
mean	求平均值	M=mean(A)	如果 A 是向量，则返回向量 A 的平均值；如果 A 是矩阵，则返回含有各列平均值的行向量
		M=mean(A,dim)	返回 dim 维上的平均值
median	求中间值	与求平均值函数 mean 的调用格式一致	
std	求标准方差	s=std(A)	如果 A 是向量，则返回向量的标准方差；如果 A 是矩阵，则返回含有各列标准方差的行向量
		s=std(A,flag)	用 flag 选择标准方差的定义式
		s=std(A,flag,dim)	返回 dim 维上的标准方差
var	方差（标准方差的平方）	var(A)	如果 A 是向量，则返回向量的方差；如果 A 是矩阵，则返回含有各列方差的行向量
		var(A,1)	返回第二种定义的方差
		var(A,w)	利用 w 作为权重计算方差
		var(A,w,dim)	返回 dim 维上的方差
sort	数据排序	B=sort(A)	如果 A 是向量，则升序排列向量；如果 A 是矩阵，则升序排列各列
		B=sort(A,dim)	升序排列矩阵 A 的 dim 维
		B=sort(...,mode)	用 mode 选择排序方式：ascend 为升序，descend 为降序
		[B,IX]=sort(...)	多返回数据 B 在原来矩阵中的下标 IX
sortrows	对矩阵的行排序	B=sortrows(A)	升序排序矩阵 A 的行
		B=sortrows(A,column)	以 column 列数据作为标准，升序排序矩阵 A 的行
		[B,index]=sortrows(A)	多返回数据 B 在原来矩阵 A 中的下标 index
sum	求元素之和	B=sum(A)	如果 A 是向量，则返回向量 A 的各元素之和；如果 A 是矩阵，则返回含有各列元素之和的行向量
		B=sum(A,dim)	求 dim 维上的矩阵元素之和
		B=sum(A,'double')	返回数据类型指定为双精度浮点数
		B=sum(A,'native')	返回数据类型指定为与矩阵 A 的数据类型相同
prod	求元素的连乘积	B=prod(A)	如果 A 是向量，则返回向量 A 的各元素的连乘积；如果 A 是矩阵，则返回含有各列元素连乘积的行向量
		B = prod(A,'all')	返回 A 的所有元素的乘积
		B=prod(A,dim)	返回 dim 维上的矩阵元素连乘积

函 数 名	功 能 描 述	基本调用格式	
hist	画直方图	n=hist(Y)	在 10 个等间距的区间内统计矩阵 Y 属于该区间的元素个数
		n=hist(Y,x)	在 x 指定的区间内统计矩阵 Y 属于该区间的元素个数
		n=hist(Y,nbins)	用 nbins 个等间距的区间统计矩阵 Y 属于该区间的元素个数
		hist(...)	直接画出直方图
histc	直方图统计	n=histc(x,edges)	计算在 edges 区间内向量 x 属于该区间的元素个数
		n=histc(x,edges,dim)	在 dim 维上统计 x 出现的次数
trapz	梯形数值积分（等间距）	Z=trapz(Y)	返回 Y 的梯形数值积分
		Z=trapz(X,Y)	计算以 X 为自变量时 Y 的梯形数值积分
		Z=trapz(...,dim)	在 dim 维上计算梯形数值积分
cumsum	矩阵的累加	B=cumsum(A)	如果 A 是向量，则计算向量 A 的累加和；如果 A 是矩阵，则计算矩阵 A 在列方向上的累加和
		B=cumsum(A,dim)	在 dim 维上计算矩阵 A 的累加和
cumprod	矩阵的累积	与函数 cumsum 的调用格式相同	
cumtrapz	梯形积分累积	与函数 trapz 的调用格式相同	

1. 最大值、最小值、平均值、中间值、元素求和

【例 10-21】求随机矩阵的最大值、最小值、平均值。

在命令行窗口中输入以下命令并显示输出结果。

```
>> x=1:20;
>> y=randn(1,20);            % 创建 20 个随机数 y
>> plot(x,y); hold on;
>> [y_max,I_max]=max(y);
>> plot(x(I_max),y_max,'*');
>> [y_min,I_min]=min(y);
>> plot(x(I_min),y_min,'o');
>> y_mean=mean(y);
>> plot(x,y_mean*ones(1,length(x)),'--');
>> legend('数据','最大值','最小值','平均值');
```

运行程序后，得到结果如图 10-10 所示。

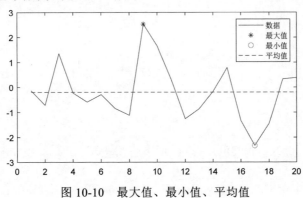

图 10-10　最大值、最小值、平均值

2. 标准方差和方差

向量 x 的标准方差有如下两种定义，即

$$s = \left[\frac{1}{N-1} \sum_{k=1}^{N} (X_k - \overline{X})^2 \right]^{\frac{1}{2}}$$

$$s = \left[\frac{1}{N} \sum_{k=1}^{N} (X_k - \overline{X})^2 \right]^{\frac{1}{2}}$$

其中，$\overline{X} = \sum_{k=1}^{N} X_k$，$N$ 是向量 x 的长度。

在 MATLAB 中，默认使用第一种定义式计算数据的标准方差。如果要使用第二种定义式计算标准方差，则可以使用函数调用格式 std(A,1)。

方差是标准方差的平方。对应标准方差，方差也有两种定义。同样，在 MATLAB 中，默认使用第一种定义式计算数据的方差。如果要使用第二种定义式计算方差，则可以使用函数调用格式 var(A,1)。

【例 10-22】 比较两个一维随机变量的标准方差与方差。

在命令行窗口中输入以下命令并显示输出结果。

```
>> x1=rand(1,200);
>> x2=8*x1;
>> std_x1=std(x1);
>> var_x1=var(x1);
>> std_x2=std(x2);
>> var_x2=var(x2);
>> disp(['x2 的标准方差与 x1 的标准方差之比='num2str(std_x2/std_x1)]);
x2 的标准方差与 x1 的标准方差之比=8
>> disp(['x2 的方差与 x1 的方差之比='num2str(var_x2/var_x1)]);
x2 的方差与 x1 的方差之比=64
```

3. 元素排序

MATLAB 可以对实数、复数和字符串进行排序。当对复数矩阵进行排序时，先按复数的模进行排序，如果模相等，则按其在区间 $[-\pi, \pi]$ 上的相角进行排序。在 MATLAB 中，实现排序的函数为 sort。

【例 10-23】 对复数矩阵进行排序。

在命令行窗口中输入以下命令并显示输出结果。

```
>> a=[0 -13i 1 i -i -3i 3 -3];
>> b=sort(a)
b =
 列 1 至 4
  0.0000 + 0.0000i   0.0000 - 1.0000i   1.0000 + 0.0000i   0.0000 + 1.0000i
 列 5 至 8
  0.0000 - 3.0000i   3.0000 + 0.0000i  -3.0000 + 0.0000i   0.0000 -13.0000i
```

10.4.2　多项式函数

1．多项式表示法

MATLAB 采用行向量表示多项式，将多项式的系数按降幂次序存放在行向量中。多项式 $P(x) = a_0x^n + a_1x^{n-1} + ... + a_{n-1}x + a_n$ 的系数行向量 $P = [a_0 a_1 ... a_n]$，注意顺序必须是从高次幂到低次幂。多项式中缺少的幂次要用"0"补齐。

以下语句说明函数 poly2sym 的用法，即

```
>> poly2sym([1 -2 0 8 0 6 -8 ])
ans=
    x^6-2*x^5+8*x^3+6*x-8
```

2．多项式求值

在 MATLAB 中，使用函数 polyval 计算多项式的值，其调用格式如下。

```
y=polyval(p,x)
```

其中，p 为行向量形式的多项式；x 为代入多项式的值，它可以是标量、向量和矩阵。如果 x 是向量或矩阵，那么该函数将对向量或矩阵中的每个元素计算多项式的值，并返回给 y。

MATLAB 不但可以计算矩阵元素的多项式值，而且可以把整个矩阵代入多项式作为自变量进行计算。计算矩阵多项式值的函数是 polyvalm，其调用格式如下。

```
Y=polyvalm(p,X)            % 把矩阵 X 代入多项式 p 中进行计算，矩阵 X 必须是方阵
```

【例 10-24】求多项式的值和矩阵多项式的值，请注意这两者的区别。

在命令行窗口中输入以下命令并显示输出结果。

```
>> p1=[1 3 6];              % 多项式 x^2+3x+6 的系数
>> A=[10 -1];
>> A1=[1 0; 0 1];
>> p1_A=polyval(p1,A)      % 求多项式的值
p1_A =
   136    4
>> p1_Am=polyvalm(p1,A1)   % 求矩阵多项式的值
p1_Am =
    10    0
     0   10
```

说明：MATLAB 提供了一些处理多项式的基本函数，如求多项式的值、根和微分等。另外，MATLAB 还提供了一些高级函数，用于处理多项式，如曲线拟合和多项式的部分分式表示等。

用于处理多项式的函数保存在 MATLAB 工具箱的 **polyfun** 子目录下，如表 10-4 所示。由于篇幅所限，这里不再一一介绍。

表 10-4　用于处理多项式的函数

函 数 名	功 能 描 述	函 数 名	功 能 描 述
poly	求多项式的系数	polyvalm	求矩阵多项式的值
polyeig	求多项式特征值问题	conv	卷积或多项式乘法
polyfit	多项式曲线拟合	deconv	去卷积或多项式除法
residue	部分分式展开（分解）	polyint	求多项式的积分
roots	求多项式的根	polyder	求多项式的一阶导数（微分）
polyval	求多项式的值	...	...

10.5　本章小结

本章主要介绍了有关数值计算方面的基本内容和 MATLAB 的实现功能，无论是高阶线性方程组，还是多项式插值、数值积分、曲线拟合、常微分方程的数值解法，一直都是工程技术人员感兴趣的内容。MATLAB 很好地将数学理论和解法融为一体，可以帮助用户轻松地解决数值计算方面的问题。读者在学完本章后，可以轻松地解决工程实践中遇到的数值计算方面的问题。

习　　题

1．填空题

（1）在 MATLAB 中，用运算符"_____"直接求解线性系统。令 A 是 $n×m$ 的矩阵，b 和 x 是有 n 个元素的列向量，则求解系统 $Ax=b$ 的命令为_____。

（2）对于线性方程组 $Ax=b$，只要矩阵 A 是非奇异的，则可以通过矩阵 A 的逆矩阵来求解，即_____，MATLAB 命令为_____。

（3）MATLAB 可以对一元函数进行数值积分，其中梯形法的数值积分法函数为_____。自适应辛普森积分法函数为_____（填写一个即可）。

（4）MATLAB 采用行向量表示多项式，将多项式的系数按_____次序存放在行向量中。多项式的系数行向量中缺少的幂次要用"_____"补齐。

（5）函数 spline 的功能为：_____。

　　　函数 polyfit 的功能为：_____。

　　　函数 polyval 的功能为：_____。

2．计算与简答题

（1）求方程组 $\begin{cases} x-3y-2z=6 \\ 2x-4y-3z=8 \\ -3x+6y+8z=-5 \end{cases}$ 的解。

（2）求方程 $\boldsymbol{Ax}=\boldsymbol{b}$ 的解，其中 $\boldsymbol{A}$ 为 4 阶魔方矩阵，$\boldsymbol{b}=[1\ 2\ 3\ 4]^{\mathrm{T}}$。

（3）针对正弦衰减函数 $y=\sin x\cdot\mathrm{e}^{-\frac{x}{10}}$，$x\in\left(0:\dfrac{\pi}{5}:4\pi\right)$，试用三次样条差值函数进行差值，并绘制相应的曲线图。

（4）某测量数据如表 10-5 所示，数据具有 $y=x^2$ 的变换趋势，是采用最小二乘法拟合，并绘制拟合前后的图形。

表 10-5　某测量数据

x	1.0	1.5	2.0	2.5	3.0	3.5	4.0	4.5	5.0
y	-1.8	2.4	3.1	5.8	8.2	12.1	16.8	18.9	25.9

（5）求函数 $f(x)=\dfrac{1}{x^3-2x-5}$ 的数值积分 $s=\displaystyle\int_0^2 f(x)\,\mathrm{d}x$。

（6）求函数 $f(x)=\mathrm{e}^{\sin^3 x}$ 的数值积分 $s=\displaystyle\int_0^\pi f(x)\,\mathrm{d}x$，并尝试采用符号计算进行复算。

（7）设初值问题 $y'=\dfrac{y^2-t-2}{4(t+1)}$，$y(0)=2$，试在 $0\leqslant t\leqslant 10$ 内求数值解，并通过绘图与精确解进行比较（精确解 $y(t)=\sqrt{t+1}+1$）。

（8）设 $\dfrac{\mathrm{d}^2 y(t)}{\mathrm{d}t^2}-3\dfrac{\mathrm{d}y(t)}{\mathrm{d}t}+2y(t)=1$，$y(0)=1$，$\dfrac{\mathrm{d}y(t)}{\mathrm{d}t}=0$，试采用数值法及符号法求 $y(t)|_{t=0.5}$ 的值。

第 11 章

输入与输出

MATLAB 具有对磁盘文件进行直接访问的功能，用户不仅可以进行高层的程序设计，必要时还可以进行低层次磁盘文件的读/写操作，增强了 MATLAB 程序设计的灵活性。MATLAB 有很多有关文件输入和输出的函数，用户可以方便地对二进制文件或 ASCII 码文件进行打开、关闭和存储等操作。本章将介绍如何打开与关闭文件、二进制文件与文本文件的读写及二者的区别，最后介绍文件位置控制和状态函数。

学习目标：
（1）熟练掌握文件的打开与关闭。
（2）熟练掌握二进制文件的读取与写入。
（3）熟练掌握文本文件的读取与写入。
（4）熟练掌握文件位置控制和状态函数。

11.1　文件的打开与关闭

11.1

熟悉 C 语言的读者都了解对文件进行操作的一些相关命令。MATLAB 中也有类似函数，但是与 C 语言中的函数有着细微的不同。

11.1.1　打开文件

在使用程序或创建一个磁盘文件时，必须向操作系统发出打开文件的命令，使用完毕，还需要通知操作系统关闭这些文件。在 MATLAB 中，可以利用 fopen 函数打开一个文件并返回这个文件的文件标识，其调用格式如下。

```
fid=fopen(fname,permission)    % 打开文件 fname，并返回大于或等于 3 的整数文件标识符
[fid,msg]=fopen(fname,permission)
fids=fopen('all')              % 返回包含所有打开文件的文件标识符的行向量
fname=fopen(fid)               % 返回上一次调用 fopen 打开 fid 指定的文件时所使用的文件名
```

其中，fname 是要打开的文件的名字；fid 是一个大于或等于 3 的非负整数，称为文件

标识，对文件进行的任何操作，都是通过这个标识值来传递的。permission 用于指定打开文件的模式（访问类型），可省略。permission 表示文件访问类型，具体如表 11-1 所示。

表 11-1　文件访问类型

字 符 串	含 义
'r'	只读文件（reading）
'w'	只写文件，覆盖文件的原有内容（如果文件名不存在，则生成新文件，writing）
'a'	增补文件，在文件尾部增加数据（如果文件名不存在，则生成新文件，appending）
'r+'	读/写文件（不生成文件，reading and writing）
'w+'	创建一个新文件或删除已有文件内容，并可进行读/写操作
'a+'	读取和增补文件（如果文件名不存在，则生成新文件）
'A'	打开文件以追加（但不自动刷新）当前输出缓冲区
'W'	打开文件以写入（但不自动刷新）当前输出缓冲区

　　如果文件被成功打开，则在这个语句执行之后，fid 将为一个大于或等于 3 的非负整数（由操作系统设定），msg 将为一个空字符。如果文件打开失败，则在这个语句执行之后，fid 将为-1，msg 将为解释错误出现的字符串。

　　如果返回的文件标识为-1，则表示 fopen 无法打开该文件，原因可能是该文件不存在。而以'r'或'r+'方式打开文件，也可能是因为用户无权限打开此文件。在程序设计中，每次打开文件时都要进行打开操作是否正确的测定。

　　如果 MATLAB 要打开一个不在当前目录的文件，那么 MATLAB 将按搜索路径进行搜索。文件可以以二进制（默认）形式或文本形式打开，在二进制形式下，字符串不会被特殊对待。如果要求以文本形式打开文件，则需在 permission 字符串后面加't'，如'rt+'、'wt+'等。

> **提　示**
>
> 　　MATLAB 保留文件标识符 0、1 和 2，分别用于标准输入、标准输出（屏幕）和标准错误。

【例 11-1】打开文件操作示例。

```
fid=fopen('exam.dat','r')    % 以只读方式打开二进制文件 exam.dat
fid=fopen('junk','r+')       % 打开文件 junk，并对其进行二进制形式的输入和输出操作
fid=fopen('junk','w+')       % 创建新文件 junk，对其进行二进制形式的输入和输出操作
                             % 如果该文件已存在，则旧文件内容将被删除
```

如果文件已存在，将旧文件内容删除，替换已存在的数据，可以采用以下方式：

```
fid=fopen('outdat','wr')     % 创建并打开输出文件 outdat，等待写入数据
```

如果该文件已存在，新的数据将会添加到已存在的数据中，不替换已存在的数据，可以采用以下方式：

```
fid=fopen('outdat','at')     % 打开要增加数据的输出文件 outdat，等待写入数据
```

　　在试图打开一个文件之后，检查错误是非常重要的。如果 fid 的值为-1，则说明文件打开失败，系统会把这个问题报告给执行者，允许其选择其他文件或跳出程序。

使用 fopen 语句，要注意指定合适的权限，这取决于要读取数据，还是要写入数据。在执行文件打开操作后，需要检查它的状态以确保它被成功打开。如果文件打开失败，则会提示解决方法。

11.1.2　关闭文件

在进行完读/写操作后，必须关闭文件，以免打开过多文件造成资源浪费，其基本格式为：

```
fclose(fid)              % 关闭文件标识为 fid 的文件
fclose('all')            % 关闭所有文件
status=fclose(___)       % 返回操作结果，文件关闭成功后，status 将为 0，否则为-1
```

 注意：

　　打开和关闭文件的操作都比较费时，因此，尽量不要将其置于循环语句中，以提高程序的执行效率。

11.2　文件的读写

11.2

在 MATLAB 中可以读/写文件，下面介绍读取和写入文件的 MATLAB 函数。

11.2.1　读取二进制文件

在 MATLAB 中，函数 fread 可以从文件中读取二进制数据，将每个字节看成一个整数，将结果写入一个矩阵中并返回，其调用格式如下。

```
A=fread(fid)   % 将打开文件中的数据读取到列向量 A 中，并将文件指针定位在文件结尾标记处
A=fread(fid,sizeA)       % 将文件数据读取到维度为 sizeA 的数组 A 中 (按列顺序填充 A)
A=fread(fid,precision)   % 根据 precision 描述的格式和大小解释文件中的值
A=fread(fid,sizeA,precision)
A=fread(___,skip)        % 在读取文件中的每个值之后将跳过 skip 指定的字节或位数
A=fread(___,machinefmt)  % 另外指定在文件中读取字节或位时的顺序
[A,count]=fread(___)     % 将返回 fread 读取到 A 中的字符数
```

其中，fid 是用 fopen 打开的一个文件的文件标识；A 是包含有数据的数组；count 用来读取文件中变量的数目；sizeA 是要读取文件中变量的数目，它有以下 3 种形式。

- inf：读取文件中的所有值。执行完后，array 将是一个列向量，包含有从文件中读取的所有值。
- [n,m]：从文件中精确定地读取 n×m 个值，array 是一个 n×m 的数组。如果 fread 执行到达文件结尾，而输入流没有足够的位数来写满指定精度的数组元素，fread 就会用最后一位的数值或 0 填充，直到得到全部的值。
- n：准确地读取 n 个值。执行完后，array 将是一个包含有 n 个值的列向量。

如果发生错误，那么读取将直接到达最后一位。参数 precision 主要包括两部分：一是数据类型定义，如 int、float 等；二是一次读取的位数。默认情况下，precision 是 uchar（8位字符型），常用的精度字符串见表 11-2。

表 11-2　常用的精度字符串

字符串	描　　述	字符串	描　　述
'uchar'	无符号字符型	'int8'	整型（8 位）
'schar'	带符号字符型（8 位）	'int16'	整型（16 位）
'single'	浮点数（32 位）	'int32'	整型（32 位）
'float32'	浮点数（32 位）	'int64'	整型（64 位）
'double'	浮点数（64 位）	'uint8'	无符号整型（8 位）
'float64'	浮点数（64 位）	'uint16'	无符号整型（16 位）
'bitN'	N 位带符号整数(1≤N≤64)	'uint32'	无符号整型（32 位）
'ubitN'	N 位无符号整数(1≤N≤64)	'uint64'	无符号整型（64 位）

【例 11-2】读/写二进制数据。

默认存在一个 dingzx.m 文件，文件内容如下。

```
a=1:.2:3*pi;
b=sin(2*a);
plot(a,b+1);
```

运行程序后，得到结果如图 11-1 所示。

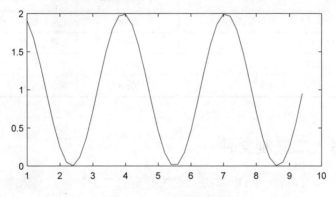

图 11-1　二进制数据图

用 fread 函数读取此文件，在命令行窗口中输入以下命令：

```
>> fid=fopen('dingzx.m','r');
>> data=fread(fid);
```

在命令行窗口中输入如下代码进行验证：

```
>> disp(char(data'));
 a=1:.2:2*pi;
 b=sin(2*a);
 plot(a,b);
```

说明：如果不用 char 将 data 转换为 ASCII 码字符，则输出的是一组整数，取 data 的转置是为了方便阅读。

【例 11-3】读取整个文件的 uint8 数据。

```
>> fid=fopen('nine.bin','w');
>> fwrite(fid,[1:6]);              % 将一个六元素向量写入示例文件中，见后文
>> fclose(fid);
>> fid=fopen('nine.bin');
>> A=fread(fid)                    % 返回一个列向量，文件中的每个字节对应一个元素
A =
     1
     2
     3
     4
     5
     6
>> whos A                    查看 A 的相关信息
  Name       Size           Bytes  Class      Attributes
  A          6x1               48  double
>> fclose(fid);
```

还有一些类型是与平台有关的，平台不同可能位数不同，如表 11-3 所示。

表 11-3　与平台有关的精度字符串

字符串	描　　述	字符串	描　　述
'char'	字符型（8 位，有符号或无符号）	'ushort'	无符号整型（16 位）
'short'	整型（16 位）	'uint'	无符号整型（32 位）
'int'	整型（32 位）	'ulong'	无符号整型（32 位或 64 位）
'long'	整型（32 位或 64 位）	'float'	浮点数（32 位）

11.2.2　写入二进制文件

函数 fwrite 的作用是将一个矩阵的元素按给定的二进制格式写入某个打开的文件中，并返回成功写入的数据个数，其基本的调用格式为：

```
fwrite(fid,A)          % 将数组 A 的元素按列顺序以 8 位无符号整数的形式写入二进制文件
fwrite(fid,A,precision)          % 按照 precision 说明的形式和大小写入 A 中的值
fwrite(fid,A,precision,skip)          % 在写入每个值之前跳过 skip 指定的字节数或位数
fwrite(fid,A,precision,skip,machinefmt)          % 额外指定将字节或位写入文件的顺序
count=fwrite(___)          % 返回 A 中 fwrite 已成功写入文件的元素
```

其中，fid 是用 fopen 打开的一个文件的文件标识；A 是写入变量的数组；count 是写入文件变量的数目；参数 precision 用于指定输出数据的格式；skip 用于指定在写入每个值之前跳过的字节数或位数；machinefmt 指定字节或位写入文件的顺序。

MATLAB 既支持平台独立的精度字符串，又支持平台不独立的精度字符串。

本书中出现的字符串均为平台独立的精度字符串，所有的这些精度都以字节为单位，除了 bitN 和 ubitN，它们都以位为单位。

选择性参数 skip 指定在每次写入输出文件之前要跳过的字节数或位数。在替换有固定长度的值时，这个参数将非常有用。

> **注意：**
>
> 如果 precision 是一个像 bitN 或 ubitN 的一位格式，则 skip 以位为单位。

【例 11-4】写入二进制文件。

下面的程序用于生成一个文件名为 dingwrt.bin 的二进制文件，包含 4×4 个数据，即 4 阶方阵，每个数据占用 8 字节的存储单位，数据类型为整型，输出变量 count 的值为 16。

```
>> fid=fopen('dingwrt.bin','w');
>> count=fwrite(fid,rand(4),'int32');
>> status=fclose(fid)
status=
    0
```

二进制文件无法用 type 命令显示文件内容，此时可采用下面的命令进行查看：

```
>> fid=fopen('dingwrt.bin','r');
>> data=(fread(fid,16,'int32'))'
data=
  1  1  0  1  0  1  0  1  0  0  0  0  0  1  1  0  1  0  1  0  0
```

11.2.3 写入文本文件

函数 fprintf 的作用是将数据转换成指定格式的字符串，并写入文本文件中，其调用格式如下。

```
fprintf(fid,formatSpec,A1,…,An)    % 按列顺序将字符串应用于数组 A1,…,An 的
                                    % 所有元素，并将数据写入一个文本文件
fprintf(formatSpec,A1,…,An)        % 设置数据的格式并在屏幕上显示结果
count=fprintf(___)                 % 返回 fprintf 所写入的字节数
```

其中，fid 由 fopen 产生，是要写入数据的那个文件的文件标识，如果 fid 丢失，则数据将写入标准输出设备（命令行窗口）；formatSpec 是控制数据显示的字符串；count 是返回的成功写入的字节数；A1,…,An 是 MATLAB 的数据变量。

fid 值也可以是代表标准输出的 1 和代表标准出错的 2，如果 fid 字段省略，则默认值为 1，会被输出到屏幕上。常用的格式类型说明符如下。

%e：科学计数形式，即将数值表示成 $a×10b$ 的形式。

%f：固定小数点位置的数据形式。

%g：在上述两种格式中自动选取长度较短的格式。

可以用一些特殊格式，如\n、\r、\t、\b、\f 等来产生换行、回车、tab、退格、走纸等字符。此外，还可以包括数据占用的最小宽度和数据精度的说明。所有可能的转换指定符

被列在表 11-4 中，可能的格式标识（修改符）被列在表 11-5 中。

表 11-4　函数 fprintf 的格式转换指定符

指定符	描　述	指定符	描　述
%c	单个字符	%G	与%g 类似，只不过要用到大写的 E
%d	十进制表示（有符号）	%o	八进制表示（无符号）
%e	科学记数法（会用到小写的 e，如 3.1416e+00）	%s	字符串
%E	科学记数法（会用到大写的 E，如 3.1416E+00）	%u	十进制表示（无符号）
%f	固定点显示	%h	用十六进制表示（用小写字母 af 表示）
%g	%e 和%f 中的复杂形式，多余的零将会被舍去	%H	用十六进制表示（用大写字母 AF 表示）

表 11-5　格式标识（修改符）

标识（修改符）	描　述
−（负号）	数据在域中左对齐，如果没有这个符号，则默认为右对齐
+	输出时数据带有正负号
0	如果数据的位数不够，则用 0 填充前面的数

如果用格式化字符串指定域宽和精度，那么小数点前的数就是域宽，域宽是所要显示的数据所占的字符数；小数点后的数是精度，是指小数点后应保留的位数。除了普通字符和格式字符，还有转义字符（见表 11-6）。

表 11-6　格式字符串的转义字符

转义字符	描　述	转义字符	描　述
\a	警报	\t	水平制表
\b	退后一格	\v	垂直制表
\f	换页	\\	打印一个普通反斜杠
\n	换行	''	打印一个单引号
\r	回车	%%	打印一个百分号（%）

提　示

fprintf 函数中的数据类型与格式字符串中的格式转换指定符的类型要一一对应，否则会产生意想不到的结果。

【例 11-5】将一个平方根表写入 dingfp.dat 文件中。

在命令行窗口中输入以下命令并显示输出结果。

```
>> a=4:8;
>> b=[a; sqrt(a)];
>> fid=fopen('dingfp.dat','w');
>> fprintf(fid,'平方根表:\n');              % 输出标题文本
>> fprintf(fid,'%2.00f %5.5f\n',b);         % 输出变量 b 的值
>> fclose(fid);
```

```
>> type dingfp.dat                          % 查看文件的内容
平方根表：
 4 2.00000
 5 2.23607
 6 2.44949
 7 2.64575
 8 2.82843
```

11.2.4　读取文本文件

1. fscanf 读取函数

若已知 ASCII 码文件的格式，要进行更精确的读取，则可用 fscanf 函数从文件中读取格式化的数据，其调用格式如下。

```
A=fscanf(fid,formatSpec)           % 将打开的文本文件中的数据读取到列向量 A 中
A=fscanf(fid,formatSpec,sizeA)     % 将文件数据读取到维度为 sizeA 的数组 A 中
[A,count]=fscanf(___)              % 额外返回读取到 A 中的字段数
```

其中，fid 是所要读取文件的文件标识；formatSpec 是控制如何读取的格式字符串；A 是接受数据的数组；输出参数 count 返回从文件中读取的变量的个数；参数 sizeA 指定从文件中读取数据的数目，它可以是一个整数 n 或[n,m]，也可以是 Inf。

- n：表示准确地读取 n 个值，执行完后，A 将是一个包含有 n 个值的列向量；
- [n,m]：表示从文件中精确地读取 n×m 个值，A 是一个 n×m 的数组；
- Inf：表示读取文件中的所有值，执行完后，A 将是一个列向量，包含有从文件中读取的所有值。

格式字符串用于指定所要读取数据的格式，格式字符串由普通字符和格式转换指定符组成。函数 fscanf 把文件中的数据与文件字符串的格式转换指定符进行对比，只要两者匹配，fscanf 函数就对值进行转换并把它存储在输出数组中。这个过程直到文件结束或读取的文件数目达到了 size(A)时才会结束。

formatSpec 用于指定读入数据的类型，其常用的格式如下。

%s：按字符串进行输入转换。

%d：按十进制数据进行转换。

%f：按浮点数进行转换。

另外，还有其他格式，它们的用法与 C 语言的 fprintf 函数中的参数用法相同。如果文件中的数据与格式转换指定符不匹配，fscanf 函数的操作就会中止。

在格式说明中，除了单个的空格字符可以匹配任意个数的空格字符，通常的字符在输入转换时将与输入的字符一一匹配，函数 fscanf 将输入的文件看作一个输入流，MATLAB 根据格式匹配输入流，并将在流中匹配的数据读入 MATLAB 系统中。

【例 11-6】读取文本文件中的数据。

在命令行窗口中输入以下命令并显示输出结果。

```
>> x=100*rand(4,1);
>> fid=fopen('dingfc.txt','w');
```

```
>> fprintf(fid,'%4.4f\n',x);          % 创建一个包含浮点数的示例文本文件
>> fclose(fid);
>> type dingfc.txt                     % 查看文件内容
83.0829
58.5264
54.9724
91.7194
>> fid=fopen('dingfc.txt','r');        % 打开要读取的文件并获取文件标识符
>> formatSpec='%f';                    % 定义要读取的数据的格式,'%f'指定浮点数
>> A=fscanf(fid,formatSpec)            % 读取文件数据并按列顺序填充输出数组 A
A =
   83.0829
   58.5264
   54.9724
   91.7194
>> fclose(fid);                        % 关闭文件
```

2. fgetl 和 fgets 读取函数

如果需要读取文本文件中的某一行，并将该行的内容以字符串形式返回，则可采用以下两个命令：

```
tline=fgetl(fid)     % 从文件中把下一行（最后一行除外）当作字符串来读取，并删除换行符
tline=fgets(fid)     % 从文件中把下一行（包括最后一行）当作字符串来读取，并包含换行符
tline=fgets(fid,nchar)              % 返回下一行中的最多 nchar 个字符
```

其中，fid 是所要读取的文件的标识；tline 是接受数据的字符数组，如果函数遇到文件的结尾，则 tline 的值为-1。

> **提　示**
>
> 以上两个函数的功能很相似，均可从文件中读取一行数据，区别在于 fgetl 会舍弃换行符，而 fgets 则保留换行符。

【例 11-7】读取文件 badpoem.txt（内置文件）的一行内容，并比较两种读取方式。

在命令行窗口中输入以下命令并显示输出结果。

```
>> fid=fopen('badpoem.txt');           % 打开文件
>> line_ex=fgetl(fid)          % 读取第一行，读取时排除换行符
line_ex =
'Oranges and lemons,
>> frewind(fid);               % 再次读取第一行，首先将读取位置指针重置到文件的开头
>> line_in=fgets(fid)          % 读取第一行，读取时包含换行符
line_in =
    'Oranges and lemons,
     '
% 通过检查 fgetl 和 fgets 函数返回的行的长度，比较二者的输出结果
>> length(line_ex)
```

```
ans = 19
>> length(line_in)
ans = 20
>> fclose(fid);              % 关闭文件
```

11.2.5　文件格式化和二进制输入/输出比较

格式转换指定符为文件格式转换提供了帮助。格式化文件的优点是可以清楚地看到文件包括什么类型的数据，还可以非常容易地在不同类型的程序间进行转换；其缺点是程序必须做大量的工作，对文件中的字符串进行转换（转换成相应的计算机可以直接应用的中间数据格式）。

如果读取数据到其他的 MATLAB 程序中，则所有的这些工作都会造成资源浪费。可以直接应用的中间数据格式要比格式化文件中的数据大得多。因此，用字符格式存储数据是低效的且浪费磁盘空间。

无格式文件（二进制文件）可以克服上面的缺点，其中的数据无须转化，可以直接把内存中的数据写入磁盘。因为没有转化发生，所以计算机就没有时间浪费在格式化数据上了。

在 MATLAB 中，二进制输入/输出操作要比格式化输入/输出操作快得多，因为它中间没有转化，数据占用的磁盘空间更小。另外，二进制数据不能进行人工检查和人工翻译，不能移植到不同类型的计算机上，因为不同类型的计算机有不同的中间过程来表示整数或浮点数。

格式化输入/输出数据会产生格式化文件。格式化文件由组织字符、数字等组成，并以 ASCII 码文本格式存储。这类数据很容易辨认，因为可以将它在屏幕上显示出来或在打印机上打印出来。但是，为了应用格式化文件中的数据，MATLAB 程序必须把文件中的字符转化为计算机可以直接应用的中间数据格式。

格式化文件与无格式化文件的区别如表 11-7 所示。通常，对于那些必须进行人工检查或必须在不同的计算机上运行的数据，最好选择格式化文件。

对于那些不需要进行人工检查且在相同类型的计算机上创建并运行的数据，最好选择无格式化文件存储，因为在此环境下，无格式化文件的运算速度要快得多，占用的磁盘空间也更小。

表 11-7　格式化文件与无格式化文件的区别

格式化文件	无格式化文件
能在输出设备上显示数据	不能在输出设备上显示数据
能在不同的计算机上很容易地进行移植	不能在不同的计算机上很容易地进行移植
相对地，需要较大的磁盘空间	相对地，需要较小的磁盘空间
慢：需要较长的计算时间	快：需要较短的计算时间
在进行格式化的过程中，会产生截断误差或四舍五入错误	不会产生截断误差或四舍五入错误

【例 11-8】格式化和二进制输入/输出文件的比较。

本例比较用格式化和二进制输入/输出操作读/写一个含有 10000 个元素的随机数组所需的时间，每项操作运行 15 次求平均值。代码保存为脚本文件 compare.m。

```matlab
% 定义变量：count 为读写计数器，fid 为文件标识，in_array 为输入数组
% msg 为弹出错误信息，out_array 为输出数组，status 表示运算，time 以 s 为单位计时
out_array=randn(1,10000);                    % 产生 10000 个数据的随机数组

% （1）二进制输出操作计时
tic;                                         % 重启秒表计时器
for ii=1:15                                  % 设置循环次数为 15 次
    [fid,msg]=fopen('unformatted.dat','w');  % 打开二进制文件进行写入操作
    count=fwrite(fid,out_array,'float64');   % 写入数据
    status=fclose(fid);                      % 关闭文件
end
time=toc/15;                                 % 获取平均运行时间
fprintf ('未格式化文件的写入时间=%6.3f\n',time);

% （2）格式化输出操作计时
tic;
for ii=1:15
    [fid,msg]=fopen('formatted.dat','wt');   % 打开格式化文件进行写入操作
    count=fprintf(fid,'%24.15e\n',out_array);
    status=fclose(fid);
end
time=toc/15;                                 % 获取平均运行时间
fprintf ('格式化文件的写入时间=%6.4f\n',time);

% （3）二进制操作计时
tic;
for ii=1:15
    [fid,msg]=fopen('unformatted.dat','r');  % 打开二进制文件进行读取操作
    [in_array,count]=fread(fid,Inf,'float64'); % 读取数据
    status=fclose(fid);
end
time=toc/15;                                 % 获取平均运行时间
fprintf ('未格式化文件的读取时间=%6.4f\n',time);

% （4）格式化输入操作的时间
tic;
for ii=1:15
    [fid,msg]=fopen('formatted.dat','rt');   % 打开格式化文件进行读取操作
    [in_array, count]=fscanf(fid,'%f',Inf);
    status=fclose(fid);
end
time=toc/15;                                 % 获取平均运行时间
```

```
fprintf ('格式化文件的读取时间=%6.3f\n',time)
```
在命令行窗口中输入以下命令并显示输出结果。
```
>> compare
未格式化文件的写入时间= 0.002
格式化文件的写入时间=0.0105
未格式化文件的读取时间=0.0003
格式化文件的读取时间= 0.025
```
从结果中可以看到，写入格式化文件数据所需的时间大于写入无格式化文件数据所需的时间，读取时间也大于无格式化文件所需的时间。因此，在非必须情况下，应尽可能采用二进制输入/输出操作。

11.3　文件位置控制和状态函数

11.3

根据操作系统的规定，在读/写数据时，默认的方式总是从磁盘文件的开始顺序地向后在磁盘空间上读/写数据。操作系统通过一个文件指针来指示当前的文件位置。

MATLAB 通过专用函数来控制和移动文件指针，以达到随机访问磁盘文件的目的。MATLAB 文件是连续地从第一条记录开始一直读到最后一条记录。

在 MATLAB 中，当一个文件被打开后，就可以通过函数 feof 和 ftell 判断当前数据在文件中的位置。利用函数 frewind 和 fseek 在文件中移动数据的位置。当程序发生输入/输出错误时，MATLAB 中的函数 ferror 将会对这个错误进行详尽的描述。

11.3.1　exist 函数

exist 函数用来检测工作区中的变量、内建函数或 MATLAB 搜索路径中的文件是否存在，其调用格式如下。
```
ident=exist('item');              % 若条目 item 存在，就根据其类型返回一个值
ident=exist('item','kind');       % 指定所要搜索的 item 的类型 kind
```
其中，合法类型 kind 包括 var、file、builtin 和 dir，运行返回的可能结果如表 11-8 所示。利用函数 exist 可以判断一个文件是否存在。当文件被打开时，fopen 函数中的权限运算符 w 和 w+会删除已有文件内容。

表 11-8　函数 exist 的返回值

值	意　义	值	意　义
0	没有发现条目	5	条目是一个内建函数
1	条目为当前工作区的一个变量	6	条目是一个 p 代码文件
2	条目为 M 文件或未知类型的文件	7	条目是一个目录
3	条目是一个 MEX 文件	8	条目是类
4	条目是一个 Simulink 模型或库文件	…	…

【例 11-9】 打开一个输出文件。

本例程序从用户那里得到输出文件名，并检查它是否存在。如果存在，就询问用户是要用新数据覆盖这个文件，还是要把新的数据添加到这个文件中；如果这个文件不存在，那么这个程序会很容易地打开输出文件。代码保存为脚本文件 outp.m。

```matlab
% 目的：打开一个输出文件，检测输出文件是否存在
% 定义变量：fid 为文件的标识；out_fname 为输出文件名；yn 表示反馈（Yes/No）

out_fname=input('输入输出文件名: ','s');        % 得到输出文件
if exist(out_fname,'file')                        % 检查文件是否存在
    disp('输出文件已存在。');                     % 文件存在
    yn=input('保留现有文件？(y/n) ','s');
    if yn == 'n'
        fid=fopen(out_fname,'wt');
    else
        fid=fopen(out_fname,'at');
    end
else
    fid=fopen(out_fname,'wt');                     % 文件不存在
end
fprintf(fid,'%s\n',date);                          % 输出数据
fclose(fid);
```

在命令行窗口中输入以下命令并显示输出结果。

```matlab
>> outp
输入输出文件名: outp
输出文件已存在。
保留现有文件？(y/n) y
>> type outp
28-Feb-2023
```

11.3.2 ferror 函数

在 MATLAB 的输入/输出系统中，有许多中间数据变量，包括一些专门提示与每个打开文件相关的错误的变量。每进行一次输入/输出操作，这些错误提示就会被更新一次。

函数 ferror 得到这些错误提示变量，并把它们转化为易于理解的字符信息，其调用格式如下。

```matlab
msg=ferror(fid)                      % 为指定文件的 I/O 操作返回错误消息
[msg,errnum]=ferror(fid)             % 额外返回与错误消息关联的错误编号
[msg,errnum]=ferror(fid,'clear')     % 清除指定文件的错误指示符
```

这个函数会返回与 fid 相对应文件的大部分错误信息。它能在输入/输出操作进行后随时被调用，用来得到关于错误的详细描述。如果这个文件被成功调用，则产生的提示为"…"，错误数为 0。对于特殊的文件标识，参数 clear 用于清除错误提示。

【例 11-10】获取最近的错误消息。

本例返回指定文件中最近出现的文件 I/O 操作的错误的详细信息。在命令行窗口中输入以下命令并显示输出结果。

```
>> fid=fopen('outages.csv','r');     % 打开要读取的文件
>> status=fseek(fid,-5,'bof')        % 读取位置设置为从文件开始处算起的-5 个字节
status =
    -1
```

由于在文件开始之前没有数据存在，因此 fseek 返回-1，表示操作失败。

```
>> error=ferror(fid)                 % 获取文件中最近出现的错误的详细信息
error =
    '偏移量错误 - 文件开始之前。'
>> fclose(fid);                      % 关闭文件
```

11.3.3　feof 函数

feof 函数用于测试指针是否在文件结束位置，其调用格式如下。

```
status=feof(fid)                     % 返回文件末尾指示符的状态
```

如果文件标识为 fid 的文件的末尾指示值被置位，则此命令返回 1，说明指针在文件末尾；否则返回 0。

11.3.4　ftell 函数

ftell 函数返回 fid 对应的文件指针读/写的位置，其调用格式如下。

```
position=ftell(fid)                  % 返回指定文件中位置指针的当前位置
```

文件位置是一个非负整数，以字节为单位，从文件的开头开始计数。返回值为-1，代表位置询问不成功。如果这种情况发生了，则利用 ferror 函数询问不成功的原因。

11.3.5　frewind 函数

frewind 函数用于将指针返回到文件开始位置，其格式为：

```
frewind(fid)                % 将文件位置指针设置到文件的开头
```

11.3.6　fseek 函数

fseek 函数用于设定指针位置，其格式为：

```
status=fseek(fid,offset,origin)      % 设定指针位置相对于 origin 的 offset 字节数
```

其中，fid 是文件标识；offset 是偏移量，以字节为单位，它可以是正数（向文件末尾方向移动指针）、0（不移动指针）或负数（向文件起始方向移动指针）；origin 是基准点，可以是 bof（文件起始位置）、cof（指针目前位置）、eof（文件末尾），也可以用-1、0 或 1

来表示。

如果返回值 status 为 0，则表示操作成功；返回-1 表示操作失败。

【例 11-11】打开并读取文件示例。

在命令行窗口中输入以下命令并显示输出结果。

```
>> a=rand(1,6);
>> fid=fopen('dingrd.bin','w');
>> fwrite(fid,a,'short');
>> status=fclose(fid);
>> fid=fopen('dingrd.bin','r');
>> rd=fread(fid,'short');
>> rd'
ans=
    1   0   1   1   1   0
>> eof=feof(fid)                  % 测试指针是否在文件结束位置
eof=
    1
>> frewind(fid);
>> status=fseek(fid,2,0)          % 设定指针位置
status=
    0
>> position=ftell(fid)            % 返回 fid 对应的文件指针读/写的位置
position=
    2
```

下面介绍几个注意事项。

（1）未经允许，请不要用新数据覆盖原有文件。

（2）在使用 fopen 语句时，一定要指定合适的权限，这取决于要读取数据，还是要写入数据。良好的编程习惯可以避免错误。

（3）在执行文件打开操作后，需要检查它的状态以确保它被成功打开。

（4）对于那些必须进行人工检查且必须在不同类型的计算机上运行的数据，用格式化文件创建数据；对于那些不需要进行人工检查且在相同类型的计算机上创建并运行的数据，用无格式化文件创建数据。当输入/输出速度缓慢时，用格式化文件创建数组。

（5）除非必须与非 MATLAB 程序进行数据交换，存储和加载文件时都应用 mat 文件格式。这种格式高效且移植性强，它保存了所有 MATLAB 数据类型的细节。

11.4 本章小结

本章着重介绍了 MATLAB 的输入和输出函数，包括文件的打开、不同格式文件的读取与写入、对文件操作的几个函数的形式。通过本章的学习，读者可以掌握 MATLAB 输入和输出函数的应用，可以读取或写入不同格式的文件，也可以对文件进行相应的操作。

习　　题

1．填空题

（1）在 MATLAB 中，可以利用＿＿＿＿＿＿＿函数打开一个文件并返回这个文件的文件标识。如果返回的文件标识为＿＿＿＿＿＿，则表示无法打开该文件。

（2）格式字符串由＿＿＿＿＿＿和＿＿＿＿＿＿＿＿＿＿组成，用于指定所要读取数据的格式。常用的格式包括按字符串进行转换格式＿＿＿＿＿＿＿、按十进制数据进行转换格式＿＿＿＿＿＿、按浮点数进行转换格式＿＿＿＿＿＿。

（3）在 MATLAB 中，当一个文件被打开后，就可以通过函数＿＿＿＿＿＿＿判断当前数据在文件中的位置；利用函数＿＿＿＿＿＿＿＿＿在文件中移动数据的位置。

（4）函数 fclose 的功能为：＿＿＿＿＿＿＿＿＿＿＿＿＿＿＿＿＿＿＿＿＿＿。

　　　　函数 fprintf 的功能为：＿＿＿＿＿＿＿＿＿＿＿＿＿＿＿＿＿＿＿＿。

　　　　函数 fseek 的功能为：＿＿＿＿＿＿＿＿＿＿＿＿＿＿＿＿＿＿＿＿＿。

2．计算与简答题

（1）根据前面的学习试区分 load 函数、fopen 函数及 fread 函数的差异。

（2）创建一个绘制正弦函数图形的文件 dingsin.m，试通过 MATLAB 命令将其打开，并读取文件的内容。

（3）试将一个立方表写入 dinglf.dat 文件中，读取并查看文件中的内容。

（4）试创建一个 6×6 均匀分布的随机数矩阵，并将数据存储到 dingrand.m 文件中，测试指针是否在文件结束位置，并尝试设置指针位置。

第 12 章

Simulink 系统仿真

Simulink 具有实现动态系统建模和仿真的功能，它可以提供建立系统模型、选择仿真参数和数值算法、启动仿真程序并对该系统进行仿真、设置不同的输出方式来观察仿真结果等功能。本章内容包括 Simulink 概述、Simulink 模型创建、子系统的创建与封装、仿真模型的分析、仿真的运行、S 函数、Simulink 与 MATLAB 结合的建模实例。

学习目标：

（1）理解 Simulink 的概念及其应用。

（2）理解 S 函数的概念与编写。

（3）掌握如何使用 Simulink 搭建系统模型。

（4）掌握如何使用 Simulink 进行系统仿真并进行调试。

（5）掌握模型的基本调试方法。

12.1　Simulink 概述

12.1

Simulink 是 MATLAB 系列工具软件包中最重要的组成部分。它能够对连续系统、离散系统及连续离散的混合系统进行充分的建模与仿真。

12.1.1　Simulink 简介

Simulink 的每个模块对于用户来说都相当于一个"黑盒"，用户只需知道模块的输入和输出及模块的功能即可，而不必管模块内部是怎么实现的。

用户使用 Simulink 进行系统建模的任务就是选择合适的模块并把这些模块按照自己的模型结构连接起来，最后进行调试和仿真。如果仿真结果不满足要求，则可以改变模块的相关参数再运行，直到结果满足要求为止。

通过 Simulink，只要进行简单的拖拉操作就可构造出复杂的仿真模型。Simulink 模块框图是由一组图标组成的，模块之间连续连接，每个模块代表动态系统的某个单元，并产生输出。

模块之间的连线代表模块的输入与输出之间的连接信号。模块的类型决定了模块输出与输入、状态和时间之间的关系；一个模块框图可以根据需要包含任意类型的模块。

每个模块都包括一组输入、状态和一组输出等部分，模块的输出是仿真时间、输入或状态的函数。

在 Simulink 中，用户可以创建自己的模块。它可以由子系统封装得到，也可以采用 M 文件或 C 语言来实现自己的功能算法，称之为 S 函数。

Simulink 使用"信号"一词来表示模块的输出值。Simulink 允许用户定义信号的数据类型、数值类型（实数还是复数）和维数（一维数组还是二维数组）等。Simulink 提供了一套高效、稳定、精确的微分方程数值求解方法（ODE），用户可以根据需要和模型特点选择合适的求解算法。

12.1.2　启动 Simulink

在 MATLAB 环境下启动 Simulink 的方法有如下两种。

● 在 MATLAB 的命令行窗口中输入 simulink 命令。

● 单击"主页"选项卡的"SIMULINK"选项组中的 ![icon]（Simulink）按钮。

启动 Simulink 后，首先出现如图 12-1 所示的"Simulink 起始页"窗口，单击"空白模型"选项，即可进入如图 12-2 所示的 Simulink 主界面。

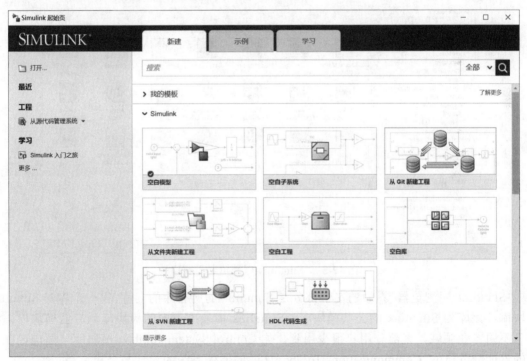

图 12-1　"Simulink 起始页"窗口

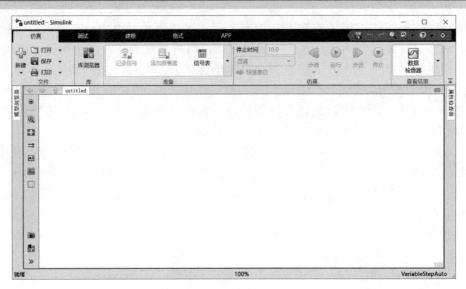

图 12-2　Simulink 主界面

在 Simulink 主界面中，单击"仿真"选项卡的"库"选项组中的 （库浏览器）按钮，即可在工作界面的左侧出现库浏览器子窗口，单击右上角的 （库浏览器）按钮，弹出如图 12-3 所示的"Simulink 库浏览器"窗口。

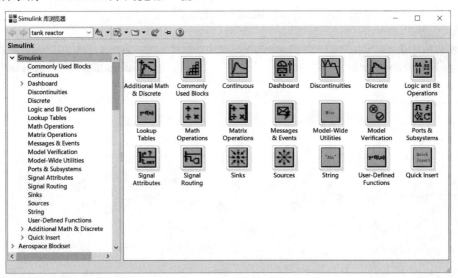

图 12-3　"Simulink 库浏览器"窗口

"Simulink 库浏览器"界面的左半部分是 Simulink 的所有库的名称，第一个库是 Simulink 模块库，该库为 Simulink 的公共模块库；Simulink 模块库下面的模块库为专业模块库，服务于不同专业领域，大部分用户很少用到，如 Control System Toolbox 模块库（面向控制系统的设计与分析）、Communications Toolbox（面向通信系统的设计与分析）等。

第一次打开的界面右侧列表框中显示的就是 Simulink 公共模块库中的子库，如 Continuous（连续模块库）、Discrete（离散模块库）、Sinks（信宿模块库）、Sources（信源模块库）等，其中包含了 Simulink 仿真所需的基本模块。

12.1.3　Simulink 模型的特点

使用 Simulink 建立的模型具有仿真结果可视化、模型层次化、子系统可封装、建模简单化 4 个特点。下面通过一个 Simulink 提供的演示示例来说明上述特点。

（1）单击 Simulink 主界面右上角的"帮助"按钮，在其下拉菜单中选择"Simulink 示例"命令，弹出如图 12-4 所示的"帮助"窗口。

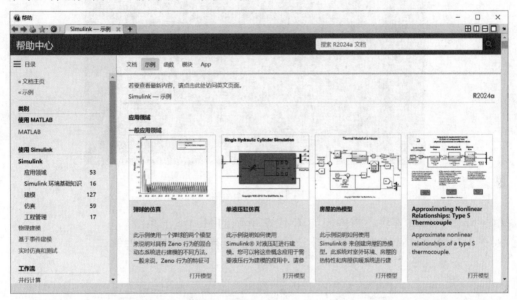

图 12-4　"帮助"窗口

（2）在"Simulink—示例"中的"房屋的热模型"下单击"打开模型"按钮，将模型加载到 Simulink 中，结果如图 12-5 所示。

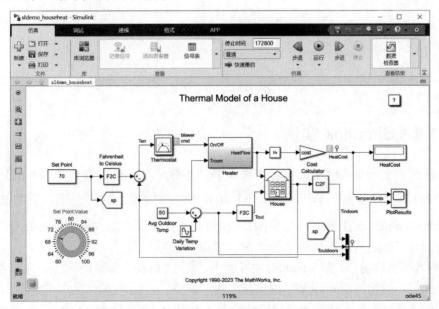

图 12-5　演示模型

（3）单击"仿真"选项卡→"仿真"选项组→ ▶ （运行）按钮。运行完成后，双击 PlotResults 模块，将弹出如图 12-6 所示的仿真结果。

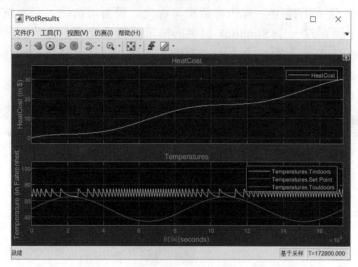

图 12-6　仿真结果

（4）双击 House 模块，将弹出如图 12-7 所示的 House 子系统。

对于上述特点，读者在学完后续章节后，将会有更加深刻的理解。

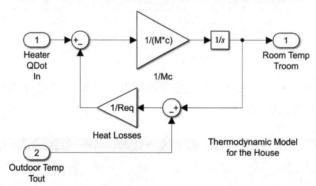

图 12-7　House 子系统

12.1.4　Simulink 实例

下面通过一个简单实例来让读者在深入学习之前对 Simulink 有一个感性的认识。

【例 12-1】对数学模型 $x = \sin t$，$y = \int_0^t x(t)\mathrm{d}t$ 进行动态画圆，并显示结果的波形。

（1）进入 Simulink 主界面。在 MATLAB 的命令行窗口中输入 simulink 命令，在随后弹出的"Simulink 起始页"窗口中选择"空白模型"选项。

（2）进入模型库窗口。在 Simulink 主界面中，单击"仿真"选项卡→"库"选项组→ ▦ （库浏览器）按钮，弹出"Simulink 库浏览器"窗口。

（3）创建模块。在库浏览器窗口左边选择 Simulink 中的 Sources，然后在右边的列表框中选择 Sine Wave 模块并按住鼠标左键，将它拖到 Simulink 主界面中。

利用同样的方法，将 Commonly Used Blocks 中的 Integrator 模块、Sinks 中的 XY Graph 模块拖到 Simulink 主界面中。

（4）如图 12-8 所示连接模块。连接模块的操作方法：将鼠标指针移至源模块的输出端口，当鼠标指针变成十字形时，按住鼠标左键，拖动至目标模块输入端口，然后松开。

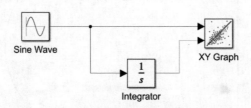

图 12-8　连接模块

（5）设置 Sine Wave 模块参数。双击 Sine Wave 模块，在弹出的参数设置对话框中设置"相位"为 0，单位为 rad，如图 12-9 所示，然后单击"确定"按钮。

（6）设置 Integrator 模块参数。双击 Integrator 模块，在弹出的参数设置对话框中设置"初始条件"为 0，如图 12-10 所示，然后单击"确定"按钮。

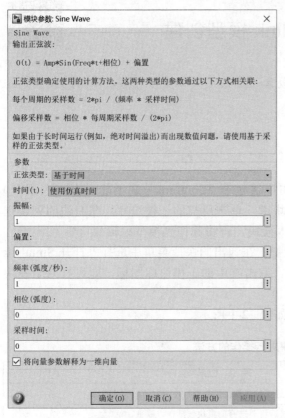

图 12-9　设置 Sine Wave 模块参数

图 12-10　设置 Integrator 模块参数

（7）单击"仿真"选项卡→"仿真"选项组→ ▶（运行）按钮。运行完成后，双击 XY Graph 模块即可进入显示信号界面查看输出图形，如图 12-11 所示。

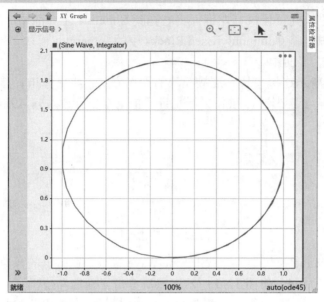

图 12-11　输出图形

12.2　Simulink 模型创建

12.2

下面介绍 Simulink 模型创建中的有关概念、相关工具和操作方法，以帮助读者熟悉 Simulink 环境和模型创建的基本操作。

12.2.1　模块操作

Simulink 库浏览器包括了大量模块，单击模块库中"Simulink"选项前面的 ⫸（展开）按钮，可以看到 Simulink 模块库包含的子模块库，单击所需的子模块库，在右边的列表框中即可看到相应的基本模块，选择所需的基本模块，可将其拖到模型编辑窗口中。

同样，在"Simulink"选项上单击鼠标右键，在弹出的快捷菜单中选择"打开 Simulink 库"命令，将打开 Simulink 基本模块库窗口。双击其中的子模块库图标，即可打开子模块库，可以查找仿真所需的基本模块。

在 Simulink 中，对模块进行操作的方法如表 12-1 所示。

表 12-1　对模块进行操作的方法

任　　务	操　作　方　法
选择一个模块	单击要选择的模块，此时，之前选择的模块会被放弃
选择多个模块	① 按住鼠标拖动以画出方框，然后将要选择的模块包括在方框里。 ② 按住 Shift 键，然后逐个选择
复制模块 （不同模型窗口间）	直接将模块从一个窗口拖动到另一个窗口

续表

任　　务	操 作 方 法
复制模块 （同一模型窗口内）	① 选中模块，然后按下 Ctrl+C 组合键，再按下 Ctrl+V 组合键。 ② 在选中模块后，按住 Ctrl 键，拖动后松开
移动模块	按住鼠标左键直接拖动模块
删除模块	单击选中模块，再按 Delete 键
连接模块	单击选中源模块，然后按住 Ctrl 键并单击目标模块
断开模块间的连接	① 按下 Shift 键，然后拖动模块到另一个位置。 ② 将鼠标指针指向连线的箭头处，当出现一个小圆圈圈住箭头时，拖动以移动连线
改变模块大小	选中模块，将鼠标指针移到模块方框的一角，当鼠标指针变成两端有箭头的线段时，拖动模块 图标以改变图标大小
调整模块方向	在模块上单击鼠标右键，在弹出的快捷菜中执行"格式"→"顺时针旋转 90°"（或"逆 时针旋转 90°"或"翻转模块"）命令
修改模块名	单击模块名即可修改
模块名的显示与否	单击选中模块后，通过"模块"选项卡→"格式"面板下的命令控制模块名显示与否
改变模块名的位置	在模块上单击鼠标右键，在弹出的快捷菜单中选择"格式"→"翻转模块名称"命令
在连线之间插入模块	拖动模块到连线上，使得模块的输入/输出端口对准连线

　　Simulink 中的绝大部分模块均对应一个参数设置对话框，双击模块图标，即可弹出对
应的对话框。如图 12-12 所示，这是一个增益模块，用户可以设置它的增益大小、输出数
据类型等参数。

　　Simulink 中的每个模块都有一个内容相同的属性设置对话框，右击模块并在弹出的快
捷菜单中执行"属性"命令，即可弹出模块属性设置对话框，如图 12-13 所示。属性设置
对话框主要包括 3 项内容，如表 12-2 所示。

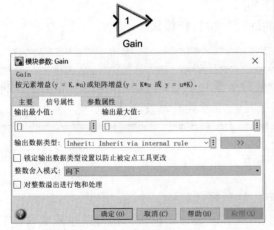

图 12-12　模块参数设置对话框

图 12-13　属性设置对话框

表 12-2　属性设置对话框包含的内容

选　项　卡	操　作　方　法
常规	描述：用于对该模块在模型中的用法进行注释。 优先级：规定该模块在模型中相对于其他模块执行的优先顺序。 标记：为模块添加的文本格式标记
模块注释	用于指定在模块的图标下显示模块的某个参数及其值
回调	用于定义当该模块发生某种特殊行为时所要执行的 MATLAB 表达式

12.2.2　信号线操作

模块设置好后，需要将它们按照一定的顺序连接起来，只有这样才能组成完整的系统模型（模块之间的连接称为信号线）。信号线的基本操作包括绘制、分支、折曲、删除等。对信号线进行操作的方法如表 12-3 所示。

表 12-3　对信号线进行操作的方法

任　　务	操　作　方　法
选择一条直线	单击要选择的连线，此时，之前选择的连线被放弃
选择多条直线	与选择多个模块的方法一样
连线的分支	按下 Ctrl 键拖动直线
移动直线段	直接拖动直线
移动直线顶点	将鼠标指针指向连线的箭头处，当出现一个小圆圈圈住箭头时，拖动以移动连线
将直线调整为折线段	直接拖动直线

1．绘制信号线

可以采用下面任意一种方法绘制信号线。

（1）将鼠标指针指向连线起点（某个模块的输出端），此时鼠标指针变成十字形，将其拖动到终点（另一模块的输入端），释放鼠标即可。

（2）首先选中源模块，然后在按 Ctrl 键的同时单击目标模块。

> **提　示**
>
> 信号线的箭头表示信号的传输方向；如果两个模块不在同一水平线上，那么连线将是一条折线，当将两模块调整到同一水平线上时，信号线自动变成直线。

2．信号线的移动和删除

选中信号线，采用下面任一方法移动它。

（1）将鼠标指针指向它，拖动到目标位置，然后释放鼠标。

（2）选择模块，然后选择键盘上的 ↑、↓、←、→键移动模块，信号线也随之移动。

选中信号线，直接按 Delete 键可以将其删除，也可以单击鼠标右键，在弹出的快捷菜单中执行"剪切"命令。

3．信号线的分支和折曲

（1）信号线的分支。

在实际模型中，某个模块的信号经常要与不同的模块进行连接，此时，信号线将出现分支情况，如图 12-14 所示。采用以下方法可实现信号线的分支。

① 按住 Ctrl 键，在信号线分支的地方按住鼠标左键并拖动到目标模块的输入端，释放 Ctrl 键和鼠标。

② 在信号线分支处按住鼠标右键并拖动至目标模块的输入端，然后释放鼠标。

（2）信号线的折曲。

在实际模型的创建过程中，有时需要信号线转向，称为折曲，如图 12-15 所示。采用以下方法可实现信号线的折曲。

① 直角方式折曲：选中要折曲的信号线，将鼠标指针指向需要折曲的地方，拖动以任意方向折曲，释放鼠标。

② 折点的移动：选中折线，将鼠标指针指向待移的折点处，鼠标指针变成了一个小圆圈，按住鼠标左键并拖动到目标点，释放鼠标。

③ 任意方向折曲：选中折线，将鼠标指针指向待移的折点处，鼠标指针变成了一个小圆圈，按住 Shift 键，拖动折点以任意方向折曲，释放鼠标。

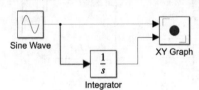
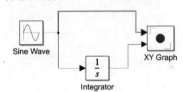

图 12-14　信号线的分支　　　　图 12-15　信号线的折曲

4．在信号线间插入模块

在建模过程中，有时需要在已有的信号线上插入一个模块，如果此模块只有一个输入端和一个输出端，那么可以直接将这个模块插到一条信号线中。具体操作如下：

选中要插入的模块，拖动模块到信号线上需要插入的位置，释放鼠标，如图 12-16 所示。

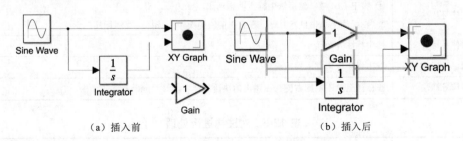

（a）插入前　　　　　　　　　　（b）插入后

图 12-16　在信号线间插入模块

5．信号线的标记

为了增强模型的可读性，可以为不同的信号做标记，同时在信号线上附加一些说明。

双击需要添加注释的信号线，在弹出的编辑框中输入信号线的注释内容即可，如图 12-17 所示。

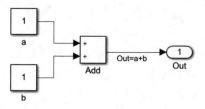

图 12-17　信号线的标记

12.2.3　模型的注释

对于友好的 Simulink 模型界面，系统的模型注释是不可缺少的。给一个信号添加标注，只需双击直线，然后输入文字即可。

建立模型注释与之类似，只要双击模型窗口的空白处，在出现的提示框中单击"创建注释"，然后输入注释文字即可。信号标注和注释如图 12-18 所示。

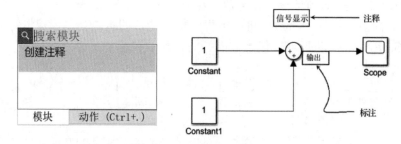

图 12-18　信号标注和注释

表 12-4 和表 12-5 列出了对标注和注释进行处理的具体操作方法。

表 12-4　对标注进行处理

任　　务	操　作　方　法
建立信号标注	双击直线，然后输入
复制信号标注	① 按下 Ctrl 键，然后选中标注并拖动。 ② 在标注上单击鼠标右键，在弹出的快捷菜单中选择"复制标签"命令
移动信号标注	选中标注并拖动
编辑信号标注	双击标注框内部，然后编辑
删除信号标注	在标注上单击鼠标右键，在弹出的快捷菜单中选择"删除标签"命令

表 12-5　对注释进行处理

任　　务	操　作　方　法
建立注释	双击模型图标，然后输入文字
复制注释	① 按下 Ctrl 键，选中注释文字并拖动。 ② 在注释上单击鼠标右键，在弹出的快捷菜单中选择"复制"命令

续表

任　务	操 作 方 法
移动注释	选中注释并拖动
编辑注释	双击注释文字，然后编辑
删除注释	选中注释文字，再按 Delete 键

如图 12-19 所示，使用模型注释可以使模型更易被读懂，其作用如同 MATLAB 程序中的注释行的作用。

（1）创建模型注释：双击将用作注释区的中心位置，在出现的编辑框中输入所需的文本，然后单击编辑框以外的区域，完成注释。

This simulink contains three model.

图 12-19　模型中的注释

（2）注释位置移动：可以直接拖动来实现。

（3）注释的修改：单击注释，当文本变为编辑状态时即可修改注释信息。

（4）删除注释：选中注释，按 Delete 键即可。

（5）注释文本属性控制：右击注释文本，可以改变文本的属性，如大小、字体和对齐方式；也可以通过执行模型窗口的"格式"选项卡下的命令实现。

12.2.4　系统建模和系统仿真的基本步骤

下面向读者介绍使用 Simulink 进行系统建模和系统仿真的基本步骤。

（1）画出系统草图。

（2）打开"Simulink 库浏览器"窗口，新建一个空白模型。

（3）在库中找到所需模块并拖到空白模型窗口中，按系统草图布局摆放并连接各模块。

（4）如果系统较复杂、模块太多，则可以将实现同一功能的模块封装成一个子系统，使系统的模型看起来更简洁（后面会介绍）。

（5）设置各模块的参数，以及与仿真有关的各种参数。

（6）保存模型，模型文件的后缀名为.mdl。

（7）运行仿真，观察结果。

（8）调试模型。

【例 12-2】模拟一次线性方程 $y=4x+5$，其中输入信号 x 是幅值为 2.5 的正弦波。

（1）建模所需模块的确定。

在进行建模之前，首先要确定建立上述模型所需的模块，如图 12-20 所示。

● 一个 Gain 模块，用于定义常数增益 4。Gain 模块来源于 Math Library。

● 一个 Constant 模块，用来定义一个常数 5。Constant 模块来源于 Source Library。

● 一个 Sum 模块，用来将两项相加。Sum 模块来源于 Math Library。

● 一个 Sine Wave 模块，用来作为输入信号。Sine Wave 模块来源于 Source Library。

● 一个 Scope 模块，用来显示系统输出。Scope 模块来源于 Sinks Library。

（2）模块的拷贝。

把上面这些模块从各自的模块库中拷贝到用户的模型窗口中。双击对应模块，在弹出的模块参数对话框中将 Constant 模块的常量值设置为 5，将 Gain 模块的增益设置为 4，将 Sine Wave 模块的振幅设置为 2.5。每个模块设置完后单击"确定"按钮退出对话框。

（3）模块的连接。

把各个模块连接起来，得到如图 12-21 所示的连线图。

Sine Wave 模块代表摄氏温度；Gain 模块的输出为 2，这个值与 Sum 模块和 Constant 模块中的常数 10 相加后得到输出，这个输出就是 y。

打开 Scope 模块就可以观看这个输出值的变化曲线。其中，将 Scope 模块的 x 轴设为比较小的时间，如 10s，而把 y 轴设置得比幅值略大一些，以便能够得到整个曲线。

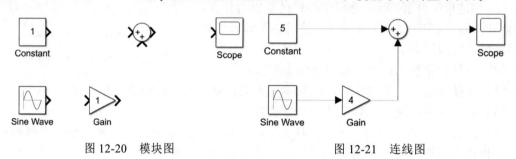

图 12-20　模块图　　　　　　　　　图 12-21　连线图

（4）开始仿真。

在模型窗口"仿真"选项卡的"仿真"选项组中定义停止时间为 10s，然后单击 ▶（运行）按钮，仿真开始。运行完后双击 Scope 模块，可以看到仿真曲线如图 12-22 所示。

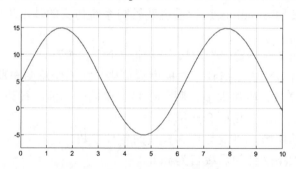

图 12-22　仿真曲线

【例 12-3】离散时间系统的建模与仿真。

构建一个低通滤波系统的 Simulink 模型。其中，输入信号是一个受正态噪声干扰的采样信号 $x(kT_s) = 2\sin(2\pi \cdot kT_s) + 1.5\cos(2\pi \cdot 10 \cdot kT_s) + n(kT_s)$，$T_s = 0.002\text{s}$，而 $n(kT) \sim N(0,1)$，$F(z) = \dfrac{B(z)}{A(z)} = \dfrac{1}{1 + 0.2z^{-1}}$。

（1）建立理论数学模型。

$$y(k) = F(z)x(k)$$

$$F(z) = \frac{B(z)}{A(z)} = \frac{b(1) + b(2)z^{-1} + \cdots + b(n+1)z^{-n}}{1 + a(2)z^{-1} + \cdots + a(n+1)z^{-n}}$$

$$F(z) = \frac{B(z)}{A(z)} = \frac{1}{1 + 0.2z^{-1}}$$

（2）启动 Simulink 模块。开启（新建）模型窗口，并建立模型，如图 12-23 所示。

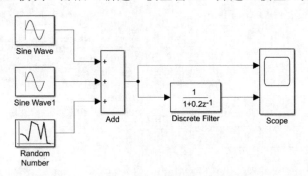

图 12-23　模型图

（3）设置参数。根据题意，分别设置信源 Sine Wave 模块的参数值，如图 12-24 所示；设置随机噪声 Random Number 模块的参数值，如图 12-25 所示；设置 Add 模块为"+++"模式，如图 12-26 所示；设置 Discrete Filter 模块的参数值，如图 12-27 所示；设置 Scope 模块的参数值，如图 12-28 所示。

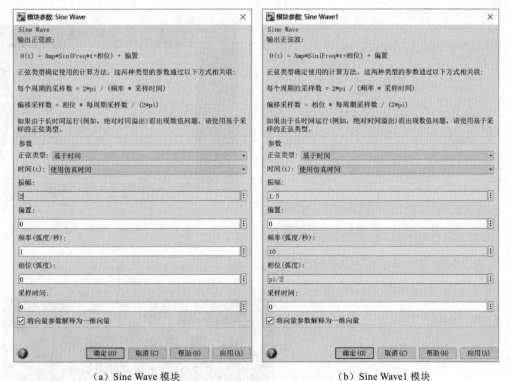

（a）Sine Wave 模块　　　　　　　　　　　（b）Sine Wave1 模块

图 12-24　Sine Wave 模块参数设置

（4）仿真结果。双击 Scope（示波器）模块，在出现的 Scope 界面中单击 ◎ 按钮，在弹出的"配置属性"对话框的"时间"选项卡下设置参数"时间跨度"为 10，如图 12-29 所示。单击 ▶ （运行）按钮，运行结束后显示如图 12-30 所示的仿真结果。

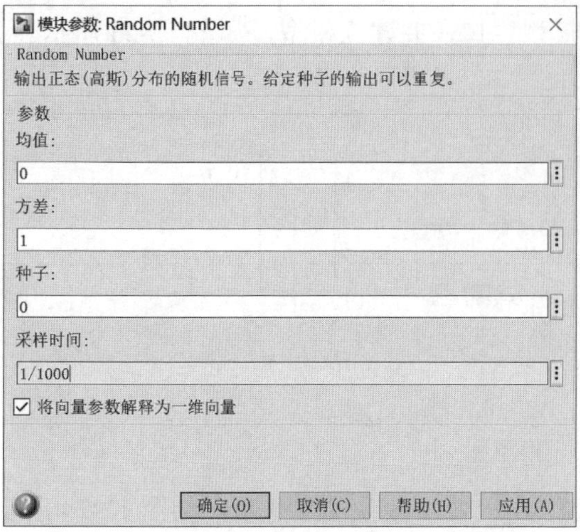

图 12-25　Random Number 模块的参数设置

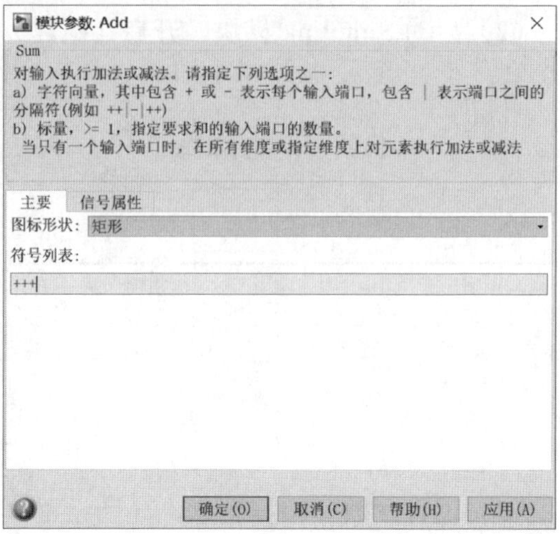

图 12-26　Add 模块的参数设置

图 12-27　Discrete Filter 模块的参数设置

图 12-28　Scope 模块的参数设置

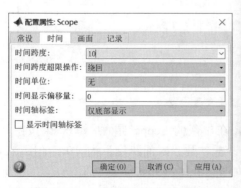

图 12-29　"配置属性"对话框

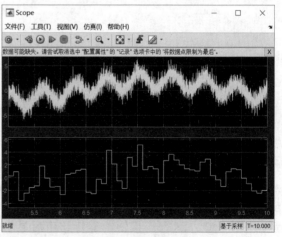

图 12-30　仿真结果

12.2.5　信源 Source

Source 中包含了用于建模的基本输入模块，熟悉其中常用模块的属性和用法，对模型的创建是很有用的。表 12-6 列出了 Source 中的常用模块及各模块的简单功能介绍。

表 12-6　Sources 模块简介

名　称	功　能
Band-Limited White Noise	生成白噪声信号，用来产生适用于连续或混合系统的高斯分布的随机信号
Chirp Signal	生成一个频率随时间线性增大的正弦波信号，可用于非线性系统的频谱分析
Clock	实时显示每步仿真的当前仿真时间，多在离散系统中需要输出仿真时间时使用
Constant	生成常数信号，该信号既可以是标量也可以是向量或矩阵
Digital Clock	按指定采样间隔生成仿真时间
From File	输入数据来自某个数据文件，即从指定文件中读取数据，模块将显示读取数据的文件名
From Workspace	数据来自 MATLAB 的工作空间，模块的图标中显示变量名
Ground	用来连接输入端口未连接的模块，即将其他模块的未连接输入端口接地
In1	输入端，用于建立外部或子系统的输入端口，可将一个系统与外部连接起来
Pulse Generator	脉冲发生器，以一定的时间间隔产生标量、向量或矩阵形式的脉冲信号
Ramp	产生一个开始于指定时刻，并以常数值为变化率的斜坡信号
Random number	生成高斯分布的随机信号
Repeating sequence	产生波形任意指定的周期标量信号
Signal Generator	信号发生器，可以产生不同波形的信号：正弦波、方波、锯齿波和随机信号波，多用于分析在不同激励下的系统响应
Sine Wave	生成正弦波信号，包括基于时间模式和基于采样点模式两类正弦波曲线
Step	生成阶跃信号，既可以输出标量信号也可以输出向量信号
Uniform Random Number	生成均匀分布的在指定时间区间内且有指定起始种子的随机信号
Waveform Generator	根据在波形定义表中输入的信号符号输出波形

【例 12-4】求 $\sin x$ 的积分。

解：系统原理图如图 12-31 所示，所有模块均保持默认设置，将模型运行总步长设置为 10。系统仿真结果如图 12-32 所示（$\sin x$ 的积分为斜坡信号）。

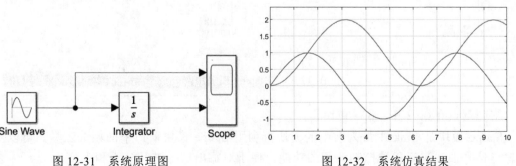

图 12-31　系统原理图　　　　　　　　　图 12-32　系统仿真结果

> **提　示**
>
> 　　尽量避免对随机信号（Random Number 模块）进行积分操作，因为在仿真中使用的算法更适于光滑信号。若需要干扰信号，则可以使用 Band Limited White Noise 模块。

12.2.6　信宿 Sink

　　Sink 中包含了用户用于建模的基本输出模块，熟悉其中模块的属性和用法，对模型的创建和结果分析是必不可少的。表 12-7 列出了 Sink 中的部分模块及其简单功能的介绍。

表 12-7　Sink 模块简介

名　　称	功　　能
Display	数值显示，用来显示输入信号的数值，既可以显示单个信号，又可以显示向量信号或矩阵信号
Floating Scope	悬浮示波器，显示仿真时生成的信号
Out1	为子系统或外部创建一个输出端口
Scope	示波器，以图形的方式显示仿真时生成的信号
Stop simulation	当输入为非零值时，停止仿真
Terminator	终止一个未连接端口
To File	将数据写在文件中，即将仿真结果以 mat 文件格式直接保存到数据文件中
To Workspace	将数据写入 MATLAB 工作空间的变量中
XY Graph	使用 MATLAB 图形窗口显示信号的 XY 图形

> **注意：**
>
> 　　如果 Display 模块信号显示的范围超出了模块的边界，则可以通过调整模块的大小来显示全部信号的值。图 12-33 是输入为数组的情况，图 12-33（a）模型未显示全部输入；经过调整后显示全部输入，如图 12-33（b）所示。
>
>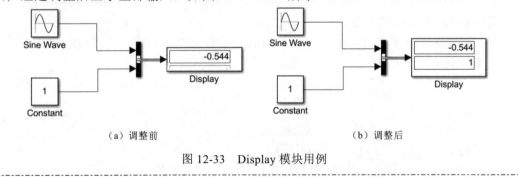
>
> （a）调整前　　　　　　　　　　　　（b）调整后
>
> 图 12-33　Display 模块用例

　　下面重点介绍一下 Scope 模块。

　　Scope 模块是 Sink 中最为常用的模块，利用 Scope 模块窗口中的相关工具，可以实现对输出信号曲线进行各种控制调整的功能，便于对输出信号进行分析和观察。

　　悬浮示波器是一个不带端口的模块，在仿真过程中可以显示被选中的一个或多个信号。

要使用悬浮示波器，可以直接利用 Sink 中的 Floating Scope 模块。

双击 Scope 模块即可进入 Scope 示波器窗口，单击示波器工具栏上的 ⚙ （配置属性）按钮，打开示波器属性设置对话框，该对话框中有如图 12-34 所示的 4 个选项卡。这里不对各参数作详细介绍。

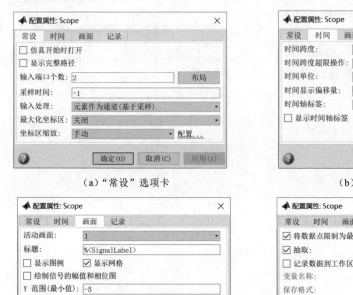
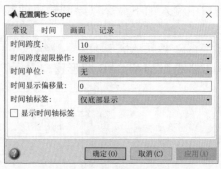

（a）"常设"选项卡　　　　　　　　　　（b）"时间"选项卡

（c）"画面"选项卡　　　　　　　　　　（d）"记录"选项卡

图 12-34　示波器属性设置对话框

在示波器窗口的菜单中执行"视图"→"样式"命令，可以弹出如图 12-35 所示的"样式"配置对话框。在该对话框中可以对示波器的样式进行设置。

【例 12-5】将阶跃信号的幅度扩大一倍，并用 Out1 模块为系统设置一个输出端口。

解：阶跃信号幅度扩大一倍模型如图 12-36 所示。

图 12-35　样式配置对话框

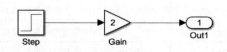

图 12-36　阶跃信号幅度扩大一倍模型

在该模型中，Out1 模块为系统提供了一个输出端口，如果同时定义返回工作空间的变量（变量通过 Configuration Parameters 中的"Data Import/Export"选项来定义），则此时可把输出信号（斜坡信号的积分信号）返回到定义的工作变量中。

此例中的时间变量和输出变量使用默认设置 tout 和 yout。运行仿真后，在 MATLAB 命令行窗口中输入如下命令以绘制输出曲线。

```
>> plot(tout,yout);
>> ylim ([-.5 2.5])
```

输出曲线在 MATLAB 图形窗口显示，如图 12-37 所示。

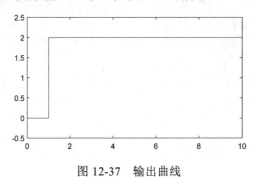

图 12-37　输出曲线

12.2.7　过零检测

当仿真一个动态系统时，Simulink 在每个时间步都使用过零检测技术来检测系统状态变量的间断点。如果 Simulink 在当前的时间步内检测到了不连续的点，那么它将找到发生不连续的精确时间点，并会在该时间点的前后增加附加的时间步。

表 12-8 列出了 Simulink 中支持过零检测的模块。

表 12-8　Simulink 中支持的过零检测模块

模　块　名	说　明
Abs	一个过零检测：检测输入信号沿上升或下降方向通过零点
Backlash	两个过零检测：一个检测是否超过上限阈值，一个检测是否超过下限阈值
Dead Zone	两个过零检测：一个检测何时进入死区，一个检测何时离开死区
Hit Crossing	一个过零检测：检测输入何时通过阈值
Integrator	若提供了 Reset 端口，就检测何时发生 Reset；若输出有限，则有三个过零检测，即检测何时达到上限饱和值、何时达到下限饱和值和何时离开饱和区
MinMax	一个过零检测：对于输出向量的每个元素，检测一个输入何时成为最大值或最小值
Relay	一个过零检测：若 Relay 是 off 状态，就检测开启点；若是 on 状态，就检测关闭点
Relational Operator	一个过零检测：检测输出何时发生改变
Saturation	两个过零检测：一个检测何时达到或离开上限，一个检测何时达到或离开下限
Sign	一个过零检测：检测输入何时通过零点
Step	一个过零检测：检测阶跃发生的时间

续表

模 块 名	说 明
Switch	一个过零检测：检测何时满足开关条件
Subsystem	用于有条件地运行子系统：一个使能端口，一个触发端口

如果仿真的误差容忍度设置得太大，那么 Simulink 有可能检测不到过零点。例如，在一个时间步内存在过零点，但是在时间步的开始和最终时刻没有检测到符号的变化，此时求解器将检测不到过零点。

【例 12-6】过零的产生与影响。

采用 Functions 中的 Function 模块和 Math 数学库中的 Abs 模块分别计算对应输入的绝对值。由于 Function 模块不会产生过零事件，所以在求取绝对值时，一些拐角点会被漏掉；但是 Abs 模块能够产生过零事件，因此，每当它的输入信号改变符号时，它都能够精确地得到零点结果。图 12-38 为此系统的 Simulink 模型及系统仿真结果。

从仿真结果中可以明显地看出，对于不常带有过零检测的 Function 模块，在求取输入信号的绝对值时，漏掉了信号的过零点（结果中的拐角点）；而对于具有过零检测能力的 Abs 模块，在求取绝对值时，它可以使仿真在过零点处的仿真步长足够小，从而可以获得精确的结果。

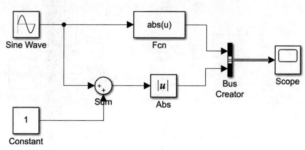

（a）Simulink 模型

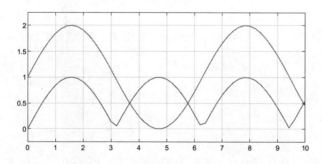

（b）系统仿真结果

图 12-38　过零的产生与影响

在该例中，过零表示系统中的信号穿过了零点。其实，过零不仅可以用来表示信号穿过了零点，还可以用来表示信号的陡沿和饱和。

12.3 子系统的创建与封装

12.3

Simulink 在创建系统模型的过程中常采用分层设计思想。依照封装后系统的不同特点，Simulink 具有一般子系统、封装子系统和条件子系统 3 种不同类型的子系统。限于篇幅，本节只介绍如何创建、封装子系统。

12.3.1 子系统介绍

Simulink 其实就是分层建模的一种设计结构。例如，各种基本模块库可看成是封装了相关基本模块的子系统。用户在进行动态系统的仿真过程中，常常会遇到比较复杂的系统。但是无论多么复杂的系统，都是由众多不同的基本模块组成的。

【例 12-7】触发子系统工作原理；在 MATLAB 的命令行窗口中运行 Simulink 模型。

（1）构造如图 12-39 所示的触发子系统仿真模型，并保存为 ex12_7.slx。

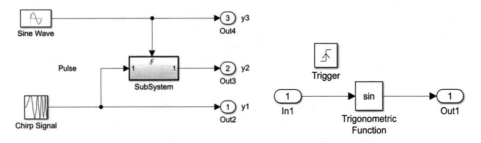

图 12-39 触发子系统仿真模型

（2）单击模型窗口的"仿真"选项卡的"仿真"选项组中的 ▶（运行）按钮，信号仿真正确运行。

（3）在 MATLAB 命令行窗口中运行 Simulink 模型。MATLAB 代码如下。

```
>> [t,x,y]=sim('ex12_7',10);
>> clf,hold on
>> plot(t,y(:,1),'b')              % 正弦信号
>> stairs(t,y(:,2),'r')           % 输出信号
>> stairs(t,y(:,3),'c')
>> hold off
>> axis([0 10 -1.1 1.1]),box on
>> legend({'Chirp Signal','Output','Trigger'},'Location','southeast')
>> grid on
```

执行上述代码后，结果如图 12-40 所示。

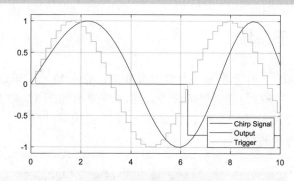

图 12-40　模型仿真运行结果

12.3.2　创建子系统

下面通过两个示例来介绍创建子系统的基本方法，读者可自行比较其不同之处。

【例 12-8】通过 Subsystem 模块创建子系统。

（1）在 Simulink 界面中创建仿真系统，从 Ports & Subsystems 中复制 Subsystem 模块到自己的模型中，如图 12-41（a）所示。

（2）双击 Subsystem 模块图标，打开 Subsystem 模块编辑窗口。在新的空白窗口中创建子系统，如图 12-41（b）所示。

（3）运行仿真并保存。

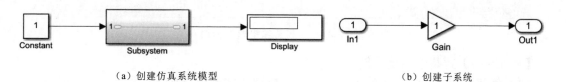

（a）创建仿真系统模型　　　　　　　　　　　（b）创建子系统

图 12-41　通过 Subsystem 模块创建子系统

【例 12-9】通过组合已存在的模块创建子系统。

（1）在 Simulink 界面中创建如图 12-42（a）所示的系统。

（2）按住 Shift 键，选中要创建成子系统的 Abs 模块及 Integrator 模块，单击鼠标右键，在弹出的快捷菜单中选择"基于所选内容创建子系统"命令，生成子系统，如图 12-42（b）所示。

（3）运行仿真并保存。

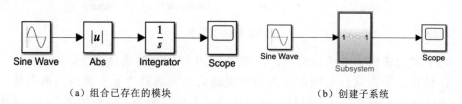

（a）组合已存在的模块　　　　　　　　　　　（b）创建子系统

图 12-42　通过组合已存在的模块创建子系统

12.3.3　封装子系统

封装子系统是在一般子系统的基础上设置而成的。在子系统上单击鼠标右键，在弹出的快捷菜单中选择"封装"→"创建封装"命令，这时会弹出如图 12-43 所示的"封装编辑器"窗口。在封装编辑器中对封装子系统进行设置。设置完成后，单击左上角的"保存封装"按钮即可完成子系统的封装操作。

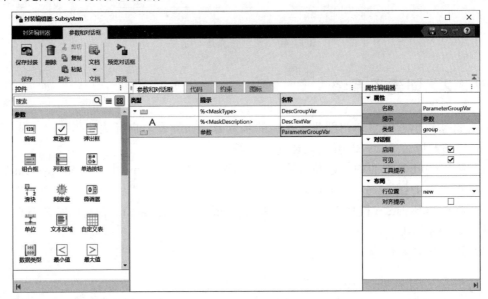

图 12-43　"封装编辑器"窗口

【例 12-10】封装子系统示例。

（1）创建如图 12-44 所示的子系统。建立模型所需的模块如下。

● Sine Wave 模块：作为输入信号。该模块位于 Sources 模块库中。

● Gain 模块：用于定义常数增益。该模块位于 Math Operations 模块库中。

● Integrator 模块：用于积分。该模块位于 Continuous 模块库中。

● Scope 模块：用于显示系统输出。该模块位于 Sinks 模块库中。

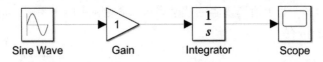

图 12-44　子系统

（2）选中要创建成子系统的模块。在按住 Shift 键的同时选择模块。

（3）在模块上单击鼠标右键，在弹出的快捷菜单中选择"基于所选内容创建子系统"命令，也可以执行"多个"→"创建"→"创建子系统"命令，结果如图 12-45 所示。

（4）选中模型中的 Subsystem 子系统（模块）并右击，在弹出的快捷菜单中选择"封装"→"添加图标图像"命令，在弹出的"编辑封装图标图像"对话框中选择图标图像，单击"确定"按钮，完成图标图像的选择，如图 12-46 所示。

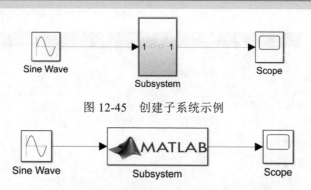

图 12-45　创建子系统示例

图 12-46　添加图标图像

（5）进行封装设置。选中 Subsystem 模块，单击"子系统模块"→"封装"→"创建封装"按钮，弹出"封装编辑器"窗口。

（6）封装编辑器的左侧为"控件"栏，单击"参数"列表框中的"编辑"控件，即可将该控件添加到中间列表中，在"参数和对话框"选项卡中新添加"#1"，将其提示列设置为"增益(Gain)"，名称为"m"。在右侧"属性编辑器"栏的"值"数值框中输入"2"，作为子系统增益的默认值，如图 12-47 所示。

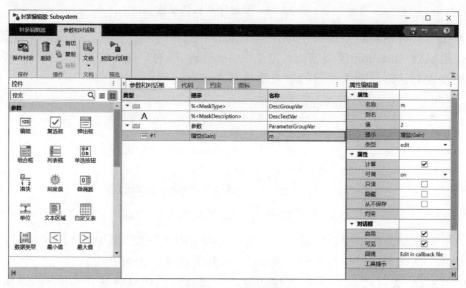

图 12-47　封装编辑器

（7）初始化与回调设置。单击中间区域的"代码"选项卡，在该选项卡下可以进行初始化和回调设置，本例不设置，如图 12-48 所示。

对于初始化和回调设置，允许用户定义封装子系统的初始化命令。初始化命令可以使用任何有效的 MATLAB 表达式、函数、运算符和在"参数和对话框"选项卡中定义的变量，但是初始化命令不能访问 MATLAB 工作区的变量。

在每条命令后用分号结束可以避免模型运行时在 MATLAB 命令行窗口中显示运行结果。一般在此定义附加变量、初始化变量或绘制图标等。

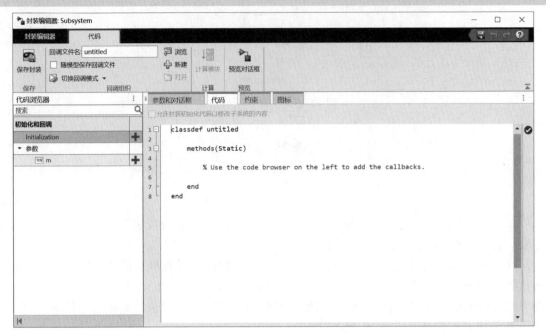

图 12-48　初始化和回调设置

（8）在"封装编辑器"窗口中单击左上角的"保存封装"按钮，完成封装设置，关闭该窗口，返回到 Simulink 模型窗口，双击 Subsystem 模块，此时会弹出如图 12-49 所示的模块参数设置对话框，刚才设置的参数均出现在该对话框中。

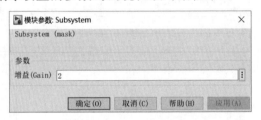

图 12-49　示例模型仿真结果

（9）在 Simulink 模型窗口中设置"仿真"选项卡的"仿真"组中的"停止时间"为 10s。单击"仿真"选项卡的"仿真"组中的 ▶（运行）按钮，运行仿真。

（10）仿真完成后双击"Scope"模块可以看到最终的仿真曲线，如图 12-50 所示。

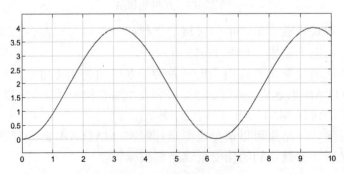

图 12-50　最终的仿真曲线

　　读者也可以创建自己的模块库：选择 Simulink 模型窗口中的"仿真"→"文件"→"新建"→"库"命令，可以自行创建模块库。选中该命令后，会弹出一个空白的模块库窗口，将需要存放在同一模块库中的模块复制到模块库窗口中即可，如图 12-51 所示。

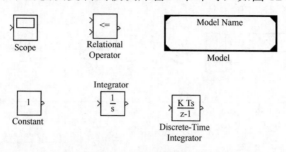

图 12-51　自建模块库

　　创建好模块库后，用户在创建模型时不需要打开 Simulink 模块库浏览器，而只需在 MATLAB 命令行窗口中输入存放相应模块的模块库的文件名即可。

12.4　仿真模型的分析

12.4

　　在创建 Simulink 仿真模型之后，一般需要对创建的模型进行分析，这是为了修正仿真的参数和配置。

12.4.1　确定模型状态

　　在进行 Simulink 仿真的过程中，常常需要为仿真模型设置初始状态。确定模型状态的命令如下。

```
[sys,x0,str,ts]=model([],[],[],'sizes');
```

　　其中，model 为具体模型名；sys 是输出参数，它是必须存在的，是一个 7 元向量，其中各部分的含义如下。

- 元素 1：状态向量中连续分量的数目。
- 元素 2：状态向量中离散分量的数目。
- 元素 3：输出分量的总数。
- 元素 4：输入分量的总数。
- 元素 5：系统中不连续解的数目。
- 元素 6：系统中是否含有直通回路。
- 元素 7：不同采样速率的类别数。

从上面可以看出，数组 sizes 包含该模块的许多基本特征。

　　x0 返回的是模型状态向量的初始值，可以通过给 x0 赋值来设置状态向量的初始值。sys 按次序给出了所有状态变量对应模块的所在模型名称、子系统名称和模块名称。

　　【例 12-11】以 MATLAB 的演示模型 vdp.slx（见图 12-52）为对象确定模型的状态。

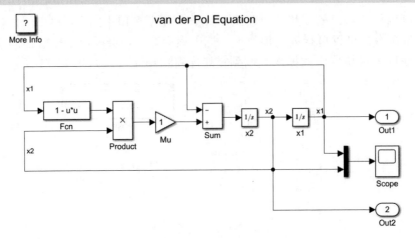

图 12-52　vdp.slx

MATLAB 代码如下。

```
>> [sys,x0,str,ts]=vdp([],[],[],'sizes')
sys =
     2
     0
     2
     0
     0
     0
     1
x0 =
     2
     0
str =
  2×1 cell 数组
    {'vdp/x1'}
    {'vdp/x2'}
ts =
     0     0
```

结果显示，该模型中的积分模块 x1、x2 形成了唯一的两个连续状态。

12.4.2　平衡点分析

Simulink 通过 trim 命令决定动态系统的稳定状态点。所谓稳定状态点，就是指满足用户自定义的输入、输出和状态条件的点。trim 的调用格式如下。

```
[x,u,y,dx]=trim('sys',x0,u0,y0,ix,iu,iy)
```

其中，x0、u0、y0 是初始状态；ix、iu、iy 是整数向量。

【例 12-12】使用 trim 命令求解平衡点示例。首先建立如图 12-53 所示的模型。

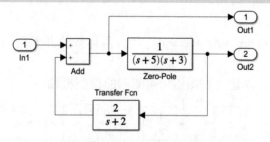

图 12-53　求解系统平衡点模型

MATLAB 代码如下。

```
>> clear,clc;
>> x=[0;0;0];u=0;y=[3;3];  % 为系统状态和输入定义一个猜测值并把预期的输出值赋给 y
>> ix=[];iu=[];iy=[1;2];   % 使用索引变量规定模型的输入/输出和状态中的可变/不可变量
>> [x,u,y,dx]=trim('ex12_12',x,u,y,ix,iu,iy)  % 使用 trim 命令求出平衡点
x =
   0.1875
  -0.0000
   1.4524
u =
   5.2500
y =
   5.6250
   0.3750
dx =
  1.0e-09 *
  -0.1323
   0.2141
  -0.0000
```

 注意：

　　并不是所有求解平衡点的问题都有解。如果无解，则 trim 将返回一个与期望状态的偏差最小的一个解。trim 命令还有其他调用格式，读者可以查阅在线帮助信息。

12.4.3　微分方程求解

　　前面已经介绍了如何通过 MATLAB 来求解微分方程。通过 Simulink 提供的模块，也可以求解微分方程。下面通过一个数学模型——建立微分方程来演示利用 Simulink 求解微分方程的方法。

　　【例 12-13】已知质量 $m = 1\,\mathrm{kg}$，阻尼 $b = 2\,\mathrm{N \cdot s/m}$，弹簧系数 $k = 70\,\mathrm{N/m}$，且质量块的初始位移 $x(0) = 0.02\,\mathrm{m}$，其初始速度 $x'(0) = 0.03\,\mathrm{m/s}$，要求创建该系统的 Simulink 模型，并进行仿真运行。

（1）建立数学模型。

根据物理知识，可知 $mx'' + bx' + kx = 0$ ，代入具体数值并整理，可得 $x'' = -2x' - 70x$ 。

（2）启动 Simulink。

（3）新建模型窗口，并建立如图 12-54 所示的模型框图。

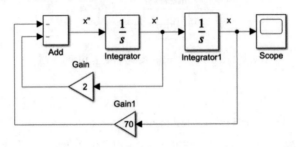

图 12-54　模型框图

（4）设置参数。根据数学模型分别设置增益模块 Gain、Gain1 的 Gain 参数为 2、70，设置 Add 模块的"符号列表"为"--"模式，分别设置积分模块 Integrator、Integrator1 的"初始条件"参数为 0.03、0.02，其余参数采用默认值。

（5）仿真结果。单击 Simulink 仿真界面的"仿真"选项卡的"仿真"选项组中的 ▶（运行）按钮运行仿真。运行结束后单击示波器，出现如图 12-55 所示的波形。

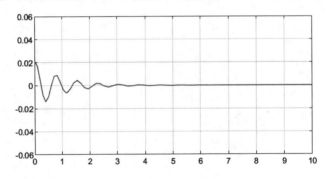

图 12-55　仿真结果

12.4.4　代数环

代数环如图 12-56 所示，将图中含有反馈环的模型改写成用 Algebraic Constraint 模块创建的模型（见图 12-57），其仿真结果不变。

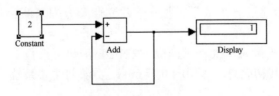

图 12-56　代数环

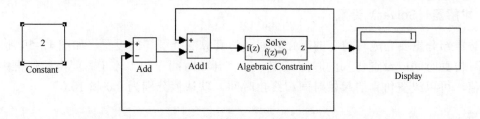

图 12-57　用 AlgebraicConstraint 模块创建代数环模块

创建向量代数环也很容易，图 12-58 所示的向量代数环可用下面的代数方程来描述。

$$\begin{cases} z_2 + z_1 - 2 = 0 \\ z_2 - z_1 - 2 = 0 \end{cases}$$

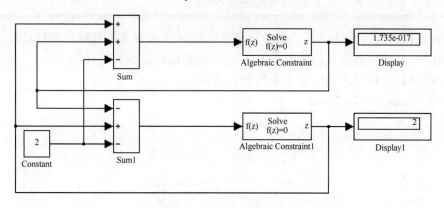

图 12-58　向量代数环

说明：通过代数环计算得到的结果与实际解存在误差。

12.5　仿真的运行

12.5

仿真模型建立后，需要掌握仿真的结果，此时就需要运行仿真模型，根据模型需求对仿真进行配置并观测仿真结果。

12.5.1　仿真配置

构建好一个系统的模型后，在运行仿真前，必须对仿真参数进行设置。仿真参数的设置包括仿真过程中的仿真算法、仿真的起始时刻、误差容限及错误处理方式等的设置，还可以定义仿真结果的输出和存储方式。

首先打开需要设置仿真参数的模型，然后在模型窗口中单击"建模"选项卡的"设置"选项组中的 ⚙（模型设置）按钮，就会弹出仿真参数设置对话框。

仿真参数设置主要包括求解器、数据导入/导出、诊断等选项组。下面对其常用设置做一下具体说明。

1．求解器（Solver）设置

求解器部分主要完成对仿真的起止时间、仿真算法类型等的设置，如图 12-59 所示。

（1）仿真时间：设置仿真的时间范围。在"开始时间"和"停止时间"数值框中输入新的数值，可以改变仿真的起始时间和终止时间，默认值分别为 0.0 和 10.0。

> **提 示**
>
> 仿真时间与实际的时钟并不相同，仿真时间是计算机仿真对时间的一种表示；实际的时钟是仿真的实际时间。例如，仿真时间为 1s，如果步长为 0.1s，则该仿真要执行 10 步。当然，步长减小，总的执行时间会随之增加。仿真的实际时间取决于模型的复杂程度、算法及步长的选择、计算机的速度等诸多因素。

（2）求解器选择：算法选项，选择仿真算法并对其参数及仿真精度进行设置。

① 类型：指定仿真步长的选取方式，包括变步长和定步长两种。

② 求解器：选择对应的模式下采用的仿真算法。

图 12-59　求解器的设置

以下是变步长模式下可用的主要求解器（仿真算法），如表 12-9 所示。

表 12-9　变步长模式的求解器

名　称	功　能
自动（自动求解器选择）	自动选择仿真算法
离散（无连续状态）	适用于无连续状态变量的系统

续表

名　称	功　能
ode45（Dormand-prince）	四五阶龙格-库塔法，默认算法；适用于大多数连续或离散系统，但不适用于刚性（stiff）系统；采用的是单步算法。一般来说，面对一个仿真问题，最好首先试试 ode45
ode23（Bogacki-Shampine）	二三阶龙格-库塔法，在误差要求不高和求解的问题不太难的情况下，它可能比 ode45 更有效。它也是单步算法
ode113（Adams）	阶数可变算法，在误差容许要求严格的情况下，它通常比 ode45 有效。它是一种多步算法，在计算当前时刻输出时，需要以前多个时刻的解
ode15s（stiff/NDF）	基于数值微分公式的算法。它也是一种多步算法，适用于刚性系统。当用户估计要解决的问题比较困难或不能使用 ode45，或者即使使用 ode45，效果也不好时，就可以用 ode15s
ode23s（stiff/Mod.Rosenbrock）	单步算法，专门应用于刚性系统，在弱误差允许下的效果好于 ode15s。它能解决某些 ode15s 不能有效解决的刚性问题
ode23t（mod.stiff/Trapezoidal）	适用于求解适度刚性问题而用户又需要一个无数字振荡算法的情况
ode23tb（stiff/TR-BDF2）	在较大的容许误差下可能比 ode15s 有效
odeN（Nonadaptive）	使用 N^{th} 阶定步长积分公式，采用当前状态值和中间点的逼近状态导数的显函数来计算模型的状态
daessc（DAE solver for Simscape）	通过求解由 Simscape 模型得到的微分代数方程组，计算下一时间步的模型状态。daessc 提供专门用于仿真物理系统建模产生的微分代数方程的稳健算法

以下是定步长模式下可用的主要求解器（仿真算法），如表 12-10 所示。

表 12-10　定步长模式的求解器

名　称	功　能
自动（自动求解器选择）	自动选择仿真算法
离散（无连续状态）	定步长的离散系统的求解算法，特别适用于不存在状态变量的系统
ode8（Dormand-Prince）	八阶 Dormand-Prince 公式，采用当前状态值和中间点的逼近状态导数的显函数来计算模型在下一个时间步的状态
ode5（Dormand-Prince）	ode45 的固定步长版本，属于默认算法，适用于大多数连续或离散系统，但不适用于刚性系统
ode4（Runge-Kutta）	四阶龙格-库塔法，具有一定的计算精度
ode3（Bogacki-Shampine）	固定步长的二三阶龙格-库塔法
ode2（Heun）	Heun 积分法，改进的欧拉法，通过当前状态值和状态导数的显函数来计算下一个时间步的模型状态
ode1（Euler）	欧拉积分法，通过当前状态值和状态导数的显函数来计算下一个时间步的模型状态
ode14x（外插）	结合使用牛顿方法和基于当前值的外插法，采用下一个时间步的状态和状态导数的隐函数来计算模型在下一个时间步的状态
ode1be（Backward Euler）	向后欧拉法（隐式欧拉法），使用固定的牛顿迭代次数，计算成本固定

（3）Solver details 参数设置：对两种模式下的参数进行设置。

变步长模式下的参数设置。

① 最大步长：决定算法能够使用的最大时间步长，默认值为"仿真时间/50"，即在整

个仿真过程中至少取 50 个取样点，但这样的取法对于仿真时间较长的系统，可能会使取样点过于稀疏，从而使仿真结果失真。一般建议对于仿真时间不超过 15s 的系统，采用默认值即可；对于超过 15s 的系统，每秒钟至少保证 5 个采样点；对于超过 100s 的系统，每秒钟至少保证 3 个采样点。

② 最小步长：算法能够使用的最小时间步长。

③ 初始步长：初始时间步长，一般建议使用 auto 默认值。

④ 相对容差：指误差相对于状态的值，是一个百分比，默认值为 1e-3，表示状态的计算值要精确到 0.1%。

⑤ 绝对容差：表示误差值的门限，或者说在状态值为零的情况下可以接受的误差。如果它被设成了 auto，那么 Simulink 为每个状态设置的初始绝对误差都为 1e-6。

定步长模式下的主要参数设置。

固定步长（基础采样时间）：指定所选固定步长求解器使用的步长大小。默认值 auto 是指由 Simulink 选择的步长大小。如果模型指定了一个或多个周期性采样时间，则 Simulink 将选择等于这些指定采样时间的最大公约数的步长大小，此步长大小称为模型的基础采样时间，可确保求解器在模型定义的每个采样时间内都执行一个时间步。如果模型没有定义任何周期性采样时间，则 Simulink 会选择一个可将总仿真时间等分为 50 个时间步的步长大小。

2．数据导入/导出设置

仿真时，用户可以将仿真结果输出到 MATLAB 工作空间，也可以从工作空间载入模型的初始状态，这些都是在仿真配置中的数据导入/导出选项组中完成的，如图 12-60 所示。

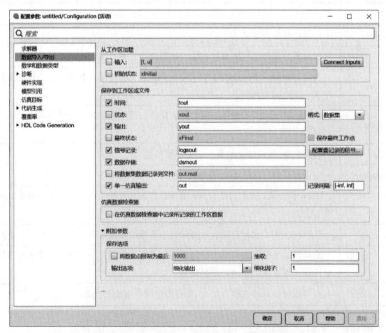

图 12-60　数据导入/导出参数设置对话框

（1）从工作区加载

① 输入：输入数据的变量名。

② 初始状态：从 MATLAB 工作空间获得的状态初始值的变量名。模型将从 MATLAB 工作空间获取模型所有内部状态变量的初始值，而不管模块本身是否已设置。在该文本框中输入的应该是 MATLAB 工作空间中已经存在的变量，变量的次序应与模块中各个状态下的次序一致。

（2）保存到工作区或文件

① 时间：时间变量名，存储输出到 MATLAB 工作空间的时间值，默认名为 tout。

② 状态：状态变量名，存储输出到 MATLAB 工作空间的状态值，默认名为 xout。

③ 输出：输出变量名，如果模型中使用了 Out 模块，就必须选择该复选框。

④ 最终状态：最终状态值输出变量名，存储输出到 MATLAB 工作空间的最终状态值。

（3）保存选项

① 将数据点限制为最后：保存变量的数据长度。

② 抽取：保存步长间隔，默认值为 1，即对每个仿真时间点的产生值都进行保存。若其值为 2，则表示每隔一个仿真时刻保存一个值。

3．诊断和优化设置

（1）诊断：主要设置用户在仿真过程中会出现的各种错误或报警消息。在该选项中进行适当的设置，可以定义是否需要显示相应的错误或报警消息。

（2）优化：位于"代码生成"选项组下，主要用于设置影响仿真性能的不同选项。

12.5.2　启动仿真

仿真的最终目的是通过模型得到某种计算结果，故仿真结果分析是系统仿真的重要环节。仿真结果分析不但可以通过 Simulink 提供的输出模块完成，MATLAB 也提供了一些用于仿真结果分析的函数和指令，限于篇幅，此处不再赘述。

Simulink 支持两种不同启动仿真的方法：一种是直接在模型窗口中执行相应的选项卡命令；另一种是在命令行窗口中以调用仿真函数的方式开始相应模型的仿真。

1．选项卡命令方式

在 Simulink 环境下，单击"仿真"选项卡→"仿真"选项组中的 ▶（运行）按钮。

说明：在仿真的过程中，用户不能再改变模型本身的结构，如增减信号线或模块。如果要改变模型本身的结构，则需要停止模型的仿真过程。

2．调用仿真函数方式

相比选项卡方式，MATLAB 提供了 sim 命令来启动仿真，其完整的调用格式如下。

```
sim('model','ParameterName1',Value1,'ParameterName2',Value2...);
```

在此命令中，只有 model 参数是必需的，其他参数都允许设置为空（[]）。在 sim 命令中设置的参数值会覆盖模型建立时设置的参数值，如果在 sim 命令中没有设置或被设为空，则其值等于建立模型时通过模块参数对话框设置的值或系统默认的值。

如果仿真的模型是连续系统，那么命令中还必须通过 simset 命令设定求解器参数，默认的求解器参数是用来求解离散模型的变步长离散（无连续状态）算法。

simset 命令用来设定仿真参数和求解器的属性值，其调用格式如下。

```
simset(proj,'setting1',value1,'setting2',value2,...)
```

仿真过程很少用到该命令，在此不做介绍，如果碰到，则可以查阅在线帮助信息。相关的命令还有 simplot、simget、set_param 等。

 注意：

如果仿真过程中出现错误，那么仿真将会自动停止，并弹出一个仿真诊断对话框来显示错误的相关消息。

【**例 12-14**】系统在 $t \leq 5s$ 时，输出为正弦波信号 $\sin t$；当 $t > 5s$ 时，输出为 5。试建立该系统的 Simulink 模型，并进行仿真分析。

求解过程如下。

（1）建立系统模型。根据系统数学描述选择合适的 Simulink 模块。

- Source 下的 Sine Wave 模块：作为输入的正弦波信号 $\sin t$。
- Source 下的 Clock 模块：表示系统的运行时间。
- Source 下的 Constant 模块：用来产生特定的时间。
- Logical and Bit operations 下的 Relational Operator 模块：实现该系统时间上的逻辑关系。
- Signal Routing 下的 Switch 模块：实现系统输出随仿真时间的切换。
- Sink 下的 Scope 模块：实现输出图形的显示功能。

根据要求建立的系统仿真模型如图 12-61 所示。

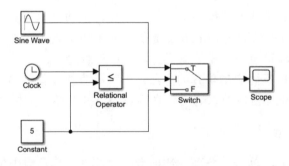

图 12-61　系统仿真模型

（2）模块参数的设置（没有提到的模块及相应的参数均采用默认值）。

- Sine Wave 模块：振幅为 1，频率为 1，产生信号 $\sin t$。
- Constant 模块：常量值为 5，设置判断 t 是大于 5 还是小于 5 的门限值。
- Relational Operator 模块：将光线运算符设为<=。
- Switch 模块：将阈值设为 0.1（该值只需大于 0 且小于 1 即可）。

（3）仿真配置。在进行仿真之前，需要对仿真参数进行设置。

仿真时间的设置：停止时间为 10.0s（只有在时间大于 5s 时，系统输出才有转换，需要设置合适的仿真结束时间），其余选项保持默认设置。

（4）运行仿真，结果如图 12-62 所示。

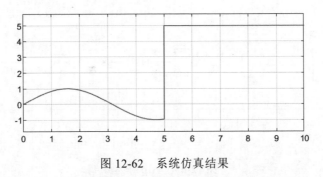

图 12-62　系统仿真结果

从系统仿真结果可以看出，在模型运行到第 5 步时，输出曲线由正弦波曲线变为恒定常数 5。

12.5.3　观测仿真结果

在仿真进行过程中，通常需要随时绘制仿真结果的曲线，以观察信号的实时变化情况，在模型中使用示波器（Scope）是其中最为简单和常用的方式。

不论示波器是否已经打开，只要仿真一启动，示波器缓冲区就会接收传递来的信号。该缓冲区数据长度的默认值为 5000。如果数据长度超过设定值，则最早的历史数据将被冲掉。

示波器窗口中的 ⊕、⬌、⬍图标分别表示 X-Y 双轴调节、X 轴调节和 Y 轴调节，它们可以根据数据的实际范围自动设置纵坐标的显示范围和刻度。

单击 Scope 界面中的 ⚙ 图标，可以弹出示波器属性对话框，在此可以对示波器进行显示设置，前文已做介绍，这里不再赘述。

12.5.4　仿真调试

为了提高工作效率，Simulink 提供了强大的模型调试功能，利用调试功能，可以方便地对模型进行优化改进。下面通过示例展示如何在 Simulink 中使用信号断点调试模拟。

1．打开并配置模型

在 MATLAB 命令行窗口中输入以下语句，即可在 Simulink 中打开如图 12-63 所示的 vdp 模型。

```
openExample("simulink_general/VanDerPolOscillatorExample",...
    supportingFile="vdp")
```

说明：在分析和调试模型时，可能会进行多次模拟。在 Simulink 模型窗口"调试"选项卡的"仿真"组下单击 ▦ （快速重启）按钮，启用快速重启工具，可以实现仅在首次模拟前编译模型，从而节省调试时间。.

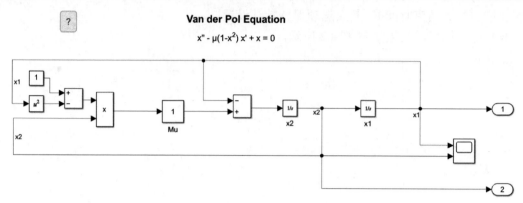

图 12-63　vdp 模型

2．指定暂停模拟的时间

如果需要分析模型在某个时间点前后的行为，可以不间断地运行模拟，并指定为暂停时间，本例中指定暂停时间为 2 秒，操作如下。

将 Simulink 模型窗口"调试"选项卡的"断点"组下的"暂停时间"设定为 2。单击 ▶（运行）按钮运行模型。

在初次模拟时，模型会在开始模拟之前进行编译。在编辑器底部的状态栏显示当前仿真时间，可以发现在 2.079 秒时模拟暂停。

3．在框图中查看信号值

端口值标签用以查看框图中每个时间步长的信号值，在模拟之前或模拟期间，都可以添加和删除端口值标签。添加和移除单个信号和所选多个信号端口值标签的方法如下。

（1）为所有信号添加端口值标签。单击画布左上角的空白区域，并拖动框选所有内容，在"调试"选项卡的"工具"组下单击端口值后的 ⬛ （在所选信号上显示端口值标签）按钮，如图 12-64 所示。

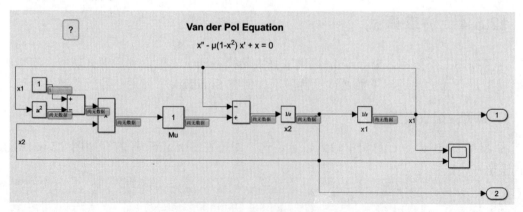

图 12-64　显示端口值标签

（2）为某个信号添加端口值标签。单击选中信号，然后单击 ⬛ （在所选信号上显示端口值标签）按钮即可在该信号上添加端口值标签。

4．逐步浏览时间步

基于暂停时间而在模拟过程暂停后，可以单击"仿真"组中的 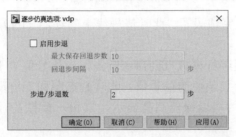（步进）或 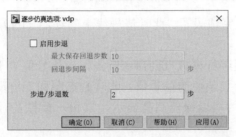（步退）按钮来逐步模拟时间步。

执行"仿真"组中 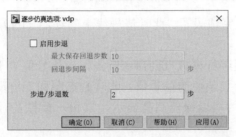（步退）按钮下的"配置逐步仿真"命令，在弹出的"逐步仿真选项"对话框（如图 12-65 所示）中可以配置每次单击时推进模拟的步进数。

图 12-65　"逐步仿真选项"对话框

单 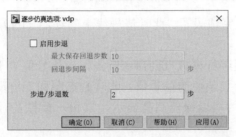（步进）按钮，模拟将向前推进一个时间步，同时端口值标签会更新以显示时间步长的信号值，如图 12-66 所示。

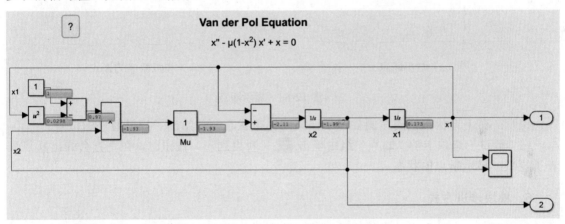

图 12-66　显示时间步长的信号值

5．设置断点以暂停模拟

读者可以设置信号断点暂停模拟，也即通过设置信号值满足指定条件时暂定模拟。默认在使用信号断点时，只要满足条件，模拟就会在时间步长内暂停。

在断点列表中，读者可以控制模拟是在满足条件的时间步长内暂停，还是在满足条件的时间步长结束时暂停。设置信号断点的方法如下。

（1）选择信号。

（2）在"调试"选项卡的"断点"组中单击 （添加断点）按钮，弹出"添加断点"对话框。

（3）在下拉菜单中选择一个关系运算符来定义信号断点的条件，本例中选择"＞"。

（4）将断点条件的值指定为 0，即信号的值 x1 大于零作为暂停条件，如图 12-67 所示。

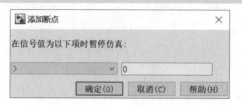

图 12-67　"添加断点"对话框

（5）单击"确定"按钮完成设置。此时信号线上的红圈 x1 指示信号有一个启用的断点，如图 12-68（a）所示。

单击 ▶（继续）按钮进行模拟直到命中断点，当信号值大于零时，模拟暂停。信号的端口值标签 x1 显示满足断点条件的信号值。此时断点图标上出现一个空白箭头，指示断点导致模拟暂停。产生信号的块以绿色高亮显示，以指示模拟在时间步长内暂停的位置，如图 12-68（b）所示。

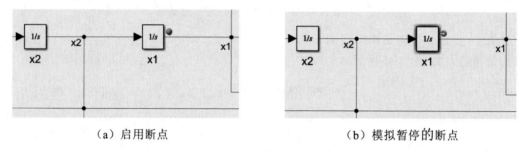

（a）启用断点　　　　　　　　　　　（b）模拟暂停的断点

图 12-68　显示断点

说明：在下方状态栏的左侧显示了详细的模拟状态，并给出了模拟暂停的位置。

在"调试"选项卡的"断点"组中单击 ▦（断点列表）按钮时，在下方会弹出断点列表子窗口，显示断点的状态。

6．模块步进方式

当模拟在一个时间步长内暂停时，"调试"选项卡的"仿真"组中的 ☐（越过）、☐（步入）、☐（步出）按钮变为活动状态，允许用户一个模块一个模块地浏览时间步。单击 ☐（越过）按钮，可以将模拟移动到下一个模块。

7．结束模拟调试

当完成对模型的分析和调试后，通过以下操作可以结束模拟调试。

（1）要从当前时间点继续模拟并保留模型中配置的断点集，需要禁用所有断点。

在"调试"选项卡的"断点"组中单击 ▦（断点列表）按钮，打开断点列表。在断点列表中，取消勾选"已启用"列的复选框或单击 ◉（启用或禁用所有断点）按钮来禁用所有断点。

在"调试"选项卡的"仿真"组中单击 ▶（继续）按钮，可以继续模拟。

（2）要从当前时间点继续模拟而不保留断点，需要从模型中删除所有断点。

在"调试"选项卡的"断点"组中单击 ◉（添加断点）按钮下的 ◉（清除所有断点）

按钮，可以清除模型中的所有断点。

在"调试"选项卡的"仿真"组中单击 （继续）按钮，可以恢复模拟。

（3）在"调试"选项卡的"仿真"组中单击 ◉（停止）按钮，可以在当前时间点停止仿真。

> **注意：**
> 限于篇幅本节介绍的内容比较浅显。如果读者想要详细学习 Simulink 的调试过程，可以通过在线帮助获得相关介绍。

12.6　S 函数

12.6

S 函数是一种采用 MATLAB 或 C 语言编写，用以描述动态系统行为的算法代码。通过编写 S 函数，可以向 Simulink 模块中添加自己的算法。

12.6.1　S 函数的工作原理

S 函数采用特殊的调用规则，能够与 Simulink 自身的方程求解器进行交互，这种交互过程与 Simulink 本身标准模块的工作机制几乎完全相同。S 函数支持连续系统、离散系统和混合系统，因此，几乎所有的 Simulink 模块都可以采用 S 函数来实现。

S 函数最常用的功能是创建定制的 Simulink 模块（读者可以采用 S 函数来实现）。

Simulink 当中的任何模块都是由输入向量 **u**、输出向量 **y** 和状态向量 **x** 三部分构成的。各个向量的状态可以是连续的或离散的，也可以是连续离散混合的信号。输入/输出和状态之间的数学关系可以表示为

$$
\begin{aligned}
\boldsymbol{y} &= f_0(t, \boldsymbol{x}, \boldsymbol{u}) \\
\dot{\boldsymbol{x}}_c &= f_d(t, \boldsymbol{x}, \boldsymbol{u}) \\
\boldsymbol{x}_{d_{k+1}} &= f_u(t, \boldsymbol{x}, \boldsymbol{u}) \\
\boldsymbol{x} &= \boldsymbol{x}_c + \boldsymbol{x}_d
\end{aligned}
$$

Simulink 在仿真过程中会反复调用 S 函数，在调用过程中，Simulink 将调用 S 函数子程序。

12.6.2　编写 S 函数

下面介绍 S 函数中的一些基本概念及如何书写 S 函数。

（1）直通：直通意味着输出或可变采样时间直接受输入信号控制。

（2）动态输入：S 函数可以动态设置输入的向量宽度，在这种情况下，实际输入信号的宽度是由仿真开始时输入信号的宽度决定的，输入信号的宽度又可用来设置连续/离散状态和输出信号的数目。

（3）采样时间的设置：S 函数还支持多速率系统，即在同一个 S 函数中存在多个不同的采样周期。

为了理解以上概念的具体实现，用户可以查阅相应的模块源程序，Simulink 为此提供了大量的例子，它们都放置在指定目录下：

M-files：toolbox/simulink/blocks。

CMEX-files：simulink/src。

下面使用 MATLAB 语言书写 S 函数，称为 M 文件 S 函数，每个 M 文件 S 函数都包含一个如下形式的 M 函数：

[sys,x0,str,ts]=fname(t,x,u,flag,p1,p2,…)

在上述命令中，各参数的含义如表 12-11 所示。这类 S 函数中的 S 函数回调方法是用 M 文件子函数的形式实现的。

表 12-11 参数含义

参 数 名	参 数 含 义
fname	S 函数的名称
T	当前仿真时间
x	S 函数模块的状态向量
u	S 函数模块输入
flag	用以标示 S 函数当前所处的仿真阶段，以便执行相应的子函数
p1,p2,...	S 函数模块的参数
ts	向 Simulink 返回一个包含采样时间和偏置值的两列矩阵。不同的采样时间设置方法对应不同的矩阵值。 ① 如希望 S 函数在每一个时间步都运行，将其设为[0,0]; ② 如希望 S 函数与和它相连的模块以相同的速率运行，将其设为[-1,0]; ③ 如希望步长可变，将其设为[2,0]; ④ 如希望从 0.1s 开始，每隔 0.25s 运行一次，就将其设为[0.25,0.1]; ⑤ 如 S 函数要执行多个任务，而每个任务运行的速率不同，则可设为多维矩阵。例如，需要执行两个任务，此时将矩阵设为[0.25,0; 1.0,0.1]
sys	用以向 Simulink 返回仿真结果的变量。根据不同的 flag 值，sys 返回的值也不完全一样
x0	用以向 Simulink 返回初始状态值
str	保留参数

在模型仿真过程中，Simulink 重复地调用 fname，并根据 Simulink 所处的仿真阶段为 flag 参量传递不同的值，同时为 sys 变量指定不同的角色（不同的角色对应不同的返回值）。flag 用来标示 fname 函数要执行的任务，以便 Simulink 调用相应的子函数，即 S 函数的回调方法。

在编写 M 文件 S 函数时，只需用 MATLAB 语言为每个 flag 值对应的 S 函数方法编写代码即可。表 12-12 列出了各个仿真阶段对应要执行的 S 函数回调方法及相应的 flag 参数值。

表 12-12 各个仿真阶段对应要执行的 S 函数回调方法及相应的 flag 参数值

仿真阶段及方法说明	S 函数回调方法	flag
初始化。定义 S 函数模块的基本特性，包括采样时间、连续或离散状态的初始条件和 Sizes 数组	mdlInitializeSizes	flag=0

续表

仿真阶段及方法说明	S 函数回调方法	flag
计算下一个采样点的绝对时间。该方法只有在读者说明了一个可变的离散采样时间时才可用	mdlGetTimeOfNextVarHit	flag=4
更新离散状态	mdlUpdate	flag=2
计算输出	mdlOutputs	flag=3
计算微分	mdlDerivatives	flag=1
结束仿真	mdlTerminate	flag=9

通过在 MATLAB 命令行窗口中输入以下命令可以查看 S 函数示例（如图 12-69 所示）。

```
>> sfundemos
```

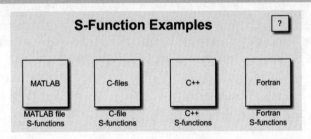

图 12-69　S 函数示例

下面介绍如何利用 User-Defined Functions 库中的 S-Function 模块创建由 MATLAB 语言书写的 M 文件 S 函数。

【例 12-15】单位延迟示例。

（1）双击 User-Defined Functions 库中的 S-Function Examples 模块，进入 sfundemos，继续双击 MATLAB file S-Functions，进入 Level-2 MATLAB files 模块组，找到 Unit delay 模型框图并双击它，打开如图 12-70 所示的模型图。

（2）单击 ▶（运行）按钮，仿真结果如图 12-71 所示，上下两个模块的输出结果一样，这就证明 S 函数功能正确。读者可以试着书写自己的 S 函数模块。

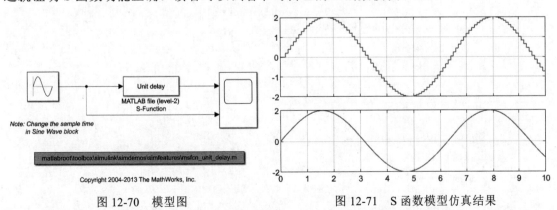

图 12-70　模型图　　　　　　　　图 12-71　S 函数模型仿真结果

双击模型图下方的蓝底文本，可以查看 S 函数文件内容：

```
function msfcn_unit_delay(block)
% Level-2 MATLAB file S-Function for unit delay demo.
```

```
%   Copyright 1990-2009 The MathWorks, Inc.
  setup(block);
% endfunction

function setup(block)
  block.NumDialogPrms  = 1;

  %% Register number of input and output ports
  block.NumInputPorts  = 1;
  block.NumOutputPorts = 1;

  %% Setup functional port properties to dynamically
  %% inherited.
  block.SetPreCompInpPortInfoToDynamic;
  block.SetPreCompOutPortInfoToDynamic;

  block.InputPort(1).Dimensions       = 1;
  block.InputPort(1).DirectFeedthrough = false;

  block.OutputPort(1).Dimensions      = 1;

  %% Set block sample time to [0.1 0]
  block.SampleTimes = [0.1 0];

  %% Set the block simStateCompliance to default (i.e., same as a built-in
block)
  block.SimStateCompliance = 'DefaultSimState';

  %% Register methods
  block.RegBlockMethod('PostPropagationSetup',    @DoPostPropSetup);
  block.RegBlockMethod('InitializeConditions',    @InitConditions);
  block.RegBlockMethod('Outputs',                 @Output);
  block.RegBlockMethod('Update',                  @Update);

%endfunction

function DoPostPropSetup(block)
  %% Setup Dwork
  block.NumDworks = 1;
  block.Dwork(1).Name = 'x0';
  block.Dwork(1).Dimensions       = 1;
  block.Dwork(1).DatatypeID       = 0;
  block.Dwork(1).Complexity       = 'Real';
```

```
  block.Dwork(1).UsedAsDiscState = true;
%endfunction


function InitConditions(block)
  %% Initialize Dwork
  block.Dwork(1).Data = block.DialogPrm(1).Data;
%endfunction


function Output(block)
  block.OutputPort(1).Data = block.Dwork(1).Data;
%endfunction


function Update(block)
  block.Dwork(1).Data = block.InputPort(1).Data;
%endfunction
```

12.7　Simulink 与 MATLAB 结合的建模实例

12.7

本节重点介绍 Simulink 与 MATLAB 结合的建模实例，请读者深入体会用 Simulink 来解决实际问题的方便性与实效功能。

【例 12-16】调用 MATLAB 工作空间中的信号矩阵信源。从 MATLAB 工作空间中输入的函数为

$$u(t) = \begin{cases} t & 0 \le t < T \\ (3T - t + 1)^2 & T \le t < 2T \\ 1 & \text{else} \end{cases}$$

（1）编写一个产生信号矩阵的 M 文件，文件名为 souc.m，代码如下。

```
function TU=souc(T0,N0,K)
t=linspace(0,K*T0,K*N0+1);
N=length(t);
u1=t(1:(N0+1));
u2=(t((N0+2):(2*N0+1))-3*T0+1).^2;
u3(1:(N-(2*N0+2)+1))=1;
u=[u1,u2,u3];
TU=[t',u'];
end
```

（2）构造简单的实验模型，如图 12-72 所示。

（3）在命令行窗口中输入并运行以下指令，以在 MATLAB 工作空间中产生 TU 信号矩阵：

```
>> TU=souc(1,40,2);
```

（4）在 Simulink 模型窗口中单击 ▶（运行）按钮，模型运行完之后，双击示波器模块，出现如图 12-73 所示的仿真信号。

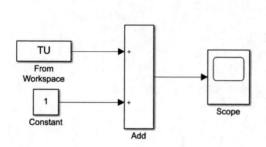

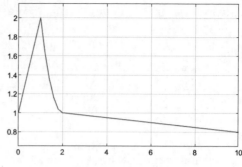

图 12-72　实验模型　　　　　　　　　　图 12-73　仿真信号

　　下面列举一个分别利用 Simulink 模块和命令代码仿真的实例，请仔细观察并比较两种方法最后的结果。

　　【例 12-17】食饵-捕食者模型。设食饵（如鱼、兔等）数量为 $x(t)$，捕食者（如鲨鱼、狼等）数量为 $y(t)$，则有

$$\begin{cases} \dot{x} = x(r - ay) \\ \dot{y} = y(-d + bx) \end{cases}$$

或写成矩阵形式为

$$\begin{pmatrix} \dot{x} \\ \dot{y} \end{pmatrix} = \begin{pmatrix} r - ay & 0 \\ 0 & -d + bx \end{pmatrix} \begin{pmatrix} x \\ y \end{pmatrix}$$

　　设 $r=1$，$d=0.5$，$a=0.1$，$b=0.02$，$x(0)=25$，$y(0)=2$。求 $x(t)$、$y(t)$ 和 $y(x)$ 的图形。

　　解法 1：先编写 M 文件 shier.m 如下。

```
function xdot=shier(t,x)
r=1; d=0.5;
a=0.1; b=0.02;
xdot=diag([r-a*x(2),-d+b*x(1)])*x;
end
```

在 MATLAB 的命令行窗口中输入以下命令。

```
>> ts=0:0.1:15;
>> x0=[25,2];
>> [t,x]=ode45('shier',ts,x0);
>> plot(t,x),grid,gtext('x1(t)'),gtext('x2(t)')
>> plot(x(:,1),x(:,2)),grid,xlabel('x1'),ylabel('x2')
```

执行上述代码，结果如图 12-74 所示。

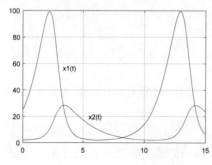

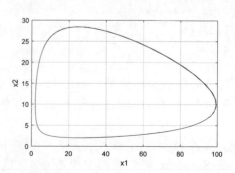

图 12-74　$x(t)$、$y(t)$ 和 $y(x)$ 的图形

　　解法 2：用 Simulink 仿真。Simulink 仿真模型如图 12-75 所示。

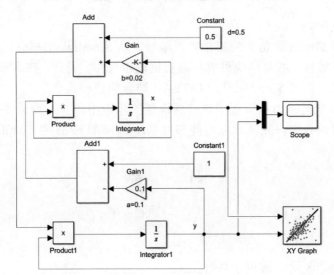

图 12-75　Simulink 仿真模型

　　单击 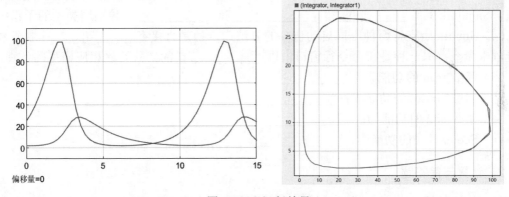（运行）启动仿真，运行结果如图 12-76 所示。不难发现，两种解法显示的结果几乎是一样的。

图 12-76　运行结果

提　示

　　读者也可利用 S 函数（在 User-Defined Functios 子库中）自行定义所需模块，但需要为其另外编写 S 函数。

技　巧

　　上面的模型可利用 S 函数进行简化，只保留输出模块。其中，S 函数模块要调用 M 文件 shier.m，调用方法是双击 "S-Function" 图标，在出现对话框的 "S-Function" 文本框中填写 "shier"（不需加扩展名 .m）。需要注意的是，此 M 文件须在 MATLAB 的路径中。

12.8　本章小结

本章主要针对 Simulink 仿真的初学者而编写，从 Simulink 的概念出发，详细地介绍了其工作环境及模型特点，以及模块组成并附实例演示过程。另外，在本章的最后还介绍了 S 函数的概念与应用，以及 Simulink 与 MATLAB 结合的建模实例。

Simulink 让用户把精力从编程中转移到模型的构造中，并为用户省去了许多重复的代码编写工作。希望读者学习完本章以后能够顺利掌握 MATLAB 中 Simulink 模块的操作。

习　　题

1．填空题

（1）使用 Simulink 建立的模型具有_____、_____、_____、建模简单化 4 个特点。

（2）模块设置好后，需要将它们按照一定的顺序连接起来，组成完整的系统模型，模块之间的连接称为_____，其基本操作包括_____、_____、_____、删除等。

（3）Simulink 在创建系统模型的过程中常采用分层设计思想。依照封装后系统的不同特点，Simulink 具有_____、_____和_____3 种不同类型的子系统。

（4）Simulink 支持两种不同启动仿真的方法：一种是直接在_____中执行相应的选项卡命令；另一种是在命令行窗口中以_____的方式开始相应模型的仿真。

（5）函数 trim 的功能为：_____。

函数 simset 的功能为：_____。

函数 sim 的功能为：_____。

Scope 模块的功能为：_____。

2．计算与简答题

（1）简述使用 Simulink 进行系统建模和系统仿真的基本步骤。

（2）利用所学知识对 Random number 模块进行选取、复制、改变大小操作。并把模块参数"均值"设置为 10，其余为默认，在示波器上观察输出的曲线。

（3）试对系统 $y(t) = x^2(t)$ 进行仿真，其中输入信号 $x(t) = 3\sin 50t$；$y(t)$ 为输出信号，并通过 Scope（示波器）显示原始信号和结果信号。

（4）某系统在 $t \leqslant 5s$ 时，输出为正弦波信号 $\sin t$；当 $5s < t \leqslant 10s$ 时，输出为 6；当 $10s \leqslant ts$ 时，输出为 $\cos t$。试建立该系统的 Simulink 模型，并进行仿真分析。

（5）利用 Simulink 求解 $I(t) = \int_0^t e^{-x^2} \mathrm{d}x$ 在区间 $t \in [0,1]$ 的积分并求出积分值 $I(2)$。（提示：时间变量由 Clock 产生，需要用到 Product、Math function、Integrator、Scope 等模块）

第二篇　MATLAB 综合应用

第13章
优化问题求解

在生产活动、经济管理和科学研究中经常会遇到各种最大化和最小化问题，如物流运输费用最小，生产成本最低，投资收益最大、风险最小，产品设计浪费材料最少等，这种利用有限的资源使效益最大化问题就是优化问题。优化问题可以说是数学建模中最常见的一类问题，具有很强的实际应用背景，根据其不同表现特征和标准可分为无约束和有约束、线性和非线性、单目标和多目标优化问题等。在 MATLAB 中求解优化问题分为基于问题的优化和基于求解器的优化两种求解问题的方法，本章讲解如何在 MATALB 中实现优化问题的求解。

学习目标：
（1）掌握基于问题的优化方法。
（2）掌握基于求解器的优化方法。
（3）掌握最小二乘最优问题的优化方法

13.1　基于问题的优化

13.1

在 MATLAB 中，基于问题的求解包括对方程问题及对优化问题的求解两类，其中函数 optimvar()用于创建优化变量，函数 eqnproblem()用于创建方程问题，函数 optimproblem()用于创建优化问题，函数 solve()用于对问题的求解，下面分别介绍。

13.1.1　创建优化变量

函数 optimvar()用于创建优化变量，其调用格式如下。

```
x=optimvar(name)        % 创建标量优化变量（符号对象），为目标函数和问题约束创建表达式
```

```
x=optimvar(name,n)        % 创建由优化变量组成的 n×1 向量
x=optimvar(name,cstr)               % 创建可使用 cstr 进行索引的优化变量的向量
```

说明：x 的元素数与 cstr 向量的长度相同；x 的方向与 cstr 的方向相同，当 cstr 是行向量时，x 也是行向量，当 cstr 是列向量时，x 也是列向量。

```
x=optimvar(name,cstr1,n2,…,cstrk)
                % 基于正整数 ni 和名称 cstrk 的任意组合创建一个优化变量数组
                % 其维数等于整数 ni 和条目 cstr1k 的长度
x=optimvar(name,{cstr1,cstr2,…,cstrk})        % 同上
x=optimvar(name,[n1,n2,…,nk])                 % 同上
x=optimvar(___,Name,Value)        % 使用由一个或多个名称-值参数对指定的其他选项
```

名称-值参数对如表 13-1 所示。

表 13-1   名称-值参数对（一）

Name	含义	Value
'Type'	变量类型	指定为'continuous'（实数值）或'integer'（整数值）。适用于数组中的所有变量，当需要多种变量类型时需要创建多个变量
'LowerBound'	下界	指定为与 x 大小相同的数组或实数标量，默认为 Inf，如果为标量，则该值适用于 x 的所有元素
'UpperBound'	上界	指定为与 x 大小相同的数组或实数标量，默认为 Inf，如果为标量，则该值适用于 x 的所有元素

【例 13-1】利用 optimvar()函数创建变量示例。

解：在命令行窗口中依次输入：

```
>> dollars=optimvar('dingding')        % 创建一个名为 dingding 的标量优化变量
>> x=optimvar('x',3)                   % 创建一个名为 x 的 3×1 优化变量的向量
>> x=optimvar('x','Type','integer')    % 指定整数变量
>> xarray=optimvar('xarray',3,4,2)     % 创建一个名为 xarray 的 3×4×2 优化变量数组
>> x=optimvar('x',3,3,3,'Type','integer','LowerBound',0,'UpperBound',1)
                        % 创建一个名为 x、大小为 3×3×3 的优化变量
```

读者可自行运行，观察输出结果。

13.1.2   创建方程问题

函数 eqnproblem()用于创建方程问题，其调用格式如下。

```
prob=eqnproblem                % 利用默认属性创建方程问题
prob=eqnproblem(Name,Value)    % 使用一个或多个 Name_Value 参数对指定附加选项
```

名称-值参数对如表 13-2 所示。

表 13-2   名称-值参数对（二）

Name	含义	Value
'Equations'	问题约束	指定为 OptimizationEquality 数组或以 OptimizationEquality 数组为字段的结构体，如：sum(x.^2,2)==4
'Description'	问题标签	指定为字符串或字符向量，不参与运算，可以存储关于模型或问题的描述性信息

例如，在构造问题时可以使用 Equations 名称来指定方程等。其中 Name 为参数名称，必须放在引号中，Value 为对应的值。例如：

```
prob=eqnproblem('Equations',eqn)
```

输出参数 prob 为方程问题，它以 EquationProblem 对象形式返回。通常需要指定 prob.Equations 完成问题的描述，对于非线性方程，还需要指定初始点结构体。最后通过调用 solve 函数完成问题的完整求解。

> **注意：**
> 基于问题的优化求解方法不支持在目标函数、非线性等式或非线性不等式中使用复数值。如果某函数计算具有复数值，哪怕是作为中间值，最终结果也可能不正确。

【例 13-2】基于问题求多项式非线性方程组的解。其中，x 为 2×2 矩阵。

$$x^3 = \begin{bmatrix} 1 & 2 \\ 3 & 4 \end{bmatrix}$$

解：在编辑器窗口中依次输入以下代码。

```
x=optimvar('x',2,2);        % 将变量 x 定义为一个 2×2 矩阵变量
eqn=x^3==[1 2; 3 4];        % 使用 x 定义要求解的方程
prob=eqnproblem('Equations',eqn);   % 用此方程创建一个方程问题
x0.x=ones(2);%基于问题的方法，将初始点指定为结构体，并将变量名称作为结构体的字段
sol=solve(prob,x0);         % 从[1 1;1 1]点开始求解问题
disp(sol.x)                 % 查看求解结果
sol.x^3                     % 验证解
```

运行程序，输出结果如下。

```
将使用 fsolve 求解问题。方程已解。
fsolve 已完成，因为按照函数容差的值衡量，函数值向量接近于零，并且按照梯度的值衡量，问
题似乎为正则问题。


<停止条件详细信息>
   -0.1291    0.8602
    1.2903    1.1612
ans =
    1.0000    2.0000
    3.0000    4.0000
```

13.1.3　创建优化问题

函数 optimproblem()用于创建优化问题。该函数的调用格式如下。

```
prob=optimproblem                   % 利用默认属性创建优化问题
prob=optimproblem(Name,Value)       % 使用一个或多个 Name_Value 参数对指定附加选项
```

其中，Name 为参数名称，必须放在引号中，Value 为对应的值，如表 13-3 所示。

输出参数 prob 为方程问题，它以 OptimizationProblem 对象形式返回。通常需要指定目标函数和约束来完成问题的描述。但是，也可能会遇到没有目标函数的可行性问题或没有

约束的问题。最后通过调用 solve 求解完整的问题。

表 13-3 名称-值参数对（三）

Name	含义	Value
'Constraints'	问题约束	指定为 OptimizationConstraint 数组或以 OptimizationConstraint 数组为字段的结构体。例如： `prob=optimproblem('Constraints',sum(x,2)==1)`
'Objective'	目标函数	指定为标量 OptimizationExpression 对象。例如： `prob=optimproblem('Objective',sum(sum(x)))`
'ObjectiveSense'	优化方向	指定为'minimize'（或'min'，默认）时，solve 函数将最小化目标；指定为'maximize'（或'max'）时，函数将最大化目标。例如： `prob=optimproblem('ObjectiveSense','max')`
'Description'	问题标签	指定为字符串或字符向量，不参与运算，可以存储关于模型或问题的描述性信息

```
>> prob=optimproblem
prob =
  OptimizationProblem - 属性:
       Description: ''
    ObjectiveSense: 'minimize'
         Variables: [0×0 struct] containing 0 OptimizationVariables
         Objective: [0×0 OptimizationExpression]
       Constraints: [0×0 struct] containing 0 OptimizationConstraints
  未定义问题。
```

说明：在创建优化问题时，使用比较运算符==、<=或>=从优化变量创建优化表达式，其中由==创建等式，由<=或>=创建不等式约束。

【例 13-3】创建并求解拥有两个正变量和三个线性不等式约束的最大化线性规划问题。

解：在编辑器窗口中输入以下代码。

```
prob=optimproblem('ObjectiveSense','max');      % 创建最大化线性规划问题
x=optimvar('x',2,1,'LowerBound',0);             % 创建正变量
prob.Objective=x(1)+2*x(2);                     % 在问题中设置一个目标函数

% 在问题中创建线性不等式约束
cons1=x(1)+5*x(2)<=100;
cons2=x(1)+x(2)<=40;
cons3=2*x(1)+x(2)/2<=60;
prob.Constraints.cons1=cons1;
prob.Constraints.cons2=cons2;
prob.Constraints.cons3=cons3;

show(prob)        % 检查问题是否正确
sol=solve(prob);  % 问题求解
sol.x             % 显示求解结果
```

运行程序，输出结果如下。

```
    OptimizationProblem :
  Solve for:
     x
  maximize :
     x(1) + 2*x(2)
  subject to cons1:
     x(1) + 5*x(2) <= 100
  subject to cons2:
     x(1) + x(2) <= 40
  subject to cons3:
     2*x(1) + 0.5*x(2) <= 60
  variable bounds:
     0 <= x(1)
     0 <= x(2)


将使用 linprog 求解问题。
找到最优解。
ans =
   25.0000
   15.0000
```

13.1.4　求解优化问题或方程问题

函数 solve()用于求优化问题或方程问题的解。该函数的调用格式如下。

```
sol=solve(prob)              % 求解 prob 指定的优化问题或方程问题
sol=solve(prob,x0)           % 从初始点 x0 开始求解 prob，x0 指定为结构体，其字段名称
                             % 等于 prob 中的变量名称
sol=solve(___,Name,Value)    % 使用 Name_Value 参数对修正求解过程，如表 13-4 所示
[sol,fval]=solve(___)        % 返回在解处的目标函数值
[sol,fval,exitflag,output,lambda]=solve(___)        % 额外返回退出标志等
```

表 13-4　名称-值参数对（四）

Name	含义	Value

'Options'	优化选项	指定为一个由 optimoptions 创建的对象，或一个由 optimset 等创建的 options 结构体。例如：
		`opts=optimoptions('intlinprog','Display','none')`
		`solve(prob,'Options',opts)`

'Solver'	优化求解器	指定为求解器的名称
'ObjectiveDerivative'	对非线性目标函数使用自动微分	设置对非线性目标函数是否采用自动微分(AD)，指定为'auto'（尽可能使用 AD）、'auto-forward'（尽可能使用正向 AD）、'auto-reverse'（尽可能使用反向 AD）或'finite-differences'（不要使用 AD）
'ConstraintDerivative'	对非线性约束函数使用自动微分	设置对非线性约束函数是否采用自动微分(AD)，参数同上

续表

Name	含义	Value
'EquationDerivative'	对非线性方程使用自动微分	设置对非线性方程是否采用自动微分(AD)，参数同上

最后一条语句额外返回一个说明退出条件的退出标志 exitflag 和一个 output 结构体（包含求解过程的其他信息）；对于非整数优化问题，还返回一个拉格朗日乘数结构体 lambda。

【例 13-4】 若 prob 具有名为 x 和 y 的变量，初始点的指定如下。

```
>> x=optimvar('x');          % 创建名为 x 的优化变量
>> y=optimvar('y');          % 创建名为 y 的优化变量
>> x0.x=[3,2,17];            % 指定优化变量 x 的初始点
>> x0.y=[pi/3,2*pi/3];       % 指定优化变量 y 的初始点
```

对于优化问题，问题类型的默认及可用求解器如表 13-5 所示。

表 13-5 优化问题可用求解器

求解器	问题类型							
	线性规划（LP）	混合整数线性规划（MILP）	二次规划（QP）	二阶锥规划（SOCP）	线性最小二乘	非线性最小二乘	非线性规划（NLP）	混合整数非线性规划（MINLP）
linprog	★	×	×	×	×	×	×	×
intlinprog	√	★	×	×	×	×	×	×
quadprog	√	×	★	√	√	×	×	×
coneprog	√	×	×	★	×	×	×	×
lsqlin	×	×	×	×	★	×	×	×
lsqnonneg	×	×	×	×	√	×	×	×
lsqnonlin	×	×	×	×	√	★	×	×
fminunc	√	×	√	×	√	√	★（无约束）	×
fmincon	√	×	√	√	√	√	★（有约束）	×
patternsearch	√	×	√	√	√	√	√	×
ga	√	√	√	√	√	√	√	★
particleswarm	√	×	√	×	√	√	√	×
simulannealbnd	√	×	√	×	√	√	√	×
surrogateopt	√	√	√	√	√	√	√	√

说明：★表示默认求解器，√表示可用求解器，×表示不可用求解器。

对于方程问题，问题类型的默认及可用求解器如表 13-6 所示。

表 13-6　方程求解可用求解器

方程类型	求解器				
	lsqlin	lsqnonneg	fzero	fsolve	lsqnonlin
线性	★	×	√（仅标量）	√	√
线性加边界	★	√	×	×	√
标量非线性	×	×	★	√	√
非线性方程组	×	×	×	★	√
非线性方程组加边界	×	×	×	×	★
说明：★表示默认求解器，√表示可用求解器，×表示不可用求解器。					

【例 13-5】求解由优化问题定义的线性规划问题。

在编辑器窗口中依次输入以下代码。

```
% 创建优化问题
x=optimvar('x');
y=optimvar('y');
prob=optimproblem;                  % 创建一个优化问题 prob
prob.Objective=-x-y/3;              % 创建目标函数

prob.Constraints.cons1=x+y<=2;      % 创建约束 1
prob.Constraints.cons2=x+y/4<=1;    % 创建约束 2
prob.Constraints.cons3=x-y<=2;      % 创建约束 3
prob.Constraints.cons4=x/4+y>=-1;   % 创建约束 4
prob.Constraints.cons5=x+y>=1;      % 创建约束 5
prob.Constraints.cons6=-x+y<=2;     % 创建约束 6

sol=solve(prob)                     % 问题求解
val=evaluate(prob.Objective,sol)    % 求目标函数在解处的值
```

运行程序，输出结果如下。

```
将使用 linprog 求解问题。找到最优解。
sol =
  包含以下字段的 struct:
    x: 0.6667
    y: 1.3333
val =
  -1.1111
```

【例 13-6】使用基于问题的方法求解非线性规划问题。在 $x^2+y^2 \leqslant 4$ 区域内，求 peaks() 函数的最小值。

在编辑器窗口中依次输入以下代码。

```
x=optimvar('x');
y=optimvar('y');
prob=optimproblem('Objective',peaks(x,y));
```

```
prob.Constraints=x^2+y^2<=4;        % 以 peaks 作为目标函数，创建一个优化问题
                                    % 将约束作为不等式包含在优化变量中
x0.x=1;                             % 将 x 的初始点设置为 1
x0.y=-1;                            % 将 y 的初始点设置为-1
sol=solve(prob,x0)                  % 求解问题
```

运行程序，输出结果如下。

将使用 fmincon 求解问题。找到满足约束的局部最小值。

优化已完成，因为目标函数沿可行方向在最优性容差值范围内呈现非递减，并且在约束容差值范围内满足约束。

```
<停止条件详细信息>
sol =
    包含以下字段的 struct:
      x: 0.2283
      y: -1.6255
```

说明：如果目标函数或非线性约束函数不完全由初等函数组成，则必须使用 fcn2optimexpr()函数将这些函数转换为优化表达式。上面的示例可以通过下面的方式转换。

```
convpeaks=fcn2optimexpr(@peaks,x,y);
prob.Objective=convpeaks;
sol2=solve(prob,x0)
```

【例 13-7】从初始点开始求解混合整数线性规划问题。该问题有 8 个整数变量和 4 个线性等式约束，所有变量都限制为正值。

在编辑器窗口中依次输入以下代码。

```
prob=optimproblem;
x=optimvar('x',8,1,'LowerBound',0,'Type','integer');
Aeq=[22  13  26  33  21   3  14  26
     39  16  22  28  26  30  23  24
     18  14  29  27  30  38  26  26
     41  26  28  36  18  38  16  26];
beq=[7872; 10466; 11322; 12058];
cons=Aeq*x==beq;                    % 创建四个线性等式约束
prob.Constraints.cons=cons;

f=[2  10  13  17   7   5   7   3];
prob.Objective=f*x;                 % 创建目标函数
[x1,fval1,exitflag1,output1]=solve(prob);        % 在不使用初始点的情况下求解问题

x0.x=[8 62 23 103 53 84 46 34]';
[x2,fval2,exitflag2,output2]=solve(prob,x0);     % 使用初始可行点求解
fprintf('无初始点求解需要%d 步。\n 使用初始点求解需要%d 步。'…
                          ,output1.numnodes, output2.numnodes)
```

运行程序，输出结果略，读者自行输出查看即可。

说明：给出初始点并不能始终改进问题。此处使用初始点节省了时间和计算步数。但

是，对于某些问题，初始点可能会导致 solve 使用更多求解步数。

【例 13-8】求下面的解的整数规划问题，输出时不显示迭代过程。

$$\min \ -3x_1 - 2x_2 - x_3$$

$$\text{s.t.} \begin{cases} x_1 + x_2 + x_3 \leqslant 7 \\ 4x_1 + 2x_2 + x_3 = 12 \\ x_1, \ x_2 \geqslant 0 \\ x_3 = 0 或 x_3 = 1 \end{cases}$$

在编辑器窗口中依次输入以下代码。

```
x=optimvar('x',2,1,'LowerBound',0);              % 声明变量 x1、x2
x3=optimvar('x3','Type','integer','LowerBound',0,'UpperBound',1);
prob=optimproblem;
prob.Objective=-3*x(1)-2*x(2)-x3;
prob.Constraints.cons1=x(1)+x(2)+x3<=7;
prob.Constraints.cons2=4*x(1)+2*x(2)+x3==12;
options=optimoptions('intlinprog','Display','off');
% [sol,fval,exitflag,output]=solve(prob)          % 输出所有数据，便于检查
sol=solve(prob,'Options',options)
sol.x
x3=sol.x3
```

运行程序，输出结果如下。

```
sol =
  包含以下字段的 struct:
    x: [2×1 double]
   x3: 1
ans =
        0
   5.5000
x3 =
    1
```

【例 13-9】强制 solve 使用 intlinprog 求解线性规划问题。

在编辑器窗口中依次输入以下代码。

```
x=optimvar('x');
y=optimvar('y');
prob=optimproblem;
prob.Objective=-x-y/3;
prob.Constraints.cons1=x+y<=2;
prob.Constraints.cons2=x+y/4<=1;
prob.Constraints.cons3=x-y<=2;
prob.Constraints.cons4=x/4+y>=-1;
prob.Constraints.cons5=x+y>=1;
prob.Constraints.cons6=-x+y<=2;
sol=solve(prob,'Solver','intlinprog')
```

运行程序，输出结果如下。

将使用 intlinprog 求解问题。
Running HiGHS 1.6.0: Copyright (c) 2023 HiGHS under MIT licence terms
　　······　　　　　　　　　　%中间输出信息略
Objective value　　　 : -1.1111111111e+00
HiGHS run time　　　　 : 　　　　0.00
找到最优解。
未指定整数变量。Intlinprog 已求解线性问题。
sol =
　包含以下字段的 struct:
　　x: 0.6667
　　y: 1.3333

【例 13-10】使用基于问题的方法求解非线性方程组。

在编辑器窗口中依次输入以下代码。

```
x=optimvar('x',2);                          % 将 x 定义为一个二元优化变量
eq1=exp(-exp(-(x(1)+x(2))))==x(2)*(1+x(1)^2);% 创建第一个方程作为优化等式
eq2=x(1)*cos(x(2))+x(2)*sin(x(1))==1/2;      % 创建第二个方程作为优化等式
prob=eqnproblem;                            % 创建一个方程问题
prob.Equations.eq1=eq1;
prob.Equations.eq2=eq2;
show(prob)                                  % 检查问题
```

运行程序，输出结果如下。

```
EquationProblem :
    Solve for:
      x
    eq1:
      exp((-exp((-(x(1) + x(2)))))) == (x(2) .* (1 + x(1).^2))
    eq2:
      ((x(1) .* cos(x(2))) + (x(2) .* sin(x(1)))) == 0.5
```

对于基于问题的方法，将初始点指定为结构体，并将变量名称作为结构体的字段。该问题只有一个变量 x。继续在编辑器窗口中依次输入以下代码。

```
x0.x=[0 0];
[sol,fval,exitflag]=solve(prob,x0)          % 从[0,0]点开始求解问题
```

运行程序，输出结果如下。

将使用 fsolve 求解问题。方程已解。
fsolve 已完成，因为按照函数容差的值衡量，函数值向量接近于零，并且按照梯度的值衡量，问题似乎为正则问题。

```
<停止条件详细信息>
sol =
  包含以下字段的 struct:
    x: [2×1 double]
fval =
  包含以下字段的 struct:
    eq1: -2.4070e-07
```

```
        eq2: -3.8255e-08
exitflag =
        EquationSolved
```

在命令行窗口中依次输入以下代码查看解点。

```
>> disp(sol.x)                                    % 查看解点
        0.3532
        0.6061
```

如果方程函数不是由初等函数组成的，需要使用 fcn2optimexpr 将函数转换为优化表达式。针对本例，转换如下。

```
ls1=fcn2optimexpr(@(x)ex x0.x=[0 0];
eq1=ls1==x(2)*(1+x(1)^2);
ls2=fcn2optimexpr(@(x)x(1)*cos(x(2))+x(2)*sin(x(1)),x);
eq2=ls2==1/2;
```

13.2　基于求解器的优化

13.2

前面介绍了在 MATLAB 中实现基于问题的优化求解方法，本节重点介绍如何在 MATALB 中实现基于求解器的优化问题求解。

13.2.1　线性规划

当建立的数学模型的目标函数为线性函数，约束条件为线性等式或不等式时称此数学模型为线性规划模型。线性规划方法是处理线性目标函数和线性约束的一种较为成熟的方法，主要用于研究有限资源的最佳分配问题，即如何对有限的资源做出最佳方式的调配和最有利的使用，以便最充分地发挥资源的效能去获取最佳的经济效益。

在 MATLAB 中，用于线性规划问题的求解函数为 linprog，在调用该函数时，需要遵循 MATLAB 中对线性规划标准型的要求，即遵循：

$$\min f(\boldsymbol{x}) = \boldsymbol{cx}$$

$$\text{s.t.} \begin{cases} \boldsymbol{Ax} \leqslant \boldsymbol{b} \\ \boldsymbol{A}_{\text{eq}}\boldsymbol{x} = \boldsymbol{b}_{\text{eq}} \\ \boldsymbol{lb} \leqslant \boldsymbol{x} \leqslant \boldsymbol{ub} \end{cases}$$

上述模型中为在满足约束条件下，求目标函数 $f(\boldsymbol{x})$ 的极小值。linprog 函数的调用格式为：

```
x=linprog(fun,A,b,Aeq,beq,lb,ub)   % 求在约束条件下的 minf(x) 的解
x=linprog(problem)                 % 查找问题的最小值，其中问题是输入参数中描述的结构
[x,fval]=linprog(...)              % 返回解 x 处的目标函数值 fval
```

输入参数 lb、ub、b、beq、A、Aeq 分别对应数学模型中的 $\boldsymbol{lb}$、$\boldsymbol{ub}$、$\boldsymbol{b}$、$\boldsymbol{b}_{\text{eq}}$、$\boldsymbol{A}$、$\boldsymbol{A}_{\text{eq}}$；输入参数 fun 通常用目标函数的系数 $\boldsymbol{c}$ 表示。fun、A、b 是不可缺省的输入变量，x 是不可缺省的输出变量，它是问题的解。当无约束条件时，A=[]、b=[]；无等式约束时，Aeq=[]、beq=[]；设计变量无界时，lb=[]、ub=[]。

【例 13-11】求函数的最大值，$f(x) = 5x_1 + 4x_2 + 6x_3$，其中 x 满足条件：

$$\text{s.t.} \begin{cases} x_1 - x_2 + x_3 \leqslant 20 \\ 3x_1 + 2x_2 + 4x_3 \leqslant 42 \\ 3x_1 + 2x_2 \leqslant 30 \\ 0 \leqslant x_1, 0 \leqslant x_2, 0 \leqslant x_3 \end{cases}$$

解：linprog 为求最小值，因此首先将题目转换为求函数的最小值，$\min f(x) = -8x_1 - 3x_2 - 6x_3$。

将变量按顺序排好，然后用系数表示目标函数，即

```
f=[-5; -4; -6];
```

因为没有等式条件，所以 Aeq、beq 都是空矩阵，即

```
Aeq=[];
beq=[];
```

不等式条件的系数为：

$$A = \begin{bmatrix} 1 & -1 & 1 \\ 3 & 2 & 4 \\ 3 & 2 & 0 \end{bmatrix}, b = \begin{bmatrix} 20 \\ 42 \\ 30 \end{bmatrix}$$

由于没有上限要求，故 lb、ub 设为：

$$lb = \begin{bmatrix} 0 \\ 0 \\ 0 \end{bmatrix}, \quad ub = \begin{bmatrix} \inf \\ \inf \\ \inf \end{bmatrix}$$

根据以上分析，在编辑器窗口中输入：

```
clear, clc
f=[-5; -4; -6];                                    % 目标函数的系数
A=[1 -1 1; 3 2 4; 3 2 0];
b=[20; 42; 30];
lb=[0;0;0];                                        % 各变量的下限
ub=[inf;inf;inf];                                  % 各变量的上限
[x,fval,exitflag,]=linprog(f,A,b,[],[],lb,[])      % 求解运算
```

运行程序后，得到结果如下：

```
找到最优解。
x =
        0
  15.0000
   3.0000
fval =
  -78
exitflag =
    1
```

exitflag = 1 表示过程正常收敛于 x 处。

【例 13-12】某单位有一批资金用于 4 个工程项目的投资，用于各工程项目时所得的净收益（投入资金的百分比）如表 13-7 所示。

表 13-7 工程项目收益表

表 13-7　工程项目收益表

工 程 项 目	A	B	C	D
收益（%）	13	10	11	14

由于某种原因，决定用于项目 A 的投资不大于其他各项投资之和；而用于项目 B 和 C 的投资要大于项目 D 的投资。试确定使该单位收益最大的投资分配方案。

解：这里设 x_1、x_2、x_3 和 x_4 分别代表用于项目 A、B、C 和 D 的投资百分数，由于各项目的投资百分数之和必须等于 100%，所以 $x_1+x_2+x_3+x_4=1$。

根据题意，可以建立如下模型：

$$\max\ f(\boldsymbol{x}) = 0.13x_1+0.10x_2+0.11x_3+0.14x_4$$

$$\text{s.t.}\begin{cases} x_1+x_2+x_3+x_4=1 \\ x_1-(x_2+x_3+x_4)\le 0 \\ x_4-(x_2+x_3)\le 0 \\ x_i\ge 0, i=1,2,3,4 \end{cases}$$

在编辑器窗口中编写如下代码，对模型进行求解。

```
clear, clc
f=[-0.13;-0.10;-0.11;-0.14];
A=[1 -1 -1 -1 ; 0 -1 -1 1];
b=[0; 0];
Aeq=[1 1 1 1];
beq=[1];
lb=zeros(4,1);
[x,fval,exitflag]=linprog(f,A,b,Aeq,beq,lb)
```

运行程序后，可以得到最优化结果如下。

```
找到最优解。
x =
    0.5000
         0
    0.2500
    0.2500
fval =
   -0.1275
exitflag =
     1
```

上面的结果说明，项目 A、B、C、D 投入资金的百分比分别为 50%、25%、0、25% 时，该单位收益最大。exitflag =1，收敛正常。

13.2.2　有约束非线性规划

在 MATLAB 中，用于有约束非线性规划问题的求解函数为 fmincon，它用于寻找约束非线性多变量函数的最小值，在调用该函数时，需要遵循 MATLAB 中对非线性规划标准型的要求，即遵循：

$$\min f(\boldsymbol{x})$$

$$\text{s.t.} \begin{cases} c(\boldsymbol{x}) \leqslant 0 \\ c_{eq}(\boldsymbol{x}) = 0 \\ \boldsymbol{A}\boldsymbol{x} \leqslant \boldsymbol{b} \\ \boldsymbol{A}_{eq}\boldsymbol{x} = \boldsymbol{b}_{eq} \\ \boldsymbol{lb} \leqslant \boldsymbol{x} \leqslant \boldsymbol{ub} \end{cases}$$

非线性规划求解函数 fmincon 调用格式如下。

```
x=fmincon(fun,x0,A,b,Aeq,beq,lb,ub,nonlcon)
                        % 给定初值 x0，求在约束条件下的函数 fun 的最小值 x
x=fmincon(problem)      % 查找问题的最小值，其中问题是输入参数中描述的结构
[x,fval]=fmincon(…)     % 返回解 x 处的目标函数值 fval
```

输入参数 x0、A、b、Aeq、beq、lb、ub 分别对应数学模型中的初值 x_0、$\boldsymbol{A}$、$\boldsymbol{b}$、$\boldsymbol{A}_{eq}$、$\boldsymbol{b}_{eq}$、$\boldsymbol{lb}$、$\boldsymbol{ub}$。其中，fun、A、b 是不可缺省的输入变量，x 是不可缺省的输出变量，它是问题的解。

（1）输入参数 fun 为需要最小化的目标函数，在函数 fun 中需要输入设计变量 x（列向量）。fun 通常用目标函数的函数句柄或函数名称表示。

① 将 fun 指定为文件的函数句柄，如

```
x=fmincon(@myfun,x0,A,b)
```

其中 myfun 是一个 MATLAB 函数，如：

```
function f=myfun(x)
f=...                   % 目标函数
```

② 将 fun 指定为匿名函数作为函数句柄

```
x=fmincon(@(x)norm(x)^2,x0,A,b);
```

（2）初始点 x0，为实数向量或实数数组。求解器使用 x0 的大小以及其中的元素数量确定 fun 接受的变量数量和大小。

（3）nonlcon 为非线性约束，指定为函数句柄或函数名称。nonlcon 是一个函数，接受向量或数组 x，并返回两个数组 $c(x)$ 和 $ceq(x)$。$c(x)$ 是由 x 处的非线性不等式约束组成的数组，满足 $c(x) \leqslant 0$。$ceq(x)$ 是 x 处的非线性等式约束的数组，满足 $ceq(x) = 0$。

例如：

```
x=fmincon(@myfun,x0,A,b,Aeq,beq,lb,ub,@mycon)
```

其中，mycon 是一个 MATLAB 函数，如：

```
function [c,ceq]=mycon(x)
c=...                   % 非线性不等式约束
ceq=...                 % 非线性等式约束
```

【例 13-13】求解优化问题，求目标函数 $f(x_1,x_2,x_3) = x_1^2(x_2 + 5)x_3$ 的最小值，其约束条件为：

$$\text{s.t.} \begin{cases} 350 - 163x_1^{-2.86}x_3^{0.86} \leqslant 0 \\ 10 - 4 \times 10^{-3}x_1^{-4}x_2x_3^3 \leqslant 0 \\ x_1(x_2 + 1.5) + 4.4 \times 10^{-3}x_1^{-4}x_2x_3^3 - 3.7x_3 \leqslant 0 \\ 375 - 3.56 \times 10^5 x_1 x_2^{-1} x_3^{-2} \leqslant 0 \\ 4 - x_3/x_1 \leqslant 0 \\ 1 \leqslant x_1 \leqslant 4 \\ 4.5 \leqslant x_2 \leqslant 50 \\ 10 \leqslant x_3 \leqslant 30 \end{cases}$$

解：首先创建目标函数程序如下。

```
function f=dingfuna(x)
f=x(1)*x(1)*(x(2)+5)*x(3);
end
```

然后创建非线性约束条件函数程序如下。

```
function [c,ceq]=dingfunb(x)
c(1)=350-163*x(1)^(-2.86)*x(3)^0.86;
c(2)=10-0.004*(x(1)^(-4))*x(2)*(x(3)^3);
c(3)=x(1)*(x(2)+1.5)+0.0044*(x(1)^(-4))*x(2)*(x(3)^3)-3.7*x(3);
c(4)=375-356000*x(1)*(x(2)^(-1))*x(3)^(-2);
c(5)=4-x(3)/x(1);
ceq=0;
end
```

函数求解程序如下。

```
clear, clc
x0=[2 25 20]';
lb=[1 4.5 10]';
ub=[4 50 30]';
[x,fval]=fmincon(@dingfuna,x0,[],[],[],[],lb,ub,@dingfunb)
```

运行得到的结果如下。

```
x =
   1.0000
   4.5000
  10.0000
fval =
  95.0001
```

13.2.3　无约束非线性优化

无约束最优化问题在实际应用中也比较常见，如工程中常见的参数反演问题。另外，许多有约束最优化问题可以转化为无约束最优化问题进行求解。

在 MATLAB 中，无约束规划由 3 个功能函数实现，它们是一维搜索优化函数 fminbnd、多维无约束搜索函数 fminsearch 和多维无约束优化函数 fminunc。

1. 一维搜索优化函数 fminbnd

一维搜索优化函数 fminbnd 的功能是求取固定区间内单变量函数的最小值，也就是一元函数最小值问题。其数学模型为：

$$\min f(x)$$
$$\text{s.t. } x_1 < x < x_2$$

其中，x、x_1 和 x_2 是有限标量，$f(x)$ 是返回标量的函数。

一元函数最小值优化问题的函数 fminbnd 求的是局部极小值点，只可能返回一个极小值点，其调用格式如下。

```
x=fminbnd(fun,x1,x2)    % 返回值是 fun 描述的标量值函数在区间 x1<x<x2 的局部最小值
x=fminbnd(problem)      % 求 problem 的最小值，其中 problem 是一个结构体
[x,fval]=fminbnd(...)   % 返回目标函数在 fun 的解 x 处计算出的值
```

说明：fminbnd 函数的算法基于黄金分割搜索和抛物线插值方法。除非左右端点 x1、x2 非常靠近，否则不计算 fun 在端点处的值，因此只需要为 x 在区间 x1<x<x2 中定义 fun。

输入参数 fun 为需要最小化的目标函数，指定为函数句柄或函数名称。fun 是一个接受实数标量 x 的函数，并返回实数标量 f（在 x 处计算的目标函数值）。

【例 13-14】求 $f(x) = 5e^{-x}\sin x$ 在 $(0,5)$ 上的最大值和最小值.

解：在编辑器窗口中输入如下程序：

```
clear, clc
fun=@(x) 5.*exp(-x).*sin(x);
fplot(fun,[0,8]);                % 在区间（0,8）上绘图
xmin=fminbnd(fun,0,5);
x=xmin;
ymin=fun(x)

f1=@(x) -5.*exp(-x).*sin(x);
xmax=fminbnd(f1,0,5);
x=xmax;
ymax=fun(x)
```

运行程序后，得到如下结果：

```
ymin =
   -0.0697
ymax =
    1.6120
```

函数在 $(0,5)$ 区间上的最大值为 1.6120，最小值为-0.0697，其变化曲线如图 13-1 所示。

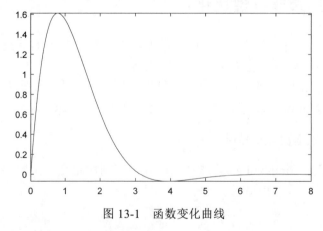

图 13-1　函数变化曲线

2. 多维无约束搜索函数 fminsearch

多维无约束搜索函数 fminsearch 的功能为求解多变量无约束函数的最小值。其数学模

型为：

$$\min f(x)$$

其中 $f(x)$ 是返回标量的函数，x 是向量或矩阵。

函数 fminsearch 使用无导数法计算无约束多变量函数的局部最小值，常用于无约束非线性最优化问题。其调用格式如下。

```
x=fminsearch(fun,x0)      % 在点 x0 处开始并尝试求 fun 中描述的函数的局部最小值 x
x=fminsearch(problem)     % 求 problem 的最小值，其中 problem 是一个结构体
[x,fval]=fminsearch(___)  % 返回目标函数在 fun 的解 x 处计算出的值
```

使用 fminsearch 可以求解不可微分的问题或者具有不连续性的问题，尤其是在解附近没有出现不连续性的情况。函数 fminsearch 输入参数 x0 对应数学模型中的 x_0，即在点 x0 处开始求解尝试。

输入参数 fun 为需要最小化的目标函数，在函数 fun 中需要输入设计变量 x（列向量或数组）。fun 通常用目标函数的函数句柄或函数名称表示。

【例 13-15】求 $3x_1^3 + 2x_1x_2^3 - 8x_1x_2 + 2x_2^2$ 的最小值。

解：在编辑器窗口中输入如下程序：

```
clear, clc
f='3*x(1)^3+2*x(1)*x(2)^3-8*x(1)*x(2)+2*x(2)^2';
x0=[0,0];
[x,f_min]=fminsearch(f,x0)
```

运行程序后，得到如下结果：

```
x =
    0.7733    0.8015
f_min =
   -1.4900
```

3. 多维无约束优化函数 fminunc

在 MATLAB 中提供了求解多维无约束优化问题的优化函数 fminunc，用于求解多维设计变量在无约束情况下目标函数的最小值，即

$$\min f(x)$$

其中 $f(x)$ 是返回标量的函数，x 是向量或矩阵。

多维无约束优化函数 fminunc 求的是局部极小值点，其调用格式如下。

```
x=fminunc(fun,x0)
                          % 在点 x0 处开始并尝试求 fun 中描述的函数的局部最小值 x
x=fminunc(problem)        % 求 problem 的最小值，其中 problem 是一个结构体
[x,fval]=fminunc(___)     % 返回目标函数在 fun 的解 x 处计算出的值
```

函数 fminunc 输入参数 x0 对应数学模型中的 x_0，即在点 x0 处开始求解尝试。

（1）输入参数 fun 为需要最小化的目标函数，在函数 fun 中需要输入设计变量 x（列向量或数组）。fun 通常用目标函数的函数句柄或函数名称表示。

（2）初始点 x0，为实数向量或实数数组。求解器使用 x0 的大小以及其中的元素数量确定 fun 接受的变量数量和大小。

【**例 13-16**】求无约束非线性问题 $f(x) = 100(x_2 - x_1^2)^2 + (1 - x_1)^2$，$x_0 = [-1.2, 1]$。

解：在编辑器窗口中输入如下程序：

```
clear, clc
x0=[-1.2,1];
[x,fval]=fminunc('100*(x(2)-x(1)^2)^2+(1-x(1))^2',x0)
```

运行程序后，得到如下结果：

```
找到局部最小值。
优化已完成，因为梯度大小小于最优性容差的值。
<停止条件详细信息>
x =
    1.0000    1.0000
fval =
   2.8336e-11
```

13.2.4　多目标线性规划

多目标线性规划是优化问题的一种，由于其存在多个目标，要求各目标同时取得较优的值，使得求解的方法与过程都相对复杂。通过将目标函数进行模糊化处理，可将多目标问题转化为单目标，借助工具软件，从而达到较易求解的目标。

多目标线性规划是多目标最优化理论的重要组成部分，有两个和两个以上的目标函数，且目标函数和约束条件全是线性函数，其数学模型表示如下。

多目标函数

$$\max \begin{cases} z_1 = c_{11}x_1 + c_{12}x_2 + \cdots + c_{1n}x_n \\ z_2 = c_{21}x_1 + c_{22}x_2 + \cdots + c_{2n}x_n \\ \vdots \qquad \vdots \qquad\qquad \vdots \\ z_r = c_{r1}x_1 + c_{r2}x_2 + \cdots + c_{rn}x_n \end{cases}$$

约束条件

$$\begin{cases} a_{11}x_1 + a_{12}x_2 + \cdots + a_{1n}x_n \leqslant b_1 \\ a_{21}x_1 + a_{22}x_2 + \cdots + a_{2n}x_n \leqslant b_2 \\ \vdots \qquad \vdots \qquad\qquad \vdots \\ a_{m1}x_1 + a_{m2}x_2 + \cdots + a_{mn}x_n \leqslant b_m \\ x_1, x_2, \cdots, x_n \geqslant 0 \end{cases}$$

上述多目标线性规划问题可用矩阵形式表示为

$$\min(\max) \ z = Cx$$
$$\text{s.t.} \begin{cases} Ax \leqslant b \\ x \geqslant 0 \end{cases}$$

其中 $A = (a_{ij})_{m \times n}$、$b = (b_1, b_2, \cdots, b_m)'$、$C = (c_{ij})_{r \times n}$、$x = (x_1, x_2, \cdots, x_n)'$、$z = (z_1, z_2, \cdots, z_r)'$。若数学模型中只有一个目标函数时，则该问题为典型的单目标规划问题。

由于多个目标之间的矛盾性和不可公度性，要求使所有目标均达到最优解是不可能的，因此多目标线性规划问题往往只是求其有效解。在 MATALB 中，求解多目标线性规划问题有效解的方法包括最大最小法、目标规划法。

1. 最大最小法

最大最小法，也叫机会损失最小值决策法。是一种根据机会成本进行决策的方法，它以各方案机会损失大小来判断方案的优劣。最大最小化问题的基本数学模型为

$$\min_{x} \max_{\{F\}} \{F(x)\}$$

$$\text{s.t.}\begin{cases} c(x) \leqslant 0 \\ c_{eq}(x) = 0 \\ A \cdot x \leqslant b \\ A_{eq} \cdot x = b_{eq} \\ lb \leqslant x \leqslant ub \end{cases}$$

式中，x、b、b_{eq}、lb、ub 为矢量，A、A_{eq} 为矩阵，$c(x)$、$c_{eq}(x)$、$F(x)$ 为函数，可以是非线性函数，返回矢量。

fminimax 使多目标函数中的最坏情况达到最小化，其调用格式如下。

```
x=fminimax(fun,x0,A,b,Aeq,beq,lb,ub,nonlcon)
[x,fval,maxfval]=fminimax(___)          % 额外返回解 x 处的目标函数值及最大函数值
```

其中，nonlcon 参数中给定非线性不等式 $c(x)$ 或等式 $c_{eq}(x)$。fminimax 函数要求 $c(x) \leqslant 0$ 且 $c_{eq}(x) = 0$。若无边界存在，则设 lb=[]和（或）ub=[]。

说明：目标函数必须连续，否则 fminimax 函数有可能给出局部最优解。

【例 13-17】利用最大最小法求解以下数学模型。

$$\max f_1(x) = 5x_1 - 2x_2$$
$$\max f_2(x) = -4x_1 - 5x_2$$
$$\text{s.t.}\begin{cases} 2x_1 + 3x_2 \leqslant 15 \\ 2x_1 + x_2 \leqslant 10 \\ x_1, x_2 \geqslant 0 \end{cases}$$

解：（1）编写目标函数如下。

```
function f=dingfunc(x)
f(1)=5*x(1)-2*x(2);
f(2)=-4*x(1)-5*x(2);
end
```

（2）在编辑器窗口中编写以下代码进行求解：

```
clear,clc
x0=[1;1];
A=[2,3;2,1];
b=[15;10];
lb=zeros(2,1);
[x,fval]=fminimax('dingfunc',x0,A,b,[],[],lb,[])
```

运行程序后，得到如下结果：

```
可能存在局部最小值。满足约束。
fminimax 已停止，因为当前搜索方向的大小小于步长容差值的两倍，并且在约束容差值范围内满足约束。
<停止条件详细信息>
```

```
x =
    0.0000
    5.0000
fval =
   -10   -25
```

即最优解为 0、5，对应的目标值为-10 和-25。

2．多目标规划函数

在 MATLAB 优化工具箱中提供了函数 fgoalattain 用于求解多目标达到问题，是多目标优化问题最小化的一种表示。该函数求解的数学模型的标准形式如下。

$$
\min_{x,\gamma} \gamma
$$
$$
\text{s.t.} \begin{cases} \boldsymbol{F(x)} - \boldsymbol{weight} \cdot \gamma \leq \boldsymbol{goal} \\ \boldsymbol{c(x)} \leq 0 \\ \boldsymbol{c}_{\text{eq}}(\boldsymbol{x}) = 0 \\ \boldsymbol{Ax} \leq \boldsymbol{b} \\ \boldsymbol{A}_{\text{eq}}\boldsymbol{x} = \boldsymbol{b}_{\text{eq}} \\ \boldsymbol{lb} \leq \boldsymbol{x} \leq \boldsymbol{ub} \end{cases}
$$

求解涉及多目标的目标达到问题函数为 fgoalattain，其调用格式如下。

```
x=fgoalattain(fun,x0,goal,weight,A,b,Aeq,beq,lb,ub,nonlcon)
```

求解满足 nonlcon 所定义的非线性不等式 $c(\boldsymbol{x})$ 或等式 $c_{\text{eq}}(\boldsymbol{x})$ 的目标达到问题，即满足 $c(\boldsymbol{x})$ ≤0 和 $c_{\text{eq}}(\boldsymbol{x})$=0。如果不存在边界，则设置 lb=[]和 ub=[]。

```
x=fgoalattain(problem)        % 求解 problem 所指定的目标达到问题，
                              % 问题是 problem 中所述的一个结构体
[x,fval]=fgoalattain(___)     % 返回目标函数 fun 在解 x 处的值
```

模型参数 x0、goal、weight、A、b、Aeq、beq、lb、ub 分别对应数学模型中的 $\boldsymbol{x}_0$、*weight*、*goal*、*A*、*b*、$\boldsymbol{A}_{\text{eq}}$、$\boldsymbol{b}_{\text{eq}}$、*lb*、*ub*。

（1）输入参数 fun 为需要优化的目标函数，函数 fun 接受向量 $\boldsymbol{x}$ 并返回向量 $\boldsymbol{F}$，即在 x 处计算目标函数的值。fun 通常用目标函数的函数句柄或函数名称表示。

① 将 fun 指定为文件的函数句柄

```
x=fgoalattain(@myfun,x0,goal,weight)
```

其中 myfun 是一个 MATLAB 函数，如：

```
function F=myfun(x)
F=...                     % 目标函数
```

② 将 fun 指定为匿名函数作为函数句柄

```
x=fgoalattain (@(x)norm(x)^2,x0,goal,weight);
```

如果 x、F 的用户定义值是数组，fgoalattain 会使用线性索引将它们转换为向量。

（2）初始点 x0，为实数向量或实数数组。求解器使用 x0 的大小以及其中的元素数量确定 fun 接受的变量数量和大小。

（3）goal 为要达到的目标。指定为实数向量。fgoalattain 尝试找到最小乘数 γ，使不等式

$$
F_i(x) - \text{goal}_i \leq \text{weight}_i \cdot \gamma
$$

对于解 x 处的所有 i 值都成立。

当 weight 为正向量时，如果求解器找到同时达到所有目标的点 x，则达到因子 γ 为负，目标过达到；如果求解器找不到同时达到所有目标的点 x，则达到因子 γ 为正，目标欠达到。

（4）weight 为相对达到因子，指定为实数向量。fgoalattain 尝试找到最小乘数 γ，使不等式对于解 x 处的所有 i 值都成立，即

$$F_i(x) - \text{goal}_i \leq \text{weight}_i \cdot \gamma$$

（5）nonlcon 为非线性约束，指定为函数句柄或函数名称。nonlcon 是一个函数，接受向量或数组 x，并返回两个数组 $c(\boldsymbol{x})$ 和 $c_{\text{eq}}(\boldsymbol{x})$。$c(\boldsymbol{x})$ 是由 x 处的非线性不等式约束组成的数组，满足 $c(\boldsymbol{x}) \leq 0$。$c_{\text{eq}}(\boldsymbol{x})$ 是 x 处的非线性等式约束的数组，满足 $c_{\text{eq}}(\boldsymbol{x})=0$。

例如：

```
x=fgoalattain(@myfun,x0,…,@mycon)
```

其中 mycon 是一个 MATLAB 函数，例如：

```
function [c,ceq]=mycon(x)
c=...              % 非线性不等式约束
ceq=...            % 非线性等式约束
```

【例 13-18】设有如下线性系统：

$$\dot{x} = Ax + Bu$$
$$y = Cx$$

其中，

$$A = \begin{bmatrix} -0.5 & 0 & 0 \\ 0 & -2 & 10 \\ 0 & 1 & -2 \end{bmatrix}, B = \begin{bmatrix} 1 & 0 \\ -2 & 2 \\ 0 & 1 \end{bmatrix}, C = \begin{bmatrix} 1 & 0 & 0 \\ 0 & 0 & 1 \end{bmatrix}$$

请设计控制系统输出反馈器 $\boldsymbol{K}$ 使得闭环系统

$$\dot{x} = (A + BKC)x + Bu$$
$$y = Cx$$

在复平面实轴上点 $[-5,\ -3,\ -1]$ 的左侧有极点，且 $-4 \leq K_{ij} \leq 4$　$(i, j = 1, 2)$。

解：本题是一个多目标线性规划问题，要求解矩阵 $\boldsymbol{K}$，使矩阵 $(A + BKC)$ 的极点为 $[-5,\ -3,\ -1]$。

建立目标函数如下。

```
function F=dingfund(K,A,B,C)
F=sort(eig(A+B*K*C));
end
```

输入参数并调用优化程序如下。

```
clear, clc
A=[-0.5 0 0; 0 -2 10; 0 1 -2];
B=[1 0; -2 2; 0 1];
C=[1 0 0; 0 0 1];
K0=[-1 -1; -1 -1];             % 初始化控制器矩阵
goal=[-5 -3 -1];               % 为闭合环路的特征值设置目标值向量
weight=abs(goal);              % 设置权值向量
lb=-4*ones(size(K0));
```

```
ub=4*ones(size(K0));
options=optimset('Display','iter');    % 设置显示参数：显示每次迭代的输出
[K,fval,attainfactor]=fgoalattain(@dingfund,K0,goal,weight,…
[],[],[],[],lb,ub,[],options,A,B,C)
```

结果如下。

可能存在局部最小值。满足约束。

fgoalattain 已停止，因为当前搜索方向的大小小于步长容差值的两倍，并且在约束容差值范围内满足约束。

```
<停止条件详细信息>
K =
   -4.0000   -0.2564
   -4.0000   -4.0000
fval =
   -6.9313
   -4.1588
   -1.4099
attainfactor =
   -0.3863
```

13.2.5   二次规划

如果某非线性规划的目标函数为自变量的二次函数，约束条件全是线性函数，就称这种规划为二次规划。其标准数学模型如下。

$$\min_x \frac{1}{2} \boldsymbol{x}^{\mathrm{T}} \boldsymbol{H} \boldsymbol{x} + \boldsymbol{c}^{\mathrm{T}} \boldsymbol{x}$$

$$\text{s.t.} \begin{cases} \boldsymbol{Ax} \leq \boldsymbol{b} \\ \boldsymbol{A}_{\mathrm{eq}} \boldsymbol{x} = \boldsymbol{b}_{\mathrm{eq}} \\ \boldsymbol{lb} \leq \boldsymbol{x} \leq \boldsymbol{ub} \end{cases}$$

式中，$\boldsymbol{H}$、$\boldsymbol{A}$、$\boldsymbol{A}_{eq}$ 为矩阵，$\boldsymbol{c}$、$\boldsymbol{b}$、$\boldsymbol{b}_{eq}$、$\boldsymbol{lb}$、$\boldsymbol{ub}$、$\boldsymbol{x}$ 为向量。

其他形式的二次规划问题都可转化为标准形式。

在 MATLAB 中可以利用 quadprog 函数求解二次规划问题，其调用格式如下。

```
x=quadprog(H,f,A,b,Aeq,beq,lb,ub,x0)
                    % 从向量 x0 开始求解问题，不存在边界时设置 lb=[]、ub=[]
x=quadprog(problem)    % 返回 problem 的最小值，它是 problem 中所述的一个结构体
[x,fval]=quadprog(___)    % 对于任何输入变量，还会返回 x 处的目标函数值 fval
```

模型参数 H、f、A、b、Aeq、beq、lb、ub、x0 分别对应数学模型中的 $\boldsymbol{H}$、$\boldsymbol{c}$、$\boldsymbol{A}$、$\boldsymbol{b}$、$\boldsymbol{A}_{eq}$、$\boldsymbol{b}_{eq}$、$\boldsymbol{lb}$、$\boldsymbol{ub}$、$\boldsymbol{x}_0$。输入参数 H 为二次目标项，指定为对称实矩阵，以 1/2*x'*H*x+f'*x 表达式形式表示二次矩阵；如果 H 不对称，函数会发出警告，并改用对称版本(H+H')/2。输入参数 f 为线性目标项，指定为实数向量，表示 1/2*x'*H*x+f'*x 表达式中的线性项。

【例 13-19】求解下面的最优化问题：

目标函数为

$$f(\boldsymbol{x}) = \frac{1}{2}x_1^2 + x_2^2 - x_1 x_2 - 2x_1 - 6x_2$$

约束条件为

$$\begin{cases} x_1 + x_2 \leqslant 2 \\ -x_1 + 2x_2 \leqslant 2 \\ 2x_1 + x_2 \leqslant 3 \\ x_1 \geqslant 0, x_2 \geqslant 0 \end{cases}$$

解：目标函数可以修改为

$$\begin{aligned} f(\boldsymbol{x}) &= \frac{1}{2}x_1^2 + x_2^2 - x_1 x_2 - 2x_1 - 6x_2 \\ &= \frac{1}{2}(x_1^2 - 2x_1 x_2 + 2x_2^2) - 2x_1 - 6x_2 \end{aligned}$$

记

$$\boldsymbol{H} = \begin{pmatrix} 1 & -1 \\ -1 & 2 \end{pmatrix}, \quad \boldsymbol{f} = \begin{pmatrix} -2 \\ -6 \end{pmatrix}, \quad \boldsymbol{x} = \begin{pmatrix} x_1 \\ x_2 \end{pmatrix}, \quad \boldsymbol{A} = \begin{pmatrix} 1 & 1 \\ -1 & 2 \\ 2 & 1 \end{pmatrix}, \quad \boldsymbol{b} = \begin{pmatrix} 2 \\ 2 \\ 3 \end{pmatrix}$$

则上面的优化问题可写为

$$\min_x \frac{1}{2}\boldsymbol{x}^{\mathrm{T}}\boldsymbol{H}\boldsymbol{x} + \boldsymbol{f}^{\mathrm{T}}\boldsymbol{x}$$
$$\text{s.t.} \begin{cases} \boldsymbol{A} \cdot \boldsymbol{x} \leqslant \mathrm{b} \\ (0\ 0)^{\mathrm{T}} \leqslant \boldsymbol{x} \end{cases}$$

编写 MATLAB 程序如下。

```
clear, clc
H=[1 -1; -1 2];
f=[-2;-6];
A=[1 1; -1 2; 2 1]; b=[2;2;3];
lb=zeros(2,1);
[x,fval,exitflag]=quadprog(H,f,A,b,[],[],lb)
```

运行结果如下。

找到满足约束的最小值。

优化已完成，因为目标函数沿可行方向在最优性容差值的范围内呈现非递减，并且在约束容差值范围内满足约束。

<停止条件详细信息>

```
x =
    0.6667
    1.3333
fval =
  -8.2222
exitflag =
    1
```

13.3　最小二乘最优问题

13.3

最小二乘问题 $\min\limits_{x \in R^n} f(x) = \min\limits_{x \in R^n} \sum\limits_{i=1}^{m} f_i^2(x)$ 中的 $f_i(x)$ 可以理解为误差，优化问题就是要使得误差的平方和最小。

13.3.1　约束线性最小二乘

约束线性最小二乘的标准形式为

$$\min_x \quad \frac{1}{2} \| \boldsymbol{Cx - d} \|_2^2$$

$$\text{s.t.} \begin{cases} \boldsymbol{A \cdot x \leqslant b} \\ \boldsymbol{A_{\text{eq}} \cdot x = b_{\text{eq}}} \\ \boldsymbol{lb \leqslant x \leqslant ub} \end{cases}$$

其中，$\boldsymbol{C}$、$\boldsymbol{A}$、$\boldsymbol{A_{\text{eq}}}$ 为矩阵；$\boldsymbol{d}$、$\boldsymbol{b}$、$\boldsymbol{b_{\text{eq}}}$、$\boldsymbol{lb}$、$\boldsymbol{ub}$、$\boldsymbol{x}$ 为向量。

在 MATLAB 中，约束线性最小二乘用函数 lsqlin 求解。该函数的调用格式如下。

```
x=lsqlin(C,d,A,b)          % 求在约束条件 A·x≤b 下，方程 Cx=d 的最小二乘解 x
x=lsqlin(C,d,A,b,Aeq,beq,lb,ub)    % 增加线性等式约束 Aeq*x=beq 和边界 lb≤x≤ub
x=lsqlin(C,d,A,b,Aeq,beq,lb,ub,x0)    % 使用初始点 x0 执行最小化
```

若没有不等式约束，则设 A=[]，b=[]。如果 x(i)无下界，设置 lb(i)=-Inf，如果 x(i)无上界，设置 ub(i)=Inf。x0 为初始解向量，如果不包含初始点，设置 x0=[]。

```
x=lsqlin(problem)          % 求 problem 的最小值，它是 problem 中所述的一个结构体
```

使用圆点表示法或 struct 函数创建 problem 结构体。

```
[x,resnorm,residual,exitflag,output,lambda]=lsqlin(___)   % 额外返回相关参数
```

（1）resnorm 为残差的 2-范数平方，即 resnorm=$\|C \cdot x - d\|_2^2$；

（2）residual 为残差，且 residual=C*x–d；

（3）exitflag 描述退出条件的值；

（4）output 为包含有关优化过程信息的结构体。

【例 13-20】求具有线性不等式约束系统的最小二乘解（求使 $\boldsymbol{Cx - d}$ 的范数最小的 x）。

解：首先在命令行窗口中输入系统的系数和 x 的上下界。

```
clear, clc
C=[0.9501 0.7620 0.6153 0.4057; 0.2311 0.4564 0.7919 0.9354;…
   0.6068 0.0185 0.9218 0.9169; 0.4859 0.8214 0.7382 0.4102;…
      0.8912 0.4447 0.1762 0.8936];
d=[0.0578; 0.3528; 0.8131; 0.0098; 0.1388];
A=[0.2027 0.2721 0.7467 0.4659; 0.1987 0.1988 0.4450 0.4186;…
      0.6037 0.0152 0.9318 0.8462];
b=[0.5251; 0.2026; 0.6721];
```

```
lb=-0.1*ones(4,1);
ub=2*ones(4,1);
[x,resnorm,residual,exitflag]=lsqlin(C,d,A,b,[],[],lb,ub)
```

运行程序后，得到如下结果：

找到满足约束的最小值。

优化已完成，因为目标函数沿可行方向在最优性容差值的范围内呈现非递减，并且在约束容差值范围内满足约束。

<停止条件详细信息>

```
x =
  -0.1000
  -0.1000
   0.2152
   0.3502
resnorm =
   0.1672
residual =
   0.0455
   0.0764
  -0.3562
   0.1620
   0.0784
exitflag =
    1
```

13.3.2　非线性曲线拟合

非线性曲线拟合是已知输入向量 x_{data}、输出向量 y_{data}，并知道输入与输出的函数关系为 $y_{\text{data}} = F(x, x_{\text{data}})$，但不清楚系数向量 x。进行曲线拟合即求 x 使得下式成立：

$$\min_x \ \frac{1}{2}\| F(x, x_{\text{data}}) - y_{\text{data}} \|_2^2 = \frac{1}{2}\sum_i (F(x, x_{\text{data}_i}) - y_{\text{data}_i})^2$$

在 MATLAB 中，可以使用函数 lsqcurvefit 解决此类问题，其调用格式如下。

```
x=lsqcurvefit(fun,x0,xdata,ydata)
```

从 x0 开始，求取合适的系数 x，使得非线性函数 fun(x,xdata)满足对数据 ydata 的最佳拟合（基于最小二乘指标）。ydata 必须与 fun 返回的向量（或矩阵）F 大小相同。

```
x=lsqcurvefit(fun,x0,xdata,ydata,lb,ub)   % 设定 lb≤x≤ub,不指定, lb=[],ub=[]
```

> 注意：
> 如果问题的指定输入边界不一致，则输出 x 为 x0，输出 resnorm 和 residual 为[]。违反边界 lb≤x≤ub 的 x0 的分量将重置为位于由边界定义的框内。遵守边界的分量不会更改。

```
x=lsqcurvefit(problem)        % 求 problem 的最小值，它是 problem 中所述的一个结构体
[x,resnorm]=lsqcurvefit(___)              % 返回在 x 处的残差的 2-范数平方值
```

【例 13-21】已知输入向量 x_{data} 和输出向量 y_{data}，且长度都是 n，使用最小二乘非线性拟合函数为

$$y_{\text{data}_i} = x_1 \cdot x_{\text{data}_i}{}^2 + x_2 \cdot \sin x_{\text{data}_i} + x_3 \cdot x_{\text{data}_i}{}^3$$

解：根据题意可知，目标函数为

$$\min_x \frac{1}{2} \sum_{i=1}^{n} \left[F(x, x_{\text{data}_i}) - y_{\text{data}_i} \right]^2$$

其中，

$$F(x, x_{\text{data}}) = x_1 \cdot x_{\text{data}}{}^2 + x_2 \cdot \sin x_{\text{data}} + x_3 \cdot x_{\text{data}}{}^3$$

解：首先建立拟合函数文件。

```
function F=dingfune(x,xdata)
F=x(1)*xdata.^2+x(2)*sin(xdata)+x(3)*xdata.^3;
end
```

再编写函数拟合代码如下。

```
clear,clc
xdata=[3.6 7.2 9.3 4.1 8.4 2.8 1.3 7.9 10.0 5.4];
ydata=[16.5 150.6 262.1 24.7 208.5 9.9 2.7 163.9 325.0 54.3];
x0=[1,1,1];
[x,resnorm]=lsqcurvefit(@dingfune,x0,xdata,ydata)
```

结果如下。

```
可能存在局部最小值。
lsqcurvefit 已停止，因为平方和相对于其初始值的最终变化小于函数容差值。
<停止条件详细信息>
x =
    0.2312    0.3561    0.3014
resnorm =
    6.2335
```

即函数在 0.2269、0.3385、0.3022 处残差的平方和均为 6.295。

13.3.3 非负线性最小二乘

非负线性最小二乘的标准形式为

$$\min_x \frac{1}{2} \left\| C x - d \right\|_2^2$$
$$x \geq 0$$

其中，矩阵 C 和向量 d 为目标函数的系数，向量 x 为非负独立变量。

在 MATLAB 中，可以使用函数 lsqnonneg 求解此类问题，其调用格式如下。

```
x=lsqnonneg(C,d)              % 返回在 x≥0 时，使 norm(C*x-d) 最小的向量 x
                             % 参数 C 为实矩阵，d 为实向量
x=lsqnonneg(problem)         % 求 problem 的最小值，它是 problem 中所述的一个结构体
```

```
[x,resnorm,residual]=lsqnonneg(___)
                        % resnorm 为残差的 2-范数平方值，residual 为残差
```

【例 13-22】 比较一个最小二乘问题的无约束与非负约束解法。

解：编写两种问题求解的 MATLAB 代码。

```
clear, clc
C=[0.0382 0.2869; 0.6841 0.7061; 0.6231 0.6285; 0.6334 0.6191];
d=[0.8537; 0.1789; 0.0751; 0.8409];
A=C\d                    % 无约束线性最小二乘问题
B=lsqnonneg(C,d)         % 非负最小二乘问题
```

运行代码得到如下结果：

```
A =
   -2.5719
    3.1087
B =
         0
    0.6909
```

13.4　本章小结

　　最优化方法是专门研究如何从多个方案中选择最佳方案的科学。最优化理论和方法日益受到重视，而最优化方法与模型也广泛应用于各个行业领域。本章对基于问题的优化和基于求解器的优化问题在 MATLAB 中的求解方法进行了深入的讲解，进而对最小二乘最优问题在 MATLAB 中的求解进行了介绍。

习　　题

1．填空题

　　（1）在 MATLAB 中，基于问题的求解包括对＿＿＿＿＿＿及对＿＿＿＿＿＿的求解两类，其中函数 optimvar 用于＿＿＿＿＿＿，函数 eqnproblem 用于＿＿＿＿＿＿，函数 optimproblem 用于＿＿＿＿＿＿，函数 solve 用于＿＿＿＿＿＿。

　　（2）在 MATLAB 中求解优化问题分为＿＿＿＿＿＿＿＿和＿＿＿＿＿＿＿＿两种求解问题的方法。

　　（3）当建立的数学模型的目标函数为＿＿＿＿＿＿＿，约束条件为＿＿＿＿＿＿＿＿时称此数学模型为线性规划模型。

　　（4）在 MATLAB 中，无约束规划由 3 个功能函数实现，它们是＿＿＿＿＿＿＿＿函数 fminbnd、＿＿＿＿＿＿＿＿函数 fminsearch 和＿＿＿＿＿＿＿＿函数 fminunc。

（5）函数 fmincon 的功能为：_____。

函数 linprog 的功能为：_____。

函数 quadprog 的功能为：_____。

函数 fgoalattain 的功能为：_____。

2. 计算与简答题

（1）阐述优化问题与方程问题可用求解器的适应范围。

（2）求解线性规划问题：

$$\min f(x) = -5x_1 - 4x_2 - 3x_3$$

$$\text{s.t.} \begin{cases} x_1 - x_2 + x_3 \leqslant 20 \\ 3x_1 + 2x_2 + 4x_3 \leqslant 42 \\ 3x_1 + 2x_2 \leqslant 30 \\ 0 \leqslant x_1, x_2, x_3 \end{cases}$$

（3）求解二次规划问题：

$$\max f(x) = 8x_1 + 10x_2 - x_1^2 - x_2^2$$

$$\text{s.t.} \begin{cases} 3x_1 + 2x_2 \leqslant 6 \\ x_1, x_2 \geqslant 0 \end{cases}$$

（4）求解多目标规划问题：

$$\min f_1(x) = 2x_1 + 1.5x_2$$

$$\max f_2(x) = x_1 + x_2$$

$$\text{s.t.} \begin{cases} x_1 + x_2 \geqslant 120 \\ 2x_1 + 1.5x_2 \leqslant 300 \\ x_1 \geqslant 60 \\ x_2 \geqslant 0 \end{cases}$$

（5）给定一根长度为 400 米的绳子，用来围成一块矩形菜地，问长和宽各为多少米时菜地的面积最大？

（6）某工厂利用甲、乙、丙三种原料，生产 A、B、C、D 四种产品。每月可供应该厂原料甲 600 吨、乙 500 吨、丙 300 吨。生产 1 吨不同产品所消耗的原料数量及可获得的利润如表 13-8 所示。问：工厂每月应如何安排生产计划，才能使总利润最大？

表 13-8　三种原料生产四种产品的有关数据

项目	产品 A	产品 B	产品 C	产品 D	每月原料供应量（吨）
原料甲	1	1	2	2	600
原料乙	0	1	1	3	500
原料丙	1	2	1	0	300
单位利润（元）	200	250	300	400	

第14章
数学建模应用

数学已经成为当今高科技的一个重要组成部分，培养学生应用数学解决实际问题的意识和能力已经成为数学教学的一个重要方面。数学建模就是根据现实生活中的实际问题来建立数学模型，并对该数学模型进行求解，最终根据求解结果去分析、解决实际问题。数学建模的质量与问题求解能力已经成为检验大学生学习水平、展示学生个人能力的一种有效手段。本章重点引导利用 MATALB 来求解数学模型，为数学建模的学习提供方向。

学习目标：

（1）了解数学建模的过程与常用算法；

（2）掌握利用 MATLAB 求解数学模型的方法。

14.1　数学建模概述

14.1

当需要从定量的角度分析和研究一个实际问题时，就要在深入调查研究、了解对象信息、做简化假设、分析内在规律等工作的基础上，用数学符号和语言来表述并建立模型。

数学模型（Mathematical Model）是一种用数学符号、数学公式、程序语言、图形展示等对实际问题本质属性的抽象而又简洁的描述，它或能解释某些客观现象，或能预测未来的发展规律，或能为控制某一现象的发展提供某种意义上的最优策略或较好策略。

数学模型通常并非现实问题的真实展现，它的建立既需要对现实问题进行深入的观察和分析，又需要灵活巧妙地利用各种数学知识。这种应用知识从实际课题中抽象、提炼出数学模型的过程就称为数学建模（Mathematical Modeling）。

14.1.1　数学建模过程

应用数学方法在科技和生产领域解决实际问题，关键的一步是建立研究对象的数学模型，并借助计算机加以计算求解。数学建模过程如下。

（1）模型准备：了解问题的实际背景，明确其实际意义，掌握对象的各种信息，进而采用数学语言来描述问题。问题的描述需要符合数学理论、数学习惯，且思路清晰准确。

（2）模型假设：根据实际对象的特征和建模的目的，对问题进行必要的简化，并用精确的语言提出一些合理的假设。

（3）模型建立：在模型假设的基础上，利用适当的数学工具来描述各变量及常量之间的数学关系，并尽量采用简单的数学方法建立相应的数学结构。

（4）模型求解：利用已获取的数据资料，对已建立的数学模型的所有参数进行（近似）计算。

（5）模型分析：对所要建立模型的思路进行阐述，对所得的结果进行数学上的分析。

（6）模型检验：将模型分析结果与实际情形进行比较，以此来验证模型的准确性、合理性和适用性。如果模型与实际较吻合，则要对计算结果给出其实际含义，并进行阐释。如果模型与实际吻合较差，则应该修改模型假设，再次重复建模过程。

（7）模型推广与应用：模型的推广就是在现有模型的基础上对模型有一个更加全面的考虑，建立更符合现实情况的模型。模型的应用会因问题的性质和建模的目的而存在差异，针对不同的问题，需修改现有模型以实现针对性问题的描述与求解。

14.1.2　建模常用算法

下面给出在数学建模中经常会用到的十大类算法。

（1）线性规划、整数规划、多元规划、二次规划等规划类问题。生活中的多数问题都属于最优化问题，这些问题通常可以用数学规划算法来描述，并使用 Lindo、Lingo、MATLAB 等软件来求解。

（2）数据拟合、参数估计、插值计算等数据处理算法。数据分析时通常需要处理大量数据，而处理数据的关键就在于这些算法的应用，在科研中通常使用 MATLAB、SPSS 作为分析工具。

（3）数值分析算法。在问题求解时如果采用高级语言进行编程，方程组求解、矩阵运算、函数积分等数值分析中的常用算法均需编写库函数进行调用，也可以采用 MATLAB、Python 库函数来实现。

（4）图论算法。图论算法分为很多种，包括最短路径、网络流、二分图等算法，涉及图论的问题可以用这些方法解决，MATLAB 具有解决这类问题的各种工具。

（5）动态规划、回溯搜索、分治算法、分支定界等计算机算法。这些算法是算法设计中比较常用的方法，很多算例的求解实现均需要这些基础的计算机算法，通过采用这些算法，可以起到事半功倍的效果。

（6）最优化理论中的三大非经典算法：模拟退火法、神经网络、遗传算法。这些经典算法通常可以用来解决一些比较难的最优化问题，但是算法的实现比较困难，需慎重使用。

（7）网格算法和穷举法。网格算法和穷举法都是暴力搜索最优点的算法，当重点讨论模型本身而轻视算法时，可以使用这种暴力搜索方案。

（8）连续离散化方法。实际问题是反映一个连续的世界中存在的问题，计算机只能处理离散的量，当问题存在连续数据时，需要将其离散化后再计算（例如差分替代微分、求和替代积分等）。

（9）蒙特卡罗算法，又称随机性模拟算法，是通过计算机仿真来解决问题的算法，同时通过模拟可以检验自己模型的正确性。

（10）图形展示与图像处理方法。在解决实际问题中，经常需要对图像进行处理，同时大部分问题的最终求解结果大都需要通过图形进行展示，这些均可以通过 MATLAB 来实现，图像的展示还可以使用 Origin 来实现。

14.2　数学建模及求解

14.2

本节给出几种典型的数学建模问题及 MATLAB 的求解方法，涉及微分方程求解、图论算法中的最短路问题、曲线拟合、物流中心选址问题等。

14.2.1　种群竞争模型

种群竞争模型是一个动态的过程，种群生存期间有着出生、死亡、迁入迁出等问题，因此种群数量较难确定，其种群竞争的数学模型只能通过反复修正、不断完善，从而更加接近实际。

设有甲乙两种群，当它们独自生存时数量演变服从 Logistic 规律，即

$$\frac{\mathrm{d}x}{\mathrm{d}t} = r_1 x\left(1 - \frac{x}{n_1}\right), \quad \frac{\mathrm{d}y}{\mathrm{d}t} = r_2 y\left(1 - \frac{y}{n_2}\right)$$

其中，$x(t)$、$y(t)$ 分别为甲乙两种群的数量，r_1、r_2 为固有增长率，n_1、n_2 为最大容量。

当两种群在同一环境中生存时，它们之间的一种关系是为了争夺同一资源而进行竞争。考察由于乙消耗有限的资源对甲的增长产生的影响，可以合理地将种群甲的方程修改为

$$\frac{\mathrm{d}x}{\mathrm{d}t} = r_1 x\left(1 - \frac{x}{n_1} - s_1 \frac{y}{n_2}\right)$$

其中 s_1 的含义是：对于供养甲的资源而言，单位数量乙（相对 n_2）的消耗为单位数量甲（相对 n_1）消耗的 s_1 倍。类似地，如果甲的存在也影响了乙的增长，乙的方程应修改为

$$\frac{\mathrm{d}y}{\mathrm{d}t} = r_2 y\left(1 - s_2 \frac{x}{n_1} - \frac{y}{n_2}\right)$$

其中 s_2 的含义是：对于供养乙的资源而言，单位数量甲（相对 n_1）的消耗为单位数量乙（相对 n_2）消耗的 s_2 倍。当给定种群的初始值为

$$x(0) = x_0、y(0) = y_0$$

及参数 r_1、r_2、s_1、s_2、n_1、n_2 后，即可确定两种群数量的变化规律。

（1）设 $r_1 = r_2 = 1$、$n_1 = n_2 = 100$、$s_1 = 0.5$、$s_2 = 2$、$x_0 = y_0 = 10$，计算 $x(t)$、$y(t)$，画出它们的图形及相图 $x(t)$、$y(t)$，说明时间 t 充分大以后 $x(t)$、$y(t)$ 的变化趋势。

解：对于微分方程的求解，首先建立微分方程函数，多数情况下，用数值解代替代数解进行方程模拟，自定义种群函数程序 zhongqun() 如下。

```
function dy=zhongqun(t,y)          % 自定义种群函数
% 通过改变 r1、r2、n1、n2、s1、s2 值可以查看稳定值
```

```
syms r1 r2 s1 s2 n1 n2
% r、n 赋予不同的参数时，有不同的解
r1=1;r2=1;
n1=100;n2=100;
s1=0.5;s2=2;
dy=zeros(2,1);
dy(1)=r1*y(1)*(1-y(1)/n1-s1*y(2)/n2);
dy(2)=r2*y(2)*(1-s2*y(1)/n1-y(2)/n2);
end
```

针对题目中已知的初始条件，编写相应的 MATLAB 脚本文件程序。

```
% 绘制当 r1=1;r2=1;n1=100;n2=100;s1=0.5;s2=2;时的函数图像
x0=10;y0=10;
options =odeset('RelTol',1e-4,'AbsTol',[1e-4 1e-5]);
[T,Y]=ode45('zhongqun',[0 50],[x0 y0],options);
axis equal
p1=plot(T,Y(:,1),'b-',T,Y(:,2),'r-');
h=legend([p1],{'x(t)','y(t)'});
grid on


% 绘制曲线向量解曲线
syms r1 r2 s1 s2 n1
r1=1;r2=1;s1=0.5;s2=2;n1=100;n2=100;
Xmin=0;
Xmax=140;
Ymin=0;
Ymax=100;
n=50;


% 计算切线矢量
[X,Y]=meshgrid(linspace(Xmin,Xmax,n),linspace(Ymin,Ymax,n));
Fx=r1.*X.*(1-X./n1-s1.*Y./n2);
Fy=r2.*Y.*(1- s2.*X./n1-Y./n2);
Fx=Fx./(sqrt(Fx.^2+Fy.^2+1));
Fy=Fy./(sqrt(Fx.^2+Fy.^2+1));
% 求解微分方程
options=odeset('RelTol',1e-4,'AbsTol',[1e-4 1e-5]);
[T1,Y1]=ode45(@zhongqun,[0 50],[10 10],options);


%  绘制斜率场
hold on
box on
axis([Xmin,Xmax,Ymin,Ymax])
quiver(X,Y,Fx,Fy,0.5);
```

```
p2=plot(Y1(:,1),Y1(:,2),'g');        %绘制解曲线
h=legend([p1],{'x(t)','y(t)'});
```

运行程序可得结果如图 14-1、图 14-2 所示。由图可知在 $t=10$ 时，x 达到稳定值 100，y 达到稳定值 0，也即时间 t 足够长以后的值稳定在 $x=100$、$y=0$。

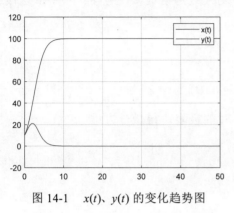

图 14-1 $x(t)$、$y(t)$ 的变化趋势图

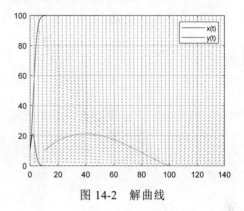

图 14-2   解曲线

（2）改变 r_1、r_2、n_1、n_2、x_0、y_0 维持 s_1、s_2 不变，绘出 $r_1=1.2$、$r_2=1.1$、$n_1=200$、$n_2=120$、$x_0=y_0=10$ 的函数图象及 $r_1=0.9$、$r_2=1.5$、$n_1=500$、$n_2=800$、$x_0=y_0=10$ 的函数图象。

解：同（1），改变初始值，运行程序得到的函数图象如图 14-3、图 14-4 所示。

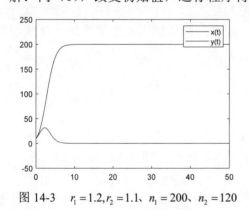

图 14-3 $r_1=1.2,r_2=1.1$、$n_1=200$、$n_2=120$

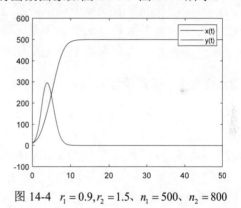

图 14-4 $r_1=0.9,r_2=1.5$、$n_1=500$、$n_2=800$

当改变 r_1、r_2、n_1、n_2、x_0、y_0 维持 s_1、s_2 不变，种群 x 将占优势地位，而种群 y 变为 0。

由上可知：改变 r、n 和初始值，甲乙种群的最终稳定状态不会改变，都是种群 x 达到环境最大承载值，而种群 y 变为 0。参数 r、n 和初始值的改变仅会影响达到稳定的速度，不会改变优势种群 x 的优势地位，即最终的稳定状态情况。

14.2.2   传染病模型

长期以来，用数学模型来描述传染病的传播过程、分析受感染人数的变化规律、探索制止传染病蔓延的手段等，一直是有关专家关注的一个热点问题。本书不从医学角度分析各种传染病的传播特点，而只按照一般的传播机理来建立数学模型。

1．模型 I（初始模型）

这是一个最简单的传染病模型，设 t 时刻的病人人数 $x(t)$ 是连续、可微函数，并且每个病人每天有效接触（足以使人致病的接触）的平均人数是常数 λ，考察 $t \to t + \Delta t$ 这段时间内病人人数的增加，于是有

$$x(t + \Delta t) - x(t) = \lambda x(t) \Delta t$$

变换可得

$$\frac{x(t + \Delta t) - x(t)}{\Delta t} = \lambda x(t)$$

设当 $t = 0$ 时，有 x_0 个病人，对上式取 $\Delta t \to 0$ 时的极限，得微分方程

$$\frac{\mathrm{d}x}{\mathrm{d}t} = \lambda t, \; x(0) = x_0$$

解得

$$x(t) = x_0 \mathrm{e}^{\lambda t}$$

由此可知，随着 t 的增加，病人人数 $x(t)$ 将会无限增长，这显然与实际不符。建模失败的原因是：

（1）在病人有效接触的人群中，有健康人也有病人，而其中只有健康人才可以被传染为病人，所以，在改进的模型中必须区别这两种人；

（2）人群的总人数是有限的，不是无限的，而且，随着病人人数的增加，健康者人数在逐渐减少，因此，病人人数不会无限地增加下去。

2．模型 II（修正模型）

对模型做如下假设：

（1）在疾病传播期内所考察地区的总人数 N 不变，既不考虑生死，也不考虑迁移；

（2）人群分为易感染者和已感染者两类，以下简称健康者和病人。并记在时刻 t，这两类人在总人数中所占的比例分别为 $s(t)$ 和 $i(t)$。

（3）每个病人每天有效接触的平均人数为常数 λ（日接触率），当病人与健康者有效接触时，健康者受感染变为病人。

基于以上假设，每个病人每天可使 $\lambda s(t)$ 个健康者变为病人，因为病人人数为 $Ni(t)$，所以每天共有 $\lambda Ns(t)i(t)$ 个健康者被感染。于是 $\lambda Ns(t)i(t)$ 就是病人人数 $Ni(t)$ 的增加率，即有

$$N \frac{\mathrm{d}i}{\mathrm{d}t} = \lambda Ns(t)i(t)$$

又因为 $s(t) + i(t) = 1$，再记初始时刻 $t = 0$ 病人的比例为 i_0，则

$$\frac{\mathrm{d}i}{\mathrm{d}t} = \lambda i(t)[1 - i(t)], \; i(0) = i_0$$

该方程是 logistic 模型，其解为

$$i(t) = \frac{1}{1 + \left(\dfrac{1}{i_0} - 1 \right) \mathrm{e}^{\lambda t}}$$

当 $i = 1/2$ 时，$\mathrm{d}i/\mathrm{d}t$ 达到最大值 $(\mathrm{d}i/\mathrm{d}t)_{\max}$，该时刻为

$$t_m = \lambda^{-1} \ln\left(\frac{1}{i_0} - 1\right)$$

当 $i_0 = 0.09$、$\lambda = 0.1$ 时，利用 MATLAB 进行求解如下，运行程序后输出图形如图 14-5 所示，可以看出当 $i = 1/2$ 时得到最大值，与理论一致。

```
syms y(x) x;
eqn=diff(y,x)==0.1*y*(1-y);
cond=y(0)==0.09;
ySol(x)=dsolve(eqn,cond);

subplot(121);ezplot(ySol,[0,60])          % 绘制微分方程的图像
grid
subplot(122);ezplot('0.1*y*(1-y)',[0,1])  % 绘制 y 的导数的图像
grid
```

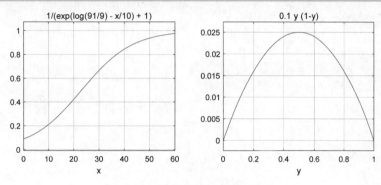

图 14-5　增长曲线图（模型 II）

当 $i = 1/2$ 时，病人增加得最快，可以认为是医院门诊量最大的一天，预示着传染病高潮的到来。当 $t \to \infty$ 时 $i \to 1$，即所有人终将被传染，这并不符合实际情况。其原因是，模型中没有考虑病人可以治愈，而仅认为人群中的健康者只能变成病人，病人不会再变成健康者。

3. 模型 III（进一步修正模型）

在模型 II 的基础上对模型做如下假设：每天被治愈的病人人数占病人总数的比例为常数 μ（日治愈率），病人治愈后成为仍可被感染的健康者，显然 $1/\mu$ 是该传染病的平均传染期。

考虑到该假设，模型 II 做如下修改：

$$N\frac{\mathrm{d}i}{\mathrm{d}t} = \lambda N s(t) i(t) - \mu N i(t)$$

又因为 $s(t) + i(t) = 1$，所以有

$$\frac{\mathrm{d}i}{\mathrm{d}t} = \lambda i(t)[1 - i(t)] - \mu i(t), \quad i(0) = i_0$$

解得

$$i(t) = \begin{cases} \left[\dfrac{\lambda}{\lambda - \mu} + \left(\dfrac{1}{i_0} - \dfrac{\lambda}{\lambda - \mu} \right) \mathrm{e}^{-(\lambda-\mu)t} \right]^{-1}, & \lambda \neq \mu \\[4mm] \left(\lambda t + \dfrac{1}{i_0} \right)^{-1}, & \lambda = \mu \end{cases}$$

令 $\sigma = \lambda / \mu$，根据 λ 和 $1/\mu$ 的含义可知，σ 是整个传染期内每个病人有效接触的平均人数，称为接触数。

$$\frac{\mathrm{d}i}{\mathrm{d}t} = -\lambda i(t) \left[i(t) - \left(1 - \frac{1}{\sigma} \right) \right]$$

利用 MATLAB 进行求解如下，运行程序后输出图形如图 14-6 所示。

```
syms y(x) x;
eqn1=diff(y,x)==0.01*y*(1-y)-0.05*y;
cond1=y(0)==0.7;
y1Sol(x)=dsolve(eqn1,cond1);          % 求解微分方程
subplot(131);ezplot(y1Sol,[0,120])
grid

eqn2=diff(y,x)==0.3*y*(1-y)-0.15*y;
cond2=y(0)==0.7;
y2Sol(x)=dsolve(eqn2,cond2);          % 求解微分方程
subplot(132);ezplot(y2Sol,[0,25])
grid

eqn3=diff(y,x)==0.3*y*(1-y)-0.15*y;
cond3=y(0)==0.3;
y3Sol(x)=dsolve(eqn3,cond3);          % 求解微分方程
subplot(133);ezplot(y3Sol,[0,25])
grid
```

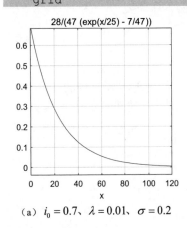 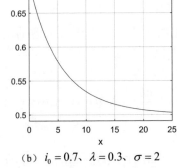 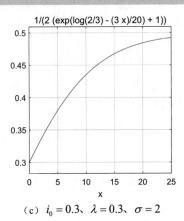

（a）$i_0 = 0.7$、$\lambda = 0.01$、$\sigma = 0.2$　　（b）$i_0 = 0.7$、$\lambda = 0.3$、$\sigma = 2$　　（c）$i_0 = 0.3$、$\lambda = 0.3$、$\sigma = 2$

图 14-6　增长曲线图（模型 III）

不难看出，接触数 $\sigma = 1$ 是一个阈值，当 $\sigma > 1$ 时，$i(t)$ 的增减性取决于 i_0 的大小，但其

极限值 $i(+\infty)=1-\dfrac{1}{\sigma}$ 随着 σ 的增加而增加；当 $\sigma \leqslant 1$ 时，病人比例 $i(t)$ 越来越小，最终趋于零，这是因为传染期内健康者变成病人的人数不超过原来病人人数。

14.2.3　汽车租赁公司运营模型

一家汽车租赁公司在三个相邻的城市运营，为方便顾客，公司承诺，在一个城市租赁的汽车可以在任意一个城市归还。根据经验估计和市场调查，一个租赁期内，在 A 市租赁的汽车在 A、B、C 归还的比例分别为 0.6、0.3、0.1；在 B 市租赁的汽车在 A、B、C 市归还的比例分别为 0.2、0.7、0.1；在 C 市租赁的汽车在 A、B、C 市归还的比例分别为 0.1、0.3、0.6。若公司开业时将 N 辆汽车按一定方式分配到三个城市，建立运营过程中汽车数量在三个城市间转移的模型，并讨论时间充分长以后的变化趋势。

（1）构建和求解模型

记第 k 个租赁期末公司在 A、B、C 市的汽车数量分别为 $x_1(k)$、$x_2(k)$、$x_3(k)$，则第 $k+1$ 个租赁期末公司在 A、B、C 市的汽车数量分别为

$$\begin{cases} x_1(k+1)=0.6x_1(K)+0.2x_2(k)+0.1x_3(k) \\ x_2(k+1)=0.3x_1(k)+0.7x_2(k)+0.3x_3(k) \quad (k=0,1,2,\cdots) \\ x_3(k+1)=0.1x_1(k)+0.1x_2(k)+0.6x_3(k) \end{cases}$$

记向量 $\boldsymbol{x}(k)=(x_1(k)、x_2(k)、x_3(k))^{\mathrm{T}}$，矩阵 $\boldsymbol{A}=\begin{bmatrix} 0.6 & 0.2 & 0.1 \\ 0.3 & 0.7 & 0.3 \\ 0.1 & 0.1 & 0.6 \end{bmatrix}$，则

$$\boldsymbol{x}(k+1)=\boldsymbol{A}\boldsymbol{x}(k) \quad (k=0,1,2,\cdots)$$

给定初始值 $\boldsymbol{x}(0)$ 后即可计算各个租赁期三个城市汽车数量的变化。

（2）模型分析

期望时间充分长以后，三个城市的汽车数量趋向稳定，并且稳定值与汽车的初始分配无关。记稳定值为 $\boldsymbol{x}$，应满足 $\boldsymbol{A}\boldsymbol{x}=\boldsymbol{x}$，表明矩阵 $\boldsymbol{A}$ 的一个特征值 $\lambda=1$，且 $\boldsymbol{x}$ 是对应的特征向量。

设初始分配城市 A、B、C 均分配 200 辆，在 MATLAB 中编写程序。

```
clear,clc
A=[0.6 0.2 0.1; 0.3 0.7 0.3; 0.1 0.1 0.6];
x(:,1)=[200; 200; 200];              % 赋初值
n=10;
for k=1:n
    x(:,k+1)=A*x(:,k);               %迭代计算
end
X=round(x)
k=0:10;
plot(k,X);grid
legend('A 城市','B 城市','C 城市')
```

运行结束后输出结果如下，同时输出趋势图如图 14-7 所示。

```
X =
    200    180    176    176    178    179    179    180    180    180    180
    200    260    284    294    297    299    300    300    300    300    300
    200    160    140    130    125    123    121    121    120    120    120
```

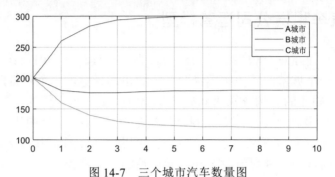

图 14-7　三个城市汽车数量图

14.2.4　最短路经问题

在现实生活中，经常需要求两点间的最短距离；现实问题若能抽象为对象关系间的效率、成本、时间或费用相关的赋权图，通常都会涉及最短路径问题。求两点间的最短路径或最短距离，常用 Dijkstra 算法或 Floyd 算法，下面只介绍 Dijkstra 算法。

Dijkstra 算法是典型的最短路径算法，用于计算一个节点到其他所有节点的最短路径。其主要特点是，以起始点为中心向外层扩展，直到扩展到终点为止。Dijkstra 算法能得出最短路径的最优解，但由于它遍历计算的节点很多，效率比较低。另外，Dijkstra 算法只适用于边权非负的情况。

Dijkstra 算法的基本思想是：设 $G = (V, E)$ 是一个赋权有向图，把图中顶点集合 V 分成两组：

第一组为已求出最短路径的顶点集合（用 S 表示，初始时 S 中只有一个源点，每求得一条最短路径，就将终点加入集合 S 中，直到全部顶点都加入 S，算法结束）。

第二组为其余未确定最短路径的顶点集合（用 U 表示），按最短路径长度的递增次序依次把第二组的顶点加入 S 中。在加入过程中，总保持从源点 V 到 S 中各顶点的最短路径长度不大于从源点 V 到 U 中任何顶点的最短路径长度。

此外，每个顶点对应一个距离，S 中的顶点的距离就是从 V 到此顶点的最短路径长度；U 中的顶点的距离，是从 V 到此顶点只包括 S 中的顶点为中间顶点的当前最短路径长度。

Dijkstra 算法的具体步骤如下。

① 令 $l(u_0) = 0$，对 $v \neq u_0$，令 $l(v) = \infty$、$S_0 = \{u_0\}$、$i = 0$。

② 对每个 $v \in \overline{S}_i (\overline{S}_i = V/S_i)$，用 $\min_{u \in S_i} \{l(v), l(u) + w(uv)\}$ 代替 $l(v)$。

③ 计算 $\min_{u \in S_i} \{l(v)\}$，将达到这个最小值的一个顶点记为 u_{i+1}，令 $S_{i+1} = S_i \bigcup \{U_{i+1}\}$。

④ 若 $i = |V| - 1$，则停止；若 $i < |V| - 1$，则用 $i+1$ 代替 i，并转步骤②。

根据上述步骤，编写 Dijkstra 算法的 MATLAB 函数文件 dijkstra.m 如下。

```
function [l,t]=dijkstra(A,v)    % 最短路径算法,求某个顶点 v 到其余顶点的最短路径
n=length(A);          % 顶点个数
V=1:n;                % 顶点集合
s=v;                  % 已经找到最短路径的点集,初始为 v
l=A(v,:);             % 当前 v 点到各个点的距离,初始为直接距离
t=v.*ones(1,n);       % 当前距离时点的父顶点,初始都为 v
ss=setdiff(V,s);nn=length(ss);        % 还没有找到最短路径的点集
for j=1:n-1                           % 一共进行 n-1 次迭代
    k=ss(1);
    for i=1:nn                        % 对还没有找到最短路径的点
    if l(k)>l(ss(i))
        k=ss(i);
        l(k)=l(ss(i));               % 在当前一行距离中取最小值
    end
    end
    if l(k)==inf                     % 如果当前行最小值是无穷大,则结束
       break;
    else                             % 否则 k 点的最短路径找到
       s=union(s,k);
       ss=setdiff(V,s);
       nn=length(ss);
    end
    if length(s)==n                  % 全部点的最短路径都找到
       break;
    else
       for i=1:nn               % 以 k 为生长点,如果通过 k 点会更短,则更改当前最短距离
           if l(ss(i))>l(k)+A(k,ss(i))
               l(ss(i))=l(k)+A(k,ss(i));
               t(ss(i))=k;
           end
       end
    end
end
```

编写查看点 v 到点 vv 的最短距离与路径的函数文件 path.m。

```
function p=path(t,v,vv)
k=vv;tt=vv;
while(1)
    if k==v
       tt                     % 路径
       break;
    else
       k=t(k);
       tt=[tt,k];
```

```
        end
    end
```

试求图 14-8 中从 v_1 到其他顶点的最短路径。

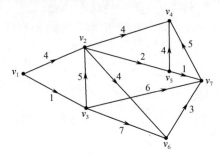

图 14-8　路径图

在编辑器窗口中编写如下程序。

```
>> A=[0   4   1  inf inf inf inf
     inf 0  inf  4   2   4  inf
     inf 5   0  inf inf 7   6
     inf inf inf 0  inf inf inf
     inf inf inf 4   0  inf 1
     inf inf inf inf inf 0   3
     inf inf inf 5  inf inf 0]
>> [l,t]=dijkstra(A,1)
l =
    0    4    1    8    6    8    7
t =
    1    1    1    2    2    3    3
```

寻找 v_1 到 v_6 的最短路径：

```
>> path(t,1,5)
tt =
    5    2    1
>> path(t,1,7)
tt =
    7    3    1
```

由此可知由 v_1 到 v_5 的最短路径为 $1\to2\to5$，由 v_1 到 v_7 的最短路径为 $1\to3\to7$。

14.2.5　NPK 施肥问题

某地区作物生长所需的营养素主要是氮（N）、钾（K）、磷（P）。某作物研究所在某地区对土豆与生菜做了一定数量的实验，其中土豆的实验数据如表 14-1 所示，其中 ha 表示公顷，t 表示吨，kg 表示千克。

当一个营养素的施肥量变化时，总将另两个营养素的施肥量保持在第七个水平上，例如，对土豆产量关于 N 的施肥量做实验时，P 与 K 的施肥量分别取为 196kg/ha 与 372kg/ha。

试分析施肥量与产量之间的关系，并对所得结果从应用价值与如何改进等方面做出评估。

表 14-1　土豆和生菜产量与施肥量

作物	N		P		K	
	施肥量 （kg/ha）	产量 （kg/ha）	施肥量 （kg/ha）	产量 （kg/ha）	施肥量 （kg/ha）	产量 （kg/ha）
土豆	0.00	15.18	0.00	33.46	0.00	18.98
	34.00	21.36	24.00	32.47	47.00	27.35
	67.00	25.72	49.00	36.06	93.00	34.86
	101.00	32.29	73.00	37.96	140.00	39.52
	135.00	34.03	98.00	41.04	186.00	38.44
	202.00	39.45	147.00	40.09	279.00	37.73
	259.00	43.15	196.00	41.26	372.00	38.43
	336.00	43.46	245.00	42.17	465.00	43.87
	404.00	40.83	294.00	40.36	558.00	42.77
	471.00	30.75	342.00	42.73	651.00	46.22
生菜	0.00	11.02	0.00	6.39	0.00	15.75
	28.00	12.70	49.00	9.48	47.00	16.76
	56.00	14.56	98.00	12.46	93.00	16.89
	84.00	16.27	147.00	14.33	140.00	16.24
	112.00	17.75	196.00	17.10	186.00	17.56
	168.00	22.59	294.00	21.94	279.00	19.20
	224.00	21.63	391.00	22.64	372.00	17.97
	280.00	19.34	489.00	21.34	465.00	15.84
	336.00	16.12	587.00	22.07	558.00	20.11
	392.00	14.11	685.00	24.53	651.00	19.40

为考察氮、磷、钾 3 种肥料对作物的施肥效果，下面以 N、K、P 的施肥量为自变量，土豆产量为因变量作图，观察数据的分布特点和变化规律。

在编辑器窗口中输入以下程序，绘制施肥量与土豆产量的散点图。

```
nsh=[0 34 67 101 135 202 259 336 404 471];          % N 的施肥量
nch=[15.18 21.36 25.72 32.29 34.03 39.45 43.15 43.46 40.83 30.75];   % N 的产量
psh=[0 24 49 73 98 147 196 245 294 342];            % P 的施肥量
pch=[33.46 32.47 36.06 37.96 41.04 40.09 41.26 42.17 40.36 42.73] ;
ksh= [0 47 93 140 186 279 372 465 558 651];          % K 的施肥量
kch=[18.98 27.35 34.86 39.52 38.44 37.73 38.43 43.87 42.77 46.22];
subplot(131);plot(nsh,nch,'*')                      % N 施肥量与产量关系图
title('N 施肥量与产量关系')
subplot(132);plot(psh,pch,'ro')                     % P 施肥量与产量关系图
title('P 施肥量与产量关系')
```

```
subplot(133);plot(ksh,kch,'b+')    % K施肥量与产量关系图
title('K施肥量与产量关系')
```

运行后，输出结果如图 14-9 所示。可以看出，土豆产量随着 N 的施肥量的增加而增加，到达一定程度以后，反而随施肥量增加而减少；在一定范围内 P 的施肥量和 K 的施肥量可以促使土豆产量增长，过多地施磷肥或施钾肥对土豆产量没有明显作用。

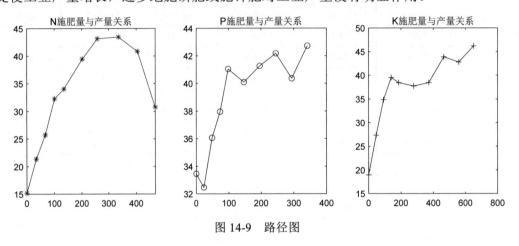

图 14-9　路径图

为了便于描述，用 x 表示肥料的施肥量，y 表示土豆产量，则根据数据特点，分别用下面 3 个经验模型来描述肥料的施肥量对土豆产量的影响：

氮肥（N）：采用二次多项式模型 $y = b_0 + b_1 x + b_2 x^2$。

磷肥（P）：采用分段线性拟合或威布尔函数模型 $y = A(1 - e^{-Bx+C})$。

钾肥（K）：采用分式有理函数模型 $y = \dfrac{x}{ax+b}$。

这些模型是基于经验上的一种判断，也可以尝试采用其他模型来拟合。下面确定通过拟合来确定公式中的各个参数。

（1）对于氮肥产量模型，拟合程序如下。

```
a=polyfit(nshi,nchan,2)
z=polyval(a,nshi);
plot(nshi,nchan,'*',nshi,z,'r-')
```

运行程序得到的参数估计值如下。

```
a =
   -0.0003    0.1971   14.7416
z =
   14.7416   21.0522   26.4265   31.1902   35.1688   40.7116   43.0272...
   42.6520   38.9729   32.2769
```

即所求模型为

$$y = 14.7416 + 0.1971x - 0.0003x^2$$

说明：如果直接利用该模型拟合，效果会比较差，尤其是 x 较大时。这是因为 MATLAB 默认输出小数点后 4 位数字，而事实上用 vpa() 函数可得的二次项系数应为 -0.0003395。

（2）对磷肥产量模型，用威布尔模型进行拟合，先定义外部函数如下。

```
function fun=weibfun(x,psh)
fun=43.*(1-exp(-x(1).*psh+x(2)));        % 威布尔函数，A=43；x(1)=B；x(2)=C
end
```

主程序如下。

```
x0=[0.2,0.5];
x=lsqcurvefit('weibfun',x0,psh,pch)      % 调用定义的威布尔函数进行拟合
pch_theory=weibfun(x,psh)                % 基于磷施肥量的土豆产量预测值
plot(psh,pch,'o',psh,pch_theory,'r')
```

执行程序后输出结果，参数估计值如下。

```
x =
    0.0096   -1.3997
pch_theory =
  32.3928   34.5678   36.3606   37.7220   38.8442   40.3988...
  41.3718   41.9809   42.3621   42.5969
```

即所求模型为

$$y = 43(1 - e^{-0.0096x - 1.3997})$$

从原始数据中可以看出，随着 P 的施肥量增加，土豆产量始终在 43t/ha 以下，于是 43 可认为是产量的极限值，又因 $B>0$ 时，

$$\lim_{x \to \infty} A(1 - e^{-Bx+C}) = A$$

因此在模型中可令参数 $A=43$，以简化计算。而且如果直接对 3 个参数进行非线性拟合，效果会很差，读者可以试一下并分析其中的原因。

在磷肥产量模型的实验数据中有 $y(0)>y(24)$，但是在施肥量较少时，产量应该随施肥量增加而增加，故可以认为 $y(0)$、$y(24)$ 为病态数据，并可取 $y(0)$ 与 $y(49)$ 的一次线性插值 $\frac{1}{2}[y(0) + y(49)]$ 来取代 $y(24)$。

在磷肥产量模型的实验数据中还可以发现，开始一段呈快速线性增长趋势，当施肥量到达 98kg/ha 左右时开始呈平缓趋势，线性关系不如开始，所以可以考虑做分段线性拟合，请读者自己尝试。

（3）对于钾肥产量模型，用分式有理函数模型进行拟合，先定义外部函数如下。

```
function fun=npkfun(x,ksh)
fun=ksh./(x(1).*ksh+x(2));                % 分式有理函数
end
```

主程序如下。

```
x0=[0.0,0.05];
x=lsqcurvefit('npkfun',x0,ksh,kch)
kch_theory=npkfun(x,ksh)
plot(ksh,kch,'+',ksh,kch_theory,'r')
```

执行程序后输出结果，参数估计值如下。

```
x =
    0.0222   0.6537
kch_theory =
```

```
     0   27.7194   34.2505   37.2620   38.9373   40.7982...
   41.7970   42.4202   42.8460   43.1554
```

即所求模型为：

$$y = \frac{x}{0.0222x + 0.6537}$$

在分式有理函数中，由于 $x = 0$，即施肥量为 0 时，预测产量为 0，这与实际有较大偏差，如补充定义 $x = 0$ 时分式函数值为对应实际产量值，则效果要好一些；当 $x \to \infty$ 时，y 的极限值为 45.045，与实际数据的极限产量比较接近，可见模型基本反映了数据的整体变化趋势，是可行的。

对生菜产量与施肥量的关系可以进行类似讨论，根据对数据的分析，选择合理的经验模型进行拟合，这里不再赘述。

14.2.6 物流中心选址问题

在一个现代物流系统中，配送中心的选择和设置起着非常重要的作用。配送中心是从供应者手中接受多种大量的货物，进行倒装、分类、保管、流通加工和情报处理等作业，然后按照众多需求者的订货要求备齐货物，以令人满意的服务水平进行配送。

现假设有一物流系统由 3 个生产基地，2 个物流配送中心和 4 个需求客户组成。其中 3 个生产基地的具体坐标 (a_1, b_1) 和生产能力如表 14-2 所示，4 个客户的坐标 (a_2, b_2) 和最低需求量如表 14-3 所示。

表 14-2　生产基地的位置与产能

项 目	基地位置 1	基地位置 2	基地位置 3
a_1/km	0	100	0
b_1/km	0	150	200
生成能力	300	350	500

表 14-3　客户的位置与最低需求量

项 目	客户 1	客户 2	客户 3	客户 4
a_2/km	200	250	300	250
b_2/km	0	50	200	320
需求量	200	150	300	320

如果从生产基地到物流配送中心以及从物流配送中心到客户的运输费与运输量和运输距离成正比，试确定使整个物流系统完成配送的总成本最小的两个配送中心的位置。

1. 问题分析

该问题要求选择最佳的配送中心位置和最佳运输方案使总费用最低，这是一个典型的最优化问题。根据题目描述，在一个物流系统中，货物应该从生产基地到配送中心，再由配送中心分发到各个客户，而不考虑厂家直接到客户的情形。

整个物流系统配送的总成本包括从生产基地到配送中心以及配送中心到客户的两部分运输费用的总和，已知运输费用等于运量和运输距离的乘积。

如果配送中心位置确定，则各生产基地和客户到配送中心的距离都是可计算的已知量，该问题的目标函数可以表示成以基地到中心以及中心到客户的运输量为决策变量的线性表达式。但由于配送中心的位置未定，所以配送中心的坐标也要视为决策变量，在目标函数中出现决策变量的乘积，这是非线性规划问题。约束条件需要考虑各个生产基地的输出量不应超过其产能，各配送中心到客户的运量不应低于其需求量，当然对每个配送中心，输入的量还应等于输出的量。

基于上述分析，做模型假设如下。

① 各基地生产的货物必须先经过物流配送中心配送后转运到客户，不考虑厂家直接运输到客户的情形。

② 两点之间运输距离假定为直线距离，配送中心的选址仅以物流系统总费用最小为目标，不考虑环境条件的限制，配送中心不能和生产基地或客户点重叠。

③ 从生产基地到物流配送中心以及从配送中心到客户的运输费与运输量和运输距离成正比，不妨用运输距离乘以运输量表示运输费用。

④ 问题中仅以运输费用总和作为目标，不考虑诸如储存费等其他费用。

2. 模型建立

基于以上假设，可以得到如下以整个物流系统的总运输费用最小为目标函数的非线性规划模型。

$$\min F = \sum_{i=1}^{3}\sum_{j=1}^{2} x_{ij}d_{ij} + \sum_{j=1}^{2}\sum_{k=1}^{4} y_{jk}\bar{d}_{jk}$$

$$\text{s.t.}\begin{cases} \sum_{j=1}^{2} x_{ij} \leqslant S_i, i=1,2,3 \\ \sum_{j=1}^{2} y_{jk} \geqslant D_k, k=1,2,\cdots,4 \\ \sum_{i=1}^{3} x_{ij} = \sum_{k=1}^{4} y_{jk}, j=1,2 \\ x_{ij} \geqslant 0, y_{jk} \geqslant 0 \end{cases}$$

其中，F 为物流系统总的配送成本，d_{ij} 表示从生产基地 i 到各物流配送中心 j 的距离；$\bar{d}_{jk}$ 表示从物流配送中心 j 到各需求客户 k 的距离；x_{ij} 表示从生产基地 i 到各物流配送中心 j 的运输量；y_{jk} 表示从物流配送中心 j 到各需求客户 k 的运输量；S_i 表示第 i 个生产基地的生产能力；D_k 表示第 k 个客户的需求量。

约束条件中，第一组约束条件表示各个生产基地输出货物量不超过其产能；第二组表示每个客户需求量约束；第三组是各配送中心输入输出的平衡约束，因为物流配送中心既不消耗物资又不生产物资，所以运入的量等于运出的量；最后是运输量的非负约束。

3. 模型求解

在 MATLAB 中进行模型求解，首先将决策变量 x_{ij} 存储为 $z_1 \sim z_6$、y_{jk} 存储为 $z_7 \sim z_{12}$，

另将(z_{15},z_{16})、(z_{17},z_{18})作为两个配送中心的坐标变量。

（1）定义非线性目标函数 center.m

```
function f=center(z)
a1=[0 100 0];                   % 生产基地坐标
b1=[0 150 200];
a2=[200 250 300 250];           % 客户坐标
b2=[0 50 200 320];
f1=0;                           % f1 是 3 个生产基地到物流中心 C1 的运费总额
f2=0;                           % f2 是 3 个生产基地到物流中心 C2 的运费总额
f3=0;                           % f3 是物流中心 C1 到 4 个客户地的运费总额
f4=0;                           % f4 是物流中心 C2 到 4 个客户地的运费总额

% z(1)~z(3)为 3 个生产基地往中心 C1 的运量，(z(15),z(16))为中心 C1 的位置
for i=1:3
    d(i)=sqrt((a1(i)-z(15))^2+(b1(i)-z(16))^2);
    f1=d(i)*z(i)+f1;
end
% z(4)~z(6)为 3 个生产基地往中心 C2 的运量，(z(17),z(18))为中心 C2 的位置
for i=4:6
    d(i)=sqrt((a1(i-3)-z(17))^2+(b1(i-3)-z(18))^2);
    f2=d(i)*z(i)+f2;
end
% z(7)~z(10)为中心 C1 到 4 个客户地的运量
for i=7:10
    d(i)=sqrt((a2(i-6)-z(15))^2+(b2(i-6)-z(16))^2);
    f3=d(i)*z(i)+f3;
end
% z(11)至 z(14)为中心 C2 到 4 个客户地的运量
for i=11:14
    d(i)=sqrt((a2(i-10)-z(17))^2+(b2(i-10)-z(18))^2);
    f4=d(i)*z(i)+f4;
end
f=f1+f2+f3+f4;
end
```

（2）编写主程序

```
clear
S=[300 350 500];                % 生产基地产量
D=[200 150 300 350] ;           % 客户需求量
w1=100*ones(1,14);
z0=[w1 50 50 100 100] ;         % 定义初值向量
a=[ 1 0 0 1 0 0 0 0 0 0 0 0 0 0 0 0 0 0;          % 产能约束
    0 1 0 0 1 0 0 0 0 0 0 0 0 0 0 0 0 0;
    0 0 1 0 0 1 0 0 0 0 0 0 0 0 0 0 0 0;
```

```
        0 0 0 0 0 0 -1 0 0 0 -1 0 0 0 0 0 0 0;          % 需求约束
        0 0 0 0 0 0 0 -1 0 0 0 -1 0 0 0 0 0 0;
        0 0 0 0 0 0 0 0 -1 0 0 0 -1 0 0 0 0 0;
        0 0 0 0 0 0 0 0 0 -1 0 0 0 -1 0 0 0 0];
b=[S';-D'];
Aeq=[1 1 1 0 0 0 -1 -1 -1 -1 0 0 0 0 0 0 0 0;         % 配送中心平衡约束
     0 0 0 1 1 1 0 0 0 0 -1 -1 -1 -1 0 0 0 0];
beq=[0;0];
vlb=[zeros(14,1);-inf;-inf;-inf;-inf];
vub=[];
% vlb 和 vub 中前 14 个变量表示运输量下限为 0,上限为空;后 4 个分量表示配送中心坐标在-∞
到+∞之间
[z,fval,exitflag]=fmincon('center',z0,a,b,Aeq,beq,vlb,vub)
```

(3) 求解结果

```
z =
  300.0000   50.0000    0.0000    0.0000  300.0000  320.0000  200.0000 ···
  150.0000    0.0000    0.0000    0.0000    0.0000  300.0000  320.0000 ···
  167.3792   14.1049  144.1877  202.1956
fval =
   2.4268e+05
```

由此可以得到各生产基地、配送中心和客户之间最佳的运输量,如表 14-4 所示;两个配送中心的最佳位置为 C_1(167.3792,14.1049)、C_2(144.1877,202.1956)。此时整个物流系统总的配送成本为 242680。

表 14-4 最佳运输量

配送中心	基地位置	基地位置	基地位置	客户	客户	客户	客户
中心 C_1	300	50	0	200	150	0	0
中心 C_2	0	300	320	0	0	300	320

4. 结果分析

(1) 在非线性规划求解中,其初值选取是很重要的,不同初值产生的最优解可能不同,在主程序中,前 14 个决策变量代表运输量,取其初值为 100,后 4 个代表配送中心坐标,初值定为(50,50)和(100,100),在求解过程中不断调整取值。如将运输量初值 100 改成 150、50、l0 等,最优解可能会发生改变,有时甚至不收敛,根据选取的初值获得结果,寻求一个更合理的最优解即可。

对于该问题,还有一种比较好的初值选取方法,是先设定两个配送中心坐标,将问题转化成线性规划求解,并将最优解连同设定坐标组成初值向量,如中心坐标取(200,100)、(150,200),求出对应线性规划问题的最优解,然后添上固定的中心坐标后构成初值 z_0,再利用非线性规划求出最优解。

(2) 为了直观反映配送中心的位置,在 MATLAB 中执行下面程序代码:

```
al=[0 100 0]; bl=[0 150 200];
```

```
a2=[200 250 300 250];b2=[0 50 200 320] ;
a3=[167.3792 14.1049];b3=[144.1877 202.1956];
plot(al,bl,'ro',a2,b2,'b*',a3,b3,'g+')
text(a3(1),b3(1),' Cl')
text(a3(2),b3(2),' C2')
legend('生成基地','客户坐标','物流中心')
```

输出结果如图 14-10 所示。

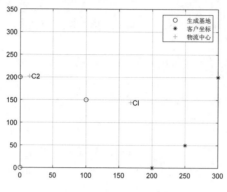

图 14-10　坐标位置

注：对非线性规划问题的求解，初值的选取很关键，一般情况下，应该先求出一个初步的最优解，并将其重新作为初值，继续求解。如果不同初值求出的最优解不同，应进行比较，找出最优值最小（最大）时对应的解作为问题的最优解。只有在反复试验对比中才能找到合适的最优解。

该问题属于配送中心不确定，根据总费用最小和最短直线距离来建立非线性优化模型。现实中配送中心的选取往往还会受到自然环境的限制，如果已经给出若干备选的中心地址，要在其中选择部分作为配送中心，则此时应建立 0-1 非线性混合规划问题。

14.3　本章小结

数学建模是理工科大学生必备的能力，在学习和工作过程中经常需要求解各种数学模型。本章简要介绍了如何使用 MATLAB 来求解数学模型问题，给出了常见模型的创建及求解方法。本章对 MATLAB 求解数学模型的学习起抛砖引玉的作用，想进一步深入学习 MATLAB 数学建模的读者，推荐选用李昕编著的《MATLAB 数学建模（第 2 版）》一书。

习　　题

1. 填空题

（1）数学模型是一种用_____、_____、_____、_____等对

实际问题本质属性的抽象而又简洁的描述，它或能解释某些客观现象，或能预测未来的发展规律，或能为控制某一现象的发展提供某种意义上的最优策略或较好策略。

（2）最优化理论中的三大非经典算法：_____、_____、_____。这些经典算法通常可以用来解决一些比较难的最优化问题。

（3）求两点间的最短路径或最短距离，常用_____算法或_____算法。

（4）最优化问题通常可以用数学规划算法来描述，并使用 Lindo、_____、_____等软件来求解。

2．计算与简答题

（1）阐述数学建模中常用的十大类算法，并通过参考书学会十大算法的基础理论。

（2）建筑工地的位置（用平面坐标 a,b 表示，距离单位为 km）及水泥日用量 $d(t)$ 如表 14-5 所示，其中有两个临时料场位于 P(5,1)、Q(2,7) 两点，日储量分别为 20t。试问从 A、B 两料场分别向各工地运送多少吨水泥，可以使总的吨公里数最小；两个新的料场应建在何处；可以节省的吨公里数有多大。

表 14-5　生产基地的位置与产能

项　　目	1	2	3	4	5	6
a/km	1.25	8.75	0.50	3.75	3.00	7.25
b/km	1.25	0.75	4.75	5.00	6.50	7.75
d/t	3	5	4	7	6	11

（3）某工厂计划用所拥有的三种资源生产代号为 A、B 的两种产品，原材料资源可供量为 90t，使用专用设备台时最多为 200 台时，劳动力 300 个。生产单位产品 A 需用原材料 2.5t，设备台时 4 台时和劳动力 3 个；生产单位产品 B 需用原料 1.5t，设备台时 5 台时和劳动力 10 个。扣除成本，每单位产品 A、B 分别可获利 7 万元和 12 万元，求一个生产计划，使获利最大。

（4）求图 14-11 从 v_0 到顶点 v_6、v_7 的最短路径。

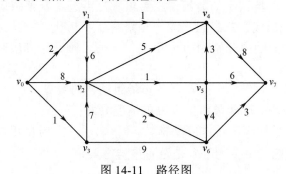

图 14-11　路径图

（5）某康复俱乐部对 20 名中年人测量了三个生理指标：体重、腰围、脉搏；三个训练指标：单杠、弯曲、跳高数据如表 14-6 所示。试用偏最小二乘回归建立由三个生理指标分别预测三个训练指标的回归模型。

表 14-6　体能训练数据表

序号	体重/0.5kg	腰围/cm	脉搏/(次/min)	单杠/(次/min)	弯曲/cm	跳高/cm
1	191	36	50	5	162	60
2	189	37	52	2	110	60
3	193	38	58	12	J01	101
4	162	35	62	12	105	37
5	189	35	46	13	155	58
6	182	36	56	4	101	42
7	211	38	56	8	101	38
8	167	34	60	6	125	40
9	176	31	74	15	200	40
10	154	33	56	17	251	250
11	169	34	50	17	120	38
12	166	33	52	13	210	115
13	154	34	64	14	215	105
14	247	46	50	50	50	50
15	193	36	46	6	70	31
16	202	37	62	12	210	120
17	176	37	54	4	60	25
18	157	32	52	11	230	80
19	156	33	54	15	225	73
20	138	33	68	2	110	43

（6）养殖场养殖一类动物最多三年（满三年的将送往市场卖掉），按一岁、两岁和三岁将其分为三个年龄组，一龄组是幼龄组，二龄组和三龄组是有繁殖后代能力的成年组。二龄组平均一年繁殖 4 个后代，三龄组平均一年繁殖 3 个后代。一龄组和二龄组动物能养殖成为下一年龄组动物的成功率分别为 0.5 和 0.25。假设刚开始养殖时有三个年龄组的动物各 1000 头。

问题①：求一年后、两年后、三年后各年龄组动物的数量。

问题②：五年后该场三个年龄组的动物的情况会怎样？

问题③：如果每年平均向市场供应动物数 $c=[s,s,s]^T$，考虑每年都必须保持有每一年龄组的动物的前提下，c 应取多少为好？是否有最佳方案？

第 15 章
信号处理应用

信号是现代工程中经常要处理的对象，其在通信、机械等领域有大量应用。在 MATLAB 中，信号处理功能集成在信号工具箱中，包含生成波形、设计滤波器、参数模型及频谱分析等多个常见功能。MATLAB 信号处理工具箱提供的函数主要用于处理信号与系统问题，并可对数字或离散的信号进行变换和滤波。工具箱为滤波器设计和谱分析提供了丰富的支持功能，通过信号处理工具箱的有关函数可以直接设计数字滤波器，也可以建立模拟原型并离散化。通过了解本章这些函数，可以很方便地进行各种信号处理。

学习目标：

（1）掌握产生信号的方法。

（2）熟练运用随机信号处理。

（3）掌握滤波器设计。

15.1　产生信号

15.1

在 MATLAB 中，信号主要分为连续信号和数字信号两种。连续信号是指时间和幅度连续的信号，也被称为模拟信号。相反，数字信号是指时间和幅度离散的信号。计算机只能处理数字信号，模拟信号必须经过采样和量化后变为数字信号才能够被计算机处理。

在信号工具箱中提供了多种产生信号的函数（如表 15-1 所示）。利用这些函数，可以很方便地产生多种常见信号。

表 15-1　工具箱中的信号产生函数

函 数 名	功　能	函 数 名	功　能
sawtooth	产生锯齿波或三角波信号	pulstran	产生脉冲串
square	产生方波信号	rectpuls	产生非周期的矩形波信号
sinc	产生 sinc 函数波形	tripuls	产生非周期的三角波信号
chirp	产生调频余弦信号	diric	产生 dirichlet 或周期 sinc 函数
gauspuls	产生高斯正弦脉冲信号	gmonopuls	产生高斯单脉冲信号
vco	电压控制振荡器	...	...

15.1.1　锯齿波、三角波和矩形波

1．锯齿波和三角波发生器 sawtooth()

```
x=sawtooth(t)              % 产生周期为 2π，幅值为 1 的锯齿波，采样时刻由向量 t 指定
x=sawtooth(t,xmax)         % 产生修正的三角波
```

其中，xmax 指定最大值出现的地方，其取值在 0 到 1 之间，将 xmax 设置为 0.5 以生成标准三角波。

锯齿波在 2π 的倍数处定义为–1，并且在所有其他时间以 $1/\pi$ 的斜率随时间线性增加。当 t 由 0 增大到 xmax×2π 时，函数值由–1 增大到 1，当 t 由 xmax×2π 增大到 2π 时，函数值由 1 减小到–1。

【例 15-1】生成锯齿波和三角波。

在编辑器窗口中输入以下程序。

```
t=0:.01:10;
y=sawtooth(2*pi*25*t,.5);
plot(t,y)
axis([0 0.25 -1.25 1.25])
grid on
```

运行程序，得到的锯齿波图形如图 15-1 所示。

2．非周期三角脉冲发生器 tripuls()

```
y=tripuls(t)           % 产生一个连续的、非周期的、单位高度的三角脉冲的采样
                       % 采样时刻由 t 指定，默认产生的是宽度为 1 的非对称三角脉冲
y=tripuls(t,w)         % 产生一个宽度为 w 的三角脉冲
y=tripuls(t,w,s)       % s 为三角波的斜度，满足-1<s<1，s 为 0 时产生一个对称的三角波
```

【例 15-2】生成非周期三角波。

在编辑器窗口中输入以下程序。

```
fs=1000;
t=-1:1/fs:1;
w=1;
x=tripuls(t,w);
plot(t,x)
axis([-1 1 -0.2 1.2])
grid on
```

运行程序，得到的三角波如图 15-2 所示。

3．非周期矩形波发生器 rectpuls()

```
y=rectpuls(t)     % 根据采样时间 t（以 t=0 为中心）返回连续、非周期性的单位高度矩形波
y=rectpuls(t,w)   % 生成宽度为 w 的矩形波
```

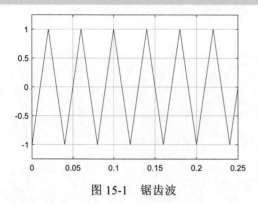

图 15-1 锯齿波

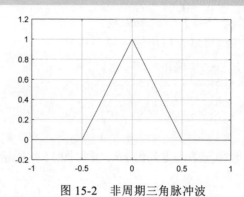

图 15-2 非周期三角脉冲波

【例 15-3】产生脉冲宽度为 0.4 的非周期矩形波。

在编辑器窗口中输入以下程序。

```
fs=1000;
t=-1:1/fs:1;
w=.4;
x=rectpuls(t,w);
plot(t,x)
axis([-0.65 0.65 -0.2 1.2])
grid on
```

运行程序，得到的矩形波如图 15-3 所示。

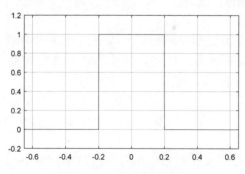

图 15-3 非周期矩形波

15.1.2 周期 sinc 波

在 MATLAB 中，使用 diric 命令可以创建周期 sinc 函数（又称为 dirichlet 函数）。diric 命令的调用格式为：

```
y=diric(x, n)        % 返回大小与 x 相同的矩阵，元素为 dirichlet 函数值
```

其中，参数 n 必须为正整数，该函数将 0 到 2π 等间隔地分成 n 等分。dirichlet 函数的定义是：

$$A = \begin{cases} \dfrac{\sin(nx/2)}{n\sin(x/2)}, & x \neq 2\pi k \\ (-1)^{k(N-1)}, & x = 2\pi k \end{cases} \quad k = 0, \pm 1, \pm 2, \pm 3, \cdots$$

【例 15-4】生成 sinc 波。

在编辑器窗口中输入以下程序。

```
x=0:0.1:6*pi;
y1=diric(x,3);
y2=diric(x,6);
plot(x,y1,'-k',x,y2,'-r')
grid on
```

运行程序，得到的 sinc 波如图 15-4 所示。

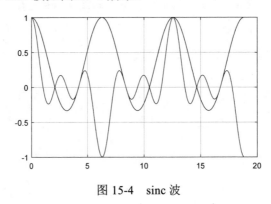

图 15-4　sinc 波

15.1.3　高斯调幅正弦波

在信号处理中，使载波的振幅按调制信号改变的方式叫调幅。高斯调幅正弦波是比较常见的调幅正弦波，通过高斯函数变换将正弦波的幅度进行调整。

在 MATLAB 中，gauspuls 提供高斯调幅正弦波信号的发生函数，其调用格式如下。

```
yi=gauspuls(t,fc,bw)          % 返回最大幅值为 1 的高斯函数调幅的正弦波采样
```

其中，中心频率为 fc，相对带宽为 bw，由数组 t 给定时间。bw 的值必须大于 0，默认 fc=1000Hz，bw=0.5。

```
yi=gauspuls(t,fc,bw,bwr)   % 相对于正常信号峰值下降-bwr，其相对带宽为 100*bw%
```

其中，bwr 指定可选的频带边缘处的参考水平，为负值，默认为-6dB。bwr 单位为 dB。

```
tc=gauspuls('cutoff',fc,bw,bwr,tpe)    % 返回包络相对峰值下降 tpe 时的时间 tc
```

其中，tpe 的值必须是负值，默认为-60dB。Tpe 的单位为 dB。

【例 15-5】生成一个中心频率为 50kHz 的高斯调幅正弦脉冲，其相对带宽 0.6。同时，在包络相对于峰值下降 40dB 时截断。

在编辑器窗口中输入以下程序。

```
tc=gauspuls('cutoff',50e3,0.6,[],-40);
t=-tc:1e-6:tc;
yi=gauspuls(t,50e3,0.6);
plot(t,yi)
grid on
```

运行程序，得到如图 15-5 所示的图形。

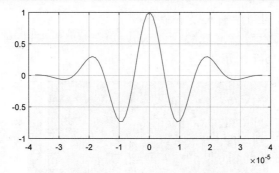

图 15-5 高斯调幅正弦波

15.1.4 调频信号

和调幅类似，使载波的频率按调制信号改变的方式被称为调频。调波后的频率变化由调制信号决定，同时调波的振幅保持不变。从波形上看，调频波像被压缩得不均匀的弹簧。

在 MATLAB 中，chirp 函数可以获得在设定频率范围内按照设定方式进行的扫频信号，其调用格式如下。

```
Y=chirp(T,F0,T1,F1)              % 产生一个频率随时间线性变化信号的采样
```

其中，时间轴的设置由数组 T 定义，时刻 0 的瞬时频率为 F0；时刻 T1 的瞬时频率为 F1。默认情况下，F0=0Hz，T1=1，F1=100Hz。

```
Y=chirp(T,F0,T1,F1,'method')     % method 指定改变扫频的方法
```

其中，method 可用的方法有 linear（线性调频）、quadratic（二次调频）、logarithmic（对数调频），默认为 linear。

```
Y=chirp(T,F0,T1,F1,'method',PHI) % PHI 指定信号的初始相位，默认值为 0
```

【例 15-6】以 500Hz 的采样频率在 3s 采样时间内生成一个起始时刻瞬时频率是 10Hz、5s 时瞬时频率为 50Hz 的线性调频信号，并画出其曲线图和光谱图。

在编辑器窗口中输入以下程序。

```
fs=500;
t=0:1/fs:3;
y=chirp(t,0,1,50);
plot(t(1:200),y(1:200));
grid
```

运行程序，得到如图 15-6 所示的图形。

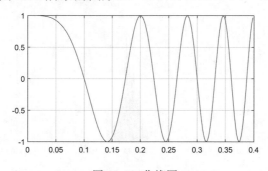

图 15-6 曲线图

在 MATLAB 命令行窗口中输入以下命令：

```
>> spectrogram(y,256,250,256,1E3,'yaxis')
```

得到的光谱图如图 15-7 所示。

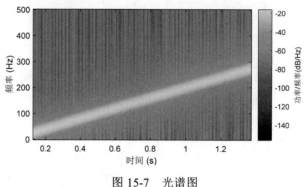

图 15-7　光谱图

15.1.5　高斯分布随机序列

在信号处理中，标准正态分布随机序列是重要序列。该序列可以由 randn 函数生成，其调用格式为：

```
Y=randn(m,n)    % 将生成 m 行 n 列、均值为 0、方差为 1 的标准正态分布的随机序列
```

下面将通过具体的示例来说明如何产生高斯分布随机序列。

【例 15-7】产生 500 个均值为 140、方差为 4.6 的正态分布的随机数，并画出其随机数发生频率分布图。

在编辑器窗口中输入以下程序。

```
m=140;
d=4.6;
Y=m+sqrt(d)*randn(1,500);
m1=mean(Y);
d1=var(Y);
x=120:0.1:160;
hist(Y,x)
grid on
```

运行程序，得到如图 15-8 所示的图形。

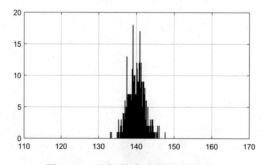

图 15-8　随机数发生频率分布图

15.2　随机信号处理

随机信号是信号处理的重要对象。在实际处理中，随机信号不能用已知的解析表达式来描述，通常使用统计学的方法来分析其重要属性和特点。下面将简单介绍随机信号的处理以及随机信号的谱估计。

15.2.1　随机信号的互相关函数

在信号分析中，自相关函数表示同一过程不同时刻的相互依赖关系，互相关函数描述随机信号 $X(t)$ 和 $Y(t)$ 在两个不同时刻 t_1、t_2 的取值之间的相关程度。

在 MATLAB 中，xcorr 函数是随机信号互相关估计函数，调用格式如下。

```
c=xcorr(x,y,maxlags,'option')
```

其中，参数 x、y 表示随机信号序列，其长度都为 N（$N>1$），如果两者长度不同，则短的用 0 补齐，使得两个信号长度一样。返回值 c 表示 x、y 的互相关函数估计序列。参数 maxlags 表示 x 与 y 之间的最大延迟。参数 option 指定互相关的归一化选项，可以是下面几个常见选项：

（1）biased：计算互相关函数的有偏互相关估计。

（2）unbiased：计算互相关函数的无偏互相关估计。

（3）coeff：系列归一化，使零延迟的自相关为 1。

（4）none：默认状态，函数执行非归一化计算相关。

【例 15-8】已知两个信号的表达式为 $x(t) = \cos(\pi f t)$，$y(t) = k\sin(3\pi f t + \omega)$，其中，$f$ 为 20Hz，k 为 5，ω 为 $\dfrac{\pi}{2}$。求这两个信号的自相关函数 $R_x(\tau)$、$R_y(\tau)$ 以及互相关函数 $R_{xy}(\tau)$。

在编辑器窗口中输入以下程序。

```
clear
Fs=2000;
N=2000;
n=0:N-1;
t=n/Fs;
Lag=200;
f=20;
k=5;
w=pi/2;
x=cos(pi*f*t);
y=k*sin(3*pi*f*t+w);
[cx,lagsx]=xcorr(x,Lag,'unbiased');
[cy,lagsy]=xcorr(y,Lag,'unbiased');
[c,lags]=xcorr(x,y,Lag,'unbiased');
subplot(311);plot(lagsx/Fs,cx,'r');
```

```
xlabel('t');ylabel('Rx(t)');
title('信号 x 自相关函数'); grid;
subplot(312);plot(lagsy/Fs,cy,'b');
xlabel('t');ylabel('Ry(t)');
title('信号 y 自相关函数'); grid;
subplot(313);plot(lags/Fs,c,'r');
xlabel('t');ylabel('Rxy(t)');
title('互相关函数');grid;
```

运行程序，得到如图 15-9 所示的图形。

提　示

可以修改上面两个信号的频率、振幅等参数来查看相关系数的变动情况。

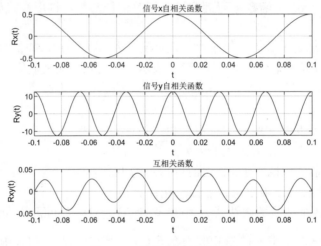

图 15-9　信号相关函数图形

15.2.2　随机信号的互协方差函数

在信号处理中，互协方差是两个信号间相似性的度量，也称为"互相关"。互协方差用于通过与已知信号比较来寻找未知信号。从表达式角度，互协方差函数是信号之间相对于时间的函数。

从本质上讲，互协方差类似于两个函数的卷积。两个随机信号 $X(t)$ 和 $Y(t)$ 的互协方差函数的表达式如下。

$$
\begin{aligned}
C_{xy}(t_1,t_2) &= E([X(t_1)-m_x(t_1)][Y(t_2)-m_y(t_2)]) \\
&= E[X(t_1)Y(t_2)]-m_x(t_1)E[Y(t_2)]-m_y(t_2)E[X(t_1)]+m_x(t_1)m_y(t_2) \\
&= E[X(t_1)Y(t_2)]-m_x(t_1)m_y(t_2) \\
&= R_{xy}(t_1,t_2)-m_x(t_1)m_y(t_2)
\end{aligned}
$$

在这个表达式中，$m_x(t)$ 和 $m_y(t)$ 分别表示两个随机信号的均值。

在 MATLAB 中，xcov 函数是互协方差估计函数，调用格式如下。

```
[c,lags]=xcov(x,y,maxlags,'option')
```

该表达式中参数的含义与函数 xcorr 的含义类似。

【例 15-9】估计一个正态分布白噪声信号 x 的自协方差 $cx(n)$，假设最大延迟设置为 50。在编辑器窗口中输入以下程序。

```
x=randn(1,600);
[cov_x,lags]=xcov(x,50,'coeff');
stem(lags,cov_x)
```

运行程序，得到如图 15-10 所示的图形。

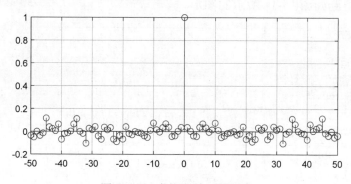

图 15-10　自协方差函数图形

15.2.3　谱分析函数

由于随机信号没有对应的解析表达式，但是存在相关函数。对于平稳信号，相关函数的傅里叶变换函数就是功率谱密度函数。功率谱反映了单位频带内随机信号功率的大小。

在 MATLAB 中，最常用的功率谱函数是 pwelch，其调用格式如下。

```
Pxx=pwelch(X,NFFT,Fs,WINDOW)     % 使用 Welch 平均周期图法返回信号 X 的功率谱密度估计
```

其中，各段 NFFT 点 DFT 的幅值平方的平均值即为 Pxx。Pxx 的长度如下确定：当 NFFT 为偶数时，其值为 NFFT/2+1；当 NFFT 为奇数时，其值为(NFFT+1)/2；当 NFFT 为复数时，其值为 NFFT。当 WINDOW 为一个数值 n 时，则采用 n 点长的海明窗加窗。

```
[Pxx, F]=pwelch(X,NFFT,Fs,WINDOW,NOVERLAP)
```

返回由频率点组成的向量 F，Pxx 为点上的估值，X 在分段时，相邻两段有 NOVERLAP 点重叠。

```
[Pxx, Pxxc, F]=pwelch(X,NFFT,Fs,WINDOW,NOVERLAP,P)
```

返回 Pxx 的 P×100%置信区间 Pxxc，其中参数 P 在 0～1 间取值。

【例 15-10】采用采样频率为 2000Hz、长度为 1024 点、相邻两段重叠点数为 512、窗函数为默认值的 Welch 方法对信号 $x(t) = k \cos \pi f_1 t + \sin 3\pi f_2 t + n(t)$ 进行功率谱估计，其中 $n(t)$ 正态分布白噪声，f_1=30Hz，f_2=40Hz，k=5。

在编辑器窗口中输入以下程序。

```
clear
fs=2000;                  % 采样频率
t=0:1/fs:1;
```

```
f1=30;
f2=40;
k=5;
x=k*cos(pi*f1*t)+sin(3*pi*f2*t)+randn(1,length(t));
[p,f]=pwelch(x,1024,1000,[],512);
plot(f,10*log10(p/(2048/2)));
xlabel('freq(Hz)'); ylabel('PSD');
grid on
```

运行程序，得到如图 15-11 所示的图形。

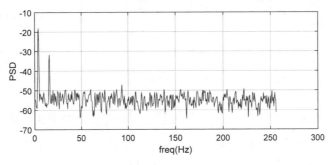

图 15-11　功率估计图形

【例 15-11】估计信号 $x(t)=\sin3\pi f_1 t+k\times\sin\pi f_2 t+n(t)$ 的功率谱密度，显示双边 PSD。采样频率为 200Hz，窗口长度为 100 点，相邻两段重叠点数为 65，FFT 长度为默认值，其中 $n(t)$ 正态分布白噪声，$f_1=100$Hz，$f_2=200$Hz，$k=3$。

在编辑器窗口中输入以下程序。

```
clear
fs=200;
t=0:1/fs:1;
f1=100;
f2=200;
k=3;
x=sin(3*pi*f1*t)+k*sin(pi*f2*t)+randn(1,length(t));
pwelch(x,100,65,[],fs,'twosided')
```

运行程序，得到如图 15-12 所示的图形。

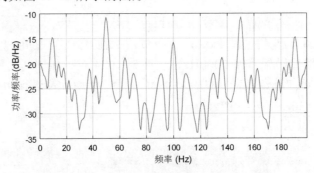

图 15-12　pwelch 函数功率谱密度估计图形

15.3　模拟滤波器设计

在信号领域，滤波器是非常重要的工具，主要功能是区分不同频率的信号，实现各种模拟信号的处理。使用滤波器可以对特定频率之外的频率进行有效滤除。

下面主要介绍两种常用的模拟滤波器，即巴特沃斯滤波器和切比雪夫滤波器，并对这两种滤波器的特点和功能进行讲解。

15.3.1　巴特沃斯滤波器

在信号领域中，巴特沃斯（Butterworth）滤波器的主要特性是，无论通带与阻带如何，它都随频率单调变化。巴特沃斯低通滤波器原型的平方幅频响应函数如下。

$$\left|H(\mathrm{j}\omega)\right|^2 = A(\omega^2) = \cfrac{1}{1+\left(\cfrac{\omega}{\omega_c}\right)^{2N}}$$

在这个表达式中，参数 ω_c 表示滤波器的截止频率，N 表示滤波器的阶数。N 越大，通带和阻带的近似性越好。巴特沃斯滤波器有以下特点：

当 $\omega = \omega_c$ 时，$A(\omega^2)/A(0) = 1/2$，幅度衰减 $1/\sqrt{2}$，相当于 3dB 衰减点。

当 $\omega/\omega_c < 1$ 时，$A(\omega^2)$ 有平坦的幅度特性，相应 $(\omega/\omega_c)^{2N}$ 随 N 的增加而趋于 0，$A(\omega^2)$ 趋于 1。

当 $\omega/\omega_c > 1$ 时，即在过渡带和阻带中 $A(\omega^2)$ 单调减小，因为 $\omega/\omega_c >> 1$，所以 $A(\omega^2)$ 快速下降。

在 MATLAB 中，巴特沃斯模拟低通滤波器函数调用格式如下。

```
[Z,P,K]=buttap(N)
```

函数返回 N 阶低通模拟滤波器原型的极点和增益。参数 N 表示巴特沃斯滤波器的阶数；参数 Z、P、K 分别为滤波器的零点、极点、增益。

【例 15-12】绘制 5 阶和 13 阶巴特沃斯低通滤波器的平方幅频响应曲线。

在编辑器窗口中输入以下程序。

```
clear
n=0:0.05:3;
N1=5;
N2=13;
[z1,p1,k1]=buttap(N1);
[z2,p2,k2]=buttap(N2);
[b1,a1]=zp2tf(z1,p1,k1);
[b2,a2]=zp2tf(z2,p2,k2);
[H1,w1]=freqs(b1,a1,n);
[H2,w2]=freqs(b2,a2,n);
magH1=(abs(H1)).^2;
```

```
magH2=(abs(H2)).^2;
plot(w1,magH1,'-k',w2,magH2,'-r');
axis([0 2.5 -0.2 1.2]);
grid
```

运行程序，得到如图 15-13 所示的图形。

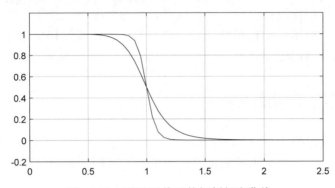

图 15-13　不同 N 值下的幅频相应曲线

15.3.2　切比雪夫 I 型滤波器

巴特沃斯滤波器虽然具有前面介绍的特点，但是在实际应用中并不经济。为了克服这一缺点，在实际应用中采用了切比雪夫滤波器。切比雪夫滤波器的 $H(j\omega)^2$ 在通带范围内是等幅起伏的，在通常的内衰减要求下，其阶数较巴特沃斯滤波器要小。

切比雪夫 I 型滤波器的平方幅频响应函数如下。

$$\left|H(j\omega)\right|^2 = A(\omega^2) = \frac{1}{1+\varepsilon^2 C_N^2\left(\dfrac{\omega}{\omega_c}\right)}$$

在这个表达式中，参数 ε 是小于 1 的正数，表示通带内幅频波纹情况；ω_c 是截止频率，N 是多项式 $C_N\left(\dfrac{\omega}{\omega_c}\right)$ 的阶数，其中 $C_N\left(\dfrac{\omega}{\omega_c}\right)=\begin{cases}\cos(N\cos'(x))\\\cos(N\cosh'(x))\end{cases}$。

在 MATLAB 中，利用 cheb1ap 函数调用切比雪夫 I 型滤波器，其调用格式如下。

```
[Z, P, K]=cheb1ap(N,Rp)
```

参数 N 表示阶数；参数 Z、P、K 分别为滤波器的零点、极点、增益；Rp 为通带波纹。

【例 15-13】绘制 7 阶切比雪夫 I 型模拟低通滤波器原型的平方幅频响应曲线。

在编辑器窗口中输入以下程序。

```
clear
n=0:0.01:2;
N=7;
Rp=0.7;
[z,p,k]=cheb1ap(N,Rp);
[b,a]=zp2tf(z,p,k);
[H,w]=freqs(b,a,n);
```

```
magH=(abs(H)).^2;
plot(w,magH);
xlabel('w/wc');ylabel('|H(jw)|^2')
axis([0 2 -0.2 1.2]);
grid
```

运行程序，得到如图 15-14 所示的图形。

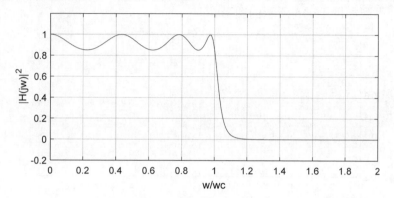

图 15-14　7 阶切比雪夫 I 型模拟低通滤波的平方幅频响应曲线

15.3.3　切比雪夫 II 型滤波器

在信号领域中，切比雪夫 II 型滤波器的平方幅频响应函数如下。

$$\left|H(j\omega)\right|^2 = A(\omega^2) = \frac{1}{\left[1 + \varepsilon^2 C_N^2\left(\dfrac{\omega}{\omega_c}\right)\right]^{-1}}$$

在这个表达式中，参数 ε 是小于 1 的正数，表示阻带内幅频波纹情况；ω_c 是截止频率，N 为多项式 $C_N\left(\dfrac{\omega}{\omega_c}\right)$ 的阶数，其中 $C_N(x) = \begin{cases} \cos(N\cos''(x)) \\ \cos(N\cosh''(x)) \end{cases}$。

在 MATLAB 中，调用切比雪夫 II 型滤波器的命令为：

```
[Z, P, K]=cheb2ap(N,Rs)
```

其中，参数 N 为阶数；参数 Z、P、K 分别为滤波器的零点、极点、增益；Rs 为阻带波纹。

【例 15-14】画出 12 阶切比雪夫 II 型模拟低通滤波器原型的平方幅频响应曲线。

在编辑器窗口中输入以下程序。

```
clear
n=0:0.001:2.5;
N=12;
Rs=9;
[z,p,k]=cheb2ap(N,Rs);
[b,a]=zp2tf(z,p,k);
[H,w]=freqs(b,a,n);
```

```
magH=(abs(H)).^2;
plot(w,magH);
axis([0.4 2.5 0 1.1]);
xlabel('w/wc');ylabel('|H(jw)|^2')
axis([0 2 -0.2 1.2]);
grid on
```

运行程序，得到如图 15-15 所示的图形。

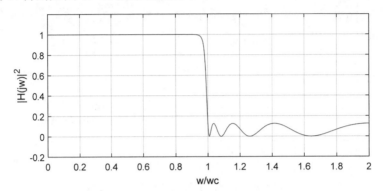

图 15-15   12 阶切比雪夫Ⅱ型模拟低通滤波的平方幅频响应曲线

15.4   IIR 数字滤波器设计

15.4

数字滤波器在通信、图像、航天和军事等许多领域都有着广泛的应用。使用 MATLAB 信号处理工具箱可以很方便地求解数字滤波器问题，同时还可以十分便捷地在图形化界面上编辑和修改数字滤波。在 MATLAB 中有许多自带的 IIR 数字滤波器设计函数，下面介绍这些设计函数。

15.4.1   巴特沃斯数字滤波器设计

在 MATLAB 中，butter 函数可以用来设计巴特沃斯数字滤波器。

（1）数字滤波器设计的 butter 函数调用格式如下。

```
[b,a]=butter(n,Wn)              % 设计截止频率为 Wn 的 n 阶低通滤波器
```

返回滤波器系数向量 **a**、**b** 的长度为 $n+1$，这些系数按 z 的降幂排列为：

$$H(z)=\frac{B(z)}{A(z)}=\frac{b(1)+b(2)z^{-1}+\cdots+b(n+1)z^{-n}}{a(1)+a(2)z^{-1}+\cdots+a(n+1)z^{-n}}$$

归一化截止频率 Wn 取值在[0 1]之间，这里 1 对应内奎斯特频率。如果 Wn 是二元向量，如 $W_n=[w_1\ w_2]$，那么 butter 函数返回带通为 $w_1<\omega<w_2$、阶数为 $2n$ 的带通数字滤波器。

```
[b,a]=butter(n,Wn,'ftype')      % 设计截止频率为 Wn 的高通或者带通数字滤波器
```

其中，'ftype'为滤波器类型参数，'high'为高通滤波器，'stop'为带阻滤波器。

```
[z,p,k]=butter(n,Wn)
```

```
[z,p,k]=butter(n,Wn,'ftype')
```

上述两种格式为 butter 函数的零极点形式，返回零点和极点的 n 列向量 z、p，以及增益标量 k。

```
[A,B,C,D]=butter(n,Wn)
[A,B,C,D]=butter(n,Wn,'ftype')
```

上述两种格式为 butter 函数的状态空间形式。其中，A、B、C、D 的关系如下。

$$\boldsymbol{x}[n+1] = A\boldsymbol{x}(n) + B\boldsymbol{u}(n)$$
$$\boldsymbol{y}[n] = C\boldsymbol{x}(n) + D\boldsymbol{u}(n)$$

在以上表达式中，$\boldsymbol{u}$ 表示输入向量，$\boldsymbol{y}$ 表示输出向量，$\boldsymbol{x}$ 是状态向量。

（2）模拟滤波器设计的 butter 函数调用格式只需要在格式后加's'即可。如

```
[b,a]=butter(n,Wn,'s')
```

【例 15-15】设计 17 阶的巴特沃斯高通滤波器，采样频率为 1500Hz，截止频率为 200Hz，并画出滤波器频率响应曲线。

在编辑器窗口中输入以下程序。

```
N=17;
Wn=200/700;
[b,a]=butter(N,Wn,'high');
freqz(b,a,128,1500)
```

运行程序，得到如图 15-16 所示的图形。

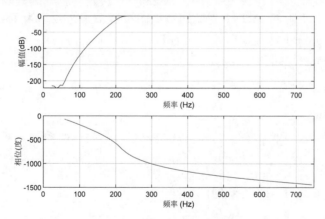

图 15-16　巴特沃斯高通滤波器频率响应曲线

15.4.2　切比雪夫 I 型数字滤波器设计

在 MATLAB 中，cheby1 函数可以用来设计 4 类切比雪夫 I 型数字滤波器。它的特性就是通带内等波纹，阻带内单调。数字滤波器设计的 cheby1 函数调用格式如下。

```
[b,a]=cheby1(n,Rp,Wn)          % 设计 n 阶切比雪夫低通滤波器
```

其中，截止频率为 Wn、通带波纹为 Rp（dB）。返回滤波器系数向量 $\boldsymbol{a}$、$\boldsymbol{b}$ 的长度为 $n+1$，这些系数按 z 的降幂排列为：

$$H(z) = \frac{B(z)}{A(z)} = \frac{b(1) + b(2)z^{-1} + \cdots + b(n+1)z^{-n}}{a(1) + a(2)z^{-1} + \cdots + a(n+1)z^{-n}}$$

归一化截止频率是滤波器的幅度响应为–Rp（dB）时的频率，对于 cheby1 函数来说，归一化截止频率 W_n 取值在[0 1]之间，这里 1 对应内奎斯特频率。如果 W_n 是二元向量，如 $W_n=[w_1\ w_2]$，那么 cheby1 函数返回带通为 $w_1<\omega<w_2$、阶数为 $2\times n$ 的带通数字滤波器。

```
[b,a]=cheby1(n,Rp,Wn,'ftype')        % 设计高通或者带通数字滤波器
```

其中，ftype 为滤波器类型参数；high 为高通滤波器，stop 为带阻滤波器。对于带阻滤波器，如果 W_n 是二元向量，如 $W_n=[w1\ w2]$，则返回带通为 $w1<\omega<w2$、阶数为 $2n$ 的带通数字滤波器。

```
[z,p,k]=cheby1(n,Rp,Wn)
[z,p,k]=cheby1(n,Rp,Wn,'ftype')
```

上述两种格式为 cheby1 函数的零极点形式，其返回零点和极点的 n 列向量 z、p，以及增益标量 k。

```
[A,B,C,D]=cheby1(n,Rp,Wn)
[A,B,C,D]=cheby1(n,Rp,Wn,'ftype')
```

上述两种格式为 cheby1 函数的状态空间形式。其中，A、B、C、D 的关系如下。

$$x[n+1]=Ax(n)+Bu(n)$$
$$y[n]=Cx(n)+Du(n)$$

在以上表达式中，参数 u 表示输入向量，y 表示输出向量，x 是状态向量。

模拟滤波器设计的 cheby1 函数调用格式只需要在格式后加's'即可。如

```
[b,a]=cheby1(n,Rp,Wn,'s')
```

【例 15-16】设计 11 阶的 cheby1 型低通数字滤波器，采样频率为 1500Hz，Rp=0.8dB，截止频率为 500Hz，并画出滤波器频率响应曲线。

在编辑器窗口中输入以下程序。

```
N=11;
Wn=500/700;
Rp=0.8;
[b,a]=cheby1(N,Rp,Wn);              % 切比雪夫 I 型低通数字滤波器函数
freqz(b,a,512,1500);
axis([0 700 -300 50]);
```

运行程序，得到如图 15-17 所示的图形。

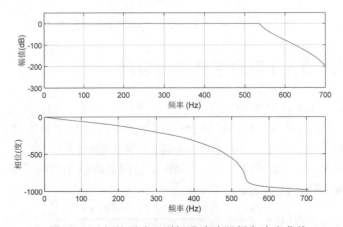

图 15-17　切比雪夫 I 型低通滤波器频率响应曲线

15.4.3 切比雪夫 II 型数字滤波器设计

在 MATLAB 中，cheby2 函数可以用来设计切比雪夫 II 型数字滤波器。它的特性就是通带内单调，阻带内等波纹。数字滤波器设计的 cheby2 函数调用格式如下。

```
[b,a]=cheby2(n,Rs,Wn)
[b,a]=cheby2(n,Rs,Wn,'ftype')
[z,p,k]=cheby2(n,Rs,Wn)
[z,p,k]=cheby2(n,Rs,Wn,'ftype')
[A,B,C,D]=cheby2(n,Rs,Wn)
[A,B,C,D]=cheby2(n,Rs,Wn,'ftype')
```

数字滤波器设计 cheby2 函数的用法参见 cheby1 函数。模拟滤波器设计的 cheby2 函数调用格式只需要在格式后加's'即可。如

```
[b,a]=cheby2(n,Rs,Wn,'s')
```

【例 15-17】设计 9 阶的 cheby2 型低通数字滤波器，采样频率为 1500Hz，Rs=25dB，截止频率为 400Hz，并画出滤波器频率响应曲线。

在编辑器窗口中输入以下程序。

```
clear,clf
N=9;
Wn=400/700;
Rs=25;
[b,a]=cheby2(N,Rs,Wn);
freqz(b,a,512,1500);
axis([0 700 -80 50])
```

运行程序，得到如图 15-18 所示的图形。

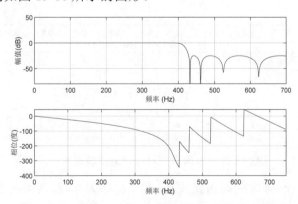

图 15-18 切比雪夫 II 型低通滤波器频率响应曲线

15.5 FIR 滤波器

15.5

IIR 滤波器一般是利用模拟滤波器已经发展成熟的理论进行设计的，但其在设计中基本

不考虑相位频率特性。相比之下，FIR 滤波器具有线性相位特性、稳定性好等优势。因此 FIR 滤波器的阶次一般要比 IIR 滤波器的阶次高出很多。

FIR 滤波器的设计方法很多，下面主要介绍使用窗函数法和约束最小二乘法进行 FIR 滤波器设计的 MATLAB 实现方法。

15.5.1　窗函数法 FIR 滤波器设计

窗函数法 FIR 滤波器设计的主要实现函数为 fir1，其语法格式如下。

```
b=fir1(n,Wn)
b=fir1(n,Wn,'ftype')
b=fir1(n,Wn,window)
b=fir1(n,Wn,'ftype',window)
b=fir1(___,'normalization')
```

其中，n 为滤波器阶次；Wn 为归一化截止频率；ftype 为滤波器类型；window 为窗口类型，默认为海明窗；normalization 用来设置是否对设计的响应进行归一化操作。

【例 15-18】设计一个 48 阶带通 FIR 滤波器，其通带频率范围为 $0.35 \leqslant \omega \leqslant 0.65$。在编辑器窗口中输入以下程序。

```
clear,clf
b=fir1(48,[0.35 0.65]);
freqz(b,1,512)
```

程序运行结果如图 15-19 所示，可以看到，在通带范围内，其相位角是线性的。

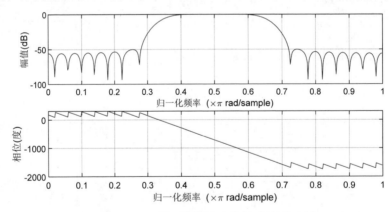

图 15-19　窗函数法设计带通滤波器示例

【例 15-19】设计一个 34 阶的高通滤波器，截止频率为 0.48，采用的窗函数为 Chebyshev。在编辑器窗口中输入以下程序。

```
clear,clf
b=fir1(34,0.48,'high',chebwin(35,30));
freqz(b,1,512)
```

运行结果如图 15-20 所示，可以看到，在通带范围内，其相位角是线性的。

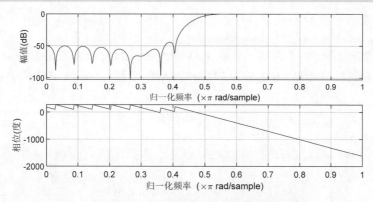

图 15-20　窗函数法设计高通滤波器示例

使用 fir1 函数设计 FIR 滤波器为窗函数法设计 FIR 滤波器的标准方法，除此之外，还可以使用凯塞窗设计非标准设计方法的 FIR 滤波器。

【例 15-20】设计一个低通滤波器，其通带截止频率为 1kHz，阻带频率从 1500Hz 开始，在通带内的波动不超过 5%，在阻带内的衰减至少为 40dB。

在编辑器窗口中输入以下程序。

```
fsamp=8000;
fcuts=[1000 1500];
mags=[1 0];
devs=[0.05 0.01];
[n,Wn,beta,ftype]=kaiserord(fcuts,mags,devs,fsamp);
hh=fir1(n,Wn,ftype,kaiser(n+1,beta),'noscale');
freqz(hh)
```

程序运行结果如图 15-21 所示。

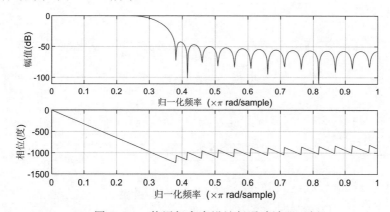

图 15-21　使用凯塞窗设计低通滤波器示例

15.5.2　约束最小二乘法 FIR 滤波器设计

MATLAB 信号处理工具箱提供了两个函数 fircls 和 fircls1 来进行约束最小二乘法 FIR 滤波器设计。其中，fircls 函数的调动格式如下。

```
b=fircls(n,f,amp,up,lo)
fircls(n,f,amp,up,lo,'design_flag')
```

其中，n 为滤波器阶次；f 为归一化频率向量；amp 为设计相应幅值向量；up 和 lo 分别为在频带上的响应幅值边界；b 为输出的滤波器结构数据；design_flag 提供检测滤波器设计结果的途径。下面举例说明。

【例 15-21】设计一个阻带频率范围为 $0.3 \leq \omega \leq 0.6$ 的带阻滤波器。

在编辑器窗口中输入以下程序。

```
n=150;
f=[0 0.3 0.7 1];
a=[1 0 1];
up=[1.02 0.01 1.02];
lo=[0.98 -0.01 0.98];
b=fircls(n,f,a,up,lo,'both');
freqz(b)
```

运行结果如图 15-22、图 15-23 所示。

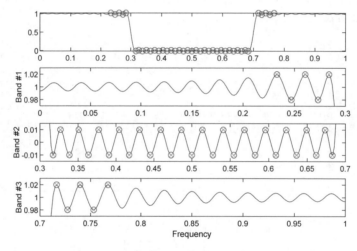

图 15-22　频带显示

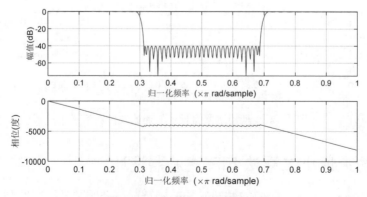

图 15-23　幅值和相位的响应情况

15.5.3　其他设计方法

MATLAB 还提供了其他方法进行 FIR 滤波器的设计，下面介绍一种设计任意响应滤波器的方法。

【例 15-22】使用 cfirpm 函数设计一个任意响应的滤波器。

在编辑器窗口中输入以下程序。

```
b=cfirpm(38,[-1 -0.5 -0.4 0.3 0.4 0.8], [5 1 2 2 2 1], [1 10 5]);
fvtool(b)
```

程序运行结果如图 15-24 所示。

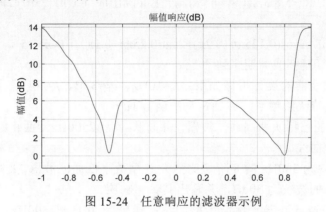

图 15-24　任意响应的滤波器示例

15.6　本章小结

本章简要介绍了如何使用 MATLAB 的信号处理工具来处理数字信号，包括信号的创建、随机信号的处理等，并讲解了模拟滤波器和数字滤波器的应用和设计。本章对 MATLAB 信号处理的学习起到抛砖引玉的作用，想进一步深入学习 MATLAB 信号处理的读者，推荐选用沈再阳编著的《MATLAB 信号处理（第 2 版）》一书。

习　　题

1．填空题

（1）在 MATLAB 中，信号主要分为_____和_____两种。_____是指时间和幅度连续的信号，也被称为_____。相反，_____是指时间和幅度离散的信号。

（2）在信号处理中，_____是两个信号间相似性的度量，用于通过与已知信号比较来寻找未知信号。

（3）使用滤波器可以对特定频率之外的频率进行有效滤除。本书介绍的两种常用模拟滤波器为_____和_____。

（4）FIR 滤波器的设计方法很多，本书主要介绍使用_____和_____进行 FIR 滤波器设计的 MATLAB 实现方法。

（5）函数 chirp 的功能为：_____。

函数 cheby1 的功能为：_____。

函数 fircls 的功能为：_____。

函数 pwelch 的功能为：_____。

2．计算与简答题

（1）阐述 IIR 数字滤波器与 FIR 滤波器的特点及异同。

（2）设 $x(n)=\{1,-2,7,6,-5,8,3,2\}(-4 \leqslant n \leqslant 3)$，产生并画出序列 $x(n)=3x(n+2)+x(n-1)-2x(n)$ 的样本（用 stem 作图）。

（3）产生序列 $x(n)=3\cos(0.125\pi n+0.2\pi)+2\sin(0.25\pi n+0.1\pi)$ （$0 \leqslant n \leqslant 15$），以 $N_1=4$、$N_2=10$、$N_3=16$ 和 $N_4=20$ 为周期延拓成周期序列。

（4）某一低通滤波器的设计指标如下：$f_p=10Hz$、$\alpha_p=3dB$、$f_s=10Hz$、$\alpha_s=40dB$，采样频率为 200Hz，采用巴特沃斯频率响应确定系统函数 $H(z)$。

（5）设计 17 阶的巴特沃斯高通滤波器，采样频率为 2500Hz，截止频率为 250Hz，并画出滤波器频率响应曲线。

（6）设计截止频率为 300Hz 的 8 阶切比雪夫 II 型数字低通滤波器，采样频率为 1000Hz，其中滤波器在阻带内的波纹为 30dB，并画出其频率响应。

（7）设计一个低通滤波器，性能指标如下：通带为 0Hz～1500Hz，阻带截止频率为 2000Hz，通带波动 1%，阻带波动 10%，采样频率为 8000Hz。

第 16 章

图像处理应用

MATLAB 提供了一套全方位的标准算法和图形工具，可用于图像处理、分析、可视化和算法开发，可进行图像增强、图像去模糊、特征检测、降噪、图像分割、空间转换和图像配准。

图像处理工具箱支持多种多样的图像类型，包括高动态范围、千兆像素分辨率、ICC 兼容色彩和断层扫描图像。图形工具可用于探索图像、检查像素区域、调节对比度、创建轮廓或柱状图以及操作感兴趣区域（ROI）。工具箱算法可用于还原退化的图像、检查和测量特征、分析形状和纹理以及调节图像的色彩平衡。

学习目标：

（1）理解图像处理的基本概念。

（2）掌握基本的图像显示操作。

（3）熟悉图像的灰度变换。

16.1 图像类型

16.1

根据图像类型的不同，在 MATLAB 中图像对应的矩阵类型和处理方式也不同。本节介绍 MATLAB 常见的几种图像类型以及处理特点。这是操作和分析图像的基础，不同的图像类型以及对应的矩阵会有不同的操作和分析。

16.1.1 真彩色图像

在真彩色图像中，通过 R、G、B 三个分量表示一个像素的颜色。读取图像中某处的像素值时，可查看对应的三元数据。真彩色图像可用双精度存储，亮度值范围是[0,1]；比较符合习惯的存储方法是用无符号整型存储，亮度值范围为[0,255]。图 16-1 所示为典型的双精度 RGB 图及其调色板矩阵。

图 16-1　典型的 RGB 图及其调色板矩阵

16.1.2　索引色图像

索引色图像包含调色板与图像数据矩阵两个结构。调色板是一个有 3 列和若干行的色彩映象矩阵，矩阵每行代表一种颜色，3 列分别代表红、绿、蓝色强度的双精度数。常用颜色的 RGB 值如表 16-1 所示。

> **注意：**
> MATLAB 中的调色板色彩强度为[0,1]，0 代表最暗，1 代表最亮。

表 16-1　常用颜色的 RGB 值

颜　色	R	G	B	颜　色	R	G	B
黑	0	0	1	洋红	1	0	1
白	1	1	1	青蓝	0	1	1
红	1	0	0	天蓝	0.67	0	1
绿	0	1	0	橘黄	1	0.5	0
蓝	0	0	1	深红	0.5	0	0
黄	1	1	0	灰	0.5	0.5	0.5

产生标准调色板的函数如表 16-2 所示。

表 16-2　产生标准调色板的函数

函数名	调　色　板	函数名	调　色　板
hsv	色彩饱和度，以红色开始，并以红色结束	bone	带蓝色的灰度
hot	黑色－红色－黄色－白色	jet	HSV 的一种变形，以蓝色开始，以蓝色结束
cool	青蓝和洋红的色度	copper	线型铜色度
pink	粉红的色度	prim	三棱镜，交替为红、橘黄、黄、绿和天蓝
gray	线型灰度	flag	交替为红、白、蓝和黑

默认情况下，调用上述函数会产生一个 64×3 的调色板，用户也可指定调色板大小。

索引色图像数据也有 double 和 uint8 两种类型。当图像数据为 double 类型时，值 1 代表调色板中的第 1 行，值 2 代表第 2 行。如果图像数据为 uint8 类型，0 代表调色板的第 1 行，1 代表调色板的第 2 行。图 16-2 显示了索引图的像素值与调色板矩阵的映射关系。其中，图像的像素用整型数据标识，这个整数将作为存储在颜色映射表中的颜色数据的指针。

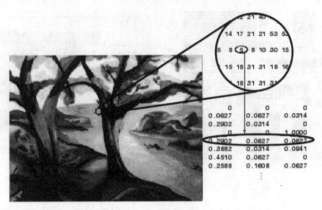

图 16-2　索引图的像素值与调色板矩阵的映射关系

16.1.3　灰度图像

灰度图中的各个像素只有一个采样颜色。外观上显示为从黑色到白色的灰度。和黑白图像只有黑色和白色不同，灰度图在黑色与白色之间还有其他多级的颜色深度。

简单来讲，灰度图具有 3 种颜色：黑、白、灰。在 MATLAB 中，灰度图保存在单个矩阵中，矩阵中的数值代表图像中的像素。其数值范围是 0～1，0 代表黑色，1 代表白色。

像素值用来表示灰度级别，可以是 8 位无符号整型（uint8）、16 位无符号整型（uint16）、16 位整型（int16）、单精度浮点型（single）或者双精度浮点型（double）等多个数值类型。图 16-3 所示为典型的双精度灰度图及其像素值矩阵。

图 16-3　典型的双精度灰度图及其像素值矩阵

16.1.4 二值图像

二值图像只需一个数据矩阵，每个像素只能是两个灰度值（0 或 1）中的一个，分别代表黑与白，如图 16-4 所示。

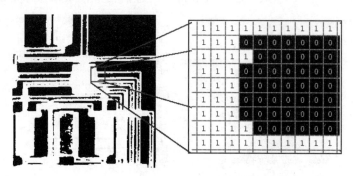

图 16-4 二进制图的像素值（二值图像）

二值图像可以采用 uint8 或 double 类型存储。MATLAB 中以二值图像作为返回结果的函数都使用 uint8 类型。

16.1.5 多帧图像

熟悉动画的读者也许比较容易理解，多帧图像相当于图像的集合。医学上的 MRI 图像就是典型的多帧图像。

如果每一帧图像对应的矩阵是三维，那么多帧图像就有第四维。例如，每一帧都是 RGB 图像，大小是 300×500。同时，包含有 5 帧，那么对应的多帧图像矩阵是 300×500×3×5。如果每一帧图像是灰度图，那么多帧图像的维度就是 300×500×1×5。

在 MATLAB 中，可以通过 montage 命令将多帧图像中的每一帧图像依次显示出来。该命令具有下面几种常见形式：

```
montage(I)        % 对于灰度图 I 显示多帧图像的所有 K 帧
montage(BW)       % 对于二值图 BW 显示多帧图像的所有 K 帧
montage(X,MAP)    % 对于索引图，显示多帧图像的所有 K 帧，图像使用 MAP 矩阵作为颜色矩阵
montage(RGB)      % 对于 RGB 图显示多帧图像的所有 K 帧
```

其中，灰度图 I、二值图 BW、索引图中图像矩阵的维度均为 M×N×1×K；RGB 图中图像矩阵的维度是 M×N×3×K。

【例 16-1】加载系统自带的 MRI 多帧图像，然后依次演示。

在命令行窗口中输入以下命令：

```
>> load mri        % 加载 MRI 图像矩阵
```

在 MATLAB 中查看加载到工作区的结果如图 16-5 所示。从结果中可以看出，MRI 的图像矩阵 D 是 4 维矩阵，而对应 map 矩阵则是图像矩阵对应的颜色矩阵。

在命令行窗口中输入以下命令：

```
>> montage(D,map)   % 显示所有图像如图 16-6 所示
```

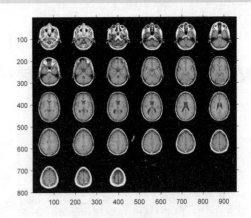

工作区			
名称 ▲	值	最小值	最大值
D	4-D uint8	0	88
map	89x3 double	0	1
siz	[128,128,27]	27	128

图 16-5　加载图像矩阵　　　　　　　　图 16-6　多帧图像

在 MATLAB 中，还可以通过命令显示多帧图像中的单独某帧图像，具体的语法应用在后面介绍。

16.1.6　读写图像数据

在 MATLAB 中，函数 imread 从图像文件中读取图像数据。imread 支持大多数常用的图像格式，如 bmp、gif、ico、jpg、jpeg、pcx、pgm、png 等。命令 imread 常用的调用格式如下。

```
A=imread(fname,fmt)          % 读入二值图、灰度图或彩色图（主要是 RGB 图）
```

其中，若图像为灰度图或二值图，则 A 为 M×N 数组；若图像文件为 RGB 图，则 A 为 M×N×3 数组，A(M,N,:)是像素(M,N)的 RGB 值。fname 为图像文件名，如果该文件不在当前路径或 MATLAB 搜索路径下，那么 fname 应该是图像文件的全路径。fmt 是包含图像文件后缀名的字符串，如果函数不能找到 fname，imread 就会尝试搜索 fname.fmt。

```
[X,map]=imread(fname,fmt)          % 读入索引图
```

其中，X 为 M×N 图像数据矩阵，map 为索引图对应的 Colormap。如果该图像类型不是索引图，则 map 为空。

【例 16-2】使用 imread 命令读入图像文件。

在 MATLAB 命令行窗口中输入以下命令：

```
>> A=imread('ngc6543a.jpg');          % 读入图像文件
```

在 MATLAB 中加载到工作区的结果如图 16-7 所示。从结果可以看出，图像数据在 MATLAB 中被保存为矩阵 *A*，其中矩阵 *A* 的维度是 650×600×3，数据类型是 uint8。

在命令行窗口中输入以下命令：

```
>> image(A)          % 显示图像如图 16-8 所示
```

说明：根据 imread 命令的语法，只要读入的图像文件保存在 MATLAB 中可以搜索到的路径就可以，不一定必须是当前路径。

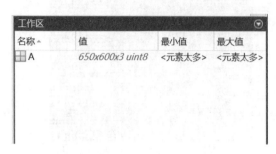

图 16-7　MATLAB 存储图像文件

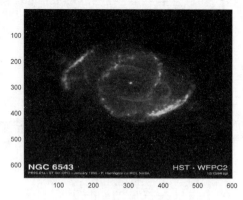

图 16-8　原始图像

16.1.7　查看图像文件信息

在 MATLAB 中利用命令 imfinfo 就可以查看图像文件的信息，其调用格式如下。

```
info=imfinfo(fname)          % 返回图像文件的信息，如文件名、格式、大小、宽度、高度等
info=imfinfo(fname,fmt)      % 找不到名为 fname 的文件时查找名为 fname.fmt 的文件
```

其中，参数 fname 表示图像文件名称，fmt 表示图像文件的格式。

【例 16-3】查看图像文件的信息。

查看自带图像文件的信息。在命令行窗口中输入以下命令：

```
>> imfinfo('ngc6543a.jpg')
```

查看程序代码的结果。MATLAB 得到的结果如下。

```
ans =
    包含以下字段的 struct:
        Filename: 'C:\Program Files\MATLAB\...\matlab\demos\ngc6543a.jpg'
        FileModDate: '02-Oct-1996 04:19:44'
        FileSize: 27387
        Format: 'jpg'
        FormatVersion: ''
        Width: 600
        Height: 650
        BitDepth: 24
        ColorType: 'truecolor'
    FormatSignature: ''
    NumberOfSamples: 3
        CodingMethod: 'Huffman'
        CodingProcess: 'Sequential'
    Comment: {'CREATOR:XV Version 3.00b Rev: 6/15/94 Quality=75,Smoothing=0↵'}
```

16.2　显示图像

16.2

在了解了 MATLAB 中图像的基础知识之后，下面讲解如何在 MATLAB 中显示不同类

型的图像。在用户使用 MATLAB 的过程中，其实已经接触过其他显示图像的方法。

16.2.1　默认显示方式

在 MATLAB 中，显示图像最常用的命令是 imshow，该命令相对于其他图像命令有下面几个特点。

（1）自动设置图像的轴和标签属性。imshow 程序代码会根据图像的特点自动选择是否显示轴，或者是否显示标签属性。

（2）自动设置是否显示图像的边框。程序代码会根据图像的属性来自动选择是否显示图像的边框。

（3）自动调用 truesize 代码程序，决定是否进行插值。

imshow 命令的常见调用格式如下。

```
imshow(I)                  % 在图窗中显示灰度图像 I
imshow(I,[low high])       % 显示灰度图像 I，以二元向量[low high]形式指定显示范围
imshow(I,[])               % 显示灰度图像 I，根据 I 中的像素值范围对显示进行转换
                           % 将 I 中的最小值显示为黑色，将最大值显示为白色


imshow(RGB)                % 在图窗中显示真彩色图像 RGB
imshow(BW)                 % 显示二值图像 BW，将值为 0 的像素显示为黑色，值为 1 的显示为白色


imshow(X,map)              % 显示带有颜色图 map 的索引图像 X
imshow(fname)              % 显示存储在由 fname 指定的文件中的图像
h=imshow(___)              % 显示图像 x，并将图像 x 的句柄返回给变量 h
```

【例 16-4】使用 imshow 命令显示图像文件。

在编辑器窗口中输入以下程序。

```
corn_gray=imread('corn.tif',3);            % 读取灰度图像（文件中的第 3 帧图像）
subplot(141);imshow(corn_gray)             % 显示灰度图像


[corn_indexed,map]=imread('corn.tif',1);   % 读取索引图像（文件中的第 1 帧图像）
subplot(142);imshow(corn_indexed,map)      % 显示索引图像


[corn_rgb]=imread('corn.tif',2);           % 读取 RGB 图像（文件中的第 2 帧图像）
subplot(143);imshow(corn_rgb)              % 显示 RGB 图像


[corn_gray]=imread('corn.tif',3);          % 读取灰度图像（文件中的第 3 帧图像）
meanIntensity=mean(corn_gray(:));          % 确定灰度图像中像素的均值
corn_binary=corn_gray>meanIntensity;       % 使用平均强度值作为阈值来创建二值图像
subplot(144);imshow(corn_binary)           % 显示二值图像
```

得到的图像如图 16-9 所示。

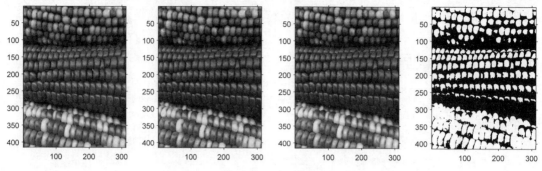

图 16-9　显示的图像

16.2.2　添加颜色条

给图像添加颜色条控件后，可以通过颜色条来判断图像中的数据。在图形图像工具箱中，同样可以在图像中通过 colorbar 命令加入颜色条。

说明：在 MATLAB 中，如果需要打开的图像文件本身太大，那么 imshow 命令会自动将图像文件进行调整，使得图像便于显示。

【例 16-5】显示图像，并在图像中加入颜色条。

在命令行窗口中输入以下程序。

```
>> [corn_rgb]=imread('corn.tif',2);      % 读取 RGB 图像（文件中的第 2 帧图像）
>> imshow(corn_rgb)                      % 显示 RGB 图像
>> colorbar
```

运行程序，得到的结果如图 16-10 所示。

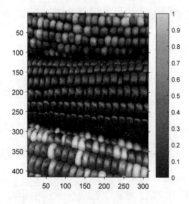

图 16-10　添加颜色条

16.2.3　显示多帧图像

前面已经介绍了多帧图像的概念，下面主要讲解如何显示多帧图像。对于多帧图像，常见的显示方式有：①在一个窗体中显示所有帧；②显示其中单独的某帧。为了能够有对比效果，本例所用的多帧图像选用 MRI 图像。

【例 16-6】单独显示多帧图像中的第 20 帧。

在命令行窗口中输入以下命令：

```
>> load mri
>> imshow(D(:,:,:,20))
```

得到的图像结果如图 16-11 所示。与完整的所有帧的图像进行对比，如图 16-12 所示。该例极具代表性，当希望显示四维图像矩阵中的单独某帧时，可以使用类似方法。

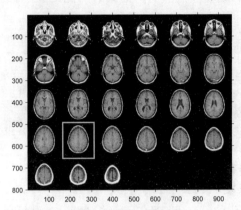

图 16-11 显示图像中第 20 帧   图 16-12 对比图

16.2.4 显示动画

从理论上讲，动画就是快速显示的多帧图像。在 MATLAB 中，可以使用 movie 命令来显示动画，该命令从多帧图像中创建动画，它只能处理索引图，如果处理的图像不是索引图，就必须将图像格式转换为索引图。

【例 16-7】使用动画形式显示 MRI 多帧图像。

在命令行窗口中输入以下命令：

```
>> load mri
>> mov=immovie(D,map);        % 中间结果取一帧，如图 16-13 所示
>> colormap(map),movie(mov)   % 结果如图 16-14 所示
```

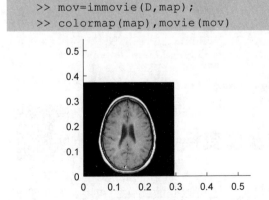

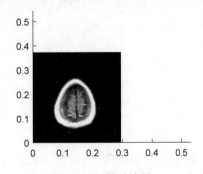

图 16-13 中间结果   图 16-14 最后结果

在以上代码中，首先使用 immovie 命令将多帧图像转换为动画，然后使用 movie 命令来播放该动画。播放速度较快，以上结果只是选择了其中的两段。

16.2.5 三维材质图像

前面已经介绍过如何在 MATLAB 中显示二维图像，同样地，在 MATLAB 中也可以显示"三维"图像。这种三维图像是指在三维图的表面显示二维图像。

在 MATLAB 中，warp 函数的功能是显示材质图像，使用线性插值技术，其调用格式如下。

```
warp(X,map)          % 将索引图像 X 与彩色贴图 map 一起显示为简单矩形表面上的纹理贴图
warp(I,n)            % 将具有 n 个级别的强度图像 I 显示为简单矩形表面上的纹理贴图
warp(BW)            % 将二进制图像 BW 显示为简单矩形表面上的纹理图
warp(RGB)           % 将真彩色图像 RGB 显示为简单矩形表面上的纹理贴图
warp(Z,___)         % 在表面 Z 上显示图像
warp(X,Y,Z,___)     % 在 x、y、z 三维界面上显示图像
```

【例 16-8】显示三维材质图像。

在编辑器窗口中输入以下程序。

```
I=imread('coins.png');            % 将灰度图像读入工作区
subplot(121);warp(I,I,128);       % 在高度等于图像强度 I 的曲面上显示三维材质图像

[I,map]=imread('forest.tif');     % 将索引图像读入工作区
[X,Y]=meshgrid(-100:100,-80:80);  % 创建曲面，定义曲面的 x 和 y 坐标
Z=-(X.^2+Y.^2);                   % 在(X,Y)给出的坐标处定义曲面的高度 Z
subplot(122);warp(X,Y,Z,I,map);   % 显示三维材质图像
```

程序运行结果如图 16-15 所示。

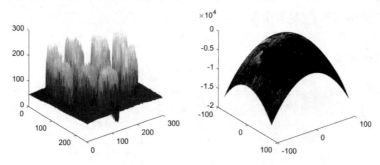

图 16-15　三维材质图像结果

16.3 图像的灰度变换

16.3

在常见的图像处理中，除图像的几何外观变化外，还可以修改图像的灰度。灰度变换是一种像素到像素的图像处理方法，也称为点处理。另外一种图像处理方法涉及像素点邻域，处理后的像素值不仅与本身像素有关，与相邻的像素也有关，这种图像处理方法称为邻域处理。

图像 $F(x, y)$ 经灰度变换得到输出图像 $G(x, y)$，输出图像 $G(x, y)$ 的灰度值由输入图像 $F(x, y)$ 灰度值决定，其关系式是 $G(x_i, y_i)=GST(F(x_i, y_i))$，其中 GST 表示灰度变换函数。

从以上关系式中可以看出，灰度变换完全由灰度变换函数 GST 确定。灰度变换函数 GST 描述了输入灰度值与输出灰度值之间的映射关系。

16.3.1　图像的直方图

在 MATLAB 中，可以对 RGB 图、灰度图和二值图进行灰度转换。同时，可以在 MATLAB 中获取不同类型图像的直方图。其中，灰度图和二值图的直方图表示不同灰度级范围内像素的个数，索引图的直方图表示 Colormap 矩阵每一行对应的像素个数。

图像的直方图是灰度分析的重要功能。在实际应用中，直方图有多种用途，如数字化参数的选择和选择边界值等。在 MATLAB 图像处理工具箱中，可以使用 imhist 函数得到灰度图、二值图和索引图的直方图，其调用格式如下。

```
imhist(I)              % 计算灰度图像 I 的直方图
imhist(I,n)            % 指定用于计算直方图的 bin 的数量 n
imhist(X,map)          % 计算具有颜色图 cmap 的索引图像 X 的直方图
```

其中，参数 I 表示灰度图或二值图，n 为直方图的柱数，X 表示索引图，map 为对应的 Colormap。在调用格式 imhist(I,n) 中，当 n 未指定时，n 根据 I 的不同类型取 256（灰度图）或 2（二值图）。

【例 16-9】读入灰度图，显示并分析图像的直方图。

在编辑器窗口中输入以下程序。

```
I=imread('pout.tif');                          % 读入系统自带图像的图像数据
subplot(121),imshow(I),title('原始图像');       % 显示图像
subplot(122),imhist(I),title('直方图');         % 显示图像对应的直方图
```

运行程序，得到的图像如图 16-16 所示。

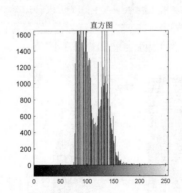

图 16-16　索引图

提　示

根据 MATLAB 的调用格式，当用户希望分析索引图的直方图时，必须引用其中的第二参数 map。

16.3.2 灰度变换

在图像处理中，灰度变换的主要功能是改变图像的对比度。如果灰度图的直方图中大部分像素分布在某个特定灰度范围内，那么灰度图的对比度会比较低。通过灰度变换，可以将直方图拉伸至整个灰度范围内，最后的结果是增加图像的对比度。

在 MATLAB 中，通过函数 imadjust 可以调整灰度图、索引图和 RGB 图的灰度范围，得到调整对比度的结果。该函数的调用格式如下。

```
J=imadjust(I)
J=imadjust(I,[low high],[bottom top])
J=imadjust(___,gamma)

newmap=imadjust(map,[low high],[bottom top],gamma)
RGB2=imadjust(RGB1, ___)
```

其中，参数 I、J 表示灰度图，参数 map、newmap 为索引图的色图。

> **提 示**
>
> 对于灰度图，主要通过调整其对应的色图来实现；对 RGB 图，灰度调整是通过对 R、G、B 三个通道的灰度级别调整来实现。

【例 16-10】读入灰度图，分析对应的直方图，然后进行灰度变换。

在编辑器窗口中输入以下程序。

```
I=imread('pout.tif');              % 读入系统自带的灰度图 pout 的数据
J=imadjust(I,[0.3,0.7],[]);        % 进行灰度变换

subplot(141),imshow(I),title('原始图形');
subplot(142),imhist(I),title('调整前直方图');

subplot(143),imshow(J),title('调整后图像');     % 显示灰度变换后的图像
subplot(144),imhist(J),title('调整后直方图');    % 显示灰度变换后的直方图
```

运行程序，得到的结果如图 16-17 所示。

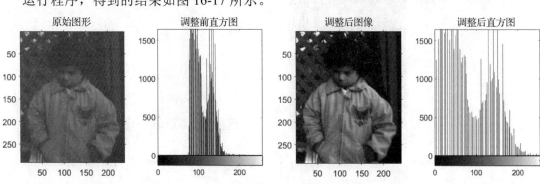

图 16-17　灰度图的灰度变换

从以上结果可以看出，经过灰度变换后，图像的直方图分布数值发生了变化。在调整前的直方图中，像素数值集中在 150～200；变换后的图像直方图数值则布满整个区域。

16.3.3　均衡直方图

均衡直方图是指根据图像的直方图自动给出灰度变换函数，使得调整后图像的直方图能尽可能地接近预先定义的直方图。

在 MATLAB 中，利用函数 histeq 可以实现灰度图和索引图的直方图均衡。其调用格式如下。

```
J=histeq(I,hgram)
J=histeq(I,n)
J=histeq(I)
[J,T]=histeq(I,___)

newmap=histeq(X,map,hgram)
newmap=histeq(X,map)
[newmap,T]=histeq(X,___)
```

在以上调用格式中，参数 I、J 表示灰度图，X 表示索引图，参数 map、newmap 为对应的色图，参数 T 表示 histeq 得到的灰度变换函数，参数 hgram 为预先定义的直方图，通过 n 可以指定预定的直方图为 n 条柱的平坦直方图，n 的默认数值是 64。

> **注意：**
>
> 在灰度变换中，用户指定了灰度变换函数的灰度变换，对不同的图像需要设定不同的参数。相对于均衡直方图，灰度变换的效率相对低下。

【例 16-11】读入图像，然后对图像进行直方图均衡。

在编辑器窗口中输入以下程序。

```
I=imread('pout.tif');                      % 读入系统自带的 pout 图像
J=histeq(I);                               % 进行直方图均衡

subplot(141),imshow(I),title('原始图像');      % 显示调整前的图像
subplot(142),imhist(I),title('调整前直方图');    % 调整前的直方图

subplot(143),imshow(J),title('调整后图像');      % 显示调整后的图像
subplot(144),imhist(J),title('调整后直方图');    % 调整后的直方图
```

运行程序，得到的结果如图 16-18 所示。

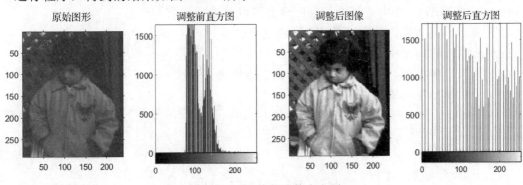

图 16-18　调整前后的直方图

16.4 本章小结

本章主要介绍了如何使用 MATLAB 的图形图像工具来处理数字图像。MATLAB 的图形图像工具箱功能全面，可以处理各种类型的图像，以不同的形式显示图像，对图像进行灰度变换等。本章 MATLAB 图像处理的知识起到抛砖引玉的作用，想进一步学习 MATLAB 图像处理的读者，推荐选用刘成龙编著的《MATLAB 图像处理（第 2 版）》一书。

习　　题

1．填空题

（1）索引色图像包含_____与_____两个结构。_____是一个有 3 列和若干行的色彩映象矩阵，矩阵每行代表一种颜色，3 列分别代表_____色强度的双精度数。

（2）二值图像只需一个_____，每个像素只能是两个灰度值（0 或 1）中的一个，分别代表_____。

（3）对于多帧图像，常见的显示方式有：①_____；②_____。

（4）在图像处理中，灰度变换的主要功能是_____。当灰度图的直方图中大部分像素分布在某个特定灰度范围内，那么灰度图的对比度会比较低。

（5）函数 imshow 的功能为：_____。
　　　函数 colorbar 的功能为：_____。
　　　函数 imhist 的功能为：_____。
　　　函数 warp 的功能为：_____。

2．计算与简答题

（1）阐述 MATLAB 中常见的几种图像类型以及处理特点。

（2）显示一幅图像，并在图像中加入颜色条。

（3）针对一幅灰度图，显示并分析图像的直方图，然后进行灰度变换。

（4）读入一幅图像，然后对图像进行直方图均衡。

（5）分别写出下列语句的功能：

```
corn_gray=imread('corn.tif',3);          %
mIntensity=mean(corn_gray(:));           %
corn_bin=corn_gray>mIntensity;           %
imshow(corn_bin)                         %

[I,map]=imread('forest.tif');
[X,Y]=meshgrid(-100:100,-80:80);         %
Z=-(X.^2+Y.^2);                          %
subplot(122);warp(X,Y,Z,I,map);          %
```

参 考 文 献

[1] 刘浩，韩晶．MATLAB R2022a 完全自学一本通[M]．北京：电子工业出版社，2022．

[2] 刘浩．MATLAB R2020a 入门、精通与实战[M]．北京：电子工业出版社，2021．

[3] 李昕．MATLAB 数学建模（第 2 版）[M]．北京：清华大学出版社，2022．

[4] 沈再阳．MATLAB 信号处理（第 2 版）[M]．北京：清华大学出版社，2023．

[5] 刘成龙．MATLAB 图像处理（第 2 版）[M]．北京：清华大学出版社，2023．

[6] 周开利，邓春晖．MATLAB 基础及其应用教程[M]．北京：北京大学出版社，2007．

[7] 李宏艳，郭志强，等．数学实验 MATLAB 版[M]．北京：清华大学出版社，2015．

[8] 李献，骆志伟，等．MATLAB/Simulink 系统仿真[M]．北京：清华大学出版社，2017．

[9] 付文利．MATLAB 应用全解[M]．北京：清华大学出版社，2023．

[10] 张志涌，杨祖樱．MATLAB 教程[M]．北京：北京航空航天大学出版社，2015．

[11] 汪天飞，邹进，张军．数学建模与数学实验[M]．北京：科学出版社，2016．

[12] 汪晓银，李治，周保平．数学建模与数学实验（第 3 版）[M]．北京：科学出版社，2019．

[13] 温正．MATLAB 科学计算（第 2 版）[M]．北京：清华大学出版社，2022．

[14] 张岩．MATLAB 优化算法（第 2 版）[M]．北京：清华大学出版社，2023．

[15] 温正．MATLAB 智能算法（第 2 版）[M]．北京：清华大学出版社，2023．

[16] 李献．MATLAB Simulink（第 2 版）[M]．北京：清华大学出版社，2023．